Klaus Müller-Ibold

Einführung in die Stadtplanung

Band 3: Methoden, Instrumente und Vollzug

Verlag W. Kohlhammer
Stuttgart Berlin Köln

Die Deutsche Bibliothek – CIP-Einheitsaufnahme

Müller-Ibold, Klaus:
Einführung in die Stadtplanung / Klaus Müller-Ibold. -
Stuttgart ; Berlin ; Köln : Kohlhammer

Bd. 3. Methoden, Instrumente und Vollzug. - 1997
ISBN 978-3-8348-1630-6

Alle Rechte vorbehalten
© 1997 Verlag W. Kohlhammer GmbH
Stuttgart Berlin Köln
Verlagsort: Stuttgart
Satz: Klaus Müller-Ibold
Gesamtherstellung:
W. Kohlhammer Druckerei GmbH + Co. Stuttgart

Inhaltsverzeichnis

	Seite
1. Einleitung	9
2. Methoden	10
2.1 Allgemeines zur Aufstellung eines räumlichen Planes	10
2.1.1 Grundlagen	10
2.1.2 Allgemeines zu Planungsmethoden	19
2.1.3 Strukturanalysen	25
2.1.4 Planungsmodelle	37
2.1.5 Struktur von Planungsmodellen	45
2.1.6 Typologie von Planungsmodellen	52
2.1.7 Entwicklung von Planungsalternativen	59
2.1.8 Überprüfung und Korrektur von Planungsalternativen	60
2.2 Kontinuierliche Fortschreibung der Planung	62
2.2.1 Kontinuierliche Kontrolle	62
2.2.2 Bewertung von Änderungserfordernissen	62
2.2.3 Einleitung eines Änderungsverfahrens	63
2.2.4 Einleitung eines Neuaufstellungsverfahrens	63
2.3 Sammlung, Erhebung und Pflege von Daten und Informationen	63
2.3.1 Einleitung, Legitimation und Autorisation zur Datenerhebung	63
2.3.2 Amtliche Statistik	64
2.3.3 Nicht-amtliche Statistik	70
2.3.4 Die zentrale Bedeutung von Flächendaten	71
2.3.5 Karten und Planunterlagen als Informationssystem	72
2.3.6 Amtliche Liegenschaftsregister als Informationsquellen	75
2.3.7 Fortschreibung von Daten und Informationen	77
2.4 Statistische Erhebungsmethoden	78
2.4.1 Definition, Aufgaben und Ziele der Statistik	78
2.4.2 Erhebung statistischen Grundmaterials	79
2.4.3 Aufbereitungsmethoden	85
2.4.4 Gliederung des Raums in Untersuchungs- und Planungsbereiche	88
2.5 Statistische Analyse und Diagnosemethoden	89
2.5.1 Häufigkeitsverteilungen	89
2.5.2 Mittelwerte und Streuungsmaße	90

		Seite
2.5.3	Verhältniszahlen	92
2.5.4	Indexzahlen	93
2.5.5	Zeitreihen und ihre Analyse	94

2.6 Allgemeine Analyse räumlicher Verteilungen — 97

- 2.6.1 Allgemeines — 97
- 2.6.2 Bestimmung (Position) eines zentralen Punktes (Ortes) — 98
- 2.6.3 Bestimmung von Streuungs- (Dispersions-)Parametern — 99

3. Spezifische Methoden räumlicher Planungen — 102

3.1 Methodik der Flächennutzungsplanung — 102

- 3.1.1 Allgemeines — 102
- 3.1.2 Ermittlung von Art und Maß der vorhandenen Flächennutzung — 102
- 3.1.3 Ermittlung der Potentiale für zusätzliche Flächennutzung — 102
- 3.1.4 Ausarbeitung alternativer Konzepte für die Flächennutzung — 106
- 3.1.5 Fachplan Zentrale Standorte — 111
- 3.1.6 Prüfung der Flächenbedarfe, -aufteilung und -verteilung — 119
- 3.1.7 Schlußbemerkung zur Methodik der Flächennutzungsplanung — 120

3.2 Methodik der Freiraumplanung — 121

- 3.2.1 Vorbemerkung — 121
- 3.2.2 Definition der Freiräume — 121
- 3.2.3 Funktionen der Freiräume — 122
- 3.2.4 Analyse und Diagnose von Defiziten und Disparitäten — 123
- 3.2.5 Klima- und Luftpotentiale der Grün- und Freiflächen — 130
- 3.2.6 Freizeit- und Erholungsflächen — 145
- 3.2.7 Das System der Landschafts- und Grünordnungsplanung — 149
- 3.2.8 Methodik der Planung von Frei- und Grünflächen — 155
- 3.2.9 Schlußbetrachtung zu den Frei- und Grünflächen — 161

3.3 Methodik der Generalverkehrsplanung — 161

- 3.3.1 Grundlagen der Methodik — 162
- 3.3.2 Schritte des Methodenwerkes — 166
- 3.3.3 Überprüfungen, Rückkopplungen, Korrekturen und endgültige Alternativen — 179
- 3.3.4 Entscheidung und Aufnahme in den Flächennutzungsplan — 179

		Seite

3.4 Methodik der Umweltverträglichkeitsprüfung/-planung   180

    3.4.1 Allgemeines   180
    3.4.2 Rechtliche Voraussetzungen   181
    3.4.3 Datenbasis und Umweltkataster   181
    3.4.4 Verfahrensmethode   182

4. Das Baugesetzbuch (BauGB), Hauptinstrument der Planungsumsetzung   184

  4.1 Allgemeines   184

  4.2 Gliederung des Baugesetzbuches   184

    4.2.1 Erstes Kapitel: Allgemeines Städtebaurecht   184
    4.2.2 Zweites Kapitel: Besonderes Städtebaurecht   186
    4.2.3 Drittes Kapitel: Sonstige Vorschriften   188
    4.2.4 Viertes Kapitel: Überleitungs- und Schlußvorschriften   188

5. Instrumente der Planungssicherung   189

  5.1 Allgemeines   189

  5.2 Sicherung durch amtliche Karten und Liegenschaftsregister   189

  5.3 Sicherung durch Festsetzungen der förmlichen Planung   190

    5.3.1 Vorsorgliche Sicherung   190
    5.3.2 Sicherung durch die Planaufstellung   192
    5.3.3 Die Planverfahren   198

6. Der Planungsvollzug und seine Instrumente   202

  6.1 Allgemeines   202

  6.2 Vollzug der Erschließung   204

    6.2.1 Erschließungsart und -umfang   204
    6.2.2 Grunderwerb für die Erschließung   205
    6.2.3 Erschließungsmaßnahmen   206
    6.2.4 Erschließungsbeitrag und -satzung   206
    6.2.5 Sonstiges   207

  6.3 Bebauung von Schlüsselgrundstücken durch die Gemeinde   207

Seite

6.4 Städtebauliche Gebote 207

6.5 Finanzierungsanreize 208

6.6 Ordnung des Grund und Bodens 208
    6.6.1 Der städtebauliche Grundstücksmarkt 208
    6.6.2 Vollzug durch die öffentliche Liegenschaftspolitik 210
    6.6.3 Vollzug durch förmliche Neuordnung
          des Grund und Bodens 221

6.7 Programme zum Planungsvollzug 216
    6.7.1 Finanzierungs- und Investitionsprogramme 216
    6.7.2 Wohnungsbauprogramme 217
    6.7.3 Stadterneuerungsprogramme 218
    6.7.4 Besondere Handlungsprogramme 225

6.8 Planungs- und Planungsvollzugskontrolle 233
    6.8.1 Allgemeines 233
    6.8.2 Bodenverkehrsgenehmigungen 233
    6.8.3 Baugenehmigungen 234
    6.8.4 Finanzierungsgenehmigungen 234
    6.8.5 Sonstige Genehmigungen 234

6.9 Folgebetrachtung 235

7. Die Bedeutung kommunaler Selbstverwaltung 236

    7.1 Allgemeine Anmerkungen 236

    7.2 Aufgabe der laufenden Beobachtung, Kontrolle und
        Steuerung der Entwicklung 238

    7.3 Aufgabe lokaler Planungs- und Handlungsinitiativen 239

    7.4 Aufgabe überregionaler und überfachlicher
        Handlungsinitiativen 239

8. Schlußbemerkung 242

9. Schlußwort 243

Literaturverzeichnis 244

Stichwortverzeichnis 247

1. Einleitung

In den beiden vorangegangenen Bänden haben wir uns intensiv damit auseinandergesetzt,
– welches "Gesicht" die Objekte der Stadtplanung haben,
– was "Planung", insbesondere "Raumplanung" ist,
– welche Faktoren die Stadtplanung bestimmen und ihr Erfordernis auslösen,
– welche Sachverhalte durch die Stadtplanung bestimmt werden,
– wie Staats- und Verfassungsstruktur die Stadtplanung einbinden und beeinflussen,
– wie Systeme und Strukturen die Stadtplanung beeinflussen,
– welche Leitgedanken im Zusammenhang mit den Einzelkomplexen der Stadtplanung zu erörtern sind und
– welche Charakteristiken Bauleitplanung und Fachplanungen prägen.

Man könnte nunmehr meinen, daß damit der Einleitungsstoff für den, der sich mit Stadtplanung befaßt, erschöpft ist. Vier wesentliche Themenbereiche konnten jedoch bislang noch nicht erörtert werden. Sie sind für die Beherrschung der Materie unverzichtbar, nämlich:
– die Methoden der jeweiligen Teilbereiche der Stadtplanung,
– die Instrumente zur Sicherung der Planung,
– die Handlungsmaßnahmen zum Planungsvollzug und
– die Instrumente der Vollzugskontrolle.

Mit den Methoden wollen wir aufzeichnen, wie im einzelnen die Pläne (also z.B. Flächennutzungsplan, Landschaftsplan oder Generalverkehrsplan) in spezifischen Schritten ausgearbeitet werden müssen, welche Voraussetzungen dafür erforderlich sind und welches Instrumentarium dafür zur Verfügung seht.

Bei Sicherung und Vollzug der Planung kommt es darauf an, daß der Planer einen Überblick darüber erhält, wie er mit welchem Instrumentarium die Planung
– sichern,
– ihren Vollzug initiieren,
– unmittelbar und mittelbar steuern,
– notfalls auch erzwingen,
– konkret umsetzen und
– kontrollieren kann.

Mit solchen Fragen werden wir uns deshalb in diesem Band beschäftigen. Insofern widmet sich also dieser Band in sehr viel stärkerem Maße als die beiden anderen der täglichen, z.T. auch routinemäßigen Arbeit des professionellen Stadtplaners, was allerdings nicht heißt, daß es dabei um Sachverhalte geht, die von geringerer Bedeutung sind. Im Gegenteil, Stadtplanung, die nicht vollzogen wird, ist wertlos, ein Stück Papier, das man auch in den Papierkorb werfen kann.

2. Methoden

2.1 Allgemeines zur Aufstellung eines räumlichen Planes

2.1.1 Grundlagen

"Planung" und "Plan"
Bei der Aufstellung eines jeden Plans empfiehlt es sich, für die Entscheidungsträger eine kurze Definition und Unterscheidung der Begriffe "Planung" und "Plan" vorzunehmen. Es muß z.B. nach Habermehl[1] klargestellt werden, ob es sich bei dem in Gang gesetzten Verfahren um einen in sich geschlossenen "Plan" handelt oder um einen "Plan", der Teil eines umfassenderen Planungsvorgangs oder ein Teilplan eines umfassenderen Plans ist. Insofern sind zusätzlich zu dem in Band 1 Erörterten noch einige ergänzende Bemerkungen zur Einführung in die Materie erforderlich.

Planung
Wir wollen bei der Stadtplanung den Begriff der "Planung" im umfassenden Sinn verstanden wissen, indem wir alle auf die Zukunft ausgerichteten Vorhaben, vom Stadtentwicklungskonzept über den Flächennutzungsplan, das Wohnungsbauprogramm bis hin zum Bebauungsplan und anderes, einschließen. Im übrigen verweise ich auf Band 1, in dem wir in Kapitel 2 sehr eingehend die Definition des Begriffs "Planung" behandelt haben.[2]

Plan
Der Begriff "Plan" wird in Politik und Wissenschaft oft sehr weit definiert. Er reicht vom "Vierjahresplan" der "Planwirtschaft" der früheren kommunistischen Länder des Ostblocks bis hin zum kleinen "Bebauungsplan" eines entlegenen Dorfes im Bayerischen Wald.
Wir sollten also in der Stadtplanung sauber nach Planung, Konzept, Plan, Programm usw. unterscheiden. Gemäß der Nomenklatur des Baugesetzbuches[3] ist der Begriff "Plan" nur für geographisch definierbare räumliche Pläne zu verwenden. Es wird sich üblicherweise um auf Karten gezeichnete Pläne und dazugehörigen Text handeln; hin und wieder kann es jedoch auch Situationen geben, in denen allein ein Text als Plan genügt.
Ein Plan hat nach Maurer[4] nur dann einen Sinn, wenn er auch verwirklicht werden kann. Allerdings besteht in der Regel keine absolute Sicherheit der Realisierung. Ich stimme Maurer zu, daß die Beantwortung nachstehender Fragen notwendig ist, um festzustellen, ob bestimmte Dokumente Pläne sind oder nicht. Sie reichen allerdings noch nicht, um auch die Qualität eines Planes sicherzustellen.

---

[1] P. Habermehl.: System und Grundlagen der Planung, Bonn 1970.
[2] K. Müller-Ibold: "Einführung in die Stadtplanung", Bände 1 u. 2, Stuttgart 1996.
[3] Siehe hierzu: Battis, Krautzberger, Löhr: "BauGB", Kommentar, 4. Auflage München 1994.
[4] J. Maurer.: "Grundzüge einer Methodik der Raumplanung", Zürich 1973.

Ein Plan muß danach folgende Fragen beantworten:
1. Was sind die Ziele?
2. Was sind die Zwecke? Wie sind sie gewichtet?
3. Ist ein Plan sinnvoll?
4. Ist der vorliegende Plan besser als ein anderer Plan?
5. Wie lange ist der Plan gültig?
6. Verfolgt der Plan plausible Ziele für die nachfolgenden Handlungs-Programme?
7. Sind die Schritte und Phasen der Verwirklichung realistisch und plausibel?
8. Sind die organisatorischen Voraussetzungen für den Vollzug der Planung ausreichend?
9. Ist der Nachweis einer mit angemessener Wahrscheinlichkeit möglichen Realisierung erbracht? Sind Vorkehrungen getroffen, um die Verwirklichung zu kontrollieren und Friktionen beheben zu können?

Die meisten Dokumente, die Pläne genannt werden, genügen nach Maurers Meinung den vorausgenannten Bedingungen nicht. Dokumente, die nach üblichem Sprachgebrauch Pläne heißen, z.B. Katasterpläne, Grundrißpläne, sind in diesem Zusammenhang von uns nicht näher zu behandeln. Im entsprechenden Fachgebiet wird dem Wort Plan oft ein anderer Inhalt beigemessen.

Bei der Stadtplanung handelt es sich nach dem Baugesetzbuch (BauGB)[5], wie wir in Band 2 eingehend erörtert haben, um ein hierarchisches System von Plänen (siehe dazu Grafik 1).

Das Erfordernis alternativer Pläne in jeder Hierarchiestufe baut auf der Erkenntnis auf, daß in komplizierten Fällen nicht bewiesen werden kann, ob der allein vorgelegte Plan der "beste" der möglichen Pläne ist, weil kein Verfahren für die Gewährleistung einer eindeutigen Optimierung bekannt ist. Um herauszufinden, ob ein bestimmter Plan der "beste" Plan ist, muß er mit anderen verglichen werden. In der Regel gibt es sogar für eine Situation nicht nur einen besten Plan, sondern mehrere. Für die Auswahl des endgültig zu verwendenden Planes sind deshalb Prioritätensetzungen für die Vorgaben, Beurteilungskriterien u.a. erforderlich, die meist von politischer Entscheidungsrelevanz sind. Alternativen erfordern oft einen erheblichen Aufwand.

Nach Maurer bedarf es einer festgelegten Gültigkeitsdauer von Plänen. Diese Bedingung ergibt sich aus der generell zu erwartenden Ungewißheit kommenden Geschehens. Ob die Dauer mit einer Zeitspanne bezeichnet oder durch das Eintreffen bestimmter Zustände markiert wird, ist hier nicht von Bedeutung. Die Dauer der Gültigkeit bedeutet keineswegs, daß die angestellten Überlegungen sich allein auf diesen Zeitabschnitt beziehen.

Die Verwirklichung von Plänen erfolgt über Programme. Pläne können nur dann Grundlage für Programme sein, wenn sie operable Ziele festlegen. Programme enthalten Anweisungen, wie ein Plan durchzuführen ist. Pläne müssen Aufträge formulieren, sie können Anweisungen enthalten. Aufträge legen fest, wer was zu tun hat. Programme bestimmen, was womit zu tun ist.

Unabhängig von der Art der Verfahren und Methoden, die für den Entwurf des Planes gebraucht werden, müssen nach Maurer die einzelnen Phasen und Schritte der Verwirklichung durch Ereignisse gekennzeichnet werden, deren Eintreffen beobachtbar ist. Nur so läßt sich feststellen, ob die dem Plan zugrunde liegenden

---

5 Siehe hierzu: Battis, Krautzberger, Löhr: Fn. 3.

Annahmen, Methoden, Maßnahmen und Zwecke den tatsächlichen Erfordernissen genügen. Die Möglichkeit der Beobachtung ist nur dann gegeben, wenn der Beobachtung zugängliche Geschehnisse bezeichnet und die organisatorischen Voraussetzungen zur Beobachtung vorhanden sind oder geschaffen werden.

Derlei Überlegungen und Gesichtspunkte sollten den Entscheidungsträgern bei der Einleitung eines Planverfahrens jeweils dargestellt werden.

Übersicht der Planarten

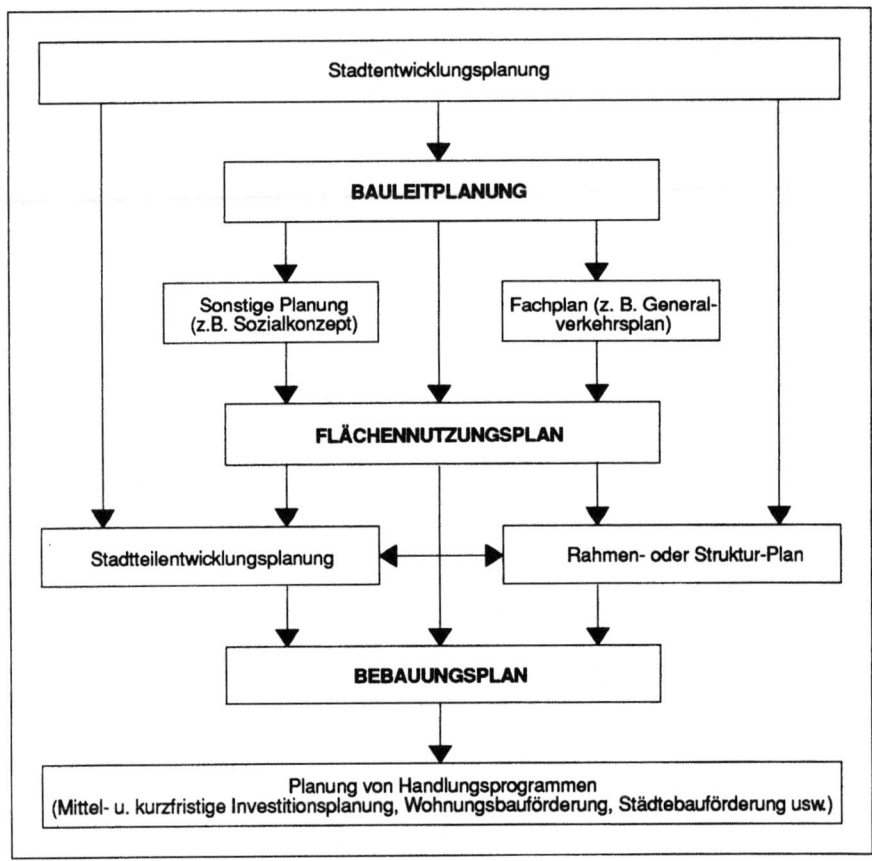

Grafik 1

Aufgaben und Ziele

Von Bedeutung ist nach Habermehl[6] und Maurer[7] die unmißverständliche Formulierung der Aufgaben und Ziele eines in Angriff genommenen Plans.

---

6   Siehe auch: P. Habermehl: Fn. 1
7   Siehe auch: J. Maurer: Fn. 4

Diese Aufgaben und Ziele sind als eine Vorgabe anzusehen, in der auch eine Festsetzung der Prioritäten erfolgen muß. Ihre Formulierung muß also am Anfang und in der Regel vor endgültigem Beginn der Planungsarbeiten stehen. Die Formulierung kann von der Verwaltung (in der Regel Stadtplanungsamt oder Tiefbauamt, Abtlg. Verkehrsplanung) kommen und dem Entscheidungsträger zur Beschlußfassung vorgelegt werden oder vom Entscheidungsträger selbst formuliert sein (in der Regel die Ausnahme). Unter klarer Formulierung der Aufgaben und Ziele läßt sich ein Plan leichter ausarbeiten als ein solcher, bei dem Aufgaben und Ziele gar nicht oder nur verschwommen artikuliert sind. Leider geschieht es recht häufig, daß die Verwaltung oder in ihrem Auftrag arbeitende Planer mit verschwommenen Formulierungen der Aufgaben und Ziele arbeiten müssen.

Weder politische Entscheidungsträger noch Verwaltungen müssen davon ausgehen, daß Formulierungen von Aufgaben und Zielen unverrückbar sind. In jedem Planungsprozeß ist es erforderlich, zwei- oder dreimal Rückkopplungen im Zuge der Bearbeitung (insbesondere nach Analyse und Diagnose) vorzunehmen. In der Regel gelten diese Rückkopplungen der Überprüfung der Planungsalternativen. Es sollten jedoch auch immer die Aufgaben und Ziele kritisch hinterfragt und ggf. auch geändert werden. Deshalb ist eine Sorge, man werde sich zu früh festlegen, unbegründet.

Wenn ein Ziel, ein Problem oder eine Aufgabe in der Raumplanung erkannt und formuliert ist - was nicht immer der Regelfall ist -, dann gibt es entweder eine Reihe von Lösungen oder keine. Nahezu keine Aufgabe hat nur eine einzige Lösung, was mancher bei seinem Engagement für eine ganz bestimmte Zielsetzung nicht berücksichtigt. Auch dieser Sachverhalt sollte bei Einleitung eines Verfahrens den Entscheidungsträgern erläutert werden.

Probleme

In der Regel werden schon am Anfang wesentliche Probleme, die sich einer gewollten Entwicklung entgegenstellen, erkannt. Auch Gefahren, denen wir gezielt entgegenarbeiten wollen, sind unter die Kategorie der Probleme einzuordnen. Im letzteren Fall sind es also insbesondere die Probleme, die oft das Bedürfnis nach und infolgedessen unmittelbar das Erfordernis an Planung hervorrufen.

Manche schon existierende, aber auch neue oder zusätzliche Probleme werden erst im Zuge des Planungsvorganges erkannt. Auch hier dient die Rückkopplung der Absicherung, daß alle Faktoren, die die Planung beeinflussen könnten, erkannt sind, um in den steuernden Vorgang des Planungsprozesses eingebracht zu werden.

Es ist wichtig, daß die Probleme von Beginn an, soweit und so früh sie erkennbar sind, den Planungsträgern (also insbesondere denen, die letztlich zu entscheiden haben), den Planungsbetroffenen und den Planern selbst bewußt gemacht werden.

Planungsvorgaben

Bevor mit den Arbeiten an einem Plan begonnen wird, muß nach Krautzberger[8] insbesondere festgestellt und festgelegt werden, welche Vorgaben für die Planung bestehen und wie sie zu beachten sind. In der Regel handelt es sich für die planenden

---

8 Siehe dazu: Krautzberger zu § 1 BauGB I, 1.-3. in: Battis, Krautzberger, Löhr, "BauGB", München 1994.

Verwaltungen oder ihre Erfüllungsgehilfen (Fachterminus für Personen, die einer Person oder Institution "helfen", die Planungsaufgabe zu "erfüllen"), z.B. ggf. freiberufliche Planer und Ingenieure, um mehrere unterschiedliche Vorgabearten, nämlich um
- zu beachtende allgemeine Eingrenzungen durch Gesetzesnormen,
- bestehende Rechte Dritter,
- übergeordnete Raumordnung und Landesplanung,
- übergeordnete Fachplanungen von Bund und Ländern und
- vorzugebende Wertsetzungen und Prioritäten des Rates der Stadt.

Diese Vorgaben können einander widersprechen. Dieser Widerspruch kann sogar erst bei der anstehenden Planungsvorbereitung entdeckt werden. In solchen Fällen gilt es zunächst, die Widersprüche aufzuheben, ggf. durch Beschlüsse der jeweils Beteiligten. Eine solche Prozedur ist nicht selten schwierig und enorm zeitraubend.

Der Planungsträger, also in unserem Fall der Rat der jeweiligen Stadt, sollte soweit wie möglich seine Vorstellungen zur Zielsetzung und Aufgabenstellung eines jeden Planes am Beginn des Verfahrens artikulieren und Prioritätsfelder festlegen. Natürlich wird der Rat sich dafür seiner professionellen Erfüllungsgehilfen aus der Verwaltung und ihrer Spitze bedienen und sie auffordern, entsprechende Vorlagen vorzubereiten, damit darüber diskutiert, Ergänzungen und Änderungen eingefügt und Entscheidungen gefällt werden können.

Diesem Zweck dient vornehmlich der im Baugesetzbuch[9] verankerte sogenannte "Aufstellungsbeschluß", der
- den Willen der Stadt bekundet, daß ein entsprechender Plan aufgestellt werden soll,
- klarstellt, aus welchen Problemen heraus, unter welchen Rahmenbedingungen, Zielrichtungen und Prioritätensetzungen der Plan aufgestellt werden soll und
- sicherstellt, daß vom Tage des Aufstellungsbeschlusses an keine Einzelmaßnahme mehr erfolgen kann, die sich den Planungsabsichten entgegenstellt oder ihren Vollzug behindern könnte.

Alternative Planungsszenarien

In der Regel planen wir nicht "aus dem hohlen Bauch" heraus und nicht in einer völlig neuen Situation. Meistens existiert schon eine Planung und auch ein Plan, oft sogar eine ganze Reihe vorangegangener Pläne. Eine ordentliche Planungsverwaltung beobachtet auch kontinuierlich an Hand von Daten, Informationen und laufenden Erhebungen oder laufend entstehendem Sekundärmaterial die Entwicklung. In der Regel erkennt sie auch sich herauskristallisierende Trends. Sollte eine Verwaltung derlei nicht tun, muß sie angehalten werden, sofort eine solche Tätigkeit als ständige Aufgabe ohne Verzug einzurichten.

Auf Grund der Zielsetzungen, Vorgaben und Prioritäten wie auch erkannter Entwicklungsanforderungen und -trends sollte es möglich sein, bei Kenntnis der bestehenden Planung und ihrer Probleme grob struktuierte alternative Planungsszenarien zu entwickeln. Der Begriff "Szenario" ist hier gewählt, weil in diesem Stadium

---

9 Siehe dazu auch: Battis zu Baugesetzbuch, § 2, 1, in: Battis, Krautzberger, Löhr, "BauGB", München 1994.

eine exakte, konkrete räumliche Planalternative in der Regel noch nicht möglich ist. Szenarien sind nach Arras[10] primär eine qualitative Methode, mit deren Hilfe Wirkungen (wenn ... dann) alternativer strategisch-taktischer Vorhaben aufgezeigt werden. In der Wirtschaft findet diese Methode schon seit längerem für strategische Vorstellungen ihre Anwendung. Die Verwaltung muß im Zuge der ersten Planungsschritte den Entscheidungsträgern solche Planungsszenarien vortragen und beschließen lassen, welche weiter verfolgt werden sollen.

Diese alternativen Szenarien sollen nicht nur Alternativen räumlicher Szenarien enthalten, sondern auch solche sozio-ökonomischer Struktur, aus denen erst Alternativen räumlicher Szenarien entwickelt werden sollten unter Zuhilfenahme allgemeiner Kenntnisse sozio-ökonomischer Entwicklung und ihrer Wirkung auf räumliche Nutzungsstrukturen. Maurer[11] spricht in diesem Zusammenhang von "Alternativen I. Ordnung". So hat z.B. eine ganze Reihe von Städten mit Konzeptionen zu Zentralen Standorten reagiert, als um 1960 klar wurde, daß sich ein deutlicher Trend in der Wirtschaft zu tertiären Dienstleistungen mit enormen räumlichen Konzentrationsfolgen entwickelte.

Weder die Verwaltung noch der Rat einer Stadt sind natürlich auf die Erstauswahl der alternativen Szenarien festgelegt. Während der Rückkopplungen sollte immer auch eine Überprüfung der ursprünglich ausgedachten Alternativen vorgenommen werden und ggf. die eine oder andere ausgeschieden oder eine neue hinzugefügt werden und wieder andere modifiziert werden.

In der Regel ist die Masse der neu zu planenden Baunutzung gegenüber der Masse der schon bestehenden Nutzung relativ begrenzt. Die Flächen der Neuplanung sind deshalb nur ein Bruchteil dessen, was schon steht. Damit soll gesagt werden, daß auch die alternativen Szenarien in der Regel nicht irgendwelche spektakulären Neukonzeptionen enthalten werden und weder nach Zahl groß, noch an Verschiedenheit weit voneinander abweichend sein können.

Erhebung von Daten und Informationen
Der britische Planer Sir Patrick Geddes[12] forderte schon vor dem 1. Weltkrieg zum "Survey before Plan!" (Untersuchen Sie, bevor Sie planen!) auf. Ausgangspunkt für die erste umfassende Arbeitsphase ist das pauschale Kennenlernen des gesamten möglichen Untersuchungsbereiches eines Planungsgebietes: Es sollen allgemeine Planungsvoraussetzungen und -probleme in dem Planungsgebiet erfaßt werden. Weiterhin sind organisatorische und technische Voraussetzungen - soweit bereits überblickbar - zu schaffen, was sowohl die gesamte Konzeption der Arbeit als auch den Ablauf einzelner Arbeitsschritte anbetrifft, z.B. das Gebiet von erforderlichen Untersuchungen, das in der Regel weitaus größer sein muß als das zu beplanende Gebiet, den voraussichtlich notwendigen Zeitaufwand für die Behandlung einzelner Bearbeitungsschwerpunkte, Darstellungstechniken etc.
Die erforderlichen Voruntersuchungen bedingen eine zweigleisige Arbeitsweise:
a) Die intensive Bereisung und/oder Begehung verschafft dem Bearbeiter einen Eindruck über Lage, Ausdehnung, Zustand, Struktur und Charakter einzelner

---

10 H. E. Arras: "Zur Notwendigkeit und Methodik von Szenarien", in: Verwaltungsrundschau 1987
11 Vgl. J. Maurer, Fn. 4.
12 P. Geddes: "Cities in Evolution", London 1949 (Erstausgabe 1915).

Bereiche des zu bearbeitenden Untersuchungsraumes, sofern der Planer durch ständige Berührung das Gebiet nicht sowieso schon genau kennt. Weiterhin können erste augenfällige Problempunkte bzw. -zonen aufgespürt werden.
b) Parallel zu der Ortsbegehung bzw. -bereisung erfolgt die Beschaffung, Sichtung und - zunächst ohne Wertung - die auszugsweise Darstellung aller verfügbaren Planungsunterlagen bzw. vorangegangener, abgeschlossener Planungen, soweit sie das Gebiet betreffen. Dazu gibt es eine Reihe aufschlußreicher Arbeiten, wie etwa die von Dheus[13], Menge[14], Michel[15], Glaser[16], u.a.

Im Zuge dieser Bearbeitung werden vernünftigerweise Informationsgespräche zur Erfassung der Planungsprobleme, -absichten und -ziele Dritter geführt mit:
− Vertretern der öffentlichen Verwaltungen,
− Vertretern übergeordneter Behörden,
− Bürgern, Bürgerinitiativen, Bürgerforen usw.,
− Vertretern der Wirtschaft.

Wir werden die Sammlung, Erhebung und Pflege von Daten und Informationen in Kapitel 2.3 sowie die statistischen Methoden in Kapitel 2.4 noch näher erörtern.[17,18]

Planungsprozeß

Den Entscheidungsträgern ist schon in der Planaufstellungsphase zu erläutern, wie die einzelnen Schritte oder Phasen der Planung ablaufen werden. Dazu gehört in der Regel auch ein grober Zeitplan, damit sich der Rat und seine Ausschüsse von vornherein im klaren sind, wie lange ein solches Verfahren andauert und wie sehr der Zeitablauf gerade von ihnen selbst abhängt. Heute wird immer wieder beklagt, daß das Verfahren für die Aufstellung so lange dauere. Oft sind diese Probleme hausgemachter Art. Immer wieder kann beobachtet werden, daß die politischen Entscheidungsträger sich nicht bewußt sind, wie sehr Verzögerungen durch ihr eigenes Verhalten im Hinausschieben von Sitzungen, Entscheidungen usw. verursacht werden. Es gilt also zunächst, mit eingebauten Zeitdispositionen und auch Erläuterungen, warum ein Zeitziel eingehalten werden muß, die Entscheidungsträger zu motivieren und auf die Zwangspunkte des Ablaufs aufmerksam zu machen. Darüber hinaus ist es sehr empfehlenswert, die Entscheidungsträger über den Unterschied von Planungsprozeß und Planungsverfahren aufmerksam zu machen. Dabei ist ein ständig fortzuschreibender Netzplan sehr hilfreich, weil er deutlich herauszuheben vermag, wo die Ursachen von Verzögerungen zu suchen sind!

---

13 E. Dheus: "Planungsrelevante Daten aus der Volks- und Arbeitsstättenzählung", in: Jahresbericht 1983, Verband Deutscher Städtestatistiker, München 1983.
14 H. Menge: "Nutzungsmöglichkeiten der Zählungsdaten 1981 für Stadtleben und Raumbeobachtung", Stuttgart 1981.
15 D. Michel: "Rahmendaten für die Landes- und Stadtentwicklung in den 80er Jahren: Bevölkerung, Wirtschaft und Finanzen"; Dortmund 1983.
16 G. Glaser: "Möglichkeiten primärer und sekundärer Erhebungen zur Datenbeschaffung für den kommunalen Bereich", in: 100 Jahre Verband Deutscher Städtestatistiker, Hamburg 1979.
17 Siehe hierzu auch: H. Hansen und J. von Klitzing: "Grundlagen des Raumbezugs für computerunterstützte Raumplanung", Basel 1976
18 Siehe hierzu auch: Verband Deutscher Städtestatistiker: "Städtestatistik und Stadtforschung", Hamburg 1979.

Beim Planungsprozeß handelt es sich um den internen Vorgang bei der Ausarbeitung von Plänen im Verwaltungshandeln, einschließlich Vorlagen für und Beschlußfassungen durch die Entscheidungsträger (dazu siehe auch Grafik 2).

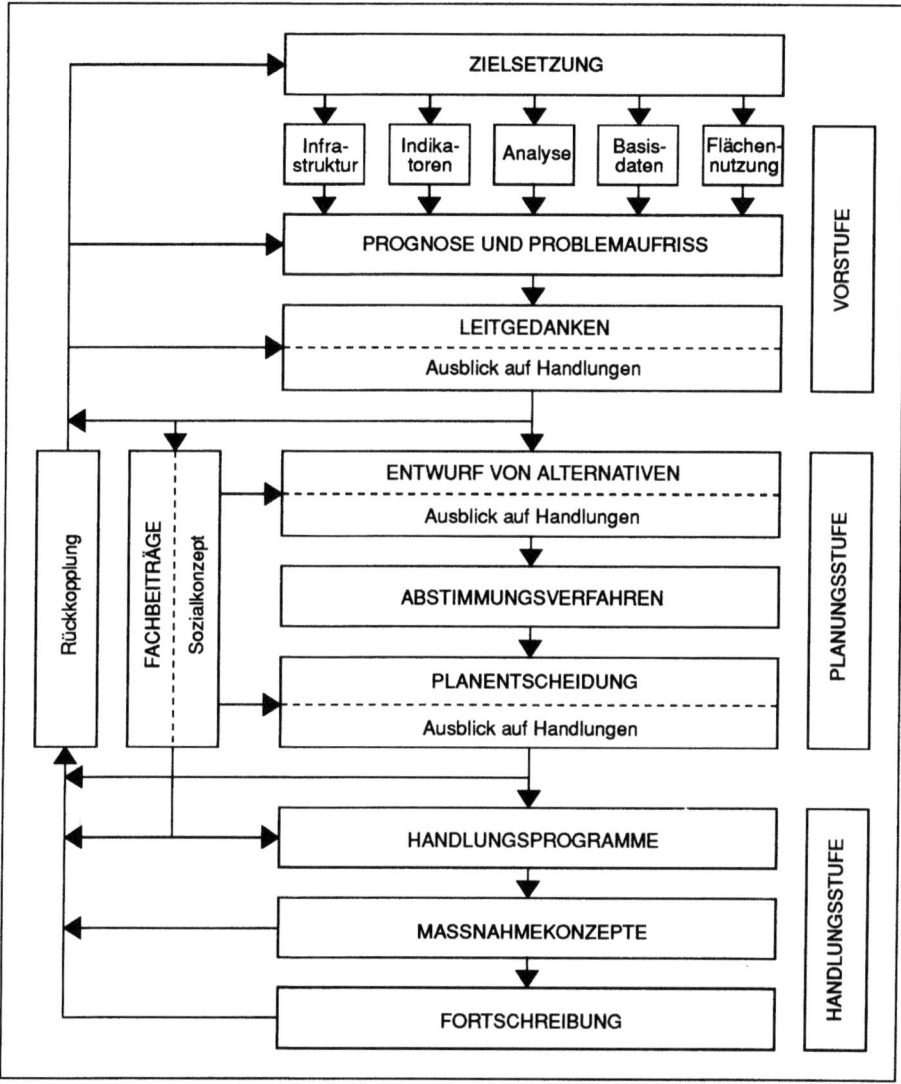

Grafik 2

Beim Planungsverfahren handelt es sich um das externe Verfahren in der Beteiligung der übrigen Träger der öffentlichen Belange und des Bürgers mit der Möglichkeit für ihn, während der vorgeschriebenen Auslegungsfrist die Pläne einzusehen, mit der Verwaltung zu erörtern sowie Bedenken und Anregungen vorzubringen (siehe dazu auch Kapitel 5.3.3). Erst wenn die Entscheidungsträger sich ein Bild über die Komplexität von Planungsprozeß und Planungsverfahren einschließlich ihrer Verzahnungen haben machen können, sind sie in der Regel zu motivieren, auch in ihren eigenen Schritten nicht allzu sehr zu "trödeln".

Die Anforderungen an Entscheidungsträger (Ratsmitglieder) sind sehr hoch. Sie sollen komplexe sozio-ökonomische Sachverhalte und Entwicklungen verstehen und Entscheidungen zur Flächennutzung und Infrastruktur treffen. Sie sollen Eingaben und Ergebnisse von Strukturuntersuchungen und Planungsalternativen unter Verwendung von Modellen verstehen usw. Sie sollen dann unter Umständen unpopuläre Entscheidungen treffen, die weder die Bürger noch die Medien aus fehlendem Sachwissen heraus verstehen können. Insofern kommt es sehr darauf an, daß die Verwaltung entsprechend vorbereitend, vorbeugend, sensibel und sachgerecht zur Erleichterung dieser schwierigen Aufgabe beiträgt. Sie ist im wahrsten Sinne des Wortes verantwortlicher "Erfüllungsgehilfe" der Entscheidungskörperschaft (des Rats der Gemeinde). Wenn die Verwaltung selbst nicht von Anfang an aufklärend, rechtzeitig vorbereitend, zeitorientiert und Hilfen anbietend arbeitet, darf sie sich nicht wundern, daß "der Laden nicht läuft". In der Regel ist es dieser Verhaltenskomplex, der, unbewältigt, heute die großen Zeitverluste auslöst und nicht irgendwelche angeblich sehr viel stärkeren Verfahrensvorschriften. So hat sich z.B. die Frist zur öffentlichen Auslegung von Plänen von vier Wochen oder einem Monat nicht geändert. Es sind zusätzliche Prüfungsanforderungen eingeführt worden, wie etwa Umweltverträglichkeitsprüfungen. Doch diese lassen sich auch im Parallelverfahren, ja sogar vorsorglich im Vorhinein, zumindest in ihren Grundarbeiten vollziehen und müssen nicht nacheinander erfolgen. Die Prüfungen dieser Art, richtig im Zeitablauf organisiert, sind nicht zwingend verantwortlich für die enorm verlängerte Verfahrensdauer, die heute bei der Aufstellung von formellen Plänen entsteht. Es ist also eine Frage der richtigen Organisation, Zeitablaufplanung sowie Information und Orientierung der Entscheidungsträger, ob formelle Planungen zeitgerecht durchgeführt werden können, wobei immer auch Ausnahmen mit großen, gerechtfertigten Zeitverzögerungen zu beobachten sind, die aber eben die Ausnahme sein und bleiben sollten.

Entscheidung
Nachdem die planende Verwaltung (nach zwischenzeitlichen Rückkopplungen auch mit den Entscheidungsträgern) eine vorlagereife Ausarbeitung mit verschiedenen Alternativen erarbeitet hat, muß sie dem Entscheidungsträger (Rat der Stadt mit Vorlauf in Ausschüssen und Magistrat oder Hauptausschuß) auch Vorschläge für die auszuwählende Alternative machen. Die Verwaltung muß dabei nicht einen einzigen Plan vorschlagen, sondern kann unter Darlegung verschiedener Prioritätensetzung auch unterschiedliche Entscheidungsvorschläge unter einer "Wenn-Dann"-Erörterung machen. Die Verwaltung kann außerdem mit Begründung ihre Prioritätssicht darlegen und sich für einen bestimmten Plan aussprechen. Von besonderer Bedeutung ist bei diesem Schritt, daß die unterschiedlichen Ansatzpunkte in den (auch politischen) Prioritätensetzungen der jeweiligen Alternativen ausreichend herausgearbeitet sind, damit die Mitglieder des Entscheidungsträgers in der Lage sind, eine

sachorientierte Entscheidung mit politischer Prioritätensetzung zu fällen. Sehr bewährt hat sich, wenn der Planungsausschuß regelmäßig, jeweils bei den einzelnen Planungsschritten, informativ oder mit Zwischenentscheidungen eingeschaltet wird. In den Entscheidungsvorschlägen ist auch darzulegen, wie die letzten Schritte nach Entscheidung durch den Rat und zur Herstellung der Rechtskraft des Planes (also z.B. förmliche Ausfertigung, Genehmigung, Feststellung, Bekanntmachung und Verkündung) erfolgen.

2.1.2 Allgemeines zu Planungsmethoden

Vorbereitung

Die Planvorbereitung ist zwingend erforderlich, um das zu Planende näher zu konkretisieren. Es ist also unabdingbar, wie wir schon erörtert haben, daß Zielvorstellungen formuliert werden, die z.B. durch Ordnungen vorbestimmt sind, oder daß bei nur allgemeiner Kenntnis Zielvorstellungen durch eine besondere Zielplanung festgelegt werden (auch ggf. durch die Entscheidungsträger).

Planvorbereitungen werden nach Habermehl[19] immer schwieriger, langwieriger und kostspieliger, je mehr sich Pläne mit komplexen Vorgängen befassen, bei denen in zunehmendem Umfang die Infrastruktur (Versorgungsunternehmen, Verkehrsanlagen, Schulen, Hochschulen, Krankenhäuser, öffentliche Körperschaften u.a.m.) zum eigentlichen Garanten bei der Planvorbereitung und -durchführung wird. Ein großes Arsenal an Einrichtungen, komplexe Planungsgegenstände und ein Stab von Planern macht es erforderlich, ein strategisch-taktisches Konzept schon für die Vorbereitung der Planung zu entwickeln (siehe zum Planungsablauf Grafik 2).

Einteilung in Untersuchungs- und Planungsraum

Nachdem wir festgestellt haben, daß es starke Verflechtungen zwischen und innerhalb der zu beplanenden Räume gibt, liegt es nunmehr auf der Hand, daß wir uns zwar innerhalb der eigenen Hoheitsgrenzen unserer Gemeinde in unseren Planungsausweisungen bewegen, aber zur Vorbereitung über ihre Grenzen schauen müssen. Daraus leitet sich ab, daß das von uns zu untersuchende Gebiet wesentlich größer sein muß als das zu beplanende. Wir müssen deshalb unterscheiden zwischen Untersuchungsraum und Planungsraum. Maurer[20] spricht in diesem Sinn von Untersuchungsgebiet und Planungsgebiet. Einer der ersten Schritte wird deshalb in Absprache mit den Landes- und Regionalplanungsbehörden wie auch Nachbargemeinden sein, denjenigen Raum abzugrenzen, der in die Untersuchungen zum Flächennutzungsplan, Generalverkehrsplan oder Landschaftsplan etc. einzubeziehen ist.

Analyse und Diagnose

Nur in seltenen Fällen entsteht nach Habermehl, wie wir schon verschiedentlich erörtert haben, die Planung aus völlig neuen Fakten und Kombinationen. Die Regel sei, daß vorhandene Vorgänge, Sachverhalte und Daten als Informationsmaterial und bestehende Pläne zur Verfügung stehen. Bei Beachtung der Ziele oder der Aufga-

---

19 Vgl. Habermehl, Fn. 1.
20 Vgl. J. Maurer, Fn. 4.

benstellung könne hieraus eine erste Festlegung durch Sichtung des Materials und durch Aufstellung einer vorläufigen Analyse und Diagnose getroffen werden. Von großer Bedeutung sei hierbei, wer das Informationsmaterial auswähle und in welchem Verhältnis das Material zum gedachten Zweck stehe. Bei zu geringen Informationsquellen oder bewußter Informationsabwehr seien Analyse und Diagnose unsicher, während eine über den Zweck hinausgehende Informationsanhäufung zu Zeitverlusten führe und möglicherweise eine Entscheidung unnötig lange hinauszögere, ja sogar auch in die Irre führen könne.

Das Sammeln und Aufbereiten von Informationen sei in unserer Zeit durch Maschinen und Organisationsmittel erheblich erleichtert. Hieraus habe sich die EDV-gestützte Planung entwickelt, die jedoch immer Gefahr laufe, durch das Übergewicht an informierenden Vergangenheitswerten das Neue, das ja der eigentliche Anlaß zur Planung sei, zu erdrücken. Nach Habermehl müssen durch Analyse und Diagnose alle Informationen in eine Ordnung gebracht und nach Maßgabe des Zweckes einer Wertung unterworfen werden. Hierdurch entsteht ein Gesamtbild dessen, was vorgefunden wurde. Von diesem sei bei allen weiteren Planungsarbeiten auszugehen. Wenn Analyse und Diagnose aus technischen Gründen oder aus Mangel an Informationsquellen nicht möglich seien, dann sollte die Planung nach Möglichkeit zurückgestellt werden, denn es fehle ihr die sichere Basis. Nur wenige Anlässe (Kriegsereignisse, Zwangslagen bei Katastrophen etc.) rechtfertigten ein Abweichen von dieser Regel.

Prognose
Die Prognose hat die Aufgabe, die Wahrscheinlichkeit einer Entwicklung einzugrenzen, zu untersuchen und näher festzulegen. Prognosen sollen zunächst die zu erwartende Entwicklung aufzeichnen wie sie sich ohne planenden Eingriff oder auf Grund bestehender (vermutlich überholter) Planung ergeben hätte. Erst in späteren Phasen, wenn Szenarien oder Alternativen konkret aufgestellt sind, werden über Modellvorstellungen nunmehr "planerische" Prognosen zum Einsatz gebracht. Prognosen, auf der Analyse und Diagnose aufbauend, bringen durch daraus resultierende beabsichtigte Veränderungen der Verhältnisse das eigentliche planerische Element zur Geltung durch die zunächst unverbindliche Ermittlung der bestimmenden Faktoren bei Abschätzung der tatsächlich vorhandenen Möglichkeiten und Darlegung der einzuschlagenden möglicherweise alternativen Wege. In diesem Prozeß werden Zwangsläufigkeiten bedacht, Prioritäten festgelegt sowie variable und nicht-variable Planungsteile auf ihre Auswirkung hin untersucht. Die Prognose kann als selbständige Einrichtung außerhalb der Planung Anwendung finden, wenn sie bei unveränderten und unbeeinflußten Verhältnissen eine bestimmte Entwicklung aufzeigen soll. In diesem Fall kann von ihr eine Bestätigung des eingeschlagenen Weges oder eine Warnung dagegen ausgehen. Bei der Planung muß sie den neu eingefügten Teil mit verarbeiten und wird dadurch zur simulierten Planung in Form eines "Modells".[21]
Für den Plan ist die Prognose eine wichtige Voraussetzung, ist aber nicht der Plan selbst. Dieser kann von der Prognose weitgehend abweichen, wenn z.B. einer prognostizierten negativen Entwicklung oder drohenden Gefahr entgegengewirkt

---

21   Siehe hierzu auch: H. K. Schneider, "Planung und Modell", im Sammelband: "Zur Theorie der allgemeinen und der regionalen Planung", Münster 1976.

werden soll. Abgesehen davon kennt nur der Plan die Entwicklung, so und nicht anders zu verfahren. Hierzu leistet die Prognose als Teil der Gesamtplanung allerdings die wichtigste Vorarbeit. Zur Planung gehört nach Habermehl ferner die Plandurchführung und Planentwicklung. Diese Vorgänge seien jedoch der Prognose fremd. Prognosen sind in jedem Fall zeitgebunden und bedürfen in mehr oder weniger großen Abständen der Fortschreibung der Daten und der Überprüfung hinsichtlich ihrer Grundlagen und Ergebnisse, weil der unbekannte, noch zu ermittelnde Sachzusammenhang schon nicht selten in die Irre führt, was nicht noch durch überholte prognostische Annahmen begünstigt werden sollte.

Aufstellung von alternativen Planungskonzepten oder -szenarien

Grundlagen
In dieser Phase handelt es sich, wie wir schon erörtert haben, noch nicht um substantiell voll abgesicherte alternative Pläne, sondern um erste alternative Konzepte (Szenarien), die allerdings schon auf allgemeinen Erkenntnissen beruhen. Wir benötigen solche Konzepte, um auf der Basis der schrittweisen Einengung arbeitsökonomisch vorgehen zu können, weil wir uns sonst in der Vielzahl von Daten und Vorgaben sehr schnell völlig verzetteln könnten.
 Bei der Aufstellung von Planungskonzepten ist zu beachten, daß in der Regel eine vorangegangene Planung vorliegt, überholt ist oder sein kann und z.T. schon Rechtspositionen der Grundstückseigentümer, anderer Träger öffentlicher Belange oder der privaten Versorgungsträger konstituiert hat. Darüber hinaus müssen wir, wie schon erörtert, Sachverhalte berücksichtigen, die unberührbar sind, wie etwa Landschaftsteile, die unter Landschafts- oder Naturschutz stehen. Auch gilt für uns heute, daß zunächst einmal bestehende Bebauung Bestandsschutz haben muß.
 Weiterhin müssen wir uns bei der Aufstellung von Planungskonzepten auf die Ergebnisse der allgemeinen Analyse, Diagnose und Prognose stützen, weil allein sie uns sinnfällige Vorstellungen erlauben. Die Planungskonzepte sollen alternativ in ihren Grundzügen entwickelt werden, jeweils nach den unterschiedlichen Möglichkeiten an Prioritäten und Vorgaben. Schließlich müssen in diesem Stadium die Vorgaben aus der übergeordneten Planung (Raumordnung und Landesplanung, Fachplanungen) ihren Niederschlag finden. Darüber hinaus gilt es, der Struktur des Gebietes und ihrer Entwicklung (Topographie, Ökonomie, Soziales, Demographie, Geschichte u.a.) Rechnung zu tragen.

Negativplanung
Als erster Schritt ist deshalb eine Negativplanung erforderlich, die erste Folgerungen im Hinblick auf die Planungskonzepte nach sich zieht. Diese Negativplanung kann "Flächen der Unberührbarkeit" darstellen, die allerdings in verschiedene Kategorien einzustufen wären, also z.B. in solche der absoluten Unberührbarkeit (wie etwa Naturschutzflächen), solche der beschränkten Unberührbarkeit (etwa solche des Landschaftsschutzes, Milieuschutzgebiete und bestehende Wohngebiete), die ggf. für eine Abwägung mit anderen Erfordernissen zur Disposition stehen.

Quantitative Flächenerfordernisse
Im Zusammenhang mit der Bestimmung der Gültigkeitsdauer des jeweiligen Planes gilt es als nächsten Schritt unter Zugrundelegung der Ergebnisse von Vorgaben, Analyse, Diagnose und Prognose, generell die quantitativen Bedarfsgrößen festzustellen. Diese Größen ergeben sich in der Regel aus einer Kombination von Annahmen (also "Einschätzungen") und Berechnungen. Deshalb empfiehlt es sich, die Quantitäten der Prognose nie als exakt darzustellen, sondern in stark ab- oder aufgerundeten Größen, möglichst sogar mit Schwankungsbreiten (Minima und Maxima). Ein solcher Ansatz vermeidet "Scheingenauigkeiten" und daraus entstehende Irreführungen.

Quantitative Nutzflächenverteilung und Infrastrukturverknüpfung
Unter Darlegung der verschiedenen Beziehungskomplexe in der Stadt gilt es in einem weiteren Schritt, wiederum unter Verwendung der Ergebnisse der oben genannten Schritte, alternative Nutzflächenverteilungen vorzunehmen, je nach unterschiedlichen Prioritäten und Vorgaben. In diese Arbeit sind nunmehr auch entsprechende alternative Verkehrskonzeptionen einzubinden und zu kombinieren, wobei in jedem Fall die Priorität bei den Mitteln für den Öffentlichen Personen-Nahverkehr liegen muß. Alternativen, die den ÖPNV schon vom Ansatz her benachteiligen, sollten als politische Vorgabe von vornherein absolut ausgeschlossen werden. Die Verknüpfung zwischen den Konzepten der Nutzflächenverteilung und den Netzen der Verkehrs- und Infrastruktur muß für die letztlich aufzustellenden Alternativen in iterativen Schritten erfolgen.

Rückkopplungen
Die auf solche Art aufgestellten alternativen Planungskonzepte sollten durch Strukturuntersuchungen und Planungsmodelle auf den Prüfstand gebracht werden. Es kann sein, daß durch Analysen, Strukturuntersuchungen und auf Grund der Überprüfung mit Hilfe von Planungsmodellen Unstimmigkeiten, Widersprüche und anderes in einzelnen alternativen Konzepten gefunden werden. In solchen Fällen empfiehlt es sich, ggf. schon in frühen Stadien Rückkopplungen vorzunehmen, damit auch die Ziele, Problemdefinitionen, Prioritäten und Vorgaben ebenso überprüft werden können wie die Planalternativen selbst. Es kann durchaus sein, daß mehrere Rückkopplungsvorgänge erforderlich sind.

Endgültige Planungsalternativen
Im Rahmen solcher Schritte wird sich in der Regel herausstellen, welche Alternative auszuscheiden ist, welche Alternative ggf. Modifikationen oder auch Ergänzungen oder Erweiterungen erfahren muß, damit sie im weiteren Prozeß Bestand haben kann. Danach ergeben sich diejenigen Alternativen, die bis zu einem Grad der Entscheidungsreife ausgearbeitet werden müssen, um dem Entscheidungsträger vorgelegt zu werden. Es handelt sich nunmehr um räumliche Alternativen II. Ordnung nach Maurer.[22]

---

22 Vgl. J. Maurer, Fn. 4.

Planungsbeteiligung, -bewertung und -korrektur
Sind Diagnose, Analyse und Prognose erstellt, so muß nach Habermehl[23] der Vorgang hinzutreten, der erst zur eigentlichen Planung hinführt: Die Konfrontation der Konzeption mit der realen Welt. Es zeige sich hierbei (so Habermehl), daß ein Plan nur in den seltensten Fällen ohne Widerstand und in der Idealform gebildet werde. In der Regel ergäben sich durch die Widerstände nicht nur Veränderungen zwischen der Prognose und dem tatsächlich aufzustellenden Plan, sondern auch beim Prozeß der Planausführung sei noch mit Abweichungen zu rechnen. Die Widerstände könnten sich durch Weltfremdheit der Planer ergeben, die in der Regel ihre eigenen Entwürfe nach Bedeutung und inhaltlicher Qualität überschätzten. Auch die materiellen Gegebenheiten könnten dem Plan entgegenstehen und ihn als utopisch "entlarven". Ebenso seien persönliche Auffassungen der Mitplaner und der Planverantwortlichen von großem Gewicht. Nicht zuletzt sei die Interessenlage der Planadressaten und die Mitwirkung der Planausführenden zu beachten. Bei konkurrierenden Plänen können bereits die anderen Planungen den eigenen entgegenstehen.

Da sie auf Veränderung drängt, löst jede Planung ein Mindestmaß an Widerstand aus. Das jeweilige allgemeine Beharrungsverhalten wird in der Regel erst einmal Widerstand auslösen und muß erst überwunden werden, bis Planung umgesetzt werden kann. Ob die Widerstände der Planung förderlich sind oder nicht, wird immer eine Streitfrage bleiben. Sind Planungsabsichten gut und realisierbar, dann werden sich auch Befürworter der Planung finden, möglicherweise aber mit eigenen umfangreichen Abänderungsvorschlägen. Auf der Suche nach Abstimmung sind deshalb in der Regel schon von der Sache her Auseinandersetzungen nicht zu vermeiden.

Auch durch frühzeitige Veröffentlichung, Auslegung und Beteiligung kann es im Verlauf der Planvorbereitungen bereits zu Erörterungen und vorläufigen Vereinbarungen der verschiedenen, am Plan Beteiligten und vom Plan Betroffenen kommen. Für das Vorgehen im einzelnen können keine Regeln aufgestellt werden, doch auch hierbei dürfte das Beachten taktisch-strategischer Gesichtspunkte von Vorteil sein. Alle vier am Plan Beteiligten oder vom Plan Betroffenen - Planverantwortliche, Planer, Planausführende und Planadressaten - können untereinander bilateral oder multilateral, in Vorschlag, Zustimmung, Widerspruch oder Duldung "kommunizieren". Dabei können Planadressaten unmittelbar mit den Verantwortlichen der Gemeindevertretung reden, um z.B. den Magistrat bei seinem Versuch, etwa die örtlichen Hebesätze bei den Grundsteuern zu erhöhen, entsprechend zu umgehen. Auch die plandurchführende Stelle (z.B. Tiefbauamt) kann auf den Planverantwortlichen rückkoppelnd einwirken, indem sie beispielsweise auf im Plan implizierte besondere Hindernisse oder Probleme und über Änderungsvorschläge auf Möglichkeiten zum Abbau der Hindernisse hinweist.

Beachtung des Zeitfaktors und der Geltungsdauer bei der Planung
Bei der Planung sind an Zeitfaktoren zu unterscheiden: Planungsdauer, Verfahrensdauer und Geltungsdauer. Hier wollen wir uns mit der Geltungsdauer auseinandersetzen. Alle Pläne durchlaufen bis zur Erfüllung ihrer Aufgabe einen mehr oder weniger angemessenen Zeitraum. Am leichtesten zu begrenzen ist die Dauer solcher Pläne, deren Abschluß bereits bei ihrer Aufstellung feststeht. Der Plan zur Produktion

---

23 Vgl. P. Habermehl, Fn. 1.

eines Fertighauses endet mit der Fertigstellung und Ablieferung des letzten Hauses der entsprechenden Serie. Die berechnete Zeit wird zwar nur zufällig der tatsächlich benötigten Zeit entsprechen, doch bei Berücksichtigung der Unwägbarkeiten wird die Größenordnung in der Regel stimmen. Neben der festgelegten Zeitdauer kann natürlich auch ein endgültiger Zeitpunkt für das Ende der Planung festgesetzt sein (Terminlieferungen, Fälligkeiten). Durch das Erfordernis, bestimmte Zeitspannen oder feste Termine einzuhalten, ergeben sich wegen der Dauer der Teilplanungsvorgänge Zeit- und Terminberechnungen, die von Objekt zu Objekt verschieden sind und von relativ groben Erfahrungsschätzungen bis hin zu mathematisch fundierter Netzplantechnik bei Einschaltung elektronischer Datenverarbeitung reichen, um zeitliche oder sachliche Engpässe zu verhindern, zu umgehen oder zu beseitigen.

Raumordnungs- und Entwicklungspläne haben oft eine unbegrenzte Geltungsdauer (besonders bei den öffentlichen Körperschaften). Bei ihnen ist es notwendig, künstlich zeitliche Grenzen zu setzen. Für die Bemessung der (wiederkehrenden) Planperioden ist die Eigenart des jeweilig zugrunde liegenden Sachgebietes von erheblicher Bedeutung. Der Haushaltsplan einer öffentlichen Körperschaft hat eine ein- bis zweijährige Laufzeit, der Fahrplan der Bundesbahn wechselt zweimal im Jahr (Sommer- und Winterfahrplan). Für globale Ausblicke werden Fünf- bis Zehnjahrespläne bevorzugt. Letzten Endes wären hundertjährige Pläne auf bestimmten Entwicklungsgebieten denkbar, wenn auch wohl unrealistisch. Wenn also die Frage, ob kurz- oder langfristige Pläne zweckmäßig sind, durch die Art der Aufgabe entschieden wird, dann fehlt auch die Möglichkeit, generell kurz-, mittel- oder langfristige Pläne mit ihren Vor- und Nachteilen gegenüberzustellen, abgesehen davon, daß es keine exakten Maßstäbe dafür gibt, was als kurze, mittlere oder lange Laufzeit eines Planes anzusehen ist. Sicher ist jedoch, daß alle Entwicklungspläne mit steigender Geltungsdauer in ihren Ergebnissen immer unsicherer werden und hierdurch der ständigen Überprüfung und Anpassung bedürfen. In der Regel bezeichnen wir Pläne mit einer Dauer von 1-2 Jahren als kurzfristig, solche mit einer Dauer von 3-5 Jahren als mittelfristig und solche mit 10 Jahren und länger als langfristig, wobei die Übergänge fließend sind.

Fortschreibung
Bei langfristigen Plänen wächst die Wahrscheinlichkeit, daß die Pläne die Beteiligten und Betroffenen überdauern könnten. Theoretisch entsteht bei einem Wechsel immer die Frage, ob die neuen Träger oder Organe noch an die von den jeweiligen Vorgängern aufgestellten Pläne gebunden sind. Die Bindung der Nachfolger mag rechtlich im Privatleben, in der Wirtschaft oder bei den öffentlichen Körperschaften unterschiedlich geregelt sein, faktisch wird es in hohem Maße darauf ankommen, inwieweit der Plan bei einem Wechsel verwirklicht ist und von der Sache her noch geringfügige oder umfangreiche Veränderungsmöglichkeiten vorhanden sind. Der Schutz der Planadressaten verbietet jedoch insbesondere bei förmlichen raumordnenden Plänen willkürliche Änderungen.

Aufstellung des endgültigen Planes
Jeder Ablauf eines Planungsvorgangs ist durch schrittweises, sich ständig überprüfendes gedankliches oder skizzenhaftes Herantasten an die beste planerische Lösung gekennzeichnet, bei ständiger Rückversicherung und Fühlungnahme mit der Aufgabenstellung, den Voraussetzungen und Prioritäten, den zugrunde liegenden Ordnungen und den vorhandenen Erfahrungen. Die Planung durchläuft, wie wir nun schon mehrfach erörtert haben, verschiedene Phasen, die sich fast stufenlos ineinander fügen, von den ersten vagen Vorstellungen und überschlägigen Berechnungen, über das Abwägen von veränderlichen und unveränderlichen Faktoren bis zur Entscheidung über den einzuschlagenden Weg und den endgültigen Plan.

Alle Pläne bedürfen zur Aufstellung, Darstellung, Mitwirkung, Entscheidung und Durchführung eines organisatorischen Ablaufs und bestimmter technischer Hilfsmittel. Es gilt hierbei, den Plan auf der Grundlage von Begriffen, Zahlen, Zeichen und Modellen zu entwickeln. Ein Rahmen von Daten und Informationen muß um das Planungsvorhaben gebildet werden, um sichere Voraussetzungen für seine Durchführung zu erhalten, (einschließlich vorsichtiger Anwendung von Richtzahlen und Faustregeln). Je nach Art des Planes und des zu Planenden sind noch manuelle Arbeiten möglich bzw. notwendig - so vielfach noch bei planerischen Zeichnungen und Skizzen -, doch die Verwendung technischer Hilfsmittel ist auch hier auf dem Vormarsch. Zu den modernen technischen Hilfsmitteln der Planung sind vor allem die datenverarbeitenden und datenspeichernden Maschinen mit ihren Zerlegungs- und Kombinations- wie auch grafischen Umsetzungsmöglichkeiten zu zählen. Durch ständige Verbesserungen und das bewußte Hinzufügen prognostischer Vorstellungen entfernen sich diese "Instrumente" immer mehr von ihrer technischen Hilfsfunktion und wandeln sich selbst in unmittelbare Instrumente der Planung.

Bei der starken Differenziertheit der Materie kann trotz in der Regel ausreichender qualitativer und quantitativer Informationen nicht erwartet werden, daß die Planung exakte und risikofreie Lösungen liefert. Die Hilfsmittel der Technik, die Richtzahlen, Skizzen, Schätzungen, Analysen, Prognosen und Vergleiche sind außerdem nicht frei von Vorurteilen, Fehlern und Irrtümern. Elemente wie das Risiko sind nicht aufzuheben. Eine solide Arbeit wird jedoch hierbei - insbesondere dann, wenn Wiederholungsprozesse gegeben sind - zu brauchbaren Ergebnissen kommen, sozusagen das Risiko minimieren.

2.1.3 Strukturanalysen

Allgemeines
Im vorangegangenen Kapitel haben wir uns mit den einzelnen Planungsschritten auseinandergesetzt. Wir haben auch erörtert, daß es zunächst erforderlich ist, unter Zugrundelegung allgemein bekannter Daten und Informationen sowie der in der Regel auch schon vorliegenden Planung, relativ allgemeine Planungsszenarien aufzustellen, um uns schrittweise an Lösungen heranzutasten.

Um nun erste konkrete Planungsalternativen herausarbeiten zu können, bedürfen wir erster sektoraler Analysen (zur demographischen, sozialen, wirtschaftlichen, räumlichen und verkehrlichen) Struktur. Krueckeberg und Silvers[24] bezeichnen diesen Schritt als "Elementary Analysis". Dabei reicht die Kenntnis der auf einen bestimmten Zeitpunkt (Erhebungszeitpunkt) orientierten Struktur als statisches Element nicht aus. Planung bedeutet, Handlungsvorstellungen für die Zukunft zu entwickeln. D.h. wir müssen uns die Entwicklungstendenzen der einzelnen Sektoren (insbesondere auch in ihren gesellschaftlichen Wechselbeziehungen) anschauen. Insofern ist es notwendig, jeweils Zeitreihen aufzustellen und diese miteinander in Vergleich bzw. Verbindung zu setzen, um daraus analytische Schlüsse ziehen zu können. Aus solchen Schritten heraus können wir als nächstes die bislang aufgestellten verschiedenen Planungsszenarien zu Planungsalternativen verdichten.

Demograpische und Soziale Struktur
Die Bevölkerung und ihre Daten sind nach Kreibich[25] und nach Wimmer[26] Grundlage und Ausgangsbasis für nahezu alle Entwicklungsaspekte einer Stadt. Die Bevölkerungsstruktur beeinflußt u.a. die Finanzkraft, das wirtschaftliche Entwicklungspotential (Angebot an Arbeitskräften), die Auslastung wie Nachfrage und damit die Leistungsfähigkeit privater und öffentlicher Dienstleistungen, einschließlich Wohnvorsorge, etc.

Zur Analyse des Feldes Bevölkerung stehen Daten der Wohnungs- und Volkszählungen zur Verfügung.

Bevölkerungsentwicklung: Die Beobachtung der Bevölkerungsentwicklung hat zwei Funktionen:
– die bisherigen Entwicklungslinien herauszufiltern und evtl. Ursachen von Unregelmäßigkeiten kenntlich zu machen und
– Grundlagen für eine Bevölkerungsprognose zu schaffen (für Nutzungsbedarfe für Wohnungen, Arbeitsplätze, Folgeeinrichtungen etc.).

Einwohnerdichte: Die Untersuchung der Einwohnerdichte hat vornehmlich eine analytische Funktion und dient als Argumentationshilfe. Sie gibt Hinweise z.B. in ländlichen Räumen auf strukturschwache Gebiete, in Großstädten auf allzu hohe Verdichtungen oder Nichtnutzung von zentralen Lagen.

Sie ist allerdings nicht als alleiniger Faktor zur Beurteilung des Verdichtungsgrades heranzuziehen, wenn sie nur bewohnte Gebäude mit einbezieht. Zusätzliche Hilfestellung (z.B. betreffend sonstiger Konzentrationen) gibt in umfassendem Zusammenhang die Geschoßflächenzahl, also Bebauungsdichte.

Wesentliche Hinweise liefert die Einwohnerdichte insbesondere auch für die Lagebeurteilung für Infrastruktureinrichtungen.

---

24 D. A. Krueckeberg und A. L. Silvers: "Urban Planning Analysis: Methods and Models", New York 1974.
25 V. Kreibich et. al.: "Entwicklung und Test eines Modells zur räumlich und sächlich disaggregierten Bevölkerungsprognose für die kommunale Investitions- und Entwicklungsplanung DISPRO", Dortmund 1979.
26 S. Wimmer: "Die Bevölkerungsentwicklung als Determinante des kommunalen Investitionsbedarfs", Berlin 1987.

Bevölkerungsstruktur: Die Bevölkerungsstruktur müssen wir differenzieren nach:
- Altersstruktur und
- Sozialstruktur.

Es sollen Hinweise gegeben werden für den Flächenbedarf von Infrastruktureinrichtungen und das zukünftige Potential an Erwerbsfähigen (Altersstruktur). Die Sozialstruktur gibt Aufschluß über die Mischung von Bevölkerungsschichten, ihre Versorgung und das Arbeitskräfteangebot.

Bevölkerungsbewegung: Grundsätzlich müssen wir unterscheiden zwischen
- natürlicher Bevölkerungsbewegung (Geburten und Sterbefälle) und
- Wanderungsbewegungen.

Die natürliche Bevölkerungsbewegung ist bei uns bestimmt durch sinkende Geburtenraten. Einfluß hat der Anteil der Ausländer, die wegen ihrer höheren Geburtenziffer zusätzlich gesondert untersucht werden sollten (z.B. für die Schulvorsorge etc.).

Die Wanderungsbewegungen sind weit schwieriger einzugrenzen. Sie hängen von vielfältigen Faktoren ab, z.B.
- dem Arbeitsplatzangebot,
- den Wohnmöglichkeiten (Zahl, Lage, Preis, Ausstattung etc.),
- Erreichbarkeit von Einrichtungen,
- der Erschließung etc.

Beides trägt dazu bei, daß wir die "Mobilitätsstruktur" der Stadt aus der Sicht der Bürger, der Menschen erkennen können.

Problemanalysen: Planungsmaßnahmen sollen nicht nur auf eine Verbesserung der physisch-technischen Umwelt hinauslaufen, sondern aus Anlaß und unter Berücksichtigung der Bedürfnisse der Bevölkerung betrieben werden. Wesentliches Ziel auch räumlicher Planungen ist es deshalb, mit Hilfe räumlicher Maßnahmen die Lebens- und Arbeitsbedingungen der Bevölkerung zu verbessern bzw. zu sichern. Wenn durch Planungsmaßnahmen Härten geschaffen werden - seien sie nun materieller oder immaterieller Art -, so widerspräche dies den heutigen Intentionen. Bei der Heterogenität der Bevölkerung und den damit auftretenden vielfältigen Interessen und Problemen wird es jedoch andererseits kaum ein städtebauliches Konzept geben, das sämtliche nachteiligen Auswirkungen für betroffene Einzelpersonen bzw. Personengruppen berücksichtigen kann. Es ist nicht zu vermeiden, daß in dem einen oder anderen Fall ein größerer Bevölkerungsteil von der Planung zwar profitiert, ein kleinerer Teil aber auch Nachteile erfährt.

Man kann dabei zwei prinzipielle Unterscheidungen nachteiliger Folgen treffen:
- ökonomische (materielle) Härtefälle (die in der Regel auch soziale Konsequenzen haben) und
- soziale (auch immaterielle) Härtefälle (die in der Regel auch materielle Elemente enthalten).

Ökonomische Härten treffen vor allem sozial schwache und wenig finanzkräftige Bevölkerungsgruppen, die ohne eine gezielte Förderpolitik der öffentlichen Hand bei der Durchführung von Maßnahmen benachteiligt sind (Bewohner im Rentenalter, kinderreiche Familien, Alleinerziehende, einkommensschwache Haushalte, kleine Gewerbetreibende, Haus- und Grundeigentümer, die mehr oder weniger vollständig auf die laufenden Einnahmen aus ihrem Eigentum angewiesen sind, sowie Ausländer und ihre Familien).

Soziale (immaterielle) Härten entstehen bei der Durchführung von Sanierungsmaßnahmen durch die Zerstörung von Bindungen der Betroffenen in ihrer vertrauten sozialen Umwelt (Heimatgefühl), z.B. für ältere Personen, die aus ihrer gewohnten sozialen Umwelt herausgerissen werden und einen Milieuwechsel oft nicht mehr verkraften, oder für Betroffene, die mit ihren Lebensgewohnheiten, ihren gewachsenen menschlichen Bindungen in Form von Nachbarschaftsbildung einen besonders ausgeprägten Kontakt zu Mitmenschen aufgebaut haben oder auch auf deren Hilfe angewiesen sind - z.B. pflegebedürftige Personen, aber auch spezifische Ausländergruppen etc.-, für sozial schwache Personen, die kein Auto besitzen und somit besonders stark ihre räumliche und soziale Umgebung nutzen und damit verwachsen sind. Eine anschauliche Darstellung solcher Sachverhalte bietet Band 4 der Reihe Stadtforschung über die individuellen Auswirkungen erzwungener Mobilität im Rahmen von Sanierungsmaßnahmen.[27]

Die inhaltliche Bearbeitung der sozio-demographischen Faktoren erfordert deshalb, z.B. im Hinblick auf das Herausfiltern erneuerungsverdächtiger Gebiete, zunächst die Erfassung und Interpretation von Daten zur demographischen Struktur (Statistik), Daten zur Sozialstruktur (Statistik), von subjektiven bzw. immateriellen Angaben aus der Bevölkerung (Befragung) und die Auseinandersetzung mit substantiellen, strukturellen und funktionellen Mißständen, die aus physisch-technischen Planungsfaktoren resultieren.

Aufgabe eines daraus folgenden sozio-ökonomischen Konzeptes ist es u.a., kritische Bereiche innerhalb des Untersuchungsraumes herauszuarbeiten. Indizien dafür sind z.B. überhöhte Dichten, überproportionaler Anteil älterer Bürger, Bereiche mit überdurchschnittlich hohem Anteil an sozial Schwachen und/oder Ausländern, Bereiche mit überaus hohem Anteil inhomogener sozialer Schichten etc. Folgende problembezogene statistische Daten bilden die erforderliche Grundlage zu Untersuchungen der o.a. Konfliktbereiche: Einwohnerverteilung, Belegungsdichte, Ausländeranteil, Lebensunterhalt aus Rente, Ein-Personen-Haushalte, Altersaufbau der Einwohner, Arbeiteranteil, Anteil der Angestellten und Beamten sowie der Anteil der Selbständigen.

Die Vorbereitung von Grundsätzen zum Sozialplan kann nicht nur die Erhebung von Zahlen zu sozialen Angaben und deren Interpretation umfassen. Die gesetzlich geregelte mögliche Einflußnahme der betroffenen Bevölkerung in den Planungsprozeß kann direkt am besten erst einmal über eine Befragung der Bewohner erfolgen. Hier geht es darum, neben den sozialen Einflußfaktoren aus der Statistik das Gegengewicht der subjektiven Stellungnahme durch die Bewohner und Nutzer treten zu lassen, die in der Regel durchaus Bereitschaft zeigen, aktiv mitzuarbeiten.[28]

Die Erhebung von immateriellen, z.T. auch subjektiven Angaben mit Hilfe einer Befragung umfaßt folgende mögliche Themenkreise: Bindung an den Wohnort, Nachbarschafts- und Verkehrskreise, Beurteilung der einzelnen sozialen Gruppen, Attraktivität des Stadtgebietes, Bewertung vorhandener Einrichtungen, Einkaufsgewohnheiten, Bewertung der Ausstattung in der Einzelhandelsversorgung, Wohn-

---

27 W. Tessin u.a.: "Umsetzung und Umsetzungsfolgen in der Stadtsanierung", Band 4, Stadtforschung, Berlin 1983.
28 Siehe hierzu auch: Österreichisches Institut für Berufsbildungsforschung: "Einstellung betroffener Bewohner zu Stadterneuerungsplänen" (3 Bände), Wien 1985.

wünsche/Gewohnheiten, Bewertung von Immissionen durch Lärm und Schmutz, Beziehung Wohnort-Arbeitsplatz, Einstellung zum öffentlichen Nahverkehr, Bewertung von Veränderungsnotwendigkeiten, Sanierungsbereitschaft, Vorstellungen über die eigene, individuelle Zukunft, Beurteilung bereits bekannter, vorgesehener planerischer Maßnahmen der Kommune.

Wirtschaftsstruktur
Der Begriff Wirtschaft sollte an dieser Stelle mehr als die allseits bekannten "Wirtschaftszweige" umfassen. Es geht auch um den "Standort" der jeweiligen Stadt und ihrer Region im Rahmen des Landes und des Staates, also beispielsweise um die Rangordnung innerhalb der Hierarchie zentraler Orte, um Sonderfunktionen, wie etwa Internationaler See- oder Flughafen, Universitätsstadt usw.

Solche Funktionen einer Region im Rahmen staatlicher Aufgaben bestimmen in wesentlichem Maß die Entwicklungsparameter der jeweiligen Stadt und sind zunächst einmal festzuhalten und in ihrem auch wechselseitigem Wirkungsgrad zu bestimmen. Sie beeinflussen zweifellos
– die Zahl der Arbeitsplätze,
– die Struktur der Wirtschaftszweige,
– die Anteile der Beschäftigten an den Wirtschaftszweigen und damit auch
– die Standorte der Arbeitsplätze,
– die daraus entstehenden Verkehrsprobleme und vieles andere.

Neben dem Aspekt der Erwerbsstruktur sind es die Einflußfaktoren nach Flächenbedarf und Standort
– des produzierenden Gewerbes,
– der Verwaltung und der Dienstleistungen,
– des Einzelhandels u.a.,
die den Schwerpunkt von Untersuchungen bilden sollten.

Produzierendes Gewerbe (einschließlich Industrie)
Das produzierende Gewerbe ist ein zentraler Faktor der Wirtschaftsentwicklung. Die Zahl und Qualität von Arbeitsplätzen, die konjunkturunabhängige Mischung von Branchen und die Umweltbedingungen stehen im Mittelpunkt der Problematik. Die Zahl der Arbeitsplätze ist in der Regel rückläufig. Nach der Mechanisierung ist nunmehr die Automation voll wirksam geworden. Mancher Stadt, insbesondere in jüngster Zeit in Ostdeutschland, sind dadurch beträchtliche Probleme entstanden (z.B. "Industriebrache").[29]

Verwaltungen, Dienstleistungen, Kleingewerbe
Im Mittelpunkt stehen die privaten und öffentlichen Verwaltungseinrichtungen. Es sind Standort- und Zuordnungsfragen, die in Verbindung mit der Verkehrserschließung, den Baulandreserven, den Sanierungsmöglichkeiten, den Eigentums- und Be-

---

29 Siehe hierzu auch: M. Bauer und H. W. Bonny: "Flächenbedarf von Industrie und Gewerbe. Bedarfsrechnung nach GIFPRO", Dortmund 1987.

sitzverhältnissen und der räumlichen Tragfähigkeit im Vordergrund von Untersuchungen in Kernzonen der Stadt stehen.[30,31]

Gewerbebetrieben muß in Innenstadtzonen besondere Aufmerksamkeit zukommen. Betriebe, die stetig Kapazität und Fläche ausgedehnt haben, erreichen die Grenze ihrer Expansion. Die Umsiedlungsmöglichkeiten solcher Betriebe - insbesondere wenn störende Einflüsse hinzutreten - ist eine wesentliche Aufgabenstellung für das Nutzungskonzept.

Einzelhandel
Das Ziel Mittelpunktfunktionen auch auf Außenbezirke zu übertragen, um die Innenstadt zu entlasten und für die Bewohner der Außenbezirke bessere unmittelbare Lebensbedingungen zu schaffen, gibt dem Einzelhandel sein besonderes Gewicht. Neben der Beurteilung der derzeitigen Leistungsfähigkeit steht die Prognose des zukünftigen Bedarfs im Mittelpunkt der Untersuchung. Dabei sind die Bestimmung der Zentralitätsfunktion und die Standortverteilung wichtige Faktoren. Dieser Frage wird in Kapitel 3.1.5 noch näher im Rahmen der Rolle des Einzelhandels bei der Bestimmung zentraler Standorte nachgegangen.

Nutzungsstruktur
Die Bedarfe an Aussagen zur Nutzung zielen in der Regel auf Angaben, die über die Inhalte der Baunutzungsverordnung hinausgehen. Dies bezieht sich sowohl auf eine Differenzierung der Flächenarten als auch auf eine Differenzierung der Standortaussagen. Durch das Maß der baulichen Nutzung und die Standortfestlegung ist die räumliche Struktur direkt betroffen. Die sozio-ökonomische Struktur kann u.a. bei der Festlegung von Art, Anzahl, Größe und Lage der Wohnfolgeeinrichtungen beteiligt und/oder betroffen sein. Der Verkehr ist mit seinen Anlagen sowohl als "flächennutzender" Faktor als auch im Wechselverhältnis von Flächenangebot und -bedarf und Erschließung wesentlich beteiligt und/oder betroffen. Die Bestimmung von Art, Lage und Dimension der Nutzung - von welchen Faktoren letztlich auch beeinflußt - stellt den zentralen Ausgangspunkt der Stadtplanung dar.

Auf der inhaltlichen Seite der Nutzungsstruktur gibt es drei Bearbeitungsfelder:
– die Standortbestimmung von Einrichtungen,
– die Zuordnung von Flächen nach der Art ihrer Nutzung und
– das Maß der baulichen Nutzung.

Die Standortbestimmung stellt eine Planungsaufgabe mit einer Vielzahl von Variablen dar, z.B. Lage und Einzugsbereich der Einrichtungen, Erreichbarkeit, Umweltqualitäten und -bedingungen, Grundstücksbeschaffenheit, Erschließungsfragen oder Eigentums- und Besitzverhältnisse.

Bei der Zuordnung von Flächennutzungen zueinander geht es zunächst um Wechselbeziehungen - wie z.B. die sinnvolle Verflechtung von Wohnungen und Arbeitsplätzen, die Beseitigung gegenseitiger Belästigungen oder die ökonomische Ausnutzung zentraler Vorzugslagen. Auch hier spielt die Verkehrserschließung eine Rolle. Die Verdichtung z.B. ist eine Frage der Erschließung bzw. der Erreichbarkeit.

---

30 Siehe hierzu: Informationszentrum Raum und Bau der Fraunhofer-Gesellschaft: "Bedarfsplanung für den Büro- und Verwaltungsbau", Stuttgart 1992.
31 Siehe hierzu auch W. Börner und U. Bunata: "Gemeinbedarf in Stuttgart 2000", Stuttgart 1990.

Unterschiedliche Nutzungsarten bestimmen auch wesentlich die visuelle Erscheinung einer Stadt und ihren funktionalen bzw. räumlichen Zusammenhalt.

Das Maß der Nutzung wird bestimmt von drei Ausgangspositionen:
- von den Erfordernissen des Flächenbedarfs,
- von der Ökonomie der Struktur und
- von der räumlichen Tragfähigkeit des Gebietes.

Die Festlegung von Dichtewerten ist stark abhängig von ökonomischen Vorgaben und Wertvorstellungen - also auch von Zielfindungsprozessen der Bürger und Politiker.

Verkehrsstruktur

Die Erörterung des Verkehrs in einer integrativen Aufgabenstellung bedarf einiger grundlegender Vorbemerkungen. Bei dem hier vorliegenden Sachzusammenhang geht es z.B. nicht darum, Grundlagen technischer oder politischer Art für die Verkehrsplanung zu erarbeiten - derartiges ist an anderer Stelle schon erörtert (siehe Bände 1 und 2[32]). Vielmehr soll verdeutlicht werden, wie die Verflechtung zwischen dem Verkehr und anderen Aspekten angegangen werden kann. Es empfiehlt sich dazu, Peter Halls Artikel in "Zukunft Stadt 2000"[33] zu lesen. Die gegenseitigen Abhängigkeiten zwischen dem Verkehr und anderen sektoralen Faktoren ist derart umfangreich und bedeutsam, daß eine weitgehende Integration unerläßlich ist.

Im Hinblick auf die Gesamtaufgabe unterteilt sich das Aufgabengebiet der Verkehrsplanung in
- die Kenntnis der Nutzungsverteilung als Verkehrsverteiler,
- die Kenntnis der Mobilitätsbedürfnisse der Gesellschaft als Verkehrserzeuger,
- die Erarbeitung von realistisch prognostizierten Mobilitätsmodellen entsprechend der Nutzung,
- die technisch-planerische Ausarbeitung von Netzkonzeptionen als Verkehrsaufteiler auf den öffentlichen Personen-Nah-Verkehr (ÖPNV) und den Individualverkehr (IV) und
- die Detailbearbeitung als Ausführungsvorbereitung.

Eine solche Anforderung setzt zunächst einmal eine weitgehende Grundinformation voraus. Der Prozeß der Integration ist komplex und daher nur begrenzt in Modellen beschreibbar. Es handelt sich um
- Zustandserfassung und -bewertung,
- Ziel- und Problemdefinition,
- Ursache-Wirkung-Bewertung,
- Konzeptionserarbeitung und
- Maßnahmeformulierung.

Die Verflechtung vollzieht sich auf sämtlichen Ebenen des Planungsprozesses. Im Vordergrund steht die Abhängigkeit des Verkehrs von der Nutzungsstruktur, der räumlichen Struktur und, im Hinblick auf restriktive Einflüsse, von der sozio-öko-

---

32 K. Müller-Ibold: "Einführung in die Stadtplanung", Fn. 2
33 P. Hall: "Der Einfluß des Verkehrs und der Kommunikationstechnik auf Form und Funktion der Stadt", in: Zukunft Stadt 2000, Perspektiven der Stadtentwicklung, Stuttgart 1993.

nomischen wie auch ökologischen Struktur. Der Mensch steht im Mittelpunkt, nicht das Fahrzeug oder das Verkehrsband.[34]

Mit der Nutzungsstruktur werden u.a. Ziel- und Quellpunkte, ihre Standorte und Dimensionierungen sowie die Ursachen konkreter Verkehrsbedarfe festgelegt, mit der räumlichen Struktur die Linienführung, die Orientierbarkeit, Überschaubarkeit etc. konzipiert.

Zusammenfassend kann man feststellen, daß eine eigenständige und losgelöste Bearbeitung des Verkehrsaspekts wenig sinnvoll ist. Erst die integrative Arbeit kann zu sinnvollen Lösungen bei gleichzeitiger Verminderung späterer Zielkonflikte führen. Verkehrskonzeptionen sind durch eine Vielzahl von analytischen und konzeptionellen Vorgaben sehr stark geprägt.[35] Es handelt sich sowohl um planerische Festlegungen als auch um politische Entscheidungen. Daraus ergeben sich in der Bearbeitung von Folgewirkungen und Anschlußnetzen breite Tätigkeitsfelder. Wir werden bei den Themen Methodik der Flächennutzungsplanung und der Verkehrsplanung in den späteren Kapiteln noch intensiv darauf zurückkommen und eingehen müssen. Hier soll lediglich klargestellt werden, daß die Verkehrsstruktur in einem unmittelbaren, wechselseitigen und kausalen Wirkungszusammenhang mit der Nutzungsstruktur steht.

Analysen, Diagnosen und Prognosen
Diese enorm wichtige Phase befindet sich an der Nahtstelle zwischen Bestandsaufnahme und der Formulierung von präzisen konzeptionellen Vorschlägen. Voraussetzung für die Bearbeitung dieser Phase ist die Verfeinerung des Zielsystems und damit die Präzisierung von Leitgedanken und Wertvorstellungen zur Beurteilung der örtlichen Situation. Innerhalb der Analyse sollen Sachverhalte interpretiert, Problemstellungen detailliert beschrieben und bewertet, Programmvorstellungen formuliert, Bandbreiten von Prognosen erstellt und eventuell notwendige Nacherhebungen (Rückkopplung) initiiert werden. Sachverhalte, die vorher global als "Zielsystem" oft in sehr abstrahierter Weise diskutiert wurden, müssen nun im Einzelfall einer präzisen und konkreten (!) Formulierung nähergebracht werden. Es sind Schwellenwerte, Problemdefinitionen, Richtwerte, Normen etc. festzulegen. Der Anspruch an die Ergebnisse diagnostischer Aussagen sollte nicht zu hoch angesetzt werden. Entwicklungs- und Erneuerungsprogramme - vor allem auf mittlere und längere Zeiträume bezogen - können lediglich einen Zielrahmen darstellen, für dessen Realisierung die denkbar besten Voraussetzungen geschaffen werden sollen.
Es ergeben sich daraus folgende Anforderungen an die Diagnose:
– die Beurteilung der örtlichen Situation gegenüber der Entwicklung und allgemeinen gültigen Richtwerten,
– die Einbeziehung des Erfahrungspotentials der Betroffenen,
– die Durchführung alternativer Berechnungen bzw. Schätzungen,
– die Beschränkung auf realistische Prognosezeiträume,
– die Kennzeichnung von Langzeitperspektiven lediglich als genereller Zielrahmen,

---

34 Siehe hierzu auch: A. Knoflacher: "Verkehrsplanung für den Menschen", Wien 1987.
35 Siehe hierzu auch: Forschungsberichte des Bundesministers für Raumordnung, Bauwesen und Städtebau: "Raumordnungspolitische Anforderungen an eine integrierte Verkehrsplanung und Verkehrsgestaltung", Bonn 1992.

- die Einbeziehung der politischen, administrativen und finanziellen Durchsetzbarkeit,
- die Simulation möglicher Folgen von Planungsmaßnahmen.

Am Ende dieser Arbeitsphase steht eine allgemeine Vorstellung, die in der Folge einer Verfeinerung, Modifizierung und einer flächigen Umsetzung bedarf.

Ablauf des sich ständig wiederholenden Analysevorganges

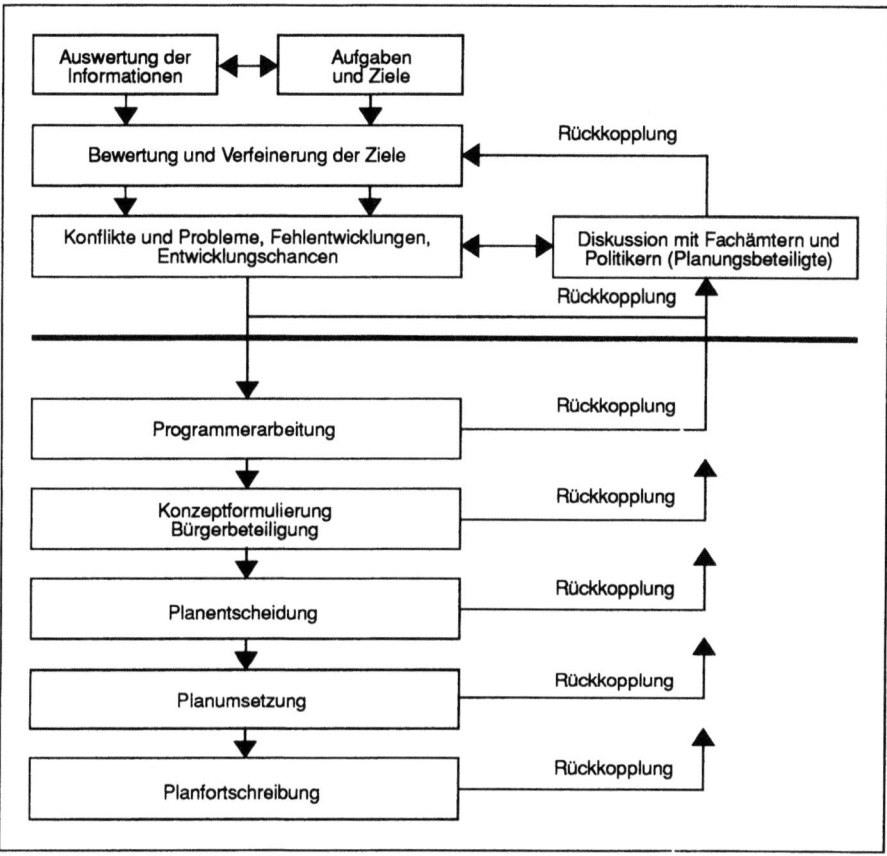

Grafik 3

Ablauf des Analysevorgangs

Die Sachverhalte und ihre Bewertung werden in Form von Texten, Tabellen, Matrizen und Grafiken dargestellt, damit die Entscheidungsprozesse mit den zugrunde liegenden Wertungen sichtbar bleiben und eventuell später verändert werden können. Dies kann sowohl in der politischen Diskussion über Planungsentscheidungen als auch in Form einer Fortschreibung erfolgen. Die Bewertung bleibt dadurch veränderbar, "manipulierbar". Der Untersuchungsgegenstand "Stadt" mit seiner

Dynamik und der Unwägbarkeit der ihn beeinflussenden Personen und Wertvorstellungen zwingt zu einer derartigen Verfahrensweise. Eine endgültige Bewertung kann erst in der endgültigen Planentscheidung erfolgen, da erst dann die maßgeblichen Entscheidungsträger zu einer definitiven Aussage gezwungen sind. Der Vorgang bis zur Formulierung von Planungsabsichten ist - wie an Grafik 3 deutlich abzulesen - ein ständiger Rückkopplungsprozeß, der zwischen Auswertung, Diskussion der analysierten Ergebnisse, Planentscheidungen und Maßnahmeformulierungen ständig "pendelt".

Allgemeine Entwicklungsanalyse

Bevölkerungsentwicklung

Die Prognose der Wohnbevölkerung ist durch eine Vielfalt empirischen Materials und Nachforschungen der statistischen Ämter verhältnismäßig überschaubar geworden. Die Häufigkeit von Fortschreibungen erlaubt insbesondere bei der natürlichen Bevölkerungsentwicklung eine auf kürzere und mittlere Zeiträume zuverlässige Vorausschätzung der zu erwartenden Bewegungen. Variable Größen in der natürlichen Entwicklung sind u.a.: die Altersstruktur, die Sozialstruktur, der Ausländeranteil und die Lage im Raum.

Diese Größen sind einzeln statistisch zu erfassen und mit Trend-Analysen allgemeiner Art (d.h. auf die Gesamtstadt oder die Region bezogen) zu versehen.

Flächenbedarf für Wohnraumentwicklung

Die Erarbeitung z.B. des Wohnraumbedarfsprogramms stützt sich auf folgende analysierte, ortsspezifische Merkmale: die natürliche Bevölkerungsentwicklung, die Wanderungsbewegungen, den Ausländeranteil, den Altersaufbau, die Arbeitsplatzzahl, die Zahl der Einpendler, die Zahl der Auspendler, die Beschäftigtenzahl, die Erwerbsquote, die Zahl der vorhandenen Wohnungen, die Haushaltsgrößen, die Belegungsquote der Wohnungen, den Zustand der Bausubstanz und den Stadtumbaumaßnahmen.

Die Prognose der Bevölkerungsentwicklung bildet die vorrangige Basis für Wohnraumbedarfs-Berechnungen.

Sie hängt von der Arbeitsplatzzahl, der Beschäftigtenzahl, der Erwerbsquote und der Zahl der vorhandenen Wohnungen ab.[36]

Die nächste wichtige Größe stellt die Entwicklung der Haushaltsgrößen (Person/Haushalt) und Belegungsquoten (Person/Wohnung) dar. Zu diesen Faktoren gibt es eine Reihe von Erfahrungswerten und Prognosen, die allerdings einer Korrektur durch die ständige Entwicklung und die vorhandenen örtlichen Gegebenheiten bedürfen.

Ein weiterer Einflußfaktor liegt in den notwendigen Erneuerungsmaßnahmen und Umnutzungen, die die Schaffung neuen Wohnraums notwendig machen. Die endgültige Festlegung dieses Bedarfs kann erst nach der Abgrenzung von Erneuerungsgebieten und Umnutzungen erfolgen.

---

36 Siehe hierzu auch H. Schoof und D. Timpei: "Methode der Flächenbedarfsermittlung für Wohnsiedlungsbereiche", Dortmund 1981.

Das Wohnraumprogramm stellt zunächst nur eine Arbeitsgrundlage dar, die im weiteren Verlauf durch modifizierte Zielvorstellungen und Restriktionen ständig veränderbar ist. Die Angaben beziehen sich auf Wohneinheiten, da die Bestimmung der Bebauungsdichte und damit des Bruttowohnbaulandes erst bei der Standortfindung innerhalb der Maßnahmeformulierung erfolgen kann.

Aus den Bedarfsprognosen für Wohnraum wird anhand von Durchschnittswerten der Wohnungsgrößen und der Bebauungsdichten der ungefähre Wohnflächenbedarf ermittelt (siehe auch Grafik 4).

Prognose Wohnflächenbedarf

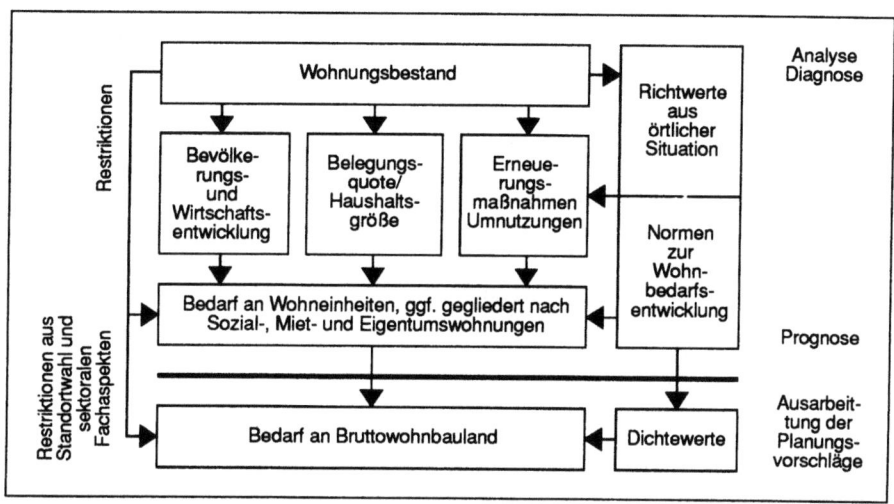

Grafik 4

Flächenbedarf an Wohnfolgeeinrichtungen

Die Programmbearbeitung der öffentlichen Infrastruktur stellt einen so komplexen Vorgang dar, daß er methodisch nur begrenzt erfaßbar ist. Ein Problem stellt sich dabei z.B. in der ständigen Veränderung und Verschiebung der raumbezogenen Basisdaten, also für Schulen, die z.B. den schon in den Bänden 1 und 2[37] erörterten enormen Veränderungen auf Grund des starken Rückganges der Wohnungsbelegung unterliegen. Es liegt z.B. auf der Hand, daß der Rückgang der Bevölkerung der inneren Stadt in Kiel (auf Grund der zurückgegangenen Wohnungsbelegung und nicht auf Grund entsprechend geringer Wohnungszahl) von rd. 150.000 auf 75.000 enorme Auswirkungen haben mußte (z.B. Schließung von Schulen).[38] Der Ausgangspunkt der Aufgabenstellung enthält zunächst eine Koordination verschiedener Einflußfaktoren, wie z.B. Wohn- und Bevölkerungsverteilung, demographische Struktur, Landesschul- und andere Programme, Wünsche aus der Bevölkerung, Wünsche

---

37 K. Müller-Ibold: "Einführung in die Stadtplanung", Fn. 2.
38 K. Müller-Ibold: "Einführung in die Stadtplanung, Band 1", Fn. 2

von Interessengruppen, Intentionen der jeweiligen Fachbereiche, Forderungen von politischer Seite.

Flächenbedarf für den Einzelhandel
Neben den Wohnfolgeeinrichtungen spielen insbesondere für die Bestimmung von zentralen Standorten die Flächen- und Standortbedarfe des Einzelhandels eine strukturierende Rolle.

Die Erstellung der Einzelhandelsprognose folgt nachstehendem Verfahren: Analyse der örtlichen Situation, Ermittlung der Bevölkerungs- und Wirtschaftsentwicklung (z.B. des Wohlstandes), Bestimmung des potentiellen Einzugsbereiches, Ermittlung der einzelhandelsrelevanten Kaufkraft, Ermittlung des Kaufkraftabflusses, Ermittlung der zukünftigen Raumleistungszahl aus der allgemeinen Trendprognose und der örtlichen Situation und Ermittlung des Flächenbedarfs durch Division von Kaufkraftziffer und Raumleistungszahl.

Die Überschaubarkeit des Ablaufs verdeckt zunächst die Unwägbarkeiten einzelner Bestandteile des Ermittlungsverfahrens. Veränderliche Faktoren sind:
– die Verschiebung von Einzugsbereichen,
– die Entwicklung der Wohnbevölkerung (sich verändernde Wohnungsbelegung, s.o.),
– die allgemeine Entwicklung der Kaufkraft,
– die allgemeine Entwicklung der Produktivität.

Da es sich hierbei um Eckpfeiler des Prognose-Systems handelt, sind immer Zweifel an der uneingeschränkten Stichhaltigkeit der Ermittlungen, ihrer Genauigkeit und der zu erwartenden Ergebnisse angebracht.

Die Ermittlung der Einzugsbereiche z.B. bedarf eines hohen empirischen Aufwandes, da das Kaufverhalten am sichersten durch Befragungen größeren Ausmaßes ermittelt werden kann. Im übrigen ist auf die Folgen der Veränderungen sowohl der Erwerbsquote als auch der Belegungsziffer der privaten Haushaltsgrößen der Wohnungen immer wieder neu hinzuweisen.

Nach diesem Exkurs wird klar sein, daß insbesondere die hier erörterten Strukturuntersuchungen am Anfang einer jeden räumlichen Planung stehen müssen. Sie geben zunächst einmal ein Bild des zu beplanenden Objektes ab. So wie der Mediziner (Internist wie Chirurg) mittels verschiedenster Instrumente zunächst ja den nur äußerlich als krank sich darbietenden Körper generell "durchleuchtet", muß der Planer sozusagen den "Stadtkörper durchleuchten".

Ein Außerachtlassen dieser wichtigen Phase würde unweigerlich zum Zwang der totalen Improvisation führen. Der Planer müßte aus dem "hohlen Bauch" heraus Planungsvorschläge entwickeln, die insbesondere der schnellen Veränderungsentwicklung unserer Städte nicht gerecht werden könnten, mit unkorrigierbaren Folgeschäden für die Stadt.

In gleichem Sinn sind Analysen, Diagnosen und Prognosen für die Sektoren Wirtschaft und Verkehr erforderlich. Hier müssen wir uns mit einem Hinweis begnügen, weil wir sonst den Rahmen einer Einführung sprengen würden. Im übrigen werden wir darauf in den weiteren Kapiteln zu den einzelnen Methoden zurückkommen.

2.1.4 Planungsmodelle

Allgemeines und Zielsetzung
Bei der Stadtentwicklungs-, Flächennutzungs- und Generalverkehrsplanung bedarf es der Zusammenführung und Vernetzung einer Vielzahl von Daten, Informationen und Bezugsfaktoren. Sie wären im einfachen Verfahren mit manuellen Tabellen und Matrizen in der Zukunft nicht mehr zu bewältigen. Wir benötigen deshalb in wachsendem Maß und unabweisbar die elektronische Datenverarbeitung, um für die verschiedenen Alternativen in angemessener Zeit in angemessener Durchdringung der Materie die erforderlichen Voraussetzungen ebenso wie die Folgewirkungen für die Planung herauszuarbeiten, damit am Ende auch plausible Entscheidungen getroffen werden können. Um jedoch die EDV einsetzen zu können, benötigen wir einen Rahmen, der in der Lage ist, die großen Mengen an Daten einzugrenzen, miteinander in Beziehung zu setzen und zu vernetzen[39]).

Für einen solchen Bezugsrahmen benötigen wir ein System. Wir müssen uns also damit auseinandersetzen, wie ein solches System aussehen muß.[40] Z.B. ist ein sauber aufgehäufter Stapel Stahlblech an dem für den Produktionsvorgang richtigen Standort in einem Automobilwerk zwar systematisch deponiert, aber noch kein System, davon abgesehen, daß die Struktur des Stahls in sich auch ein System darstellt. Ich kann z.B. eine oder mehrere Platten aus dem Stapel entfernen, der Stapel bleibt ein Stapel. Bei einem "System", wie wir es hier für unsere Zwecke definieren wollen, sind jedoch alle Teilelemente miteinander zu einer Funktionserfüllung verknüpft. Wenn ein Teil herausgenommen wird, kann das System seine Funktion nicht mehr erfüllen und bricht zusammen. Das Stahlblech wird z.B. in dem Moment zum Teil eines Systems, wenn es zu Formteilen gepreßt und mit anderen Elementen anderer Materie zu einem Kraftfahrzeug zusammengebaut wird. Das KFZ ist ein System, weil es nur im Zusammenwirken seiner Teile funktionieren kann. Dabei ist zu vermerken, daß wiederum Teile des Systems selbst ein System bilden können, wie in unserem Beispiel etwa das Autoradio, das auch ohne in ein Auto eingebaut zu sein, seine Primärfunktion erfüllen könnte. Wenn nun mehrere einzelne Systeme in Bezug zu einander treten, kann es sein, daß sie zusammen ein weiteres und neues übergeordnetes System bilden. Alle Kraftfahrzeuge und das Straßennetz bilden zusammen ein solch neues übergeordnetes System, nämlich das Straßenverkehrssystem, das wiederum seinerseits in einem weiter übergeordneten System, zusammen mit dem öffentlichen Nahverkehr, das allgemeine Verkehrssystem bildet und dieses mit dem System menschlicher Siedlungen in das System verstädterter Zonen mündet.

Unsere Zivilisation hat sich nunmehr zu einem dichten, raumübergreifenden Netz an Beziehungen und Systemen entwickelt. Je weitläufiger und dichter die Vernetzung ist, desto intensiver und häufiger sind die Rückwirkungen von einzelnen Maßnahmen oder Handlungen auf unsere Umwelt, die inzwischen immer sensibler auf unsere Einwirkungen reagiert. Diese vernetzten Systeme wollen wir im Interesse der in ihnen lebenden Menschen und ihres Umfeldes ergründen, ständig beobachten, in ihren Entwicklungstrends verstehen und positiv beeinflussen. Da wir die dafür

---

39 Siehe dazu auch H. Rausch: "EDV-Einsatz in der Bauleitplanung", in: AEC Report Nr. 1, Brüssel 1993.
40 F. Vester: "Ballungsgebiete in der Krise", Stuttgart 1976.

erforderlichen komplexen Daten und Informationen in ihrer Menge und ihrer Vielzahl an Beziehungen nicht mehr persönlich speichern und verknüpfen, d.h. auch nicht mehr analysieren können, setzen wir gezielt und als gesteuertes Hilfsinstrument Modelle unter Verwendung der elektronischen Datenverarbeitung ein.

Ziel solcher Modelle ist es nach Hanssmann[41], Entscheidungshilfen in unserem Fall für die Stadtentwicklungsplanung zu bieten. In der Regel arbeiten wir mit drei Stufen, die hierarchisch aufeinander aufbauen.
– Allgemeine Entwicklungsprognosen sollen die Möglichkeiten und Grenzen der Bevölkerungs- und Wirtschaftsentwicklung für die Stadt als Ganzes definieren, eingrenzen und ggfs. steuern helfen.
– Simulationsmodelle sollen die Auswirkungen diverser Planungsalternativen der räumlichen Stadtentwicklung erkennbar machen.
– Bewertungsverfahren sollen die Rationalität der Entscheidung zwischen den Planungsalternativen untermauern.

Außerdem sollen die Modelle dadurch operabel gemacht werden, daß in ihnen nur eine reduzierte repräsentative Zahl von Daten und Informationen verwendet wird.

Modelle sind eine Entscheidungshilfe für die mittel- bis langfristige Planung der räumlichen Stadtentwicklung. Sie sollen die vielschichtigen Auswirkungen alternativer Kombinationen von Planungsabsichten in ihren gegenseitigen Abhängigkeiten unter Berücksichtigung des Zeitablaufs erkennbar machen und Basisinformationen für die mittel- bis langfristige Investitionsplanung der Stadt liefern.

Solche Modelle liefern, nach Eingabe von Vorgaben, Daten und Informationen und nach Vernetzung der Elemente, keinen Plan; Modelle prüfen Planungskonzepte oder Planungsalternativen auf ihre Plausibilität bzw. Realitätsnähe mit Hilfe der eingegebenen Daten, Informationen und Vorgaben. Sie stellen die Folgen dar, die sich aus den jeweiligen Alternativen ergeben. Modelle und Modellprogramme für den hier beschriebenen Zweck gibt es seit J.S. Lowry 1964 "A Model of Metropolis"[42] vorstellte. Seither hat es eine ganze Reihe jeweils unterschiedlicher grundlegender Modellansätze gegeben, wie etwa das "ORL-Modell" des Instituts für Orts-, Regional- und Landesplanung der ETH Zürich[43], das Simulationsmodell "Polis" aus dem Forschungsprogramm des Bundesministers für Raumordnung, Bauwesen und Städtebau[44], das große Feld der "Operations Research Modelle"[45] und andere.

Bei einer Einführung in die Stadtplanung können wir uns nicht speziell mit einzelnen Modellen auseinandersetzen. Hier kommt es lediglich darauf an, Sinn, Zweck und wesentliche Elemente von Modellen zu erörtern. Eine nach wie vor für den Einstieg besonders einprägsame, aber auch anspruchsvolle Übersicht verschiedenartiger Modellsysteme bieten Krueckeberg und Silvers[46] sowie Helly[47] jeweils

---

41 F. Hanssmann: "Einführung in die Systemforschung. Methodik der modellgestützten Entscheidungsvorbereitung", München 1978.
42 J.S. Lowry: "A Model of Metropolis", Santa Monica 1964.
43 ORL-Institut ETH Zürich: "ORL-Modell 1", Zürich 1971.
44 Bundesminister für Raumordnung, Bauwesen und Städtebau: ""Simulationsmodell Polis", Schriftenreihe 03: "Städtebauliche Forschung", Bonn-Bad Godesberg 1973.
45 Siehe hierzu auch: F. Weinberg u.a.: "Operations Research im öffentlichen Dienst", Bern, Stuttgart 1976.
46 D.A. Krueckeberg, A.L. Silvers: "Urban Planning Analysis: Methods and Models", Fn. 24.
47 W. Helly: "Urban Systems Models", New York 1975.

zur Bevölkerungs-, Wirtschafts-, Flächennutzungs- und Verkehrsentwicklung sowie Fragen der Verdichtung, Verteilung von öffentlichen Einrichtungen usw. Der Deutsche Städtetag hat eine Empfehlung erarbeitet, die als "Maßstabsorientierte Einheitliche Raumbezugsbasis für kommunale Informationssysteme" (MERKIS)[48] eine Handhabung in der deutschen kommunalen Planungspraxis bietet.

Grundanforderungen

Wir riskieren bei unseren Modellen sozusagen eine vereinfachte Nachahmung der Wirklichkeit, eine "Simulation". Wir müssen dafür zunächst einmal die Struktur des Systems unseres jeweiligen Planungsfalles erkunden. Das System und seine Struktur sind jedoch am Ausgangspunkt nur in Umrissen erkennbar, so daß wir die Wechselbeziehungen der wichtigen Faktoren oder Elemente herausfinden und in einem Modell darstellen müssen. Dieses Modell gilt es dann auf seine Realitätsnähe zu testen, d.h. erst einmal mit der Ist-Situation zu vergleichen und ggf. anzugleichen, auszutarieren oder zu modifizieren.[49,50]

Für die Felder der Umweltplanung reicht es nach Vester[51] z.B. nicht aus, einzelne Probleme zu überprüfen, zu beplanen und zu lösen. Insofern kommen wir auch nicht mit einfachen Input-Output-Analysen aus. Es gilt in einer Stadtregion beispielsweise, die Flächencharakteristika mit den Nutzungsfunktionen und diese wiederum mit den jeweiligen Gesellschaftsanforderungen in quantitative Beziehung zu setzen (auch in der jeweiligen Dynamik): Ein solches Modell stellt im übertragenen Sinn eine Art "Karte" der Situation dar, die uns anzeigt, wer oder was, wo, in welcher Art, in welchem Maß, in welcher Zahl, in welchem Zeitrahmen usw. aufeinander, miteinander und gegeneinander, ausgleichend oder kumulativ, positiv oder negativ usw. wirkt.

Als Hilfsmittel für die Entscheidungen in der räumlichen Stadtentwicklungsplanung sollten Planungsmodelle folgende Eigenschaften besitzen:
- eine Tiefe der räumlichen Differenzierung, die es erlaubt, die zeitliche Entwicklung des Planungsraumes so abzubilden, daß die Phasen der Veränderungen als Basis für die Planung von Eingriffen und das Ausmaß wie auch die Abfolge der Auswirkungen von Eingriffen erkennbar werden;
- eine Tiefe der inhaltlichen Differenzierung, die die Veränderung der einen Planungsraum bestimmenden Kräfte so weit unterteilt, daß die vielschichtigen Wechselwirkungen dieser Kräfte auf die relevanten Aspekte der Stadtentwicklung erfaßbar werden;
- eine Vorhabenorientiertheit, die die wesentlichen Eingriffsmöglichkeiten der Stadtentwicklungsplanung berücksichtigt und es erlaubt, die Auswirkungen unterschiedlicher Kombinationen von Planungsvorhaben zu überprüfen;

---

48 Deutscher Städtetag: "MERKIS", Reihe E, DST-Beiträge zur Stadtenwicklung, Köln 1988.
49 Siehe dazu auch W. Helly: "Urban Systems Models", Fn. 47.
50 Siehe dazu auch: D.A. Krueckeberg, D.A. Silvers u.a.: "Urban Planning Anlaysis: Methods and Models", Fn. 24.
51 F. Vester u.a.: "Ballungsgebiete in der Krise", Fn. 40.

– eine Flexibilität in der Modellstruktur, die es gestattet, spezifische Anforderungen hinsichtlich einer Erweiterung des Modells oder einer Vertiefung einzelner Elemente zu berücksichtigen.

Da es auch darum geht, Daten aus der allgemeinen amtlichen Statistik mit solchen der Statistik aus der laufenden Verwaltung und solchen aus Sondererhebungen in spezifischen Aggregationen zu kombinieren, ist es notwendig geworden, komplexe Datenbanken auf kommunaler Ebene einzuführen.[52,53] Im weiteren Verlauf dieses Kapitels werden wir uns ein wenig mit den Grundzügen von Modellen, nicht jedoch mit Details beschäftigen.

Konstante und variable Faktoren und Größen
Die in ein Modell einzubeziehenden Daten sind sehr unterschiedlicher Natur. Wir unterscheiden sie nach zwei grundsätzlichen Unterscheidungsmerkmalen, nämlich solchen, die konstant sind, sich also gar nicht oder nur so gering oder so selten verändern, daß es irrelevant ist, und solchen, die sich permanent verändern.

Konstante Faktoren und ihre Größen
Bei ihnen handelt es sich um die mehr oder weniger konstanten Daten unseres Lebensraumes (z.B. vorhandene Bausubstanz und Infrastruktur, geologische und topographische Struktur, verfügbare Flächen usw.), aber auch die der gesellschaftlichen Struktur (z.B. politische und Verwaltungsgrenzen, Gesetzesvorschriften usw.) und ähnliches. Sie stellen konstante Rahmenbedingungen dar, sozusagen einen "fixen Konditionsrahmen". Diese Rahmenbedingungen bestimmen im übertragenen Sinne den "Bereich", innerhalb dessen sich die Wechselbeziehungen der variablen Faktoren und deren Größen abspielen.

Variable Faktoren und ihre Größen
Die variablen Größen lassen sich wiederum in zwei Untergruppen unterteilen, nämlich die "Input-Faktoren" und die "Output-Faktoren".

Zu den Input-Faktoren zählen wir die große Zahl meist vom Menschen selbst (individuell oder kolletkiv) ausgelöster Vorgänge, Eingriffe und Veränderungen (z.B. Mobilitätssteigerung, Veränderung der demographischen Struktur und Wanderungsbewegung der Bevölkerung, die diversen Verkehrsbewegungen, der steigende Entsorgungsanfall an flüssigen und festen Abfällen, aber auch die Neuanlage von Gewerbe- und Wohngebieten, der Abbruch von solchen, der Bau neuer Infrastruktur und vieles andere mehr). Sie sind in der Regel die eigentlichen Verursacher von Planungserfordernissen, wie wir schon in Band 1 erörtert haben. Sie sind sozusagen die Verursacher der "Output-Faktoren".

Zu den Output-Faktoren zählen wir die Folgewirkungen oder -effekte, die die Input-Faktoren für sich und in gegenseitiger Wechselbeziehung auslösen (z.B. Wohnungsbedarf und -fehlbedarf, Verkehrslärm und Verkehrsnetz, Fehlbedarf an

---

52 Siehe dazu auch: Kommunale Gemeinschaftsstelle für Verwaltungsvereinfachung: "Weiterentwicklung der Gemeinsamen Kommunalen Datenverarbeitung", Köln 1979.
53 Siehe dazu auch: Referat für Stadtplanung und Bauordnung der Stadt München: "10 Jahre KOMPASS. Entwicklung und Leistungsstand des kommunalen Planungsinformations- und Analysesystems für München", München 1982.

Infrastruktur, Verkehrs-, Gewerbe- und Freiflächen und Standortwahl, Luftverschmutzung und Industriestandorte usw.). Die Folgewirkungen der Output-Faktoren können im Zuge des Entwicklungsvorgangs wiederum selbst zu neuen Input-Faktoren werden.

Allein schon die eben genannten Faktoren zeigen bei genauerem Hinsehen, daß sich alle Faktorbereiche mehr oder weniger überlagern können. Ein konstanter Faktor kann sich urplötzlich in einen variablen Faktor verwandeln. Z.B. kann sich die Abgrenzung des Gemeindegebietes über Generationen nicht verändert haben. Bei einer großen Gebietsreform wird sie über Nacht zu einem variablen Faktor der Planung, nämlich für die Zeit vom Beginn der Diskussion um die Reform bis zum endgültigen Beschluß im jeweiligen Landtag, ein Prozeß, der zehn Jahre andauern kann. Eine Eingliederung der Faktoren in die Kategorien konstanter Faktor und variabler Input- oder Output-Faktor muß also immer als zeitlich begrenzt angesehen werden, bei Rückkopplungen überprüft werden und jederzeit korrigierbar sein.

Es ist, wie wir sehen können, auch durchaus möglich, daß sich der gleiche Sachverhalt sowohl als Input- als auch als Output-Faktor eingliedern läßt. Die unterschiedliche Eingliederung kann insbesondere eine Rolle spielen, wenn es sich um in der Hierarchie unterschiedliche Pläne handelt, so daß ein Output-Faktor bei der Flächennutzungsplanung z.B. zu einem Input-Faktor bei einem Generalverkehrsplan, einem Rahmenplan oder einem Bebauungsplan wird. Die Bedarfszahl an Wohnungen ist eine Output-Größe der Bevölkerungsentwicklung, vernetzt mit der Entwicklung der durchschnittlichen Personenzahl pro Haushalt und der Belegungsquote von Wohnungen; sie ist gleichzeitig eine Input-Größe für den Bedarf an Wohnflächen und an Wohnfolgeeinrichtungen sowie deren Standorte und Flächenbedarfe.

Vernetzung

Wir wir in den Bänden 1 und 2[54] sowie den vorigen Ansätzen gesehen haben, können wir uns bei der räumlichen Planung nicht mit den einfachen Wechselbeziehungen innerhalb einer regionalen Ebene oder innerhalb eines sektoralen Bereichs begnügen. Die Beziehungen bestehen auch über die regionalen und sektoralen Einzelbereiche hinaus und erzeugen gerade dadurch erhebliche Wirkungen auf den Bedarf an anderen speziellen Nutzungsflächen einerseits sowie Restriktionen an anderen Nutzungsflächenangeboten andererseits. Insbesondere ist auch auf Mehrfach- und Überkreuzbeziehungen bzw. -vernetzungen zu achten. Insofern ist es notwendig, bei der Aufstellung eines Modells darauf zu achten, daß alle nur denkbaren Wechselbeziehungen qualitativ wie quantitativ eingegeben werden. An diesem Schritt wird deutlich, wie wichtig es ist, die Informationsmenge auf die wirklich repräsentativen Daten zu beschränken.

Entwicklung des Netzes konstanter Bestimmungsfaktoren

Die für einen Plan bestehenden konstanten Bestimmungsfaktoren müssen zu einem Konditionsnetz zusammengestellt und in ihren Wechselbeziehungen festgestellt werden. Die Vernetzung dieser Bestimmungsfaktoren und die daraus entstehenden

---

54 K. Müller-Ibold: "Einführung in die Stadtplanung", Fn. 2.

"Konditionen" bilden den Rahmen, innerhalb dessen die Variablen eingefügt werden müssen und innerhalb dessen sich in der Regel die Variablen bewegen. So bestimmen z.B. das bestehende Plangebiet, seine Topographie und Geologie, seine Landschaftsstruktur, seine schon bestehenden Festlegungen (z.B. Naturschutzgebiet) und manch anderer Faktor als zunächst konstante und miteinander in Beziehung stehende Größen die Potentiale und Verteilungsmöglichkeiten in der Neuausweisung städtischer Nutzungen (z.B. Flächen für Wohnen, Freizeit, Gewerbe usw.) als variablen Größen.

Die konstanten Größen sind zu differenzieren in:
- absolut feststehende Größen (z.B. zur Verfügung stehende Flächen, die Landschaftsgeographie usw.),
- kaum zu verändernde Größen (z.B. vorhandene Bebauung, Oberflächengewässer) und
- in der Regel feststehende, aber durch erhebliche Verfahren veränderbare Größen (z.B. Gesetze, Verordnungen, bestehende, aber noch nicht vollzogene Planungen).

Bei der letzten Gruppe ist fraglich, inwieweit es sich nicht schon um variable Größen handelt; zumindest ist der Übergang fließend und in der Einstufung auch vom Objekt her abhängig.

Bei diesem Schritt ist allerdings sicherzustellen, daß von allen Beteiligten bewußt verstanden wird, was es für die variablen Faktoren bedeutet, wenn ein Parameter der festen Größe und damit der Kondition verändert wird. Die variablen Faktoren und ihre Größen haben, je nach planerischen Zielsetzungen und Vorgaben, eine Rangordnung. Wenn also eine der festen Konditionsgrößen verändert wird, kann es bedeuten, daß sich nicht nur quantitativ eine Folgeänderung für die variablen Faktoren ergibt, sondern auch eine qualitative, die auch dazu führen kann, daß sich etwas in der Rangordnung der variablen Faktoren ändert.

So wie die Änderung schon vorhandener Konditionsgrößen führt natürlich erst recht die Einführung neuer Konditionen zu ähnlichen Folgen. So hat die Umweltschutzgesetzgebung in erheblichem Maße neue Bestimmungsfaktoren ausgelöst, wobei allein schon das neue Verfahrenselement "Umweltverträglichkeitsprüfung" dazu geführt hat, daß beispielsweise bestehende Vorschriften, die lange Zeit nicht so recht ernstgenommen worden waren, nunmehr auf einmal als konstante Faktorengrößen viel wirksamer geworden sind.

Auswahl und Bewertung variabler Faktoren

Die variablen Faktoren lassen sich in Input-Faktoren und Output-Faktoren unterteilen, deren Übergang von der einen Art zur anderen fließend sein kann.

Sammlung der Daten und Informationen variabler Faktoren

Bei den variablen Input-Faktoren handelt es sich in der Regel um solche wie die Einfamilienhaushalte und ihre Veränderungen, die Entwicklung der Erwerbstätigkeit, der Mobilität, der Arbeitsplatzstruktur usw. Ihre Vernetzung mit den konstanten Faktoren bezieht sich zum Beispiel auf die räumliche Verteilung der Familienhaushalte, Arbeitsplätze usw.

Bei den variablen Output-Faktoren handelt es sich zwar primär um die Wirkungen und Folgen der Input-Faktoren, insbesondere im Zusammenhang mit den konstanten Faktoren. Sie können jedoch selbst wiederum zu Input-Faktoren werden. Z.B.

handelt es sich hierbei um die Größen des Bedarfs an Wohnflächen, Industrie- und Gewerbeflächen, regionale Verteilung und Dichte neuer Flächennutzungen.

Bestimmung der variablen Faktoren
Auf Grund unterschiedlicher Bezeichnungen könnten variable Faktoren mehrfach verwendet werden - mit irreführenden Ergebnissen. Deshalb müssen in einem eigenen Schritt alle einzugebenden variablen Faktoren präzise identifiziert und definiert werden. Insbesondere gilt es, zwischen einfachen und komplexen Faktoren zu unterscheiden, weil sich z.B. in den komplexen Faktoren als Teilfaktoren solche verstecken können, die, unter etwas anderer Bezeichnung oder als Teil eines anderen Faktors, schon einmal gespeichert wurden.

Bewertung und Reduzierung der variablen Faktoren
Nach der Bestimmung der variablen Faktoren haben wir uns so intensiv mit ihnen beschäftigt, daß wir in der Lage sind, eine Grobbewertung vorzunehmen. Mehrere Auswahlkriterien spielen dabei eine wichtige Rolle, nämlich, ob und inwiefern ein Faktor auch als Indikator für andere Faktoren wirksam werden kann, welche Faktoren für mehrere Benutzergruppen Bedeutung haben, welche Faktoren insbesondere raumwirksame Bedeutung haben und welche Faktoren für die Planung eine untergeordnete Rolle spielen. Nach dieser Bewertung kann man in der Regel einen nicht unerheblichen Teil der vorhandenen Daten und Informationen über die variablen Faktoren ausscheiden, weil andere Faktoren, sozusagen stellvertretend für sie, ausreichende Aussagen dafür machen können.

Quantifizierung der variablen Faktoren
Nachdem wir die jeweils erforderlichen Merkmale der konstanten und variablen Faktoren definiert, geordnet und in ein Wechselsystem gebracht haben, beginnt die Quantifizierung der Faktoren. Den einzelnen Faktoren müssen in Kleinarbeit die entsprechenden zahlenmäßigen Daten und Größen zugeordnet werden. Hier steckt wieder einer der Hintergründe des Bemühens, die zu speichernde Zahl von Daten und Faktoren systematisch zu begrenzen.

Festlegung einer Rangfolge der variablen Faktoren
Nach der Quantifizierung der Faktoren können wir im Zusammenhang mit der vorangegangenen Bewertung der Faktoren eine endgültige Prüfung vornehmen, ob alle nunmehr gespeicherten Daten ein ausreichendes Gewicht haben, um in einem Modell wirksam zu werden, und damit für die Entscheidung eine Rolle zu spielen. Bei der Einführung in eine hierarchische Rangfolge der Bedeutung kann sich ergeben, daß ein Faktor zwar von der quantitativen Größe her beachtlich erscheint, jedoch in seinem relativen Gewicht unbedeutend ist, also ausgeschieden werden kann. Wir sind also in der Lage, nach diesem Schritt eine endgültige Rangfolge der Faktoren aufzustellen. Fallbezogen können wir nunmehr in der Regel auch noch einmal die untersten Faktoren der Rangliste ausscheiden.

Endgültige Auswahl der variablen Faktoren
Mit der Aufstellung der Rangliste und ggf. dem weiteren Ausscheiden von Daten und Faktoren, die für ein Modell keine besondere Bedeutung haben, legen wir

endgültig die in ein Modell einzugebenden Faktoren sowie ihre Daten und Informationen fest. An anderer Stelle haben wir schon erörtert, daß in einem Planungsprozeß nichts endgültig festgezurrt werden sollte. Auch bei den eingegebenen Bestimmungsfaktoren und ihren Größen sollte deshalb bei den jeweiligen Rückkopplungen eine Überprüfung erfolgen, eventuell Probeläufe eingegeben werden, um festzustellen ob sich bei eliminierten Faktoren und Daten nicht doch eine zu beachtende Signifikanz ergibt und umgekehrt.

Feststellung der Wechselbeziehungen zwischen den Faktoren
Wir haben die variablen Faktoren aufgelistet und ggf. bereinigt. Diese Liste allein genügt jedoch nicht, um ein Modell operabel zu machen. Erst wenn wir die variablen Faktorengrößen gegenseitig, und oft notwendigerweise mehrfach überecklaufend, in eine Wechselbeziehung gebracht haben, können wir sie im Modell wirksam einsetzen. Wir müssen also nunmehr in einem eigenen Schritt für jeden variablen Faktor möglichst alle auf ihn einwirkenden und von ihm ausgehenden Einflüsse nach Qualität, Quantität und Dynamik ermitteln und festschreiben.

Einsatzbereich von Modellen
Planungsmodelle sind nicht als Entwurf eines räumlichen Planes zu verstehen. Es ist nicht so, daß wir mit den Schritten, die in den vorigen Kapiteln erläutert wurden, und der Eingabe von Daten mit einem Knopfdruck vom Computer einen Flächennutzungsplan oder Generalverkehrsplan "ausgespuckt" bekommen! Planungsmodelle dienen der Kontrolle von Planungskonzepten. Wir müssen erst die Planungsalternativen entwickeln. Sie können wir dann mit Hilfe der Planungsmodelle in verschiedenen Richtungen überprüfen. Dabei können wir schrittweise Veränderungen vornehmen und immer wieder schrittweise, auch durch zwischenzeitliche Rückkopplungen, überprüfen. Der Vorteil liegt darin, daß wir eine große Menge von Daten und Informationen in sehr schneller Zeit durchspielen können. Es könnte also etwa der Planungsausschuß einer Stadt in seinen Sitzungen entscheiden, daß weitere Alternativen oder zumindest Varianten zu der einen oder anderen Alternative auf ihre Wirkung hin durchgespielt werden sollen. Die aus der Überprüfung mit Hilfe der Modelle resultierenden Ergebnisse sind dann zwar nicht schon in derselben Sitzung, aber wenige Tage später zu einer nächsten Sitzung verfügbar und erlauben eine gemeinsame schrittweise Entwicklung bis hin zum endgültigen Plan durch Ausschuß und Verwaltung.

Kommen wir noch einmal zurück auf Walter Helly[55] (Modelle Städtischer Systeme). In sehr prägnanter Weise lehrt uns Helly, in welchen Bereichen Modelle einsetzbar sind und in welcher Weise sie sich unterscheiden. So befaßt er sich in den wesentlichen Kapiteln mit Modellen, die anwendbar sind für die
– Bevölkerungsprognose (Cohort-Modelle, insbesondere z.B. die Kombinations- und die Wanderungs-Modelle nach Forrester[56]),
– Wirtschaftsentwicklung (Wachstums-Modelle, Input-Output-Modelle, Interventions-Modelle und Bodenmarkt-Modelle),

---

55 W. Helly: "Urban Systems Models", Fn. 47.
56 J. Forrester: "Urban Dynamics", MIT Press, Cambridge, Mass. 1969.

- Verkehrsentwicklung (Modelle zur Verkehrserzeugung, Verkehrsverteilung, Verkehrsaufteilung, Modal-Split usw.),
- Standortentwicklung öffentlicher Einrichtungen (Allokationsmodelle) und anderes.

Schon diese Stichworte zeigen, daß wir uns in einer Einführung in das Thema Stadtplanung nicht mit den Modellen intensiv befassen können. Sie beanspruchen ein ganzes Buch für sich.

In das Detail beim prinzipiellen Aufbau von Modellen gehen besonders anschaulich Krueckeberg und Silvers[57], die sich auch mit spezifischen Programmen und mathematischen Modellsystemen auseinandersetzen (z.B. PERT = Programm Evaluation and Review Technique und CPM = Critical Path Method). Mit diesem Hinweis müssen wir es in diesem Zusammenhang bewenden lassen, weil wir sonst den Rahmen dafür sprengen müßten!

2.1.5 Struktur von Planungsmodellen

Festlegung unterschiedlicher Strukturebenen

In den Bänden 1 und 2[58] haben wir relativ ausführlich die räumliche Struktur, ihre unterschiedlichen maßstäblichen, hierarchischen, ordnenden und systematischen Ebenen und daraus resultierenden Ziele, Aufgaben und Programme erörtert. Diese unterschiedlichen Ebenen zeichnen sich auch durch unterschiedliche Komplexität aus. Uns interessieren die Ebenen der Hierarchie in der Flächennutzung (Bauflächen und Baugebiete), die Ebenen der Hierarchie zentraler Standorte, die Ebenen der Hierarchie der Verkehrsmittel und ihrer Systeme, die Ebenen der Hierarchie der Wohnfolgeeinrichtungen usw. Wir müssen deshalb in einem jeweils eigenen Schritt die für die unterschiedlichen Anwendungsbereiche eines Modells erforderlichen Strukturebenen herausarbeiten und festlegen, damit wir z.B. die jeweils benötigten Daten und Informationen in der entsprechenden Aggregation und Zuordnung einsetzen können. Dabei können wir schrittweise folgendermaßen vorgehen.

Festlegung von Grobstrukturen

Bestimmung von Kriterien

Auch in diesem Schritt geht es um Vereinfachungen. Wir haben z.B. erörtert, daß die Nutzungsarten der Baunutzungsverordnung relativ grobe Festlegungen vornehmen. Es hat also keinen sonderlichen Sinn, die Wirtschaftszweige in den Planungsmodellen wesentlich weiter zu differenzieren, als es die Baunutzungsverordnung festlegt, wenn es um die Größe, Verteilung und Zuordnung der Nutzungen in der Flächennutzungsplanung geht. Ebenso hat es keinen Sinn, in feinteiliger örtlicher Strukturierung zu arbeiten, wenn der Flächennutzungsplan eine solche Feinteiligkeit gar nicht vornimmt. Anders verhält es sich bei einem Struktur- oder Rahmenplan, besonders, wenn es sich um die City, einen Stadtteil der inneren Stadt oder einen Stadtteil mit einem wichtigen Nebenzentrum handelt. In solch einem Fall ist eine

---

57 D.A. Krueckeberg, A.L. Silvers: "Urban Planning Analysis: Methods and Models", Fn. 24.
58 K. Müller-Ibold: "Einführung in die Stadtplanung", Fn. 2.

kleinteiligere Differenzierung der Bestimmungsfaktoren, ihrer Informationen und der Daten über sie erforderlich. Auch hier gibt es insbesondere keine Nutzungsarten mit purer Funktionsaufteilung. Auch hier gibt es in Wohngebieten Grundstücke und Gebäude mit gewerblicher Nutzung und umgekehrt. Es kommt also sehr darauf an, klar zu definieren, was in den einzelen Nutzungskategorien auch alles sozusagen an "Fremdnutzungen" mit zu beachten ist.

Zusammenfassung zu Aggregationseinheiten oder -blöcken
Nach den oben erörterten Kriterien müssen, je nach Zugehörigkeit der variablen Faktoren zu bestimmten Gruppen, größere Einheiten zusammengefaßt werden (je nach Planziel oder Fragestellung). Wir suchen z.B. nach Gebietseinheiten gleicher Typisierung, also Zellen gleichartiger Flächennutzung, gleicher Größe an Fläche und Dichte der Bebauung, von denen wir dann davon ausgehen können, daß die Anforderungen an Einrichtungen, Verkehrsanbindung, Bedarfen an Versorgung oder die Auslöser an Verkehr, Einkauf, Freizeitnutzung usw. gleichartig sind und insofern eine bestimmte Kategorie bilden, mit der wir im Modell entsprechend operieren können.

Gliederung der Aggregationseinheiten nach Komplexitätsebenen
Bei der im vorangegangenen Kapitel erörterten Zusammenfassung entstehen entweder typische sektorale (z.B. Konzentrationsgruppen des Einzelhandels) oder regionale (z.B. typische Flächeneinheiten gleichartiger Nutzung) Aggregationseinheiten, die repräsentativ für ihren Typus sein können und insofern mehrerlei erlauben:
a) Spezifische Untersuchungen müssen nur in einer begrenzten Zahl von Zellen (repräsentativ für alle anderen) durchgeführt werden.
b) Die Charakteristik eines solchen Typs erlaubt Teilprognosen und -aussagen auch für alle in gleicher Art und Struktur geplanten Typen und
c) die Konzentration auf repräsentative Aggregationseinheiten vereinfacht die Strukturierung einer Gesamtvernetzung.

Abgrenzung der Modelle
Modelle abstrahieren die Wirklichkeit; sie können nur einen Ausschnitt der Wirklichkeit darstellen. Die Wirklichkeit ist das komplexe System Stadt, das sich mit seinem Umland in enger Beziehung befindet, deren Elemente auch vielfältig miteinander in Beziehung stehen und das sich dynamisch über die Zeit verändert. Um dieses System modellhaft abbilden zu können, muß es mit einer Abgrenzung versehen werden, die definiert, was Teil des Systems ist und was außerhalb, im Systemumfeld, liegt.

Für diese Abgrenzung leiten sich Kriterien zunächst aus den Aufgaben und Zielen der räumlichen Stadtentwicklung ab:
– Das Hauptaugenmerk gilt der Stadt und ihrer räumlichen Entwicklung. Das Umland wird nur so weit im Modell berücksichtigt, als Wechselwirkungen bestehen.
– Die Perspektive ist langfristig. Die Entwicklung der Stadt muß deshalb in einem Modell über einen längeren Planungszeitraum hin verfolgt werden.
– Die Betrachtungsweise ist fachübergreifend für alle raumrelevanten Kräfte der Stadtentwicklung. Eine sektorale Betrachtung einzelner Teilaspekte muß deshalb

im Modell zugunsten einer umfassenden Betrachtung des Zusammenwirkens der wichtigen Sektoren der Stadtentwicklung zunächst vermieden werden.

Natürlich beeinflussen auch der Stand der theoretischen Erkenntnisse und die Verfügbarkeit von Daten die Abgrenzung eines Systems: Entwicklungsprozesse, über die nicht wenigstens eine Hypothese besteht, können in das Modell nicht eingebaut werden, selbst wenn die Planungspraxis es fordern würde. Daten, die nicht zur Verfügung stehen, können nicht einbezogen werden, selbst wenn die Theorie dies verlangen würde.

Darstellung der Modelle

In einem Modell wird versucht, die Stadt in ihrer Charakteristik als ein komplexes, dynamisches System sozialer, ökonomischer und technischer Beziehungen vereinfacht und operabel darzustellen, das sich in seiner räumlichen und zeitlichen Dimension verändert. Ein System ist nach Vester[59] eine Gruppierung von durch Beziehungen miteinander verbundenen Elementen. Die Komplexität des Systems ist durch die Zahl der Beziehungen der Elemente untereinander bestimmt. Ein System wird dynamisch genannt, wenn zwischen den Beziehungen der Elemente Wirkungszusammenhänge bestehen.

Die räumliche Dimension des Systems Stadt wird durch die Einteilung des Stadtgebietes und seines Umlandes in Teilzonen sowie durch deren Verknüpfung über die vorhandenen Kommunikationsnetze dargestellt. Die zeitliche Komponente wird dadurch eingeführt, daß nicht nur ein einziger Systemzustand untersucht wird, sondern mehrere Zustände über mehrere Zeitkomponenten (Perioden) hinweg mit längeren Zeitabschnitten.

Allgemeiner Prozeßablauf von Modellen

Ein Modell z.B. für die Flächennutzungsplanung soll die Entwicklung der räumlichen Verteilung der Flächen für Wohnungen, Arbeitsplätze und andere Nutzungen sowie des Verkehrs im Untersuchungsgebiet unter dem Einfluß verschiedener einzugebender Vorgaben über mehrere Zeitstufen bis zum Erreichen des Planungshorizontes simulieren und mit der Simulation prüfen, welche Wirkungen von den einzelnen Planungsalternativen ausgelöst werden.

Status-quo-Bestimmung

Die meisten Modelle stellen Systeme dar, die versuchen, die Realität zu "simulieren". Eine Simulation setzt mit der Analyse, Beschreibung und Dokumentation des Zustandes des Systems Stadt und/oder seiner Teilfunktionen ein. Es werden z.B. die für die jeweilige Periode gültigen Werte zeitabhängiger Parameter (z.B. Zahl, Größe und Standort der Wohnungen in Bezug zur Bevölkerung) eingegeben. Darauf folgt die Berechnung der Zugänglichkeitswerte der Zonen (z.B. zur City) aufgrund der Reisezeitfaktoren, die den zwischen den Zonen zu überwindenden Widerstand eines Verkehrsnetzes ausdrücken. Entsprechende mittlere Zugänglichkeitswerte müssen z.B. für das Untersuchungsgebiet als Ganzes ermittelt werden. Danach müssen für jede Teilzone nutzungsspezifische Attraktivitätsindizes ermittelt werden. Diese sind

---

59 F. Vester: "Ballungsgebiete in der Krise", Fn. 40.

ein relatives Maß für die Stärke der Nachfrage nach Bauland in den einzelnen Zonen für die Hauptnutzungsgruppen Wohnen, Industrie, Dienstleistungen, Einzelhandel und deren Folgeeinrichtungen. Die Attraktivitätsindizes sind eine Funktion der Zugänglichkeitswerte der Zonen und einer Anzahl weiterer Strukturmerkmale wie Umfeld- und Erschließungsqualität sowie der Versorgung mit Dienstleistungen und Infrastruktureinrichtungen. Die Gewichte der Attraktivitätsfunktionen sollten empirisch ermittelt werden.

Ein wichtiger Schritt ist die Schätzung der für die Zuwachsverteilung ggf. relevanten Baulandreserve. Sie besteht aus der im bestehenden Flächennutzungsplan für die betreffende Nutzung noch ausgewiesenen, aber nicht ausgenutzten Fläche und aus bisher landwirtschaftlich genutzter oder sonstiger unbebauter Fläche, die für bauliche Nutzung geeignet und nicht ausgeschlossen ist. Außerdem sollte in der Regel bei starker Baulandnachfrage ggf. in den attraktivsten Teilzonen der Stadt ein Teil der Baulandnachfrage durch Abriß und Verdichtung berücksichtigt werden.

Eingabe von Planungsabsichten
Nach den oben beschriebenen Vorarbeiten erfolgt die Simulation der geplanten Flächennutzungsentwicklung. Hierbei werden zunächst die geplanten "direkten" Planungsabsichten der Stadt oder anderer öffentlicher Planungsträger in ihren Alternativen eingegeben. Die Planungen der einzelnen Teilzonen werden nach einer vorher festgelegten Prioritätenskala zunächst auf den im bestehenden Flächennutzungsplan ausgewiesenen Flächen eingegeben.

Steht für eine Absicht nicht genügend Fläche zur Verfügung, so muß bisher landwirtschaftlich genutzte oder sonstige unbebaute Fläche, sofern sie nicht für andere Nutzungen vorgesehen ist, in Anspruch genommen werden; oder es kann durch Abriß vorhandener Bausubstanz (z.B. Industriebrachen) Baufläche wieder gewonnen werden.

Bei allen Planungsabsichten müssen automatisch die erforderlichen Erschließungsflächen, bei Wohnungsvorhaben auch die Folgeeinrichtungen wie Kindertagesstätten, Grundschulen, Einkaufseinrichtungen und Naherholungsanlagen in ihrem Flächenbedarf mit eingegeben werden, soweit nicht in der betreffenden Teilzone bereits eine auch für die zusätzlichen Bewohner ausreichende Versorgung mit diesen Einrichtungen vorhanden ist. Bei vorhandenen Baugebieten, die unterversorgt sind, müssen die oben genannten Einrichtungen entsprechend nachträglich vorgesehen werden, ggf. durch Abbruch oder in Nachbargebieten, wenn die Baulandkapazität nicht mehr reicht.

Verteilung von Nutzungen
Die wahrscheinliche Zuwachsverteilung für die Hauptnutzungsarten Wohnen, Industrie, Büros und Einzelhandel und ihre Folgeeinrichtungen muß für Baulandreserve in den jeweiligen Zonen aufgrund der Attraktivitätsindizes und der Baulandreserve vorausgeschätzt werden. Ein solcher Schritt kann durch eine Reihe von Verteilungsoperationen vorgenommen werden, die alle nach ähnlichem Schema ablaufen: Das Produkt aus Attraktivitätsindex und Flächenkapazität einer Zone für eine bestimmte Nutzung (Baulandreserve) ist ihr "Entwicklungspotential" für diese Nutzung. Die Verteilung des Zuwachses auf die Zonen geschieht dann proportional zu deren für die jeweilige Nutzung spezifischem Entwicklungspotential. Bei solchen Vertei-

lungsoperationen müssen eine Reihe technischer Koeffizienten und Planungs- bzw. Richtwerte wie zonenspezifische Wohnungsgrößen, Einfamilienhausanteile, Geschoßflächenzahlen, Freiflächenanteile und Erschließungsflächenanteile berücksichtigt werden. Die Verteilung sollte sequentiell in getrennten Rechengängen für die Nutzungsarten erfolgen, wobei, den Regeln des Marktes entsprechend, die ertragreicheren Gebäudenutzungen zuerst an die Reihe kommen. Tritt trotz Ausschöpfung der Verdichtungsquote in einer Zone Übernachfrage nach Bauland auf, so muß sie in einem Iterationsverfahren auf die übrigen Zonen den Alternativen entsprechend verteilt werden, so daß am Ende der Simulationsphase die Nachfrage befriedigt ist oder das Nichtausreichen des Potentials festgestellt wird. In solch einem Fall ist der Bedarf an zusätzlichen Alternativen, an Eingemeindung oder anderen Maßnahmen signalisiert.

Ergebnis
Die Ergebnisse müssen unter den verschiedenen Aspekten, Vorgaben und Prioritäten mit den Entscheidungsträgern erörtert werden. Schließlich muß unter schrittweiser Elimination der Alternativen die endgültige Nutzungs- und Netzkombination ausgewählt werden.

Fortschreibung
Die Entwicklung geht ununterbrochen weiter, "die Städte verändern permanent ihr Gesicht". Insofern werden sich auch Vorgaben, Prämissen und Einflußfaktoren, die zur Auswahl der endgültigen Nutzungsverteilung und Verkehrskombination geführt haben, verändern. Diese Prozesse müssen ständig beobachtet werden. Alle hier erörterten Modelle müssen deshalb kontinuierlich, zumindest in größeren Abständen fortgeschrieben werden, damit mit Hilfe erneuter Durchläufe festgestellt werden kann, ob sich für die Planungsentscheidungen relevante und signifikante Veränderungen ergeben haben, und ob sie zu Konsequenzen Anlaß geben.

Kalibrierung der Modelle
Einerseits müssen die einem Modell zugrundeliegenden theoretischen Zusammenhänge des Stadtentwicklungsprozesses kritisch überprüft werden, um etwaige, in der spezifischen Sozial-, Wirtschafts- und Nutzungsstruktur eines Planungsraums begründeten Unterschiede aufzudecken. Andererseits müssen die theoretischen Zusammenhänge empirisch überprüft und statistisch in ihrer Realitätsnähe abgesichert werden. Dazu dient die sogenannte "Kalibrierung" des Modells. In diesem Vorgang soll das Modell soweit wie möglich den Realitäten der spezifischen Gegebenheiten der jeweiligen Planungszelle angepaßt werden. Wichtig ist, daß ein Modell nie die exakte Realität, aber eine starke Annäherung bieten kann. Diese Sachverhalte und Prozesse werden anschaulich bei Batty im Hinblick auf Prognosebedarfe erörtert.[60]

Die Kalibrierung wird für Teilmodelle wie etwa Flächennutzung oder Verkehr getrennt durchgeführt. Ziel dieser statistischen "Eichung" beispielsweise eines Flächennutzungsmodells ist die möglichst weitgehende Anpassung der im Modell berechneten Verteilung des Zuwachses an Einwohnern, Wohnflächen und Arbeits-

---

60 M. Batty: "Urban Modelling: Algorithms, Calibrations, Predictions", Cambridge, USA 1976.

plätzen an die in der Vergangenheit tatsächlich beobachtete Entwicklung. Mit Hilfe von Verfahren der mathematischen Statistik werden die vermuteten Abhängigkeiten zwischen Zonenmerkmalen und Zuwachsverteilungen untersucht. Ziel der statistischen Eichung des Verkehrsmodells ist eine möglichst weitgehende Übereinstimmung zwischen den im Modell berechneten und den beobachteten Verkehrsflüssen auf den beiden Verkehrsnetzen.

Die Kalibrierung muß außerdem im Zusammenhang mit den allgemeinen Problemen der Validierung von Modellen gesehen werden (siehe nächstes Kapitel). Die Ergebnisse der statistischen Analyse müssen Plausibilitätsprüfungen unterworfen und von Fall zu Fall durch Experteneinschätzungen über die Veränderung bestimmter Zusammenhänge ob ihrer weiterhin bestehenden Gültigkeit überprüft werden.

Mit derlei Modellen lassen sich schließlich kritische Schwellenwerte herausarbeiten, die als Indikatoren wirksam sein und der ständigen Überprüfung und Kontrolle als Warnsignal dienen können.

Validierung der Modelle
Zur Beurteilung des Beitrages eines Modells für planerische Entscheidungen muß auch die Frage nach der Gültigkeit der Modellaussagen gestellt werden: Wie aktuell beschreiben die Modelle die zukünftige Entwicklung? Sind die Aussagen aktuell genug, um den erwarteten Beitrag zur Stadtentwicklungsplanung zu leisten? Wie hoch ist die akzeptable Fehlerquote? Welche Möglichkeiten der Überprüfung der Aussagen gibt es?

Zur Überprüfung der Gültigkeit wird ein zurückliegender, im Verhältnis zum Prognosezeitraum genügend langer, durch zwei oder mehrere Zeitpunkte definierter Zeitraum gewählt. Mit Hilfe des Modells wird versucht, die historische Entwicklung nachzuzeichnen, um die "Prognose"-Ergebnisse an schon bekannten Daten zu überprüfen. Dabei müssen jedoch nicht nur hohe Anforderungen an Verfügbarkeit, Meßgenauigkeit und Konsistenz der Daten gestellt werden, sondern auch an die Aktualität der Daten sowie der "Neutralität" der Entwicklung in dem untersuchten historischen Zeitraum; dieser kann aber tatsächlich von Brüchen oder besonderen Eigengesetzlichkeiten bestimmt sein und enthält implizit Eingriffe und Randbedingungen der Planung. Diese Überprüfungsmethoden haben deshalb eine Schwachstelle: Die Parameter, die Grundlage der Modellprognose sind, müssen in der Regel mit denselben Daten geschätzt werden, die danach auch zur Überprüfung der Modellaussagen herangezogen werden. Eine solche Methode ist wissenschaftlich also nicht ganz korrekt. Auch eine solche Validierung hat insofern Grenzen, als sie auf Beobachtungen und bereits vollzogene Entwicklungen beruht. Man läuft also Gefahr, in der Vergangenheit beobachtete (möglicherweise nicht mehr gültige) Entwicklungsprozesse in die Zukunft zu projizieren, die zu verändern aber gerade Ziel der Planung ist. Ein Modell der Stadtentwicklungsplanung, in deren langfristigem Verlauf weitgehende und sehr wirksame Veränderungen in der sozio-ökonomischen und technischen Umwelt zu erwarten sind, muß daher durch weitere "Plausibilitätskontrollen" validiert werden. Wir müssen uns also auch noch fragen:
– Zur Analyse der Modellstruktur: Sind Zusammenhänge und Abhängigkeiten plausibel abgebildet? Sind alle wirkungsvollen Variablen einbezogen? Entsprechen die dem Modell zugrundeliegenden Verhaltensfunktionen und Parameter den theoretischen Vorstellungen?

– Zur Analyse des Modellverhaltens: Neigt das Modell zu extremen Ausschlägen bei den Verhaltensweisen? Sind die dynamischen Eigenschaften plausibel? Reagiert es sensibel oder nur schwach auf die Veränderung unterschiedlicher Parameter oder Funktionen?
– Zur Analogie zu beobachteten Entwicklungen: Können die Annahmen über die Entwicklung bestimmter Parameter am Beispiel anderer Planungsräume bestätigt werden? Sind sie ablesbar an in der Entwicklung bereits fortgeschrittenen Planungsräumen?
– Zu Expertenmeinungen: Sind die theoretischen Annahmen des Modells plausibel? Welche Veränderungen in Entwicklungsprozessen und Verhaltensweisen sind zu erwarten? Welches geänderte Gewicht wird den einzelnen Parametern der Verhaltensgleichungen zukommen?

Aufbau einer Modellvernetzung

Nach den vorangegangenen Schritten liegen nunmehr, je nach Planungszweck und -ebene, beispielsweise mehrere Hundert einzelne, Hundert mittlere und ein Dutzend große variable Aggregationseinheiten vor. Sie müssen insgesamt in ihren bekannten Wechselbeziehungen miteinander vernetzt werden. Daraus entsteht ein hochkomplexes Netzwerk, das schon viele Aussagen zuläßt, obwohl ihm jetzt noch ein Element fehlt, nämlich der Zeitfaktor, der im Zusammenhang mit der Programmierung eingefügt werden muß. Wir wollen also z.B. durch Vernetzung erfahren, wie sich durch Veränderung der Arbeitsplätze, Veränderung der dafür erforderlichen Mantelbevölkerung, Veränderung der demographischen Struktur und Veränderung des Wohlstandes der Wohnflächenbedarf nach Umfang und Standortanforderungen verändert.

Programmierung von Modellen

Erste Programmierphase

Schon bei der Feststellung der Wechselbeziehungen zwischen den Faktoren entstehen ganz automatisch kleinere Simulationsvorgänge. Sie sind sozusagen der erste Wegbereiter für die erforderlichen komplexen Simulationen und führen zu ersten Erfahrungen mit dem ja noch im Aufbau befindlichen Modell.

Zweite Programmierphase

Nach der Strukturierung des Modells ist es erforderlich, die jeweiligen variablen Faktoren mit den ihnen entsprechenden Daten und Informationen zu versehen bzw. zu füllen. Dadurch, daß die Quantitäten der Daten die Gewichtung in den zahlreichen Wechselbeziehungen vornehmen, und dadurch, daß sie sich im Laufe der Zeit verändern, wird in dieser Phase die Grundlage für eine "Dynamisierung" des Modells gelegt; es verliert seine statische Eigenschaft.

Dritte Programmierphase

Die dritte Phase dient im allgemeinen der Feinanpassung des Modells an die Wirklichkeit.

Einfügung des Faktors "Zeit"
Wir wollen nicht auf einen Zeitpunkt orientierte Analysen und Diagnosen, wir wollen Prognosen, und zwar auch alternative Prognosen, unter Zugrundelegung unterschiedlicher, wahrscheinlicher Entwicklungsannahmen einzelner, bestimmter Faktoren. Dafür benötigen wir Zeitreihen, die uns für die Analyse zurückliegende Entwicklungsabläufe auch in ihren Wechselwirkungen deutlich machen sowie erlauben, daraus auch zukunftsorientierte Prognosen abzuleiten.

2.1.6 Typologie von Planungsmodellen

Allgemeines
Konkrete Planungsmodelle und -prozesse
Es ist nicht ratsam, zu versuchen, alle Anforderungsfelder (also z.B. sozio-ökonomische, nutzungs- und verkehrsorientierte) in einem Modell zu bearbeiten und zu überprüfen. Als Planungsschritte für die Flächennutzungsplanung bietet sich deshalb die folgende Kette ineinandergreifender Modelle jeweils getrennt für die einzelnen Alternativen an:
- Modelle der städtischen Gesamtentwicklung, die es erlauben, Entwicklungschancen und -spielraum (Gunstzonen der Gesamtentwicklung) einer Stadt als ein Element im regionalen und überregionalen Zusammenhang abzuschätzen (System- oder Entwicklungsmodelle).
- Modelle der Überprüfung der sektoralen Aufteilung der Entwicklung auf die Nutzungsarten (Aufteilungsmodelle).
- Modelle der räumlichen Stadtentwicklung (Flächennutzungsstruktur), die es ermöglichen, die räumliche Verteilung städtischer Aktivitäten innerhalb des Planungsraumes und die Auswirkungen von Alternativen der Nutzungsverteilungen erkennbar zu machen (Verteilungsmodelle).
- Verfahren zur Bewertung der Planungsalternativen, die dazu beitragen, durch Bereitstellen eines formalisierten, durchschaubaren und nachvollziehbaren Bewertungsverfahrens die Rationalität der Entscheidung zwischen den Alternativen zu erhöhen (Bewertungsverfahren).

Optimierung und Simulation
Letzten Endes dienen alle Planungsmodelle der "Optimierung" des untersuchten Systems bzw. des aufzustellenden Planes. Dieses Ziel kann methodisch vor allem auf zwei Wegen verfolgt werden: Optimierung und Simulation.

Optimierungsmodelle im engeren Sinne enthalten einen bestimmten schematischen Rechenvorgang schrittweisen Vorgehens, der nach vorgegebenen Kriterien unmittelbar zu einer optimalen Lösung des Planungsproblems führen soll. Simulationsmodelle besitzen dagegen keinen solchen Algorithmus. Die Ermittlung einer optimalen Lösung erfolgt hier in Form eines iterativ fortschreitenden Erkenntnisprozesses über das Verhalten der im Modell dargestellten alternativen Systeme mit unterschiedlichen Bedingungen durch eine Serie von Simulationsmodellen.

Optimierungsverfahren versuchen, auf analytischem Wege diejenigen Werte der Systemvariablen festzustellen, die eine Zielfunktion unter Berücksichtigung der einschränkenden Bedingungen des Systems am besten erfüllen. Simulationsverfahren dagegen ermitteln den Zustand des Systems für eine spezielle Konstellation von Werten der Systemvariablen. Hauptziel der Simulation ist in der Regel nicht die Ermittlung einer optimalen Lösung, sondern die Gewinnung von Erkenntnissen über das Verhalten beobachteter und zu vergleichender Systeme unter unterschiedlichen Bedingungen, die beispielsweise hypothetisch vorgegeben sein können.

Mathematische Gleichungssysteme entziehen sich vom Umfang her nicht selten einer analytischen Lösung: Viele der beobachteten Abhängigkeiten sind nichtlinear (Wachstumsvorgänge, Verhaltenswahrscheinlichkeiten, Verteilungs- und Kostenfunktionen); viele von ihnen sind nicht stetig, sind sporadisch, sprunghaft, stufenartig usw. Schon bei nur geringer inhaltlicher, räumlicher oder zeitlicher Differenzierung des Modells kann die Zahl der Gleichungen des Systems enorm groß werden.

Dagegen erlauben Simulationsverfahren, auch umfangreiche Systeme mit beliebigen numerischen und logischen Verknüpfungen mathematisch einfach und anschaulich in ihrer zeitlichen Entwicklung darzustellen. Mathematische Simulationsverfahren finden nicht nur deshalb zunehmend Anwendung auch im Bereich der sozio-ökonomischen Planung. Der experimentelle Charakter der Simulation entspricht in hohem Maße dem iterativ ablaufenden Entscheidungsprozeß bei der Gestaltung der menschlichen Umwelt. Dieser unterscheidet sich, trotz prinzipieller Ähnlichkeit der Ziel-Mittel-Relation, nicht unwesentlich vom Ablauf überwiegend technisch-wirtschaftlicher Planungen. Während in der Regel dort ein einziges, eindeutig und operational formulierbares Planungsziel ansteht, muß bei Planungen im sozio-ökonomischen Bereich von mehreren, oft auch nicht miteinander zu vereinbarenden und nicht einmal in sich selbst widerspruchsfreien komplexen Zielbündelungen ausgegangen werden, die von verschiedenen Gruppen der Gesellschaft mit unterschiedlichem Nachdruck und häufig auf unterschiedlichen Ebenen des Problemverständnisses vertreten werden.

Das Planungsziel beispielsweise eines Automobilkonzerns ist die Schaffung der betriebsinternen und -externen Voraussetzungen für die größtmögliche Nachfrage nach den eigenen (in der Zahl relativ eng begrenzten) Produktarten, bei optimalem Umsatz mit maximalem Gewinn. Die Planungsziele für die Stadtentwicklung sind, wie wir inzwischen insbesondere auch aus den Bänden 1 und 2[61] wissen, sowohl sozio-ökonomischer als auch ökologischer und technischer Natur und deshalb also (siehe oben) viel komplexer als die der technisch-wirtschaftlicher Planungen. Der Weg vom Ziel über das Erkennen eines Planungsproblems bis zur Entscheidung für einen konkreten Planungsansatz zu seiner Lösung ist hier mühsam und langwierig, wobei nicht nur die Lösungen, sondern auch Prioritäten und Ziele (wegen ihrer politischen Dimension) mehrfach korrigiert werden müssen, bis ein befriedigender Ausgleich zwischen den divergierenden Zielen und den zur Verfügung stehenden Mitteln gefunden worden ist.

Simulationsverfahren können gerade diesen Prozeß schrittweiser Annäherung an eine Problemlösung unterstützen. Als Vorteil erweist sich dabei, daß die Arbeit mit einem Simulationsmodell mit relativ geringem Informationsbestand über das Planungsproblem selbst, über die Konstellation der Ziele und ihre möglichen Konflikte begonnen werden kann. Optimierungsverfahren dagegen erfordern als ersten Schritt die Formulierung einer hier notwendigerweise mehrdimensionalen Zielfunktion mit

---

61 K. Müller-Ibold: "Einführung in die Stadtplanung", Fn. 2.

all ihrer Problematik. Das Simulationsmodell bietet also nicht die Lösung, sondern Informationen, aufgrund derer der Entscheidungsträger im Vergleich und/oder schrittweise eine Lösung finden und dann seine Entscheidungen treffen kann.

Einige Grundzüge von typischen Modellstrukturen

Inhalt dieses Bandes kann es nicht sein, sich eingehend mit Modellen zu beschäftigen. Hier soll der Leser lediglich in die Lage versetzt werden, zu verstehen, worum es bei der Aufstellung von Modellen geht, was sie leisten können und was dabei generell zu beachten ist. In diesem Kapitel werden wir uns deshalb mit den Grundzügen von typischen Modellen beschäftigen. Grundzüge von weiteren Verfahren werden im Zusammenhang mit den konkreten Methoden der Flächennutzungsplanung und der Generalverkehrsplanung erörtert werden.

Simulationsmodelle

Mit der Simulation von Planungsalternativen beginnt die eigentliche Anwendung und das Experimentieren mit dem Modell. Wir beginnen in der Regel mit der "Nullalternative", die als die "Entwicklung ohne Planungseingriffe" definiert werden kann. Sie dient als neutrale Vergleichsbasis zwischen den Planungsalternativen. Definitionsgemäß müssen für die Simulation der Nullalternative außer der vorhandenen, rechtskräftigen Bauleitplanung keine zusätzlichen Planungsvorgaben eingegeben werden. Es wird "simuliert", was geschehen würde, wenn der Entwicklung ungesteuert "Lauf gelassen" würde, der Planungsträger also nicht eingreifen würde. Es folgt die Simulation der eigentlichen Planungsalternativen. Die Planungsalternativen versuchen Negativauswirkungen der Nullalternative zu vermeiden, Gefahren abzublocken usw. Diese erfordern die Aufbereitung aller die jeweilige Planungsalternative bildenden Planungsvorgaben mit Angaben des Zeitpunktes ihrer beabsichtigten Durchführung.

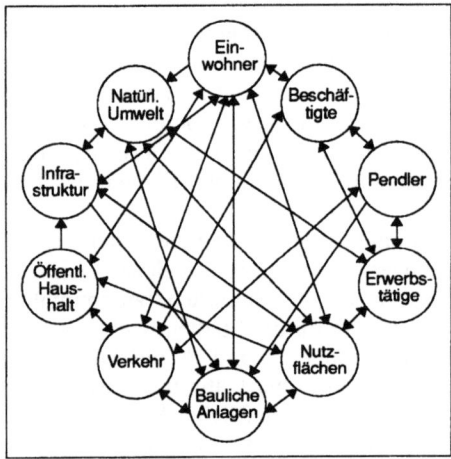

Grafik 5

Eine Auswertung der Simulation erfolgt durch Interpretation der in Tabellen, Diagrammen und Karten ausgeworfenen Informationen. Ziel dieses Arbeitsschrittes ist es, die durch Experimentieren mit dem Simulationsmodell gewonnenen Informationen zur Grundlage eines Erkenntnisprozesses über Zusammenhänge der jeweiligen Entwicklung und die Folgen und Wechselwirkungen von Planungsvorhaben zu machen (siehe Grafik 5). Damit wollen wir iterativ zu immer zielgerechteren Lösungen kommen. Um die Möglichkeiten des Erkenntnisprozesses voll auszuschöpfen, bedarf es der Entwicklung eines logisch-konsistenten und nachvollziehbaren, formalisierten Bewertungsverfahrens.

Der iterative Erkenntnisprozeß läßt sich folgendermaßen beschreiben:
Die planende Verwaltung entwickelt Zielvorstellungen aufgrund ihrer Erfahrungen, der Analyse der Lösungsprobleme und der Vorgaben des Entscheidungsträgers. Sie entwickelt daraus Plankonzepte, über deren Auswirkungen sie aus Erfahrungen begründete Erwartungen hat. Die Prüfung der jeweiligen Plankonzepte mit Hilfe von Simulationsmodellen zeigt deren wahrscheinliche zukünftige Auswirkungen. Die Bewertung der Auswirkungen des jeweilig alternativen Plankonzeptes führt zur Bestätigung oder Revision der Erwartungen ("Erkenntnissteigerung") und ggf. zu einer Revision oder Elimination des jeweiligen Plankonzeptes.

Der Erkenntnisprozeß verändert die Problemsicht der planenden Verwaltung und des Entscheidungsträgers und führt ggf. auch zu einer Reflexion der Prioritäten und/oder Zielvorstellungen (Rückkopplung). Sowohl der Umfang als auch die Qualität des Erkenntnisprozesses hängen in hohem Maß von der Art der Rückmeldung über die Konsequenzen des vermutlich realistischen Verhaltens (der Konzeptalternativen) ab. Das heißt, je eindeutiger und konsistenter die Konsequenzen der Entscheidung bewertbar sind, desto breiter und tiefer ist die Erkenntnis.

Das System Stadt muß in relevante Teilsysteme unterteilt werden. Die in einem Simulationsmodell einzubauende Beziehungsstruktur ist exemplarisch und nicht vollständig in Grafik 5 dargestellt.

Die einzelnen Teilzonen des Planungsgebietes werden durch Einzeldaten aus den Datengruppen "Einwohner", "Arbeitsplätze", "Gebäude" und "Flächen" und "Nutzungen" im Modell dargestellt. Der Einfluß der Umlandzonen und Pendler wird durch ihre Einzugsgebiete o.ä. erfaßt. Das Verkehrssystem wird z.B. durch Streckendaten der wichtigsten Teilstrecken der Verkehrsarten im Modell dargestellt. Die Streckendaten enthalten u.a. Angaben über Streckenart, Streckenlänge, Reisezeit, Kapazität, darauf verkehrende Linien und Zugfolgen. Zonendaten und Streckendaten bilden zusammen die Inventardaten. Beziehungen wirken teilweise nur in einer Richtung oder stellen zum Teil Wirkungszusammenhänge und Rückkopplungsschleifen dar, die gleichläufig sich verstärken (positive Rückkopplung) oder gegenläufig eine stabilisierende Wirkung haben (negative Rückkopplung).

Die Wirkungszusammenhänge werden eingehender bei den Methoden zur Flächennutzungsplanung und Generalverkehrsplanung dargestellt, sind hier also nicht weiter Gegenstand der Erörterung.[62]

Die Anwendung eines Modells kann sich zwischen zwei hypothetischen Grenzfällen bewegen:

a) Die direkten Planungseingriffe schöpfen die Zielvorgaben über den Gesamtrahmen der Stadtplanung voll aus; damit würde der Marktsektor gänzlich ausgeschaltet.

b) Es werden überhaupt keine direkten über bisherige Planungen hinausgehende Vorhaben vorgegeben; dann wird die Stadtentwicklung allein durch den Markt bestimmt. Dieser Fall wird im Modell, wie wir schon erörtert haben, als "Nullalternative" bezeichnet und dient häufig als neutrale Vergleichsbasis zwischen den Planungsalternativen.

In der Realität trifft jedoch in purer Form keiner der Fälle jemals ein.

---

62 Siehe hierzu auch W. Buler und R. Pauck: "Stadtentwicklungsmodelle", Stuttgart 1981.

Wir wollen wissen, wie sich ein Planungskonzept nicht nur zu einem bestimmten Planungszeitpunkt, sondern auch über einen längeren Planungszeitraum (z.B. Flächennutzungsplan 20 Jahre) auswirkt.

Die Inventardaten, die den Zustand des Systems Stadt beschreiben, werden mit ihren Ausgangswerten in das Modell eingegeben. In der Folge unterliegen die Merkmale, d.h. auch die Daten dazu, sehr unterschiedlichen, z.T. auch sowohl sehr starken als auch minimalen Veränderungen.

Alterung: Menschen werden älter. Gebäude altern und veralten.

Umverteilung: Einwohner ziehen um. Die Wohnungsbelegung ändert sich. Die Dichte der Wohnbevölkerung wird deutlich geringer. Verkehrsströme verlagern sich. Die Verteilung der Beschäftigten auf die einzelnen Wirtschaftsbereiche und damit auch ihre Standorte ändert sich mit dem Strukturwandel. Wohnungen werden in Büros umgewandelt. Flächen werden einer anderen Nutzung zugeführt.

Entwicklung: Geburts- und Sterberate ändern sich. Die Zahl der Beschäftigten ändert sich. Häuser werden gebaut oder abgerissen.

Eingriffe: Neue öffentliche Einrichtungen werden gebaut. Die Lagegunst eines Gebietes ändert sich durch neue Verkehrseinrichtungen. Betriebe werden umgesiedelt. Landwirtschaftliche Flächen werden in Bauflächen umgewandelt. Wohnungen werden errichtet. Das Maß der zulässigen Bebauung wird geändert.

Die ersten drei Veränderungsprozesse liegen außerhalb des Einflußbereiches der öffentlichen Planung. Sie haben ihre Ursachen in den demographischen, sozialen und ökonomischen Veränderungen innerhalb und außerhalb der Stadt. Sie sind Veränderungen, die durch die massenhaften Individualentscheidungen des "Marktsektors" ausgelöst werden.

Der letzte Veränderungsvorgang umfaßt bewußte Eingriffe der Stadt oder anderer öffentlicher Planungsträger in die Stadtentwicklung. Diese bestehen aus den Instrumenten der institutionellen Planung und aus den direkten Planungseingriffen des Sektors "öffentliche Planung".

Abfolge und Ausmaß von Veränderungen werden durch Vorgaben gesteuert. Solche Vorgaben können für jeden Simulationslauf im Rahmen einer realistischen Bandbreite alternativ geschätzt und/oder gewählt werden. Es gibt drei Gruppen von Vorgaben:

– Annahmen z.B. über die Gesamteinwohner- und -beschäftigtenentwicklung des Planungsgebietes und die Einwohner- und Beschäftigtenentwicklung des Untersuchungsgebietes. Bei Vorliegen eines vorgeschalteten Entwicklungsmodells werden die Annahmen durch dessen Ergebnisse bestimmt.

– Annahmen über die Entwicklung von Parametern, die Ergebnis externer Vorgänge sind und Lage und Verlauf verschiedener Modellfunktionen festlegen. Diese Funktionen beschreiben die wahrscheinlichen Reaktionen des "Marktsektors" auf Veränderungen. Dazu gehören auch Annahmen über die Entwicklung technischer Planungsgrößen und Richtwerte sowie Kosten- und Finanzierungsparameter (z.B. Entwicklung des Wohlstandes, der Motorisierung, des sich entwickelnden Kapitalvermögens usw.).

– Planungseingriffe, d.h. die der Stadt oder anderen öffentlichen Planungsträgern zur Verfügung stehenden Instrumente zur Beeinflussung der räumlichen Stadtentwicklung. Es werden zwei Gruppen von Planungseingriffen unterschieden: Die erste Gruppe sind solche institutioneller Art (z.B. Gesetze, Haushaltssatzungen usw.). Sie setzen den Rahmen für die im Modell simulierten Entscheidungen der privaten Investoren. Die zweite Gruppe von Planungseingriffen sind direkte Maßnahmen der Stadt oder eines anderen Planungsträgers, wobei für jede Zone/Phase mehrere, zeitlich abgestufte Bau- und Durchführungsprogamme vorgegeben werden können.

Gravitationsmodelle
Da es sich bei der Stadtentwicklung in wesentlichen Bereichen um die Verteilung der Arten, Dichten und Wechselbeziehungen von Nutzungen und deren Funktionen (d.h. auch von Erzeugern und Standorten von Attraktivitäten und deren Nutzern) geht, sind einige Experten[63,64] auf die Idee gekommen, für die diagnostische wie auch prognostische Beurteilung solcher Vorgänge die Newton'sche Gravitationstheorie in angepaßten Formeln einzusetzen. An Stelle der physikalischen Begriffe Newtons wurden raumordnerische Synonyme wie folgt gesetzt:

Für Masse der Materie: Masse der Bevölkerung oder der Wohnungen
Für Schwerkraft: Anziehungskraft (Umsatz) der zentralen Standorte
Für Entfernung: Normale Zeitweglänge von Quelle (Wohnen) zu Ziel (Einkaufen, Arbeiten usw.) und umgekehrt.
Für Widerstand: Zeitverzögerungen durch Staus, Ampelkreuzungen usw.

Auch hier kann es sich nicht darum handeln, die für die Stadtplanung entwickelten einzelnen Formeln zu Gravitationsmodellen zu behandeln, sondern um die Darstellung des Grundgedankens, daß man über diesen Weg ein brauchbares diagnostisches Instrument hat, um Planungskonzeptionen optimieren zu können.

Die Stadt wird auf solche Art auch hier zum Stadtmodell der Nutzungsverteilungen formalisiert. Die städtische Wirklichkeit soll im Modell auf einige - wenige - repräsentative Bereiche begrenzt werden. In diesen Bereichen werden wiederum einige, wie wir schon erörtert haben, - wenige - Variablen bestimmt. Über die Beziehungen dieser Variablen zueinander gehen in das Modell möglichst empirisch abgesicherte Annahmen ein. Die Bezugsgrößen sind in der Regel als Funktionsgleichungen formuliert.

Das Funktionsschema ergibt sich aus Ziel und Zweck des Modells. Wenn es für die Stadtplanung Verwendung finden soll, werden die Funktionen in einer planungsrelevanten Weise festgelegt werden müssen. Ira S. Lowry hat z.B. in seinem Pittsburgh-Modell[65], einem Standortmodell für die zukünftige Stadtentwicklung der Stahlmetropole in Pennsylvania, drei Bereiche für das Modell zu Grunde gelegt:
— den Basis-Bereich (basic sector; Betriebe, Geschäfte, Verwaltungen und andere Niederlassungen, deren Produkte und Leistungen nicht auf den örtlichen Markt angewiesen sind);
— den Detail-Bereich (retail sector; Betriebe, Geschäfte, Verwaltungen und andere Niederlassungen, deren Produkte und Leistungen auf den örtlichen Markt angewiesen sind);

---

63 Siehe z.B.dazu: Ira S. Lowry: "Seven Models of Urban Development: A Structural Comparison", Santa Monica, Cal./USA, 1967.
64 Siehe dazu auch: John P. Crecine: "Computer Simulation in Urban Research", Santa Monica, Cal./USA, 1967.
65 Vgl. Ira S. Lowry: "A Model of Metropolis", Fn. 42.

– den Haushalts-Bereich (household sector; die Wohnbevölkerung, die einen Großteil der Arbeitsplätze in den beiden anderen Bereichen einnimmt und die den größten Teil der Produkte und Leistungen des Detail-Bereiches abnimmt).

Lowry setzt in einer Serie von Gleichungen und Ungleichungen die quantitativen und räumlichen Faktoren der drei Bereiche zueinander in Beziehung. Bei gegebener Standortverteilung der Arbeitsplätze im Basis-Bereich simuliert das Modell die optimale oder plausible Verteilung der Wohnbevölkerung und die Verteilung der Arbeitsplätze im Detail-Bereich. Verändert sich - durch politische Prioritäten, finanzielle oder ökologische Hürden oder durch Wandel - eine der Variablen, so lassen sich die Folgen dieser Veränderung auf sämtliche anderen Variablen ermitteln. Je nach der Wirkung solcher Folgen können weitere Planungsansätze ersonnen und auf ihre Konsequenzen hin getestet werden.

Ein derartiges Modell setzt, wie wir allgemein schon erörtert haben, sehr umfangreiche empirisch-ökonomische und empirisch-soziologische Daten und Informationen voraus. Zu untersuchen sind nicht nur die wenigen Variablen und Zusammenhänge, die in das Modell eingehen. Das am Ende spärliche Funktionenschema ist erst Ergebnis der durch intensive Untersuchungsschritte gestützten Reduktion von nahezu unübersehbaren Variablen- und Funktionen. Man muß die vielen möglichen Bestimmungsgrößen für die Bevölkerung einer Region erst kennen, um sie schließlich, wie Lowry es tut, für eine von neun Gleichungen des Modells fixieren zu können: "Die Zahl der Haushalte in der Region kann als Funktion der Beschäftigungsziffer innerhalb der Region betrachtet werden". Ein solches Gravitationsmodell ist für Stadtplanung und Stadtforschung in zweierlei Hinsicht von Bedeutung: es kann für diagnostische wie auch prognostische Arbeitsschritte Verwendung finden.

Für die Vorarbeiten und für das Modell selbst ist eine Datenbank über Sozialstruktur, Nutzungsstruktur, städtebauliche Struktur, Verkehrsstruktur, Wirtschaftsstruktur und andere Grunddaten der Stadt wichtig, in der Informationen in kleinsträumlicher Gliederung elektronisch gespeichert und regelmäßig fortgeschrieben werden. Weiterhin finden analytische Fragestellungen mit Hilfe der Datenbank des Modells ihre Antwort. Das können einfache Suchfragen sein: Wo in der Stadt ist einerseits die Motorisierungsquote der Wohnbevölkerung überdurchschnittlich hoch und andererseits die anteilige Straßenfläche unterdurchschnittlich klein? Doch auch differenziertere Sachverhalte werden zugänglich: etwa der Zusammenhang zwischen Standort und Inanspruchnahme weiterbildender Schulen.

Die eigentlichen Leistungen solcher Modelle liegen jedoch im prognostischen Bereich: Die Eigendynamik und die Veränderung des Bestandes werden durch äußere Einwirkungen sichtbar. Beides interessiert bei den Entscheidungen über kostspielige Investitionen zur kommunalen Infrastruktur, die sehr langfristige Folgen haben können. Solche Modelle machen Strukturprognosen möglich: Die Veränderung des Altersaufbaus in einem Wohngebiet und die Folgen dieser Veränderungen auf die Inanspruchnahme von Schulen, Kindergärten und Spielplätzen, das zu erwartende Verkehrsaufkommen in einem Stadtteil, der vergrößert werden soll. Ergebnisse sind Informationen über vorweggenommene, simulierte Ereignisse. Die Ziele der Planung liegen fest, Alternativen sind ausgearbeitet, man erfährt durch das Modell von den wesentlichen Folgen und kann sich darauf frühzeitig einrichten und

Entscheidungen treffen; z.B. indem man Schritt für Schritt Modifikationen vornimmt um schließlich ein vermeintliches Optimum zu erreichen.

In der Stadtplanung sind nur wenige Ziele zu vertretbaren Kosten rein willkürlich wählbar, da die gebauten oder lebendigen Strukturen wesentliche Vorgänge präjudizieren: Eine Neubausiedlung belastet die Straßenkapazitäten des angrenzenden Quartiers; diese sind begrenzt; wie groß darf dann die Neubausiedlung maximal werden, ohne daß neue Anbindungsstraßen angelegt werden müssen?

Die ersten Planungsmodelle wurden von ihren Erfindern selbst als Modelle "mit Kinderkrankheiten" bezeichnet; sie wurden seither ständig revidiert, "umgebaut", erweitert, differenziert. Lowry, der als Pionier des Model-Building gilt, stellt selbst fest, daß die Regionalmodelle allein die Planungsprobleme nicht lösen können.[66]

Kein Entwickler von Modellen nimmt für sein Produkt in Anspruch, es mache das konventionelle Instrumentarium der Stadt- und Regionalplanung überflüssig. Modelle können jedoch einen Zuwachs an Systematisierung bieten und dadurch allein schon die Arbeitsmittel der Stadtplanung erweitern.[67]

2.1.7 Entwicklung von Planungsalternativen

Der nächste Schritt ist ein entscheidender, indem die bisherigen Planungsseznarien zu Planungsalternativen entwickelt, verdichtet und auch erweitert werden. Zunächst werden die Scenarien auf ihre Stichhaltigkeit mit Hilfe der Strukturuntersuchungen und Planungsmodelle überprüft. Dabei wird das eine oder andere Szenario herausfallen, weil es den nunmehr erkennbaren Erfordernissen der Gesellschaftsentwicklung einerseits und der Potentiale des Raumes andererseits nicht gerecht werden kann. Gelegentlich zeigen sich bei einer intensivierten Durchdringung der Aufgabe und der Probleme auch erweiterte Möglichkeiten, die zu einer zusätzlichen Alternative führen können. Im Zuge dieser und weiterer Arbeitsschritte lassen sich nunmehr konkrete Planungsalternativen entwickeln. Dabei ist zu beachten, daß es auch bestehende Planungen gibt, die noch nicht realisiert sein mögen, aber schon Rechtspositionen Betroffener geschaffen haben könnten. Es kann sich sogar theoretisch nach dieser Phase ergeben, daß die bestehende Planung ggf. mit kleineren Modifikationen und/oder Erweiterungen beibehalten werden kann.

Aufgabe des Planers ist es nun, übereinstimmende und gegenläufige Interessen der einzelnen Fachaspekte zu überlagern. Diese erste inhaltliche Zusammenarbeit der beteiligten Disziplinen hat zum Ziel, aufgrund jeweils alternativer konzeptioneller Vorstellungen iterativ die wesentlichen entwicklungsbestimmenden Faktoren gemeinsam einer Entscheidung zur Weiterbearbeitung zuzuführen.

Die erste Überlagerung alternativer Leitbilder enthält die Notwendigkeit, die vorausgehenden Vorstellungen der sektoralen Fachaspekte zunächst zu abstrahieren, indem die wesentlichen entwicklungsbestimmenden Faktoren einander gegenübergestellt werden. Zusammen mit den übrigen inhaltlichen Bestimmungsfaktoren aus

---

66 Vgl. Lowry: "A Model of Metropolis", Fn. 42.
67 Siehe hierzu auch Ira S. Lowry: "A Short Course in Model Design", in: "Journal of the American Institute of Planners", 1965.

den vorangegangenen Arbeitsschritten bilden sie den Bewertungsrahmen zur Ausschaltung von Zielkonflikten und zur Beurteilung der möglichen Alternativen.

In iterativen Arbeitsschritten zur Aufstellung eines Bewertungsrahmens zur Beurteilung und Ausarbeitung der Alternativen sind auch sektorale Teilkonzepte erforderlich (siehe dazu auch "Urban Land Use Planning" von Chapin und Kaiser[68])

2.1.8 Überprüfung und Korrektur von Planungsalternativen
Rückkopplung
Während der Aufstellung der Planung oder eines Planes sind Überprüfungen und Korrekturen des Planungsstandes jeweils wenigstens zweimal erforderlich. Diesen Vorgang nennen wir Rückkopplung. Er ist mindestens notwendig jeweils nach dem ersten Abschluß von Strukturuntersuchungen und der ersten Entwicklung von Planungsalternativen.

Dieser Schritt geht von dem Gedanken aus, daß sich überall und immer wieder Fehler und Fehlinterpretationen oder falsche Annahmen eingeschlichen haben könnten. Auch können falsche Aggregationen vorgenommen worden sein oder eine falsche Datenauswahl usw. Außerdem ist selbstverständlich davon auszugehen, daß während der Bearbeitung eines Planungsvorhabens das Wissen und die Erkenntnisse über das Objekt sich ständig erweitern, so daß eine Rückkehr zum Ausgangspunkt der Arbeiten mit dem inzwischen angesammelten Wissens- und Erkenntnisstand angebracht sein kann.

Überprüfung und Korrektur der Zielsetzungen
Bei der Rückkopplung gilt es auch, Zielsetzungen zu durchleuchten, weil diese z.B. so formuliert sein könnten, daß sie aus mehrerlei Gründen unerfüllbar sind, was nicht selten erst während der Bearbeitung erkannt wird. Meist hängt diese Erfüllbarkeit an irgendwelchen, z.T. auch nicht besonders relevanten Teilaspekten, die zu modifizieren kein besonderes "Bauchweh" erzeugt. Allerdings kann es auch vorkommen, daß die Untersuchungen ergeben, daß eine politisch gewollte Priorität in der formulierten Form tatsächlich nicht realisierbar ist, gleichgültig, ob es sich dabei um finanzielle, rechtliche oder noch andere Hinderungsgründe handelt. An solchen "Scheidewegen" des politischen Entscheidungs- und Vorgabeprozesses wird es häufig für den Entscheidungsträger nicht leicht, eine Richtungsentscheidung zu treffen. Immer wieder kann man in solchen Fällen beobachten, daß dann "Schein-" oder auch "Nichtentscheidungen" getroffen werden, weil es verständlicherweise Menschen schwerfällt, sich von einer einmal gefaßten politischen Idee, die in der Regel auch in der Öffentlichkeit schon vertreten wurde, zu trennen. Allerdings wird dadurch die Lösung der Probleme lediglich aufgeschoben. Dieser Aufschub kann Jahre dauern, mit der Folge, daß die Probleme durch den Aufschub noch viel größer werden und eine ganz andere Generation die durch solcherlei Flucht aus der Entscheidung entstandenen Folgeschäden bitter bezahlen muß.

---

68 F.S. Chapin Jr. und E.J. Kaiser: "Land Use Planning", University of Illinois Press, Urbana, USA 1979.

Überprüfung und Korrektur der Problemdefinition
Mit der Schlußbemerkung des vorangegangenen Kapitels sind wir beim nächsten Thema. Es ist unverzichtbar, daß in einem Planungsprozeß die tatsächlichen Probleme aufgezeigt und im einzelnen nicht nur definiert, sondern auch beschrieben und erörtert werden.

Ebenso wie im vorangegangenen Kapitel erläutert, gilt auch für Probleme, daß sie im Laufe der Arbeit besser durchleuchtet und erkannt werden. Einzelne Bereiche erweisen sich im Laufe der Arbeitsschritte als Scheinprobleme, andere als nicht determinierend. Es kommen allerdings auch neue hinzu. Aus all diesen Gründen hat die Rückkopplung auch für die Problemdefinition Bedeutung.

Überprüfung und Korrektur der Analysen und Diagnosen
Analysen und Diagnosen bedürfen als Vorlauf einer Vorstellung, Idee, zumindest eines Szenarios, die oder das zu analysieren und zu diagnostizieren ist. Es liegt auf der Hand, daß unter dieser Prämisse jede Veränderung, die im Laufe des Arbeitsprozesses sich ergibt, dazu führt, daß ggf. auch an den Ausgangspunkt der Analysen und Diagnosen zurückgegangen werden muß, um neue Durchläufe zu ermöglichen. Analysen und Diagnosen sind häufig durch auf das Planungsthema bezogene komplexe Fragestellungen geprägt. Die Rückkopplung soll auch zur Überprüfung der Fragestellung auf ihre Plausibilität hin erfolgen.

Ergänzung oder Einschränkung der Planungsalternativen
Rückkopplung, Überprüfung und Korrektur von Zielen, Problemdefinitionen, Fragestellungen, Analysen und Diagnosen führen dazu, daß nahezu zwangsläufig die Alternativen eine neue Bewertung erfahren müssen, wobei einige Alternativen Einschränkungen bis zur Ausscheidung, andere Ergänzungen erfahren werden. Schließlich können im Zuge eines erneuten Arbeitsdurchganges auch neue Alternativen auftauchen. Dieser Schritt führt schließlich dazu, daß nunmehr diejenigen Alternativen, über die es zu entscheiden gilt, einer Überprüfung ob ihrer Stichhaltigkeit standhalten können.

Nach Horst Rittel[69] handelt es sich beim Planungsprozeß in diesem Sinne um interdisziplinäre iterative Schritte, in deren Zugfolge Ideen, Alternativen und Konzeptionen ständig neu entwickelt bzw. ausgeweitet werden, um in nachfolgenden Schritten wiederum eliminiert bzw. reduziert zu werden.

Entscheidung und Ausarbeitung des endgültigen Planes
Nach Vorliegen der endgültigen Alternativen kommt es nunmehr darauf an, dem Entscheidungsträger die alternativen Planungsvorschläge vorzulegen. Der professionelle Planer kann und soll dabei seine Präferenzen darlegen. Er muß sie jedoch präzise formulieren und nach seiner Sicht Vor- und Nachteile der einzelnen Alternativen erläutern. Der Entscheidungsträger wird unter Umständen die Gewichtungen des Planers anders setzen und aus unterschiedlicher Prioritätensetzung zu anderen Entscheidungsergebnissen kommen. Der Entscheidungsträger muß seine Beschluß-

---

69 H. Rittel: "Der Planungsprozeß als iterativer Vorgang der Varietätserzeugung und Varietätseinschränkung", Stuttgart 1970.

fassung unmißverständlich formulieren und ggf. mit Aufträgen an die planende Verwaltung versehen. Diese Aufträge müssen einen zumindest groben Zeitrahmen des Vollzugs enthalten, in dem sich die Entscheidungsträger auch selbst binden müssen.

Nach förmlicher Beschlußfassung durch den Entscheidungsträger muß die planende Verwaltung, die als "Erfüllungsgehilfe" durch Gesetz dazu legitimiert ist, den Plan ausarbeiten oder seine Ausarbeitung durch den dazu beauftragten Planer (der in diesem Fall im juristischen Sinn wiederum "Erfüllungsgehilfe" der Verwaltung ist) überwachen. Die Planunterlagen müssen in ihrer Richtigkeit und Aktualität gesichert sein.

2.2 Kontinuierliche Fortschreibung der Planung

2.2.1 Kontinuierliche Kontrolle

Immer wieder leben sogar Spitzen der kommunalen Selbstverwaltung in der etwas naiven Vorstellung, daß ein Plan endgültig abgeschlossen sei, wenn er förmlich beschlossen, ausgefertigt, festgestellt und verkündet ist. Auch die Vorschriften im Baugesetzbuch zu Planänderungsverfahren haben erstaunlicherweise nicht die Erkenntnis bewirkt, daß es Änderungserfordernisse geben muß. An anderer Stelle wurde schon erörtert, daß es durchaus normal ist, wenn Pläne geändert werden müssen, weil Entwicklungsprozesse nie zum Stillstand kommen. Flächennutzungspläne erfahren im Laufe ihrer rund 20jährigen Laufzeit hunderte, Bebauungspläne oft mehr als ein Dutzend von Teiländerungen.

Aus diesen Gründen ist es erforderlich, daß die Entwicklung innerhalb und außerhalb der Stadt in Bezug auf die Pläne aller Art ständig beobachtet wird und die Pläne im Hinblick auf Änderunserfordernisse überprüft werden. In der Regel werden Bedeutung und Umfang dieser Aufgabe erheblich unterschätzt. Manche ganz erhebliche Entwicklungsversäumnisse entstehen daraus, daß die Änderungserfordernisse nicht beachtet wurden. Insbesondere in der Einschätzung des dafür erforderlichen Personals hat es Fehlentscheidungen gegeben, weil das Änderungserfordernis als solches gar nicht erst im Blickfeld der Entscheidungsträger gestanden hat.

2.2.2 Bewertung von Änderungserfordernissen

Änderungen im Rahmen von Ausnahmeregelungen

Nicht alle Änderungserfordernisse müssen zu Planänderungen führen. Das Baugesetzbuch und andere Vorschriften erlauben in der Regel in einem festgesetzten Rahmen Ausnahmen von der Regel. Insofern ist bei erkennbaren Änderungsanforderungen zunächst zu prüfen, ob auch eine förmliche Planänderung, die ja erheblichen Aufwand nach sich zieht, die Folge davon sein muß, und ob nicht rechtlich eine Ausnahmegenehmigung für einzelne Bauvorhaben reicht. Da ein solcher Schritt häufig erfolgreich ist, trägt sich eine solche Prüfung des Änderungserfordernisses selbst, weil ein Planänderungsverfahren wesentlich mehr Personal bindet als die Ausnahmegenehmigung.

Änderung durch ein förmliches Planänderungsverfahren
Natürlich gibt es in der Entwicklung einer Stadt ständig Vorgänge, die Änderungen in den Nutzungsanforderungen, den Verkehrsbedürfnissen, den Versorgungsansprüchen usw. auslösen und es deshalb auch notwendig machen, daß entsprechend Pläne geändert werden müssen.

2.2.3 Einleitung eines Änderungsverfahrens

Kommt die Verwaltung zu dem Ergebnis, daß ein Änderungsverfahren notwendig ist, dann muß sie ein solches einleiten. Das Verfahren ist das gleiche wie bei der Neuaufstellung eines Planes. Zunächst ist auch hier ein Aufstellungsbeschluß des Entscheidungsträgers, also des Rates der Gemeinde, notwendig. Es kann sein, daß die politischen Instanzen nicht der gleichen Meinung sind wie die Verwaltung. Normalerweise wird eine solche Frage vorgeklärt. Wenn der Rat eine Änderung nicht will, wird eine Einleitung des Verfahrens auch nicht vorgenommen. Dabei kann es sich allerdings ergeben, daß z.B. der Stadtbaurat, der in der Regel in der Öffentlichkeit auch für Versäumnisse, die er nicht zu vertreten hat, verantwortlich gemacht wird, darauf besteht, daß ein von ihm als notwendig angesehener und beantragter Aufstellungsbeschluß auch förmlich behandelt und ggf. durch den Rat auch förmlich abgelehnt werden muß. Nur so kann die Verantwortlichkeit klargestellt werden.

2.2.4 Einleitung eines Neuaufstellungsverfahrens

Die sich kontinuierlich ergebenden Änderungen können es über längere Zeiträume auch notwendig machen, daß ein Plan vollständig überarbeitet und neuaufgestellt wird. Wegen des damit verbundenen großen Aufwandes werden weder Verwaltung noch Rat einer Stadt ohne schwerwiegende Gründe ein solches Verfahren einleiten. Es müssen also gewichtige Gründe vorliegen, um ein Neuaufstellungsverfahren einzuleiten.

2.3 Sammlung, Erhebung und Pflege von Daten und Informationen

2.3.1 Einleitung, Legitimation und Autorisation zur Datenerhebung

Der hier zu erörternde, allgemein als Statistik bezeichnete Sachverhalt wird von vielen Anfängern im Studium der Stadtplanung, ja sogar manchem Städtebauer selbst mit "trockenen und langweiligen Fragebögen, Tabellen und ähnlichem" gleichgesetzt. Bei genauerer Betrachtung muß jedem Planer mit der Zeit jedoch klar werden, daß Statistik in Wahrheit für ihn unverzichtbar ist, weil er Informationen über Sachverhalte, Systeme, Strukturen, Entwicklungstendenzen, Abweichungen, Verhaltensweisen usw. seiner Objekte haben muß und will. Der Wissensdurst über zu erwartende oder zu befürchtende Entwicklungen, wie auch der Wille, entsprechend etwas zu unternehmen, verleiht solchen Zahlen und Tabellen in ihren Verknüpfungen und Entwicklungsreihen eine enorme Lebendigkeit. Es sind die Zahlenreihen und die sich in ihnen ausdrückende Entwicklung, die uns in höchstem Maß interessieren, und nicht eine auf einen Zeithorizont fixierte statistische Zahl. Wer darauf nicht neugierig wird und deshalb auch keine Beziehung zur Entwicklung der Gesellschaft und ihren Daten hat, sollte prüfen, ob Stadtplanung die richtige Wahl für den Beruf oder auch das politische Interessengebiet ist.

So haben wir in all den vorangegangenen Kapiteln immer wieder zur Kenntnis genommen, daß sich die Gesellschaft sowohl in ihren Größenverhältnissen, Dichten und Strukturen als auch Verhaltensweisen ständig verändert und deshalb immer weiter sich verändernde Anforderungen und Zielsetzungen an die Nutzung des Raumes stellt. Wir haben deshalb auch erörtert, daß Planung inzwischen unbestritten zum unverzichtbaren Instrument zur Bewältigung der Menschheitsentwicklung zählt. Schließlich haben wir in diesem Zusammenhang erfahren, daß zu dieser Planung wiederum unverzichtbar Daten und Informationen gehören. Sowohl die öffentlichen Hände als auch die private Wirtschaft benötigen insofern auf breiter Basis eine Vielzahl von Informationen, die einzelne Betriebe, einzelne Behörden oder einzelne Wirtschaftszweige für sich allein gar nicht sammeln und auswerten können.[70]

Dafür sind eingehende Daten über Bevölkerung und Wirtschaft erforderlich. Ihre Erhebung muß im Interesse aller, also der Gemeinschaft, ausnahmslos bei allen Bürgern erfolgen können. Da die Erhebungen aber die grundgesetzlich geschützte Privatsphäre des einzelnen Bürgers betreffen, ist der Gesetzgeber gefragt. Daten dürfen nur in einem derart aggregierten und anonymen Zustand der Öffentlichkeit zugänglich gemacht werden, daß daraus Rückschlüsse auf die Verhältnisse eines bestimmten Bürgers mit Name und Anschrift nicht erfolgen können. Deshalb darf nur per Gesetz mit strengen Schutzregeln das erforderliche Material von den öffentlichen Händen erhoben, ausgewertet und veröffentlicht werden.[71] Natürlich gibt es auch Statistik, die von privaten oder einzelnen öffentlichen Institutionen für die eigenen spezifischen Zwecke erhoben werden. Diese Erhebungen, das ist hervorzuheben, basieren jedoch auf der Freiwilligkeit der befragten Personen und Institutionen, ob sie antworten wollen oder nicht. Jeder Betrieb bedarf natürlich auch der innerbetrieblichen Statistik über Produktion, Vertrieb und Qualitätsvergleiche seiner eigenen Produkte oder Leistungen. Wir unterscheiden deshalb nach amtlicher und nicht-amtlicher Statistik. Außerdem gibt es eine Reihe von Informationsquellen, derer wir uns unmittelbar gar nicht immer als solche bewußt sind. Z.B. sind alle amtlichen Karten ein Informationswerk mit einer Fülle von Daten über unseren Lebensraum in seiner Größe, Ausdehnung, Form, Art, Topographie, Geographie, Landschaftsnutzung, Baunutzung usw.

2.3.2 Amtliche Statistik

Legitimation
Da es für die räumliche Entwicklung unserer Gesellschaft lebensnotwendig ist zu erfahren, wer, wann, wo, wie und unter welchen Bedingungen, Einnahmen oder

---

70 Siehe hierzu auch: W. Röck und R. Wolff: "Statistik in der öffentlichen Verwaltung - eine praxisorientierte Einführung", Stuttgart 1978.
71 Siehe hierzu: Gesetz über die Statistik für Bundeszwecke (StatGes) in der jeweils geltenden Fassung.

Ausgaben, Vorteilen und Belastungen wohnt, arbeitet, einkauft usw., sind statistische Erhebungen unverzichtbar. Deshalb ist das Gesetz über die Statistik für Bundeszwecke erlassen worden, um einerseits diesem Erfordernis gerecht werden zu können und andererseits den Bürger in seiner Privatsphäre zu schützen. Deshalb dürfen die entsprechenden Erhebungen nur kontrolliert, unter vorgegebenen Bedingungen und gegen Mißbrauch geschützt, vorgenommen werden. Es muß gesichert sein, daß die persönlichen Daten einer Person nicht bekannt werden, weder den öffentlichen Dienststellen, auch z.B. den Steuerbehörden nicht, noch privaten Institutionen. Insofern muß jeder Erhebungszwang der amtlichen Statistik durch jeweils ein spezifisches Gesetz legitimiert sein.

Die Hauptsicherung gegen Mißbrauch gegen Einzelpersonen liegt in zwei Maßnahmen:
– die Daten müssen so verschlüsselt sein, daß nicht erkennbar ist, daß sich dahinter Herr Klaus Müller-Ibold verbirgt, und
– die Daten müssen so aggregiert sein, daß nicht erkennbar ist, daß im Gebäude X Klaus Müller-Ibold arbeitet oder wohnt, usw.

Die Institutionen, die die amtliche Statistik betreiben, müssen durch gesetzliche Regelung eingerichtet und in diesem Aufgabenbereich einschließlich der Befugnisbegrenzung definiert werden. So findet sich das Bundesamt für Statistik im Gesetz über die Statistik für Bundeszwecke. Dort ist geregelt, welche Aufgaben das Bundesamt wahrnehmen kann und soll und welche Grenzen ihm gesetzt sind. In diesem und in den analogen Landesgesetzen wird auch geregelt, in welchem Rahmen die einzelnen Ressorts der jeweiligen Regierungen Statistik für ihre eigenen Sach- und Fachbereiche betreiben dürfen. Durch die Regelung über Gesetze ist nicht nur die notwendige Kontrolle, sondern auch die Durchsetzbarkeit der Erhebung gesichert, weil nicht jedermann automatisch einsichtig genug ist, zu verstehen, daß eine solide Statistik lebenswichtig für die heutige Gesellschaft ist.

Organisation

Entsprechend dem föderalistischen Aufbau der Bundesrepublik ist auch die amtliche Statistik regional dezentralisiert aufgebaut. Insofern liegen Vorbereitung, Durchführung und Aufbereitung von Erhebungen sowie die Aufbereitung des primär- und sekundärstatistischen Materials überwiegend bei den Bundesländern mit starker Beteiligung der Kommunen. Sachlich ist die generelle Statistik wiederum bei Bund, Ländern und Gemeinden jeweils in zentralen statistischen Ämtern organisiert. Über die generelle Statistik hinaus gibt es auch eine größere Zahl von Informationsbedarfen der einzelnen Fachressorts bei Bund, Ländern und Kommunen. Deshalb gibt es, ergänzend zur generellen, "herausgelösten" Statistik auch eine "Ressortstatistik", z.B. Zahl, Struktur, zeitliche und regionale Verteilung der Benutzer der öffentlichen Nahverkehrsbetriebe, eine Statistik, die nur sehr grob in den Volkszählungen erhoben wird und außerdem sehr viel präziser und kontinuierlich der Betriebsstatistik entnommen werden kann, auf die die kommunale Verkehrsplanung nicht verzichten kann.

Es hat immer wieder Versuche gegeben, eine der beiden Säulen der amtlichen Statistik abzuschaffen. Die vorangegangene Erörterung sollte jedoch gezeigt haben, daß es dafür keinen ausreichenden Grund gibt. Es bleibt deshalb vermutlich auch in Zukunft bei folgender Organisationsstruktur der amtlichen Statistik:

Regionale hierarchische Organisationsstruktur:
a) Statistisches Bundesamt
b) Statistische Landesämter
c) Statistische Kommunalämter
Sektorale Organisationsstruktur:
a) Zentrales Statistisches Bundes-, Landes- oder Kommunalamt
b) Bundes-, Landes- oder Kommunales Ressortamt

Aufgaben

Die wesentlichen Aufgaben und Arbeitsgebiete der Bundesstatistik[72] sind die Vorbereitung und Durchführung sowie Aufbereitung des primär- und sekundärstatistischen Materials (mit starker Unterstützung durch Länder und Kommunen) bei
– Bevölkerung, Erwerbstätigkeit, Wohnungswesen;
– Kultur, Bildung, Wissenschaft;
– Ernährung, Landwirtschaft und Forsten;
– Unternehmen, Betriebe und Arbeitsstätten;
– Bauwirtschaft und Bautätigkeit;
– Handel, Versicherungs-, Geld- und Kreditwesen;
– Verkehrswesen;
– öffentliche Finanzen und öffentliche Sozialleistungen;
– Preise, Löhne und Wirtschaftsrechnungen;
– volkswirtschaftliche Gesamtrechnungen;
– allgemeine Statistik des Auslandes.

In der Regel lassen sich die Aufgabengebiete in laufende Erhebungen und Strukturerhebungen unterscheiden.

Laufende Erhebungen werden in regelmäßigen und relativ kurzen Zeitabständen vorgenommen. Sie sind in der Regel inhaltlich nicht sehr tiefgehend gestaffelt. Sie haben einerseits den Sinn, relativ schnell die dynamische Entwicklung des Sozial- und Wirtschaftslebens aufzuzeigen, andererseits in diesem Sinn auch als Indikator oder Signalgeber zu dienen, durch den wir ggf. rechtzeitig einen spezifischen Untersuchungs-, Handlungs- und Planungsbedarf erkennen können.

Strukturerhebungen liegt immer ein tiefergehender Untersuchungsbedarf zugrunde mit einem sehr ausführlichen Frage- und Tabellen-Programm. Sie sind deshalb kostspielig. Diese Erhebungen (z.B. Volks- und Berufszählung, Wohnungszählung usw.) finden deshalb nur in größeren, mehrjährigen Abständen (z.B. 10 Jahren) statt.

Die statistischen Ämter von Bund, Ländern und Gemeinden veröffentlichen die Ergebnisse laufend in amtlichen Berichten usw. Es würde zu weit führen, darauf näher einzugehen. Der Hinweis auf die Quellen sollte für unseren Zweck hier genügen. Auch den Nutzen der amtlichen Statistik müssen wir hier nicht weiter erörtern, weil wir ihn im Zusammenhang mit dem Erfordernis der öffentlichen Planung erörtert haben, sich daraus also der Nachweis des Nutzens per se ergibt.

---

72 Siehe hierzu auch: Statistisches Bundesamt: "Das Arbeitsgebiet der Bundesstatistik", Stuttgart, Mainz 1981.

Herkunft und Qualität der Daten
Für solide Planungen wird ein breites, aktuelles und verläßliches Datenmaterial benötigt, das auch die Zusammenhänge aufzeigt. Als Datenquelle dienen solche
- aus der amtlichen Statistik,
- aus dem Verwaltungsvollzug,
- aus Unterlagen öffentlich-rechtlicher oder auch sonstiger privater Institutionen.

Geeignet sind dafür in der weiteren Zukunft, nach unserer Erörterung, nur noch solche Unterlagen, die auf elektronischen Datenträgern gespeichert sind.

Die amtliche Statistik als Datenquelle
In ihrer Zielsetzung ist die amtliche Statistik auf Daten in einer sachlich tiefen Gliederung und in einer ausreichenden periodischen Häufigkeit ausgerichtet, um generell Strukturen in ihren sachlichen Wechselwirkungen und zeitlichen Entwicklungen analysieren zu können. Um das riesige Zahlenmaterial auch für räumliche Planungsaufgaben nutzbar zu machen, muß bei der Datenerhebung und -aufbereitung der räumliche Bezug hergestellt werden. Die langjährigen Bemühungen dazu haben erst mit dem Aufkommen der automatischen Datenverarbeitung einen entscheidenden Durchbruch erfahren. Deshalb ist es heute möglich, das Zahlenmaterial - insbesondere das der Großzählungen - als Kernstück von Planungsdatenbanken zu verwenden. Dabei ist wichtig, daß das Programm der amtlichen Statistik auf Grund neuer Fragestellungen laufend erweitert und auf Grund aktueller Bedürfnisse angepaßt worden ist. Als Datenquellen greifen in steigendem Umfang in mehr oder weniger regelmäßigen Zeitabständen durchgeführte Großzählungen, laufende Erhebungen und Stichproben ineinander.

Großzählungen
Nachfolgende Großzählungen sind von stadt- oder regionalplanerischer Relevanz:
- die Volks-, Berufs- und Arbeitsstättenzählung als Datenbasis für demographische und sozio-ökonomische Sachverhalte,
- die Gebäude- und Wohnungszählung als Datenbasis für räumliche Sachverhalte.

Eine den heutigen Vorstellungen entsprechende Planung muß den Menschen als entscheidenden Bestimmungsfaktor (siehe Band 1[73]) in den Vordergrund rücken, was ohne Kenntnis von Zahl, Struktur, Verteilung und Entwicklung der Bevölkerung sowie der dafür maßgebenden Ursachen und Wirkungen unmöglich wäre.

Die Volks- und Berufszählung bildet dafür die Grundlage, die neben der Ermittlung von demographischen Grundstrukturen durch die Bevölkerungsstatistik als wesentliches Ziel die Darstellung der Zusammenhänge zwischen Bevölkerungsstruktur und -entwicklung sowie einer Reihe von Sachverhalten gesellschaftlicher, sozialer und wirtschaftlicher Art aufweist.

Die Arbeitsstättenzählung über Zahl und Größe der Arbeitsstätten, deren fachliche und regionale Verflechtungen sowie über deren Beschäftigte gibt ein Gesamtbild der Struktur der gewerblichen Wirtschaft und der öffentlichen Verwaltung wieder.

Anders als die Volks- und Berufszählung, durch die die gesellschaftliche Situation ermittelt wird, ermittelt die Gebäude- und Wohnungszählung die Sachverhalte des

---

73 K. Müller-Ibold: "Einführung in die Stadtplanung", Fn. 2.

Lebensraumes und der Umwelt. Außerdem werden Wohnungsgröße, Ausstattung, Miethöhe, Mietbelastung und anderes mit dem Ziel erfaßt, die Unterschiede in der wohnlichen Unterbringung zwischen den verschiedenen Bevölkerungsgruppen zu erfahren. Dadurch werden z.B. regionale Wohnungsversorgungs-, Wohnungsbedarfs- und Wohnungsmarktanalysen möglich, die die Voraussetzungen für eine angemessene Versorgung der Bevölkerung mit Wohnungen schaffen.

Die Großzählungen werden etwa alle fünf bis zehn Jahre durchgeführt. Innerhalb dieses Zeitraumes ist es allein vom Aufwand her unmöglich, auch noch alle durch sie erfaßten Merkmale und Sachverhalte fortzuschreiben, so daß eine Aktualisierung oder Zwischenfortschreibung nur für eine begrenzte Anzahl der Daten über laufende Erhebungen der amtlichen Statistik erfolgen kann.

Laufende Erhebungen

Über laufende Erhebungen der amtlichen Statistik werden folgende Sachverhalte erhoben:
– Personenstände,
– private Haushaltungen,
– Gebäude- und Wohnungen,
– Schulen und Ausbildungsstätten,
– Unternehmen, Betriebe und Arbeitsstätten der Wirtschaft,
– Behörden und Einrichtungen der öffentlichen Hand,
– Organisationen ohne Erwerbscharakter.

Die laufenden Erhebungen können nicht den Daten- und Informationsbedarf der Stadt- und Regionalplanung befriedigen, da es sich bei ihnen um relativ eng umrissene Sachkomplexe, z.T. ohne räumlichen Bezug, handelt. Allerdings eignen sie sich besonders als Fortschreibung für die durch die Großzählungen erhobenen Merkmale und Sachverhalte. Insbesondere die Statistiken der natürlichen Bevölkerungsbewegung (Geburten, Sterbefälle, Eheschließungen und Ehescheidungen) und die Wanderungsstatistik (Zu- und Fortzüge) erlauben die Fortschreibung der Bevölkerung in regionaler Gliederung. Diese Statistiken haben jedoch ihre Genauigkeitsgrenzen. Nicht jeder Fort- oder Zugang wird sofort, mancher Sterbefall am Ort des Todes, nicht jedoch am Ort des dauernden Aufenthaltes gemeldet. D.h., wenn jemand in einem Krankenhaus, sagen wir Hamburg, stirbt, aber in Bad Oldesloe ansässig ist, wird sein Tod in Hamburg registriert.

Stichproben

Stichprobenerhebungen erfassen nicht alle Individualfälle, da der Stichprobenplan für das Bundesgebiet aus einem Auswahlsatz von 0,1 % oder 1,0 % besteht. Hinzu kommt, daß aus Gründen der Zeit- und Kostenersparnis die Stichproben oft als Klumpenstichproben angelegt sind, weshalb die Einbeziehung von z.B. jeder mittelgroßen Gemeinde in die Stichprobe nicht gewährleistet ist. Darüber hinaus können generell die aus Stichprobenerhebungen anfallenden Daten nicht fortgeschrieben werden, so daß Stichproben nur bedingt als Datenquellen für eine Datenbank in Frage kommen. Sie bilden aber eine wesentliche Ergänzung bei der Analyse insbesondere tieferer sachlicher Zusammenhänge, bei denen die räumlichen Aspekte von geringerer Bedeutung sind. Stichprobenerhebungen dienen außerdem der ständigen Beobachtung der Entwicklung, sozusagen als "Signalgeber".

Die Verwaltungsautomation als Datenlieferant
Im Bereich der Verwaltungsautomation basieren die anfallenden Daten auf der Bearbeitung laufender, immer wiederkehrender und in großer Menge anfallender Aufgaben des Verwaltungsvollzuges. Mit wachsender Fülle und Kompliziertheit der Verwaltungsaufgaben ist eine immer stärkere Arbeitsteilung notwendig geworden, was die mehrfache Erhebung von Daten bei den verschiedensten Verwaltungsstellen zur Folge hatte. Um diese Mehrfacherfassung weitgehend zu vermeiden, werden deshalb die Vollzugsaufgaben mit Einführung der automatischen Datenverarbeitung durch eine entsprechend konzipierte Verwaltungsautomation bewältigt. Die im Verwaltungsvollzug anfallenden Daten sind stets Individualdaten, die aufgrund von Gesetzen und Verordnungen laufend fortzuschreiben sind. Als Datenquelle für die Zwecke der Stadt- und Regionalplanung sind solche Daten in der Regel nur verwertbar, wenn sie räumliche Bezüge haben.

Angaben über natürliche Personen
Nach dem Gesetz über das Meldewesen haben die für das Meldewesen zuständigen Behörden der Länder die Aufgabe, "... für jeden Einwohner personenbezogene Daten, deren Kenntnis zur gesetzlichen Erfüllung öffentlicher Aufgaben erforderlich ist, zu sammeln, zu verwalten und anderen Behörden zur Verfügung zu stellen, soweit gesetzlich nichts anderes bestimmt ist."

Angaben über Arbeitsstätten und Arbeitspersonen
Im Bereich der Verwaltungsautomation existieren eine Reihe von datenerfassenden Institutionen, die arbeitsstättenbezogene Individualangaben speichern (z.B. Gewerbeaufsicht, Wirtschafts- und Ordnungsämter).
  Zur Aufstellung einer Liste aller Auskunftspflichtigen kann die im Betrieb der amtlichen Statistik durchgeführte Arbeitsstättenzählung benutzt werden, denn eine ihrer wesentlichen Aufgaben ist es, eine vollständige Erfassung sämtlicher Arbeitsstätten zu erreichen. Sie ist auch auf eine Erfassung der örtlichen Einheiten (also auch einzelner Filialen) abgestellt, was für eine kleinräumliche Aufbereitung von besonderer Bedeutung ist.
  Die einzige Quelle im Bereich der Verwaltungsautomation mit arbeitsstätten- und beschäftigtenbezogenen Individualangaben stellt die Bundesanstalt für Arbeit dar, die über die integrierte Datenverarbeitung der gesetzlichen Sozialversicherung alle Arbeitsstätten mit mindestens einem sozialversicherungspflichtigen Arbeitnehmer ermittelt. Die Bundesanstalt für Arbeit speichert sämtliche arbeitsstättenbezogenen Individualangaben in einer Betriebsdatenbank und alle beschäftigtenbezogenen Individualangaben in einer Beschäftigtendatenbank.[74]

Angaben über Grundstücke und Gebäude
Zu den wichtigsten Stellen im Verwaltungsvollzug, die Grundstücksdaten erheben oder nachweisen, sind zu rechnen:
– die Vermessungs- und Katasterverwaltungen (Realdaten),

---

74 Siehe dazu: "Verordnung über die Erfassung von Daten für die Träger der Sozialversicherung und für die Bundesanstalt für Arbeit (Datenverfassungs-Verordnung - DEVO)" (BGBl. 1972, Teil I, S. 2159).

- die Grundbuchverwaltungen (privatrechtliche Daten),
- die Finanzverwaltung (steuerliche Bewertungsdaten),
- die Kommunalverwaltung (planungs- und baurechtliche Daten).

Dabei befassen sich die Planungs-, Vermessungs- und Katasterämter sowie die Grundbuchämter überwiegend mit grundstücksrelevanten Angelegenheiten, während in den übrigen Verwaltungen nur in mehr oder weniger großem Umfang grundstücksbezogen gearbeitet wird.

Da wir uns wegen der Bedeutung für die Stadtplanung mit Angaben über Grundstücke, Gebäude und Wohnungen noch näher befassen müssen, bedarf es hier zunächst keiner weiteren Erörterung.

2.3.3 Nicht-amtliche Statistik

Träger der nichtamtlichen Statistik

Die nichtamtliche Statistik ist weit verbreitet, sie bedarf keiner besonderen Genehmigung. Jede private Institution oder Person kann Umfragen zur Erhebung von Daten und Informationen durchführen. Ein typischer Fall sind die ständigen politischen Umfragen. Allerdings sind solche Befragungen in einem Punkt begrenzt: Sie sind von der Freiwilligkeit der Befragten abhängig. Daraus entsteht eine weitere Begrenzung, daß nämlich solche Befragungen, außer es handelt sich um einen sehr engen Befragtenkreis (etwa der einer Firma oder eines Vereins), keine Vollerhebungen durchführen können, weil sich in der Regel ein Teil der zu Befragenden weigert, mitzumachen. Dies ist das uneingeschränkte, persönliche, vom Grundgesetz[75] garantierte Recht des durch die Befragung angesprochenen Kreises.

Statistische Umfragen und Untersuchungen werden in der Regel von folgenden Institutionen durchgeführt:
- Markt-, Wirtschaftsforschungs- und Planungsinstitute,
- Meinungs- und Sozialforschungsinstitute,
- Fachressorts der öffentlichen Hände,
- Wirtschaftsverbände und Kammern,
- Institutionen der Tarifpartner,
- Betriebe der Wirtschaft.

Die wesentlichen Träger sind hier genannt, weil ihre Statistik durchaus gerade für die Stadtplanung als Sekundärstatistik und als Ergänzung der amtlichen Statistik einen hohen Stellenwert hat.

Sachspezifische Erhebungen

In der Regel zielen die nichtamtlichen Erhebungen ab auf spezifische Fragen der jeweiligen Träger. Schon die Aufzählung der Träger zeigt uns an, daß manche Ergebnisse daraus auch für die räumliche Planung nutzbar gemacht werden können und umgekehrt. So können Verbands- und Betriebsstatistiken zu allgemeinen und spezifischen Standortbedürfnissen von Betrieben in hohem Maß auch für die Verteilung der Art und des Maßes von Nutzungen Aussagekraft besitzen. Ebenso liefern

---

75 Grundgesetz der Bundesrepublik Deutschland und Zwei-Plus-Vier-Vertrag, dtv Nr. 5003, 1990.

dem Stadtplaner die Erhebungen der empirischen Sozialforschung mit ihren Analysen- und Diagnoseergebnissen unverzichtbare Informationen.

Örtliche Erhebungen

Während Verbände, Kammern, Tarifverbände und andere in der Regel Wert darauf legen, daß der größte Teil ihrer Erhebungen veröffentlicht wird, betreiben einzelne Betriebe und Institutionen vor Ort stark auf den jeweiligen Betrieb bezogene und spezifische Umfragen und Erhebungen. Es lohnt sich, mit solchen Betrieben Kontakt zu halten, weil nicht alle Ergebnisse aus der Sicht des Betriebes geheimgehalten werden müssen und deshalb durchaus vom Betrieb der Stadtplanung zur Verfügung gestellt werden, sofern ein erträgliches Klima zwischen der kommunalen Verwaltung und dem Betrieb (der Wirtschaft insgesamt) vorherrscht.

2.3.4 Die zentrale Bedeutung von Flächendaten

Allgemeines

Eine der wichtigsten Aufgaben der Stadtplanung ist die Aufstellung von Bebauungs- und Flächennutzungsplänen. Dafür bedarf die jeweilige planende Verwaltung möglichst ausführlicher Angaben (flächendeckend) über alle mit verschiedener Nutzung in Anspruch genommenen Flächen. Neben den bebauten sind auch alle unbebauten Grundstücke zu berücksichtigen, um eine Übersicht über die Nutzung der Gesamtfläche eines Gemeindegebietes zu erhalten. Ihren eigentlichen Wert erhalten die Flächenangaben erst dann, wenn für die einzelnen Teilflächen nach Art und Maß der Nutzung differenziert werden kann, z.B. nach Wohnflächen, gewerblichen Flächen, Verkehrsflächen, Industrieflächen, Freiflächen usw.

Schließlich werden flächenbezogene Angaben benötigt für die strategisch orientierte Stadtentwicklungsplanung, z.B. die Beurteilung und vorausschauende Analyse der Strukturveränderungen in demographischer, wirtschaftlicher und technologischer Hinsicht. Hierbei ist z.B. zu denken an:
- Änderung des Flächenbedarfs,
- Änderung von Standorterfordernissen usw.

Die kleinste Flächeneinheit ist das Grundstück. Dazu gibt es drei verschiedene Begriffsbestimmungen, die weder zwingend noch ausnahmslos identische Flächeneinheiten beschreiben:
- das Grundstück als Flurstück,
- das Grundstück im bürgerlich-rechtlichen Eigentumssinn,
- das Grundstück als Wirtschaftseinheit.

Das Grundstück als Flurstück

Als kleinste Bezugseinheit im Liegenschaftskataster ist das Flurstück (Grundstück im katastertechnischen Sinn) eine zusammenhängende, abgegrenzte Bodenfläche, für die in der Regel nur ein Eigentumsverhältnis besteht. Als erste Aggregationsstufe für Flurstücke ist als kleinste Einheit die "Gemarkung" anzusehen, die einen Verband von Flurstücken mit einer in sich geschlossenen, systematischen Numerierung darstellt. Gemarkungen sind in der Regel so gebildet, daß sie nicht von Gemeindegrenzen durchschnitten werden.

Das Grundstück im bürgerlich-rechtlichen Eigentumssinn
Die Rechtsverhältnisse an Grundstücken werden im Grundbuch festgehalten. Der verwendete Grundstücksbegriff ergibt sich aus § 890 des Bürgerlichen Gesetzbuches.[76] Hiernach ist das "Grundstück" im bürgerlich-rechtlichen Sinne ein räumlich abgegrenzter Teil der Erdoberfläche, der im Grundbuch an einer besonderen Stelle (= laufende Nummer des Bestandsverzeichnisses) eingetragen ist. In der Regel entspricht ein Grundstück einem Flurstück im katastertechnischen Sinne.

Ein Grundstück kann auch mehrere Flurstücke umfassen, wenn diese unter einer laufenden Nummer im Bestandsverzeichnis als Grundstück gebucht sind. Der umgekehrte Fall ist nicht möglich, nämlich, daß ein Flurstück aus mehreren Grundstücken im bürgerlich-rechtlichen Sinne besteht. Von Vorteil ist, daß die Gemarkung und der Grundbuchbezirk grundsätzlich identisch sind.

Das Grundstück als Wirtschaftseinheit
Im Rahmen der Finanzverwaltung wird die steuerliche Bewertung von Grundstücken ("Einheitsbewertung") bearbeitet. Dieser Bewertung liegt die Wirtschaftseinheit zugrunde, die aus einem oder mehreren Grundstücken im bürgerlich-rechtlichen Sinne bestehen kann. Die Definition der Wirtschaftseinheit ist nach dem Bewertungsgesetz[77] recht flexibel gehalten:
"Was als wirtschaftliche Einheit zu gelten hat, ist nach den Anschauungen des Verkehrs zu entscheiden. Die örtliche Gewohnheit, die tatsächliche Übung, die Zweckbestimmung und die wirtschaftliche Zusammengehörigkeit der einzelnen Wirtschaftsgüter sind zu berücksichtigen. Mehrere Wirtschaftsgüter kommen als wirtschaftliche Einheit nur insoweit in Betracht, als sie demselben Eigentümer gehören."
Diese Definition ist mit den sonstigen Begriffen "Grundstück" und "Flurstück" nur schwer zur Deckung zu bringen, was für eine Verknüpfung von Datenbeständen unterschiedlicher Informationsquellen eine unumgängliche Voraussetzung wäre. Insofern sollte die "Wirtschaftseinheit" als Grundstücksdefinition und Datum in der Stadtplanung nur mit äußerster Vorsicht benutzt werden.

Eine wesentliche Rolle im freien Grundstücksverkehr spielt natürlich der sogenannte Verkehrswert. Er ergibt sich aus Angebot und Nachfrage und wird in der Regel zwischen dem Kaufinteressenten und dem Eigentümer ausgehandelt. Es gibt jedoch Situationen z.B. Entschädigung bei Enteignung, bei denen eine Bewertung erforderlich wird. Ihr dient die Wertermittlungsverordnung.[78]

2.3.5 Karten und Planunterlagen als Informationssystem

Allgemeines
Karten und Planunterlagen sind prinzipiell eine durch Symbolsystematik optisch festgehaltene und strukturierte "Datenbank".

---

76 Bürgerliches Gesetzbuch, 3. Buch (BGB) v. 1896 (RGBl. 195).
77 Bewertungsgesetz (BeWG), 1974 (BGBl. I S. 2369).
78 Verordnung über Grundsätze für die Ermittlung des Verkehrswertes von Grundstücken, BGBl. I S. 1416

Sie geben Auskunft über
- die Oberfläche unserer Erde (Verteilung von Land und Meer, Flüssen, Seen, Erhöhungen und Gebirgen, Lebensräume von Fauna und Flora usw.), d.h. auch über unser Lebensumfeld;
- die von Menschen in seinem Umfeld geschaffenen Siedlungskörper (d.h. Gebäude und Anlagen, Kultivierung und Veränderung der Landschaft usw.);
- manch anderen Sachverhalt, wie z.B. die Eigentumsverhältnisse, den Untergrund, Bodenschätze und Sondersituationen wie etwa Gebiete, die vom Tidehub betroffen sind, etc. und
- auf Karten festgehaltene räumliche Planungen.

Damit alle Bedarfsanforderungen an die Karte als Informations- und Planungshilfsmittel erfüllt werden können, bedarf es eines streng systematisierten Aufbaus des dafür erforderlichen Kartenwerkes. Diese Systematik erstreckt sich auf mehrere Sach- wie Maßstabsebenen.

Amtliche Karten

Wir haben erörtert, daß es Pläne gibt, die öffentlich und verbindlich sein müssen. Auf die Korrektheit dieser Pläne muß sich jeder verlassen können. Insofern muß schon die dem Plan unterlegte Karte sowohl in ihren geometrisch-topographischen als auch mathematischen Aussagen nicht manipulierbar, objektiv richtig, exakt und aktuell sein. Aus solchen Gründen ist in Deutschland schon seit langem das amtliche Kartenwerk eingeführt worden.

So gibt z.B. das Vermessungsamt der Freien und Hansestadt Hamburg als amtliche Karten heraus
- Topographische Karten,
- Stadtkarten,
- Verwaltungskarten und
- Thematische Karten (einschl. F-Plan und B-Pläne).[79]

Die Herausgabe von Neuerscheinungen der amtlichen Karten wird über die regulären amtlichen Wege bekanntgemacht (in Hamburg z.B. über den "Amtlichen Anzeiger" oder in den "Mitteilungen für die Verwaltung der Freien und Hansestadt Hamburg"). Jedes amtliche Kartenblatt gibt Auskunft über den aktuellen Fortführungsstand (Ausgabejahr), bis zu dem Veränderungen erfaßt sind. Wie wir aus der ständig sich vollziehenden Veränderungen wissen, ist eine solche Information von großer Bedeutung. Es kann also durchaus nötig sein, auch ein amtliches Kartenblatt zunächst einmal zu aktualisieren, ehe es als Planungsgrundlage verwendet wird.

Nicht-amtliche Karten

Jedes größere Unternehmen mit größeren Liegenschaften bedarf natürlich auch eigener Kartenwerke, wie etwa die großen Chemiewerke, die ein weit verzweigtes Leitungsnetz auf eigenem Grundstück haben und dies aus vielerlei Gründen über ein Kartenwerk dokumentieren und archivieren müssen.

---

79 Siehe hierzu: Kartenverzeichnis Freie und Hansestadt Hamburg, Vermessungsamt Baubehörde Hamburg 1992.

Physische (topographische) Karten
Zur Orientierung über die Verteilung von Land und Wasser, die Tiefen, Höhen und Strukturen von Landschaft und Gewässern, die Strukturen und Größen von Natur- und Kulturlandschaften, die Charakteristika der Bodenbedeckung, die Strukturen und Größen menschlicher Siedlungen, Verkehrsnetze und manch anderem benötigen wir physische (topographische) Karten unterschiedlicher Charakteristik und Maßstäblichkeit.

Die Bundesraumordnung bedient sich wegen der Großmaßstäblichkeit ihrer Ziele und Aufgaben überwiegend des amtlichen Kartenwerkes in den Maßstäben 1:200000, 1:500000 und 1:1000000. Die Landes- und Regionalplanung bedient sich überwiegend des amtlichen topographischen Kartenwerkes in den Maßstäben 1:25000, 1:50000 und 1:100000.

Die wichtigsten physischen (oder auch topographischen) Karten sind für die Stadtplanung die sogenannte "Deutsche Grundkarte" in den Maßstäben 1:2500 bis 1:10000 sowie der "amtliche Lageplan" in den Maßstäben 1:500 und 1:1000. Es handelt sich dabei um die Maßstäbe und Informationsdichten, die für den Flächennutzungsplan respektive die Bebauungspläne erforderlich sind.

Die Deutsche Grundkarte
Die Deutsche Grundkarte wird in einem Mutterblatt im Maßstab von 1:5000 hergestellt und auf 1:2500 vergrößert bzw. auf 1:10000 verkleinert. Sie wird in jeweils einzelnen Abschnitten in fünffarbigen Blättern, getrennt nach Grundriß und Schrift, hergestellt. Als Grundlage für die konkrete Zeichnung von Plänen wird sie auch einfarbig als Transparentpause geliefert. In manchen Städten sind Sonderausfertigungen der Grundkarte in Zusammenfassung mehrerer Einzelblätter, z.B. Sonderblatt "Innenstadt", erhältlich.

Der amtliche Lageplan
Der amtliche Lageplan im Maßstab 1:1000 basiert auf dem Katasterplan, der, neben der Funktion, Planungszwecken zu dienen, primär über die Einrichtung des Katasters zur Sicherung des Nachweises einzelner Grundstücke in ihrer Aufteilung nach Lage, Form und Größe eingeführt wurde. Die Bedeutung des Katasters im Zusammenhang mit dem Grundbuch werden wir noch in Kapitel 5.2 zur Sicherung der Planung erörtern. Der amtliche Lageplan ist auch beim örtlichen Bauantrag eines Bauherrn das Verbindungselement zur Planung, da in ihn die Lage der geplanten Bauwerke eingetragen werden muß, so daß eine einwandfreie Kontrolle der Einhaltung der planungsrechtlichen Vorschriften gewährleistet ist.

Thematische Karten
Die städtischen Vermessungsämter liefern auch eine ganze Palette von thematischen Karten, deren Informationen je nach Planungsaufgabe, -art und -detaillierung unverzichtbar sind. In der Regel handelt es sich um Karten in den Maßstäben von 1:10000 bis 1:500000. Die Themen reichen von
– Verwaltungskarten (politische, administrative und statistische Grenzen und Gliederungen) über

- Übersichtskarten (zu Bebauungsplänen, Natur- und Landschaftsschutzgebieten, geologischen Strukturen, zum Baugrund u.ä.),
- Verkehrskarten,
- Flächennutzungs- und andere formelle Pläne, bis hin zu
- Gewässerkarten (Gewässer, Hochwassergebiete, Hydrogeologische Strukturen u.a.) und andere mehr.

Diese Karten sind z.T. in unterschiedlicher Differenzierung erhältlich, wobei sowohl die Zahl als auch die Differenzierung der jeweiligen thematischen Karten, je nach Größe der Stadt oder nach der Region unterschiedlich sind.

Historische Karten

Zur Beurteilung der Entwicklung haben kommunale Vermessungsämter oft auch einen Fundus historischer Karten angelegt. Sie sind hin und wieder für den Planer von Bedeutung, insbesondere wenn er langfristige räumliche Entwicklungstrends darstellen will.

Luftbildkarten

In den letzten dreißig Jahren hat sich die Luftbildkartographie rapide entwickelt. Sie ist besonders gut geeignet, auch ad-hoc-Aufnahmen vorzunehmen, wenn Zweifel bestehen, ob die verfügbaren Karten in ihrem Fortschreibungsstand ausreichen, um eine solide Planung vornehmen zu können. Die Vermessungsämter sind meist in der Lage, von den vorhandenen Luftbildnegativen Abzüge sowohl im Originalformat als auch in verschiedenen Vergrößerungen zu liefern. Die Abgabe von Rasterdiapositiven in lichtbildpausfähiger Ausführung sowie Entzerrungen (kartenähnliche Umbildungen mit einheitlichem Maßstab) sind ebenso möglich wie die Anfertigung von Luftbildplänen (Montage mehrerer Luftbilder, ggf. mit Schrift- und Signaturzusätzen). In dieser Qualität wird die Luftbildkartographie zu einem wertvollen Instrument der täglichen Planungspraxis.

2.3.6 Amtliche Liegenschaftsregister als Informationsquellen

Das Liegenschaftskataster als Datenquelle

Das Liegenschaftskataster ist das amtliche Verzeichnis aller Grundstücke. Ausgehend von einer bestimmten Flächeneinheit, dem Flurstück, erfaßt es Merkmale über Art, Lage und Maß dieser Flächeneinheiten. Jeweilige Ländergesetze und -verordnungen regeln die Aufgaben des Liegenschaftskatasters. In der Regel führen die kreisfreien Städte und Landkreise das Kataster.

Als amtliches Verzeichnis der Grundstücke im Sinne der Grundbuchordnung dient das Liegenschaftskataster der realen Feststellung von Grundstücken nach Lage, Größe und Form sowie als Grundlage für die Besteuerung des Grund und Bodens. Hieraus ergibt sich deutlich die funktionale Verknüpfung des Liegenschaftskatasters mit dem Grundbuchwesen und der Einheitsbewertung der Finanzverwaltung.

Für das gesamte Bundesgebiet werden auf den Informationsträgern
- Flurbuch,
- Liegenschaftsbuch (Bestandsblatt in Karteiform),

- Eigentümerverzeichnis und
- alphabetisches Namensverzeichnis in Karteiform

alle Grundstücke mit ihren Grenzen, Nutzungsarten, Bodenschätzungsmerkmalen und mit dem Gebäudebestand festgestellt und nachgewiesen. Nach dieser Aufgabendefinition enthält das Liegenschaftskataster vermessungstechnische Grundstücksdaten, kartentechnische Grundstücksdaten und beschreibende Grundstücksdaten.

Vermessungstechnische Daten sind das Messungszahlenwerk und die Koordinaten der Vermessungs-, Grenz- und wichtigen topographischen Punkte. Mit Hilfe dieser Daten lassen sich die kartentechnischen Grundstücksdaten (Flurkarten) erstellen. Die beschreibenden Grundstücksdaten umfassen alle Eigenschaftsangaben des jeweiligen Flurstücks: Lagebezeichnung, Nutzungsart, Fläche, Bodenschätzungsmerkmal, Ertragsmeßzahl.

Die einzelnen Merkmale sind auf vier Datenträger verteilt gespeichert. So enthält das Flurbuch folgende Angaben: Gemarkung, Flurstücks-Nummer, Nummer des Liegenschaftsbuches, Lagebezeichnung (Straße und Hausnummer), Abschnitt, Nutzungsart, Fläche pro Nutzungsart, Ackerland (Bodenart, Zustandsstufe, Entstehung, Bodenzahl, Ackerzahl), Grünland (Boden, Klima, Wasser, Grünland-Grundzahl, Grünlandzahl), Ertragsmeßzahl und evtl. noch: bisherige Flurstücksnummer bei Fortführung.

Das Karteiblatt führt für jedes Flurstück folgende Liegenschafts-Angaben: Gemeindebezirk, Grundbuchband und -blattnummer, Jahr der Entstehung, Nummer des Flurstückes, Lagebezeichnung (Straße und Hausnummer oder topographisches Merkmal), Nutzungsart, Fläche pro Nutzungsart (für landwirtschaftliche Nutzflächen), Gesamtfläche des Flurstückes, Fortführungsdaten und Bestandsnummer.

Im Eigentümerverzeichnis sind enthalten: Gemeindebezirk, Gemarkung, Nummer des Liegenschaftsbuches, Grundbuchband- und -blattnummer, Name, Vorname des Eigentümers, Beruf des Eigentümers (zumeist nicht fortgeschrieben), Wohnort, Straße und Hausnummer.

Das Grundbuch als Datenquelle

Zur Sicherung des Anspruchs auf Einräumung oder Aufhebung eines Rechtes an einem Grundstück oder an einem das Grundstück belastenden Recht bzw. dessen Aufhebung ist das Grundbuch eingerichtet worden. Mit dieser Funktion werden wir uns später noch etwas eingehender beim Thema der Planungssicherung (Kapitel 5.2) beschäftigen. Hier soll lediglich auf das Grundbuch als Informationsquelle und deren Inhalte hingewiesen werden. Es liegt auf der Hand, daß insbesondere die planende Verwaltung ein hohes Interesse daran haben muß, diese Informationen auszuwerten und ggf. mit anderen Daten, insbesondere mit denen des Liegenschaftskatasters, zu verknüpfen.

Wir kennen zwei Grundbucharten, nämlich das Grundbuch zum selbständigen Grundstück und das Wohnungsgrundbuch für das Wohnungseigentum. Beide Grundbücher setzen sich in der Regel aus drei Teilverzeichnissen zusammen.

Das Bestandsverzeichnis (Teil I) enthält u.a. folgende Angaben: Lage des Grundstücks, Größe des Grundstücks, Zuschreibungsvermerk, Abschreibungsvermerk, Wohnungs- und Teileigentum, Erbbaurecht, Wohnungs- und Teilerbbaurecht, Miteigentumsanteile und Vermerk über subjektiv-dingliche Rechte.

Im Eigentümerverzeichnis (Teil II) sind enthalten u.a. Angaben über Eigentümer, Anteilsverhältnis, Eintragungsgrundlage und Erbbauberechtigte.

Im Belastungsverzeichnis (Teil III) wird u.a. eingetragen: Grunddienstbarkeit, Nießbrauch, beschränkte persönliche Dienstbarkeit, Dauernutzungsrecht, Erbbaurecht, Erbbauzins, Beschränkungen, Hypothek, Hypothek ohne Brief und Löschungsvermerke.

Die Verknüpfung von Liegenschaftskataster und Grundbuch

Zwischen Liegenschaftskataster und Grundbuch besteht, wie wir schon erörtert haben, eine sehr enge Verbindung. Das Liegenschaftskataster bildet für nahezu alle Grundstücke das amtliche Grundstücksverzeichnis im Sinne des Grundbuchrechts, weshalb es sich anbietet, die im Grundbuch enthaltenen eigentümerrechtlichen Daten mit den Angaben aus dem Liegenschaftskataster zu kombinieren. Allerdings muß hier nochmals darauf hingewiesen werden, daß die in den beiden Registern verwendeten Buchungseinheiten - "Flurstück" und "Grundstück" - nicht in allen Fällen identisch sind. Aus diesem Grunde hat eine "Sachkommission Grundbuch" einer von Bund und Ländern einberufenen "Kommission für die Datenverarbeitung des Bundes und der Landesjustizverwaltungen" für die Automatisierung des Grundbuchs vorgeschlagen, zu deckungsgleichen Bezugseinheiten zu kommen. Nordrhein-Westfalen hat z.B. schon 1968 durch einen Runderlaß des Ministers für Wohnungsbau und öffentliche Arbeiten verfügt, daß bei der Führung des Liegenschaftskatasters die Grundbuchnummern als Bestandsnummern verwendet werden, damit eine Integration der Datenbestände beider Register möglich wird.

Mit der Vereinheitlichung der Buchungseinheiten ist die Möglichkeit gegeben, das amtliche Verzeichnis der Grundstücke (= Liegenschaftskataster) und das Bestandsverzeichnis des Grundbuchs zu einem Verzeichnis zusammenzufassen. Dieses kombinierte Verzeichnis bildet in automatisierter Form die Basis für eine Grundstücksdatenbank, die evtl. durch Daten aus der Steuerverwaltung (= Grundstück als wirtschaftliche Einheit) und planungsrechtliche Angaben nach dem Baugesetzbuch ergänzt werden kann (z.B. Nutzungsausweisung oder Eintragungen im Baulastenverzeichnis). Angesichts der eminenten Bedeutung von Eigentumsverhältnissen im Rahmen der Bodenordnung wird die Wichtigkeit der Verknüpfung von eigentumsrechtlichen und flächenbeschreibenden Daten leicht verständlich.

2.3.7 Fortschreibung von Daten und Informationen

Kennzeichnung des Fortschreibungsstandes

Der Planer muß jederzeit in der Lage sein, zu erkennen, wann die genutzten Daten und Informationen erhoben wurden, welchen Zeitstand er vor sich hat. Insofern muß er selbst immer darauf achten, daß der Erhebungszeitpunkt ihm benannt wird und daß er ihn in seinen Arbeiten wiederum benennt.

Methoden und Fehlerquoten der Fortschreibung

Die Fortschreibung kann sehr kostspielig sein, wie etwa die der Volkszählung. Zwischen den einzelnen Zählungen werden deshalb z.T. Sekundärstatistiken verwendet, z.B. die Einwohnermeldedatei, die Baufertigstellungsstatistik und andere.

Bei fehlenden Informationen und zur Kontrolle wird vom Bund ein Mikrozensus dazwischen geschoben (Stichprobenerhebung), z.B. für die Wohnungsentwicklung. In der Regel sind solche Fortschreibungen relativ genau, insbesondere was den Raumplanungszweck betrifft. Allerdings weisen sie immer auch Fehlerquoten auf, die es zu schätzen oder zu ermitteln und festzuhalten gilt.

Zeitabstände der Fortschreibung
Ein Rhythmus von zehn Jahren hat sich für die großen Volkszählungen und der mit ihnen verbundenen sonstigen Erhebungen international eingebürgert. Bei laufender Beobachtung der Entwicklung, unter Verwendung der oben genannten Sekundärstatistik, ist dieser Zeitraum durchaus akzeptabel, da auch beispielsweise die Aufstellung eines Flächennutzungsplanes für zehn und mehr Jahre erfolgen sollte, ehe er neu überarbeitet wird. Während der sich im Tempo geradezu überschlagenden Nachkriegsentwicklung war der Mikrozensus in fünfjährigem Abstand eingeführt worden, der sich sehr bewährt hat. Im übrigen sind sich wiederholende Erhebungen in regelmäßigen Zeitabständen zwingend erforderlich, um mehr oder weniger automatisch Zeitreihen über die diversen Entwicklungen aufstellen zu können, denn nichts ist wichtiger, als die Entwicklung in ihrem Ablauf zu kennen, um daraus für die Zukunft Schlüsse ziehen und (noch wichtiger) sie im Laufe der Entwicklung auch korrigieren zu können.

2.4   Statistische Erhebungsmethoden

2.4.1 Definition, Aufgaben und Ziele der Statistik

Statistik ist ein Instrument oder Hilfsmittel für zahlreiche Erfordernisse insbesondere in der industrialisierten Gesellschaft, was allerdings nicht bedeuten soll, daß sie nicht schon sehr früh von höher entwickelten Gesellschaften vor dem Industriezeitalter angewandt wurde. Schon seit Jahrtausenden wurden Volkszählungen durchgeführt. Die Statistik heute soll Methoden für die Sammlung, Aufbereitung, Analyse und Interpretation numerischer Daten entwickeln und zur Verfügung stellen, um Strukturen und Entwicklungstendenzen von Massenerscheinungen erkennbar machen zu können. Die Strukturen und Entwicklungstendenzen der menschlichen Gesellschaft und ihrer Siedlungen stellen solche Massenerscheinungen dar. Für die Methoden der räumlichen Planung sind also die statistischen Methoden wichtige Instrumente oder Teilmethoden. Insofern ist es notwendig, daß wir uns in diesem Band mit ihren Grundzügen und Arbeitsweisen befassen. Wieder gilt, daß der Stadtplaner nicht zum Statistiker ausgebildet, aber so weit in dieser Disziplin vorgebildet sein sollte, daß er sowohl dialogfähig mit dem Statistiker als Partner ist, als auch in der Lage ist, die Ergebnisse des Statistikers richtig zu gewichten ggfs. richtig zu hinterfragen und zu interpretieren. Eine weitergehende Einführung bieten W. Röck und R. Wolf zur Statistik in der öffentlichen Verwaltung.[80]

---

80   Röck, W. und Wolf, R.: "Statistik in der öffentlichen Verwaltung", Fn. 70.

2.4.2 Erhebung statistischen Grundmaterials

Datenarten und ihre Eigenschaften
Bei der Definition von Datenarten sind folgende Unterscheidungen zu treffen:
- Individualdaten und
- aggregierte Daten.

Bei beiden Datenarten treten voneinander abweichende Eigenschaften auf, die entsprechend zu berücksichtigen sind. Individualdaten können nach beliebigen sachlichen, institutionellen und räumlichen Gesichtspunkten zusammengefaßt werden. Für sich betrachtet besitzen Individualdaten für die Stadt- und Regionalplanung wenig Aussagefähigkeit. Erst durch eine, dem jeweiligen Problem entsprechende, Zusammenführung sind planungsrelevante Daten und Sachverhalte zu gewinnen und erklärbar. Eine Verknüpfung von aggregierten Daten ist nur dann sinnvoll, wenn sowohl ihre mit dem Aggregationsgrad verbundenen Eigenschaften als auch die zu ihnen gehörende Aggregationsstufe übereinstimmen.

Statistische Masse, Grundgesamtheit oder Kollektiv
Absolute Zahlen sagen nicht immer etwas aus. In der Aufgabenstellung der Stadtplanung geht es häufig um Tendenzen und Verhältnisgrößen, also Fragen der Relativität. Insofern benötigen wir als Bezugsgröße in vielen Situationen die Gesamtmenge der Elemente, Subjekte und/oder Objekte und/oder die diversen Zeitpunkte, mit denen wir es zu tun haben. Wir wollen also z.B. nicht nur wissen, wieviel Wohnungen von den jeweiligen Eigentümern selbst genutzt werden und an welcher Stelle sie in unserer Stadt liegen, sondern auch wie hoch ihr Anteil an der Gesamtzahl der Wohnungen an einem bestimmten Tag war und wie er heute ist, um, etwa im Vergleich zu anderen Städten, bewerten zu können, ob dieser Anteil hoch oder niedrig ist und inwieweit er sich verändert hat und entwicklungsbedingt verändern könnte.

Die Grundgesamtheit ist sehr differenziert zu sehen. Es gibt Elemente, die sowohl Teil einer Gesamtheit sind als auch selbst eine Gesamtheit bilden. In unserem Beispiel sind die von den jeweiligen Eigentümern selbst genutzten Wohnungen Teil der Grundgesamtheit "Wohnungen". Andererseits wollen wir aber auch z.B. wissen, wieviele der eigengenutzten Wohnungen Eigenheime und wieviele Etagenwohnungen sind. In solch einem Fall bilden die eigengenutzten Wohnungen eine eigene, andere Grundgesamtheit. Wir wollen z.B. auch wissen, wieviele "Beschäftigte" sich in unserer Stadt insgesamt befinden, wieviele davon "Erwerbstätige" aus der Stadt selbst und wieviele davon "Einpendler" aus dem Umland sind. Außerdem wollen wir noch wissen, wieviel der in der eigenen Stadt wohnenden "Erwerbstätigen" nicht in der eigenen Stadt berufstätig, sondern Auspendler sind. Schon an den Begriffsverwendungen in diesem Beispiel können wir erkennen, daß die Begriffe "Beschäftigte" und "Erwerbstätige" nicht identisch sind. Bei den "Beschäftigten" handelt es sich um alle in der jeweiligen Stadt berufstätigen Menschen, die z.T. aber außerhalb wohnen. Bei den "Erwerbstätigen" handelt es sich um alle in der jeweiligen Stadt wohnenden berufstätigen Menschen. Die letztere Gruppe muß in solche unterteilt werden, die in der Stadt auch beschäftigt sind, und solche, die Auspendler sind. Daraus können wir erkennen, daß jede statistische Gesamtheit sachlich, regional und zeitlich eindeutig definierbar sein muß. Eine solche Abgrenzung ist nicht immer einfach und eindeutig.

So können sich z.B. in einer größeren Wohnung zwei private Haushaltungen befinden. Sie haben sich die zwei vorhandenen Bäder aufgeteilt, und der eine Haushalt hat ein kleines Zimmer provisorisch als Küche in Benutzung genommen. Nach ihrem subjektiven Empfinden betrachten diese Familien es so, daß jede ihre eigene Wohnung hat. Da jedoch alle Räume durch den gemeinsamen Flur untereinander verbunden sind, handelt es sich nach baurechtlichen Bestimmungen um eine und nicht zwei Wohnungen. Aus solchen kleineren Problemen der Definition können, wenn sie sich häufen, statistische und damit auch planerische Probleme werden. Beispielsweise mußten nach dem Zweiten Weltkrieg alle Wohnungen mit mindestens zwei Familien besetzt werden. Etwa 30 % aller Wohnungen in Westdeutschland waren durch den Bombenkrieg bzw. durch Kampfhandlungen zerstört oder unbenutzbar; zusätzlich waren nach Westdeutschland über 10 Millionen Flüchtlinge hereingeströmt, die untergebracht werden mußten. In vielen Fällen gab es, wie oben beschrieben, provisorische Unterteilungen, bei denen erst verifiziert werden mußte, ob es sich nun jeweils um eine oder zwei Wohnungen handelte.

Eine Wohnung wird z.B. dadurch definiert, daß sie:
– einen direkten eigenen Eingang von außen oder von einem allgemein zugänglichen Treppenhaus hat, also selbständig ist, und
– jeweils eine eigene Küche (Kochnische) und ein eigenes Bad mit Toilette hat.

Es ist dabei unerheblich, ob eine solche in sich geschlossene Wohnung von nur einem oder auch mehreren Haushaltungen bewohnt ist oder nicht. Auch beim Begriff "Haushaltungen" hat immer wieder die präzise und unmißverständliche Definition, Abgrenzung und Erfassung Schwierigkeiten ausgelöst. Es wurde in der Regel versucht, zwei Merkmale für die Definition zu benutzen, nämlich die "gemeinsame" Hauswirtschaft und die "Wohngemeinschaft". In der Regel ist eine präzise und nicht irritierende Definition nur über ein klar abgrenzbares Kriterium möglich. Insofern sollten Merkmaldefinitionen über zwei Kriterien unter allen Umständen vermieden werden.

Auch bei Vergleichen und Zeitreihen über längere Zeiträume hinweg, was bei der Stadtplanung unerläßlich ist, können sich Unsicherheiten dadurch ergeben, daß sich die Begriffsdefinitionen über die lange Zeitspanne hin verändert haben, weil sich Ansprüche und/oder Gewohnheiten und Verhaltensweisen der Menschen geändert haben. Am leichtesten ist noch die Zeitdefinition, weil sie durch festgelegte Stichtage bestimmt wird. Allerdings kann es auch hier zu Problemen kommen, wenn es aus externen Gründen zu Verschiebungen kommt. So waren in der Nachkriegszeit noch viele Frauen lange Jahre als verheiratet registriert, obwohl sie tatsächlich längst verwitwet waren. Es handelte sich um jene Frauen, die immer noch, allerdings mit wenig Chancen, hofften, daß ihr Mann aus dem Krieg aus irgendeinem russischen Gefangenenlager zurückkehren werde. Verständlicherweise wollten viele sich noch nicht als Witwe registrieren lassen.

Besonders wichtig ist für die räumliche Planung die örtliche Zuordnung der erhobenen Sachverhalte. In der Bevölkerungs- und Wirschaftsstatistik muß zunächst deshalb auch entschieden werden, nach welchem Zuordnungsprinzip vorgegangen werden soll. Wir kennen z.B. das "Ereignisprinzip", also etwa die Zuordnung zum Ort der Geburt (siehe die große Zählung auf Anordnung von Augustus zur Zeit der Geburt Christi, als Joseph an seinen Geburtsort zurückkehren mußte, um sich zählen zu lassen). Für die Stadtplanung ist allerdings das "Anwesenheitsprinzip" unverzichtbar, wonach jeder dort gezählt wird, wo er zur Zeit der jeweiligen Zählung anwesend ist. Danach wird in der Regel bei den heutigen Zählungen vorgegangen. Aber auch bei diesem Prinzip sind exakte Definitionen erforderlich, sonst könnte eine Zählung bei Fremdenverkehrsorten unglaubliche Verschiebungen auslösen, die mit dem beabsichtigten Informationssachverhalt nur noch wenig gemein haben. Würde man heute nach dem Ereignisort vorgehen, könnte beispielsweise bei Sterbefällen in kleineren Orten dann eine totale Verzerrung eintreten, wenn in der Nähe ein Kreiskrankenhaus läge und dort statistisch die Sterbefälle zugeordnet würden und nicht dem letzten dauernden Wohnort des Verstorbenen. Schließlich wollen wir als Stadtplaner auch nicht wissen wer, wann, wo und wie zur Zeit seiner Geburt, sondern zur Zeit der jeweiligen Erhebung wohnt und arbeitet! Für uns sind der Sachverhalt und seine zeitliche Entwicklung in ihrem Raumbezug von Bedeutung.

Statistische Merkmale
Den Stadtplaner und natürlich auch den Statistiker interessieren nicht nur die Grundgesamtheit der Elemente, deren Differenzierung und Lokalisierung, sondern auch bestimmte Merkmale der Elemente. In der Regel ist jedes Element durch mehrere Merkmale gekennzeichnet. Eine Wohneinheit kann z.B. sein: ein Einfamilienhaus, eine Eigentumswohnung, eine Mietwohnung, eine Pachtwohnung, eine Dienstwohnung, eine Zweitwohnung, eine Ferien- und Wochenendwohnung, eine Genossenschaftswohnung, eine Gemeinschaftswohnung, eine betreute Wohnung, eine freifinanzierte Wohnung, eine öffentlich geförderte Wohnung, eine Werkswohnung, eine Betriebswohnung und noch anderes mehr.

Jede "Person" wird bei Volkszählungen nach folgenden Kriterien registriert: Geschlecht, Familienstand, Alter (bzw. Geburtsdatum), Stellung im Haushalt, Beruf, Aus- und Berufsbildung, Soziale Stellung, usw.

Jedes Merkmal hat mindestens zwei "Ausprägungen", wie etwa das Geschlecht mit "weiblich" und "männlich" oder der Familienstand mit "ledig", "verheiratet", "verwitwet" und "geschieden" usw. Deshalb muß jeweils ein "Schlüssel" aufgebaut werden, wodurch erst eine Klassifikation der einzelnen Merkmale möglich wird.

Gewinnung statistischen Urmaterials
Wir unterscheiden bei der Gewinnung statistischen Materials nach primär- und sekundärstatistischem Material.

Primärstatistisches Material
Wenn für erforderliche Informationen kein voll brauchbares Material vorliegt, müssen wir dieses Material in einer gesonderten Zählung, Befragung und Erhebung erst gewinnen. Dieses spezifisch für statistische Zwecke erhobene Material nennen wir Primärstatistik. Es kann ggf. (z.B. für die Verkehrsplanung) fallbezogen und maßgeschneidert erhoben werden oder für generelle Zwecke und für die Allgemeinheit als Benutzer in Form von Volkszählungen.

Sekundärstatistisches Material
Aus vielerlei Arbeitsvorgängen, die automatisch festgehalten und damit dokumentiert werden, lassen sich auch Daten für statistische Zwecke gewinnen. Dieses Material nennen wir Sekundärstatistik. Beispielsweise dienen die An- und Abmel-

dungen der Bevölkerung bei Umzügen der Statistik als Fortführung der Volkszählung, die nur alle zehn Jahre stattfindet. Nun könnte man meinen, daß eine Volkszählung im Rhythmus von zehn Jahren überflüssig sei, da ja die Daten der An- und Abmeldung vorlägen. Leider melden sich bei einem Umzug beileibe nicht alle an und ab, so daß es über Zeiträume von mehreren Jahren durch die reine Fortschreibung laufend kleinere Verzerrungen gibt, die nicht unmittelbar für die Planung bedenklich sind, jedoch nach zehn Jahren durch ihre Kumulation eine bedenkliche Dimension ausmachen.

Erhebungsmethoden
Erhebungsvorgänge lassen sich in drei Methoden unterteilen, nämlich
– die schriftliche Befragung,
– die mündliche Befragung und
– die Beobachtung (Strichzählung, örtliche Begehung usw.).

Die schriftliche Befragung
Die allgemeine Volkszählung beruht auf einer schriftlichen Befragung. Sie erfolgt auf Grund eines speziellen Gesetzes[81], das jeden Haushaltungsvorstand verpflichtet, den zugesandten Fragebogen auszufüllen und zurückzusenden. Bei einer solchen schriftlichen Befragung sind größere Fehlerquellen vermeidbar, weil der Befragte genug Zeit hat, unter Heranziehung von Unterlagen und Dokumenten die Arbeit vorzunehmen. Er kann auch bei Bedarf den statistischen Dienst zur Hilfe beim Ausfüllen heranziehen. In einzelnen Fällen werden bewußt falsche Angaben gemacht, weil entweder der Befragte aus ideologischen Gründen grundsätzlich gegen Befragungen ist oder z.B. Befürchtungen hat, daß die Steuerbehörden aus seinen Angaben für ihn ungünstige Rückschlüsse ziehen könnten, in der Annahme, daß die von ihm angegebenen Daten dieser Behörde individuell und weder verschlüsselt noch aggregiert zur Verfügung stünden. In der Regel wirken sich solche Fehler im Ergebnis nicht sonderlich aus, weil sie quantitativ kaum zu Buche schlagen.

Wenn jedoch ein gesetzlicher Ausfüllungszwang nicht besteht, also bei der nichtamtlichen Statistik, hängt die Exaktheit des Ergebnisses davon ab, wie der Rücklauf der Befragung ist. Im Fall der Freiwilligkeit werden verstärkt Personen mit Interesse für den jeweiligen Befragungszweck, solche mit der Fähigkeit einen Fragebogen schnell auszufüllen oder solche, die viel Zeit haben, reagieren. Diese verzerrte Auswahl kann dazu führen, daß das Ergebnis gegenüber der Wirklichkeit verfälscht ist und dann bedenkliche bis falsche Schlußfolgerungen und Planungen auslöst. In der Regel sind repräsentative Erhebungen jedoch unbedenklich, wenn sie sorgfältig und professionell vorbereitet sind. In solchen Fällen geht es normalerweise nämlich nicht um die sogenannten "Meinungsumfragen", sondern um Erhebung von Sachverhalten, also nicht nur die "Meinung", ob der Wohnungsinhaber seine Wohnung für gut befindet, sondern um die Information wieviele Personen die Wohnung bewohnen usw.

Eine schriftliche Befragung erfolgt immer über einen Fragebogen. Er muß also vorher aufgestellt sein. In erster Linie wird er dem Zweck der Befragung entsprechend inhaltlich systematisiert und strukturiert sein. Zu beachten ist jedoch, daß

---

81 Siehe hierzu: Gesetz über die Statistik für Bundeszwecke (StatG), Fn. 71.

derjenige, der den Bogen auszufüllen hat, nicht Experte im jeweils verfolgten Befragungszweck ist, sondern Laie. Er wird manche Frage, die ein Experte aufgestellt hat, eventuell nicht oder miß-verstehen. In geringem Maß gilt dies auch für Benutzer der Statistik, z.B. die Planer. Der Fragebogen muß also
- dem Beantworter in einem Vortext klar machen, welcher Zweck verfolgt wird,
- ggf. bei einigen Fachausdrücken nähere Erläuterungen geben,
- Fragen stellen, die eindeutig vom Laien verstanden werden und beantwortbar sind,
- die Befragungsobjekte unmißverständlich definieren usw.

Es kann sich deshalb und auch aus anderen Gründen als nützlich erweisen, eine Vor- bzw. Testbefragung durchzuführen, um Mißverständnisse auszuräumen.

Die mündliche Befragung

Eine mündliche Befragung erfolgt in der Regel durch örtliche Ermittler (international "Interviewer"). Meist wird diese Methode von Markt- und Meinungsforschungsinstituten angewandt. Dafür ist in der Regel eine große Zahl von "Interviewern" erforderlich, die deshalb nicht als Voll-Arbeitskräfte, sondern nebenberuflich beschäftigt werden. Um nicht große Reisekosten auszulösen, werden sie meist aus dem Gebiet der Befragung heraus engagiert. Bei dieser Befragung werden auch Fragebögen ausgefüllt, jedoch nicht durch den Befragten, sondern durch den Interviewer. Dieser kann nun in der einen oder anderen Richtung vorgeprägt sein, also beispielsweise bei einer Umweltschutzbefragung im Zusammenhang mit Verkehrsproblemen. Dabei kann der Interviewer sowohl durch die Suggestivität seiner Frage eine Beantwortung in eine bestimmte Richtung hervorrufen, als auch durch Interpretation der Antwort eine Verzerrung der Meinung bei seiner Ausfüllung des Fragebogens hineinbringen. Der Auswahl und der Schulung der Interviewer ist deshalb größte Beachtung zu schenken. Sie müssen verpflichtet werden, die Fragen in streng vorgeschriebener Reihenfolge, unpersönlich und stereotyp vorzubringen.

Die Beobachtung

Bei der Beobachtung kann es sich um vielfältige Beobachtungsvorgänge handeln. Im Rahmen der Stadtplanung geht es z.B. um Zählungen der tatsächlichen Verkehrsströme auf bestimmten Straßenzügen zu bestimmten Zeiten mit ihren Abbiegevorgängen, die heute z.T. mechanisch oder elektronisch vorgenommen werden. Es kann sich aber auch um "Ortsbegehungen" bestimmter Quartiere durch den Stadtplaner handeln, bei denen er etwa zum Zweck der Erneuerung den Zustand des jeweiligen Quartiers oder die Struktur "optisch erfassen" will. Am Zustand der Grundstücke und ihrer Gebäude, dem Eindruck dort befindlicher gewerblicher Betriebe, an den Adressenschildern der Häuser usw. läßt sich vieles erkennen. Eine solche Ortsbegehung ist für den Stadtplaner auch zusätzlich zu statistischen Erhebungen aller Art ein unverzichtbares "Muß", weil er nur so Image und Flair eines Gebietes erfassen kann und niemals durch die reine Zahl der Statistik oder die Aussagen der Karten. Bei der Ortsbegehung geht es allerdings nicht allein um das Einfangen des Images eines Gebietes. Durch Eintragung der konkreten Beobachtungen in Tabellen oder Karten lassen sich auch im Sinne der ganz normalen Statistik erhebliche Zusatzerkenntnisse durch solche Begehungen gewinnen.

Stichprobenmethode
Statistische Vollerhebungen sind sehr zeit- und kostenaufwendig. Deshalb wird in steigenden Maß auf die Methode des Stichprobenverfahrens zurückgegriffen. In Deutschland wurde es schon 1915 von Sigmund Schoff, Leiter des Statistischen Amtes der Stadt Mannheim, eingeführt.[82] Dabei stellt sich natürlich zunächst und primär die Frage, unter welchen Voraussetzungen eine Vollerhebung durch eine Teilerhebung ersetzt werden kann. Hin und wieder wird noch behauptet, daß nur eine Vollerhebung ein einwandfreies Ergebnis erbringen könne. Dazu haben wir nun auch schon erörtert, daß sich sowohl bei der schriftlichen wie auch der mündlichen Befragung Fehler einschleichen können, die gewisse Ungenauigkeit auszulösen vermögen. In der Regel geht es jedoch bei der Stadtplanung nicht um eine Genauigkeit hinter der Kommastelle. Eine begrenzte Fehlerquote, insbesondere wenn wir sie kennen, kann deshalb in der Stadtplanung durchaus in Kauf genommen werden. Insofern kann gerade hier die Stichprobenmethode weitgehend Anwendung finden.

Die Methode des Stichprobenverfahrens ist im ersten Jahrzehnt unseres Jahrhunderts entwickelt worden und geht davon aus, daß es Kombinationen von Elementen, Merkmalen und Einheiten gibt, die nach System, Struktur und Zusammensetzung repräsentativ für die Grundgesamtheit sind. Diese repräsentative "Potenz" geht so weit, daß bei politischen Meinungsumfragen schon ein Repräsentativ von 2.000 potentiellen Wählern ausreicht, um ein relativ genaues Ergebnis über die Wählervorstellungen der Gesamtheit der etwa 60 Millionen Wahlberechtigten in Deutschland zu erhalten. Der Vorteil liegt auf der Hand. Wir können bei gleichem Aufwand sehr viel schneller und häufiger in der für uns ausreichenden Genauigkeit Informationen erhalten, die für die Planung wichtig sind. Insbesondere können wir über Spezialfragen, für die eine Vollerhebung z.B. im Rahmen der Volkszählung viel zu teuer und zeitraubend wäre, sehr viel schneller sehr viel mehr erfahren, als das früher der Fall gewesen ist, zumal wir mit Hilfe der elektronischen Datenverarbeitung sehr viel größere Zahlenkombinationen sehr viel schneller auswerten können.

Wenn wir das Stichprobenverfahren in konkrete Zahlen umwandeln wollen, liegt auf der Hand, daß die für den jeweiligen Zweck relevanten Grundgesamtheiten zwingend vorliegen müssen.

Beim Einsatz der repräsentativen Stichprobenmethode müssen wir die folgenden Fragen abklären:
– Wie umfangreich soll die Stichprobe sein?
– Wie soll die Auswahl der Elemente erfolgen, die in der Stichprobe enthalten sein sollen?
– Wie weit können wir uns auf die in Frage kommende Stichprobe verlassen, wie weit wird also der tatsächliche Sachverhalt ausreichend genau wiedergegeben?

Wir wissen inzwischen aus dem Bereich der Wahrscheinlichkeitsrechnung, daß schon ein relativ sehr kleines Repräsentativ eine hohe Aussagekraft hat. Wir wissen weiterhin, daß bei einer Erhöhung des Repräsentativs die Erhöhung seiner Genauigkeit und Aussagekraft zunächst und am Beginn erheblich steigt. Wir wissen aber auch, daß mit der Erhöhung des Repräsentativs der Aufwand im Verhältnis zur Erhöhung der Aussagekraft weit überproportional ansteigt. Wir wissen schließlich,

---

82 Siehe hierzu: Verband Deutscher Städtestatistiker: "Städtestatistik und Stadtforschung", Hamburg 1979.

daß ab einer bestimmten Anteilshöhe des Repräsentativs der Genauigkeits- und Aussagewert sehr schnell immer geringer zunimmt und unter keinen Umständen den dafür nötigen Aufwand rechtfertigt. Insofern wäre ein "Repräsentativ" von 30 oder 40% schon unsinnig, weil es am Ende kaum weniger aufwendig ist als eine Vollerhebung. Ökonomisch wird eine Stichprobenbefragung erst, wenn sie lediglich ein "Repräsentativ" von unter 10% erfaßt.

Die Stichprobenauswahl kann nach verschiedenen Auswahlprinzipien erfolgen, nämlich jeweils
- der Methode nach der Geratewohl-Auswahl,
- der Methode nach der zufallsgesteuerten Auswahl und
- der Methode nach der bewußten Auswahl.

Bei der Geratewohl-Auswahl wird es dem absoluten Zufall unterstellt, wie die Auswahl erfolgt. Sie setzt keinerlei allgemeine Kriterien voraus, wie etwa, wie wir noch sehen werden, es die Methode nach der bewußten Auswahl tut. Diese Methode ist unwissenschaftlich und nur der Vollständigkeit halber hier aufgeführt.

Bei der zufallsgesteuerten Auswahl liegt die Betonung auf "zufallsgesteuert", d.h. es liegt zwar eine Zufallsauswahl vor, diese ist jedoch nicht völlig wahllos, sondern unterliegt bestimmten Mechanismen. Der Zufall wird z.B. dadurch "gesteuert", daß nicht wahllos zehn Prozent der Gesamtheit ausgewählt werden, sondern im Falle von Bevölkerungsdaten etwa jeder zehnte Fall in der Reihenfolge des Alphabets (was früher bedeutete: jede zehnte Karteikarte).

Bei der bewußten Auswahl gehen wir von der Voraussetzung aus, daß die Kenntnisse über die zu untersuchenden Elemente und Merkmale relativ genau sind. Also wenn beispielsweise durch jahrzehntelange Beplanung, Betreuung und Maßnahmen die Struktur der Bevölkerung und Wirtschaft in einem Stadtteil den zuständigen Planern weitgehend bekannt sind und lediglich neueste Entwicklungstrends überprüft werden sollen, dann mag es sein, daß aufgrund dieser guten Kenntnisse eine direkte Auswahl solcher Elemente möglich ist, die einen möglichst repräsentativen Querschnitt für die Gesamtheit aller Elemente darstellen.

Die Erörterung der Methoden in der Erhebung statistischen Grundmaterials wollen wir an dieser Stelle abschließen. Für den weiteren Einstieg wäre ein Grundkurs zur Statistik notwendig, den wir an dieser Stelle jedoch nicht beabsichtigen, wobei allerdings anzumerken ist, daß Kurse zur Statistik heute unverzichtbarer Teillehrinhalt für die Ausbildung von Stadtplanern sein muß.

Eine nach wie vor sehr gut verständliche Darstellung der Erhebungsmethoden finden wir bei der kommunalen Gemeinschaftsstelle für Verwaltungsvereinfachung in ihrem Beitrag zu Grundzügen der Statistik.[83]

2.4.3 Aufbereitungsmethoden

Speicherung
Der "Konsument" der Statistik, auch der Planer ist im Regelfall ein solcher Konsument, ist nicht sonderlich an den Vorgängen zur Speicherung des Materials interessiert, sondern mehr an deren Ergebnis, damit er Operationen vornehmen kann bzw.

---

[83] Kommunale Gemeinschaftsstelle für Verwaltungsvereinfachung: "Grundzüge der Statistik für den Organisator; Datenerhebungstechnik, Fragebogentechnik, Stichprobenverfahren", Köln 1976.

vornehmen lassen kann. Dennoch ist es wichtig, daß der Planer in Grundzügen auch die Speicherungsvorgänge kennt, damit er als Partner des Statistikers einerseits weiß, wieweit zusätzlich zu den üblichen Aufbereitungsangeboten noch weitere Möglichkeiten im gespeicherten Programm gegeben sind und andererseits wie er ggf. vorzugehen hat, wenn er z.B. in einem Entwicklungsland arbeitet, ihm dort kein professioneller Statistiker zur Seite steht, er also selbst derlei Arbeiten vornehmen muß. Der Planer wird sich unter solchen Umständen noch etwas schlauer machen müssen als er schon ist, benötigt jedoch genau dafür wenigstens ein begrenztes Grundwissen, um darauf aufbauen zu können.

Die Erhebung von Material erfolgt in der Regel auf Einzelzählbögen für jede Ureinheit, also beispielsweise für jede private Haushaltung, für jedes einzelne Gebäude usw. Mit diesem riesigen "Haufen" an Bögen kann natürlich niemand etwas anfangen, insbesondere auch deshalb, weil auf diesen Bögen in der Regel mehrere Merkmale enthalten sind, die unabhängig voneinander mit anderen Merkmalen anderer Zählbögen in Verbindung gebracht werden müssen. So wollen wir z.B. wissen, welcher Anteil der Einpersonenhaushaltungen in großen Wohnungen an welchem Standort leben. Wir müssen also das Merkmal "Einpersonenhaushalt" aus der allgemeinen Volkszählung mit demjenigen der "großen Wohnung" aus der Gebäudezählung kombinieren können. Diese Kombination müssen wir weiter mit dem Merkmal "Standort" verknüpfen können. Dazu bedarf es der Systematisierung und Zusammenfassung z.B. zu Systemgruppen usw. Es geht um die Straffung und Interpretationsfähigkeit des Urmaterials.

Die allgemeine Situation bei der Aufbereitung ist dadurch gekennzeichnet, daß von jedem Element x die Merkmale a, b, c, ... usw. erfaßt sind, von denen jedes verschiedene Ausprägungen qualitativer wie quantitativer Art haben kann. Es ist deshalb entweder isoliert für jedes einzelne Merkmal auszuzählen, wieviel Elemente auf jede mögliche Ausprägung (bzw. Ausprägungsgruppen) entfallen, oder gleichzeitig für mehrere Merkmale eine entsprechende Auszählung vorzunehmen. Da das letztere der allgemeinere Fall ist, dürfte dazu ein Beispiel angebracht sein.

In der Stadtplanung kommt z.B. der inneren wie auch äußeren Wanderungsbewegung eine nicht unbeträchtliche Bedeutung zu. Als Wanderung gilt ein Wohnungswechsel von einer Gemeinde (Stadtteil) in die andere (den anderen). Sowohl in der (dem) Fortzugs- als auch in der (dem) Zuzugsgemeinde (-stadtteil) erfolgt eine Einwohnermeldung. Die dabei automatisch vorgenommenen Durchschriften gelten als statistisches Urmaterial. Die Aufbereitung erfolgt durch das jeweilige statistische Landesamt. Da auf dem Anmeldeformular sowohl die neue als auch die Fortzugsadresse vermerkt sind, genügt die statistische Auswertung der Anmeldeformulare. Damit bietet sich die Möglichkeit z.B. jährlich, isoliert oder kombiniert für folgende Merkmale sich "bewegender" Personen Auszählungen vorzunehmen: Fortzugsadresse, Zuzugsadresse, Alter, Geschlecht, Zuzugsdatum und Beruf (allerdings nur bei Erwerbspersonen). Diese Vorgänge stehen Planern jedoch nur in verschlüsselten und aggregierten Formen zur Verfügung. Planer sollen nicht feststellen können, daß der Stadtplaner Klaus Müller-Ibold am 3. Januar 1969 von Kiel nach Dortmund umgezogen ist. Sie dürfen lediglich erfahren, daß eine berufstätige Person, männlichen Geschlechts usw. umgezogen ist.

Der Fall ist in der Realität noch etwas dadurch erschwert, daß bei einer Wanderungsbewegung für sämtliche wandernden Familienmitglieder nur ein Schein ausgefüllt werden muß und dieser Sachverhalt im Auge bleiben sollte. Danach ließe sich also ermitteln, wieviel Erwerbspersonen innerhalb eines Jahres etwa in eine Gemeinde gezogen sind und wieviele aus der Gemeinde weggezogen sind.

Digitalisierung und Verschlüsselung
Nahezu alle statistischen Erhebungen werden auf elektronischen Datenträgern gespeichert. Die großen Mengen der Daten und das Erfordernis, sie in einer Vielzahl von Kombinationen und Korrelationen miteinander in Beziehung zu setzen und mit ihnen Rechenoperationen durchzuführen, machen den Einsatz von elektronischen Rechenanlagen unverzichtbar. Nur noch in sehr kleinteiligen und -räumigen Ergänzungserhebungen kann es vorkommen, daß die Speicherung und Aufbereitung noch manuell auf statistischen Tabellen erfolgt. Da die elektronische Datenverarbeitung im Prinzip auf der Verwendung von Zahlensymbolen beruht, ist es empfehlenswert, auch die qualitativen Merkmale in die Ziffernsprache zu übersetzen, d.h. sie zu "digitalisieren". So werden also bestimmten Merkmalsgruppen und ihren Untergruppen bestimmte Ziffernkombinationen zugeordnet, wie etwa im folgenden Sinn:
1. Stadt
1.1. bis 1.9 Stadtteil
1.1.1 bis 1.9.9 Wohnquartier
1.1.1.1 bis 1.9.9.9 Wohnblock
1.1.1.1.1 bis 1.9.9.9.9 Wohnzeile
1.1.1.1.1.1 bis 1.9.9.9.9.9 Wohngrundstück
1.1.1.1.1.1.1 bis 1.9.9.9.9.9.9 Wohngebäude
1.1.1.1.1.1.1.1 bis 1.9.9.9.9.9.9.9 Wohnungseinheit.

Die räumliche Digitalisierung könnte dabei auch noch raffinierter auf das digitalisierte Liegenschaftskataster und dieses auf die tatsächlichen digitalisierten geographischen Daten bezogen werden. Durch diese Digitalisierung erfolgt nahezu automatisch auch eine Verschlüsselung, die einen ersten Schritt darstellt, etwa aus einer statistischen Erhebung die Information über persönliche Daten auszuschalten. Bei einer solchen Verschlüsselung ist eine gewisse Willkür in der Reihenfolge nicht vermeidbar, da ein eindeutiges Prinzip für die Anordnungsfolge der jeweiligen Schlüssel sich nicht automatisch ergibt.

Aggregation
Da wir eine weitere Sicherung individueller Daten vor mißbräuchlichem Zugriff einbauen müssen, werden die Ergebnisse der amtlichen Statistik nicht nur in verschlüsselter, sondern auch in aggregierter Form veröffentlicht. Aggregiert heißt, zu identischen Merkmalsgruppen "zusammengefaßt" (z.B. alle Wohneinheiten, alle Erwerbstätigen oder alle Schulpflichtigen in einem Wohnblock oder in einer Wohnzeile). Da die Stadtplanung in der Regel mit derlei Aggregationen ausreichend bedient ist und nicht tiefer einsteigen muß, stellen sich hier keine Probleme. Viel bedeutungsvoller ist die gesicherte Aktualität und Korrektheit der Daten. Sollte es in Fällen z.B. der Stadterneuerung in Einzelfällen notwendig sein, auch sehr detaillierte Personendaten zu erfahren, muß eine Sondererhebung auf freiwilliger Basis erfolgen. Wir können in der Regel in solchen Fällen ein Interesse (also auch Kooperation) des weitaus überwiegenden Teils der Bürger eines für so etwas anstehenden Quartiers unterstellen.

2.4.4 Gliederung des Raums in Untersuchungs- und Planungsbereiche

Differenzierung nach Untersuchungs- und Planungsräumen

Wir haben schon erörtert, daß Struktur, Entwicklung und Ereignisse in einer Stadt sehr weit in deren Umland hineinreichen können und umgekehrt. Insbesondere die Planungen zur Flächennutzung, zum Verkehr oder zur Landschaftsordnung können nicht ohne Einbeziehung der Wechselbeziehungen zwischen Stadt und Umland erfolgen. Da die nachbarlichen Gemeinden sich jedoch dagegen verwahren werden, daß etwa Verwaltung und Stadtführung der Kernstadt einer Stadtregion diese mit überplanen, sozusagen "geistig" einverleiben, kann nur so vorgegangen werden, daß wir mit unterschiedlichen Abgrenzungen operieren. D.h. wir müssen in jedem Fall einen Untersuchungsraum definieren, der größer ist als der Planungsraum. Letzterer ist identisch mit dem Stadtgebiet. Über Struktur und Entwicklung des Umlandes sind Kenntnisse erforderlich, um sinnvoll für die Stadtplanung planen zu können. Eine Übereinkunft mit den "kommunalen Nachbarn" über einen solchen Sachverhalt ist unverzichtbar, weil ja auch Erhebungen in diesem "Untersuchungsraum" erforderlich sein werden, die nur mit Zustimmung der betroffenen Gemeinden möglich sind, ggf. unter Hinzuziehung der Landkreise und der Landesregierung.

Gliederung nach Einheiten der amtlichen Zählungen

Da die Aggregationseinheiten der großen amtlichen Zählungen relativ klein sind, läßt sich auch relativ problemlos eine Zuordnung und Kennzeichnung der Einheiten der amtlichen Zählungen nach Zugehörigkeit entweder zum Planungsraum oder zum Untersuchungsraum vornehmen. Dabei kann es notwendig sein, Voruntersuchungen vorzunehmen, um die äußeren Grenzen des Untersuchungsraums festlegen zu können. Hin und wieder wird man an diesem Punkt Kompromisse eingehen müssen. So kann es sein, daß der ideale Untersuchungsraum noch weiter reicht als die umliegenden Landkreise, so daß eigentlich zusätzlich noch einige wenige kleinere Gemeinden in den Untersuchungsraum mit einbezogen werden müßten. In solchen Fällen sollte in der Voruntersuchung geprüft werden, ob die Signifikanz dieser Gemeinden so groß ist, daß sie unbedingt einbezogen werden müssen. Ist dies nicht der Fall, sollte erwogen werden, sie außen vor zu lassen. Insbesondere zur Festlegung der äußeren Grenze des Untersuchungsraumes ist dieser Schritt von Bedeutung.

Gliederung nach planerischen Gesichtspunkten

Nunmehr scheint es fast ein automatischer Schritt zu sein, den zu beplanenden Raum und sein Umland nach planerischen Gesichtspunkten zunächst einmal für die Untersuchungen zu gliedern. Dieser Schritt ist jedoch schwieriger als allgemein angenommen, weil z.B. der gegenseitige Wirkungsbereich von Stadt und Umland, von Stadtteilen untereinander usw. bei den verschiedenen Planungsinhalten stark unterschiedlich sein kann. So wirkt z.B. das Verkehrssystem einer Kernstadt sehr weit in das Umland hinein, insbesondere auch wenn ein sehr großer Anteil der Beschäftigten der Kernstadt aus Einpendlern aus dem engeren und weiteren Umland besteht. Dagegen wird die sonstige Infrastrukturplanung, etwa für die Entsorgung von festen und flüssigen Abfallstoffen, bei weitem nicht den gleichen Einzugsbereich haben und auch in seinen Wirkungen anders gelagert sein. Es gilt auch diesen Schritt sehr sorgfältig vorzunehmen und mit den kommunalen Nachbarn abzustimmen.

2.5 Statistische Analyse und Diagnosemethoden

2.5.1 Häufigkeitsverteilungen

Die Häufigkeitsverteilung ist einer der wichtigsten Begriffe des statistischen Methodenwerks, insbesondere auch im Zusammenhang mit der räumlichen Planung, geht es doch bei ihr im wesentlichen um die Verteilung von Personen und Nutzungen mit bestimmten Merkmalen, Aktivitäten und Standortanforderungen im besiedelten Raum. Eine Häufigkeitsverteilung entsteht, wenn ein oder mehrere Merkmale der Untersuchungsgesamtheit nach einem Prinzip geordnet werden und man dann auszählt, wie häufig jede der beobachteten Ausprägungen auftritt. Eine solche Anordnung ermöglicht die Orientierung über die Verteilung der erfaßten Merkmale in der Untersuchungsgesamtheit und entscheidet damit über das Vorgehen bei der weiteren Analyse. So interessiert uns z.B. die Verteilung der Wohnstandorte der Beschäftigten einer Stadt. Sie kann uns wesentliche Auskunft darüber geben, ob die Wohnverteilung so stark gestreut ist, daß ein Anteil X keinen annehmbaren Anschluß an ein öffentliches Nahverkehrsmittel erhalten kann, worauf ein a priori verlorengegangener Teil der Beschäftigten als potentielle Benutzer der öffentlichen Nahverkehrsmittel bei realistischer Betrachtung abgeschrieben werden muß.

Aus methodischer Sicht müssen wir zwischen einfachen und kombinierten Häufigkeitsverteilungen differenzieren. Es handelt sich um eine einfache Häufigkeitsverteilung, wenn die Elemente nur nach einem Merkmal geordnet werden, also alle Beschäftigten nur nach ihrem Beschäftigungsort, nicht aber auch nach ihrem Wohnort. Um eine kombinierte Häufigkeitsverteilung handelt es sich, wenn die Elemente der Grundgesamtheit (in unserem Beispiel alle Beschäftigten) gleichzeitig mindestens nach zwei Merkmalen gegliedert werden, also die Beschäftigten nicht nur nach ihrem Beschäftigungsort, sondern auch nach ihrem Wohnort.

Häufigkeitsverteilungen können wir nach zwei Methoden ermitteln. Wir können sie durch Erhebungen feststellen (empirische Häufigkeitsverteilungen) oder durch mathematisch-statistische Ableitungen "simulieren" (theoretische Häufigkeitsverteilung). In der Planung geht es nun im wesentlichen um die Analyse im Hinblick auf die Zukunft und ihre Auswirkungen. Da wir für die Zukunft keine empirische Häufigkeitsverteilung ermitteln können, greifen wir hierfür zur theoretischen Häufigkeitsverteilung. Dabei gehen wir so vor, daß wir alternative Flächennutzungskonzepte unter bestimmten prognostischen Annahmen (auch unter Verwendung von Zeitreihen der schon empirisch ermittelten Häufigkeitsverteilungen) entwickeln und nunmehr über die theoretische Häufigkeitsverteilung der Beschäftigungs- und Wohnstandorte der Beschäftigten den zukünftigen Berufsverkehrsbedarf, einschließlich seiner Aufteilung auf ÖPNV und Individualverkehr abschätzen können. Dieser Vorgang erlaubt uns dann wiederum, abzuschätzen, welche Alternative z.B. bei Priorität für den ÖPVN optimale Voraussetzungen bietet (siehe Kapitel 2.1.6 und 3.3).

2.5.2 Mittelwerte und Streuungsmaße

In besonderem Maß interessieren uns z.B. in der Stadtplanung räumliche Dekonzentrations- wie auch Konzentrationserscheinungen in Bevölkerung und Wirtschaft, die aus Gründen der Versorgung, der Verkehrsbelastung und anderem, wie wir schon erörtert haben, ein Planungserfordernis auslösen. Deshalb ist es wichtig, quantitative Darstellungen dieses Sachverhaltes, seiner Entwicklung und seiner Vorgänge vornehmen zu können. Um den Anforderungen einer solchen Analyse gerecht werden zu können, genügt die Aufgliederung nach Häufigkeiten nicht. Dafür ist eine weitere Systematisierung des Urmaterials erforderlich. Bei quantitativen Merkmalen bieten sich besonders Mittelwerte und Streuungsmaße an. Als Mittelwerte werden solche Kennzahlen angesehen, die die Grundtendenz der Häufigkeitsverteilung wiedergeben. Streuungsmaße sind dagegen Zahlen, die über die Bandbreite oder auch Variabilität der einzelnen Elemente im Hinblick auf das Untersuchungsmaterial Auskunft geben. Das Streuungsmaß muß also umso größer sein, je größer die Bandbreite oder Variabilität der Gesamtheit, d.h. auch je inhomogener die Masse ist. Die Erkennung von Bandbreiten, Variabilität und Prognose von Systemen und Strukturen von Bevölkerung und Wirtschaft und deren Umfeld ist unverzichtbar.

Mittelwerte

Es gibt eine ganze Reihe unterschiedlich bestimmbarer Mittelwerte. Für die räumliche Planung sind drei Mittelwerte besonders hilfreich: Das arithmetische Mittel (allgemein auch als Mittelwert bezeichnet), der häufigste Wert und der Medianwert.

Das arithmetische Mittel

Der Name besagt schon, daß es sich hierbei um das einfache arithmetisch-mathematische Mittel von Zahlen handelt. Wenn wir in einem Stadtbezirk eine Bevölkerung von 20.370 Menschen und eine Zahl von 9.700 Wohnungen zählen, dann ergibt das arithmetische Mittel eine Belegung von 2,1 Personen pro Wohnung. D.h. natürlich nicht, daß alle Wohnungen mit etwa 2 Personen belegt sind. Die "Streuung" kann zwischen 1 Person und 7 Personen liegen. Wir benötigen jedoch das arithmetische Mittel, um für die Zukunft, unter Zugrundelegung der demographischen Struktur, feststellen zu können, wieviel Wohnungen im Jahr X benötigt werden. Die "Streuung" liefert uns Indizien, ob in adäquater Planungszukunft Änderungen des arithmetischen Mittels zu erwarten sind, z.B. Verminderung der Streuung auf 1 bis 5 Personen, wodurch das arithmetische Mittel auf 1,9 sinken könnte. Außerdem gibt uns die Streuung Auskunft darüber, wie sich dieser Wohnungsbedarf in Bedarfszahlen nach den einzelnen Wohnungsgrößen niederschlägt.

Der häufigste Wert

Wir wollen jedoch auch gerne wissen, für welche Größenordnung der Wohnungsbelegung die größte theoretische Nachfrage besteht. Dafür eignet sich das arithmetische Mittel nicht, sondern der häufigste Wert. Er wird auch der dichteste Wert genannt. Es ist, der Name sagt es schon, der Merkmalswert, der am häufigsten vorkommt. Auch hier ist es denkbar, Zusammenfassungen zu Klassen vorzunehmen. So können wir z.B. davon ausgehen, daß 1-Personen-Haushaltungen in der Regel eine Zweizimmer-Wohnung bevorzugen, während eine große Zahl von 2-Personen-

Haushaltungen sich zunächst mit einer Zweizimmer-Wohnung begnügen. Insofern könnte die Gruppe der 1- und 2-Personen-Haushaltungen als Bedarfsgruppe für Zweizimmer-Wohnungen unter bestimmten Bedingungen zusammengefaßt werden. Allerdings ist dabei darauf hinzuweisen, daß beileibe nicht alle 1- bis 2-Personen-Haushaltungen in Zweizimmer-Wohnungen leben. Häufig handelt es sich um ältere Leute, deren Kinder aus der Drei- bis Fünfzimmerwohnung ausgezogen sind, während die "Alten" nach wie vor aus guten Gründen weiter in ihr leben.

Der Medianwert
Der Medianwert (auch Zentralwert genannt) ist derjenige Wert, der in der Mitte einer Zahlenreihe liegt. Der Medianwert kann also eigentlich nur ermittelt werden kann, wenn wir es mit einer ungeraden Zahl von Elementen zu tun haben. Nehmen wir an, wir hätten 1-, 2-, 3,- 4-, 5-, 6- und 7-Zimmer-Wohnungen in einem Quartier, dann läge der Medianwert bei der 4-Zimmer-Wohnung. In der Stadtplanung können wir diesen Wert jedoch nur sehr selten einsetzen, weil er sich in relativ abstrakten Dimensionen bewegt und deshalb größere Bedeutung lediglich bei abstrakten Fragestellungen hat. Ist z.B. für eine Gesamtheit von Mietzahlungen der Medianwert DM 900,-/Monat, dann wissen wir, daß die eine Hälfte der Mieter weniger als DM 900,- und die andere Hälfte mehr an Miete bezahlt. Dieser Wert ist jedoch nicht mit dem arithmetischen Mittel aller Mieten zu verwechseln, das durchaus, z.B. auch je nach sozialer Struktur der Bevölkerung, völlig anders aussehen kann.

Streuungsmaße
Wir kennen auch eine ganze Reihe unterschiedlicher Streuungsmaße, wovon hier drei exemplarisch herausgegriffen sind.

Die Spannweite
Die Differenz zwischen dem größten und dem kleinsten Merkmalswert nennen wir Spannweite (man könnte sie auch Bandbreite nennen). Bei unserem Wohnungsbeispiel ergäbe sich also durch die Differenz zwischen 7-Zimmer-Wohnungen und 1-Zimmer-Wohnungen die Spannweite oder Bandbreite von 6. Das arithmetische Mittel läge bei insgesamt 7 Wohnungen bei 3,5, der Medianwert, wie wir schon gesehen haben, bei 4. Die Spannweite wird gern als Indikatorgröße herangezogen. So kann z.B. bei Verkehrserhebungen die Stundeneinheit bei der Ermittlung der Häufigkeitsverteilung für den Zeitraum der absoluten Spitzen im Verkehr zu lang bemessen sein. Hier kann die Spannweite hilfreich sein, weil sie erkennen läßt, wie weit das arithmetische Mittel der Häufigkeit innerhalb der Spitzenstunde nivellierende Wirkung hat. Für sich genommen sagt die Spannweite in der Regel nicht viel aus, weil sie allein die beiden Extremwerte bezeichnet. Diese können nach beiden Seiten einen totalen Ausreißer darstellen und insofern irreführen.

Der mittlere Quartilsabstand
Der mittlere Quartilsabstand wird aus dem gleichen Gedankengang heraus ermittelt wie der Median. Danach sind wieder alle Elemente in Serienform geordnet. Davon greifen wir Werte von 0 bis 25 % (1. Quartil = Q1) und von 75 bis 100 % (4. Quartil = Q4) heraus, die den inneren Kern von 25 bis 75 % (2. und 3. Quartil = Q2 und Q3) umschließen.

Die Varianz
Wenn wir das Streuungsmaß durch das Heranziehen aller einzelnen Daten ermitteln, nennen wir es die Varianz. Hierbei werden die Differenzen zwischen der Mitte der Gruppenklassen einerseits und dem arithmetischen Mittel quadriert, um den Einfluß der Vorzeichen auszuschalten. Eine Abweichung zur einen Seite wirkt sich gleichermaßen aus wie eine Abweichung zur anderen Seite.

2.5.3 Verhältniszahlen

Uns interessiert nicht nur die absolute Zahl der Merkmale wie etwa in ihrer räumlichen Verteilung, sondern auch welchen Anteil eine Untermenge der statistischen Gesamtmasse hat. Wir wollen also z.B. wissen, wieviel Prozent der Beschäftigten, die auch an ihrem Beschäftigungsstandort wohnen, und wieviel Prozent der Einpendler ein öffentliches Nahverkehrsmittel benutzen. Wie wir schon in den beiden ersten Bänden gesehen haben, kann eine solche Aussage erhebliche Bedeutung erlangen. So sind im Raum der Landeshauptstadt Kiel die respektiven Verhältniszahlen einerseits 50 % und andererseits nur 20 %! Das bedeutet, daß die Einpendler in solch starker Streulage wohnen, daß ihre weit überwiegende Zahl noch nicht einmal ein öffentliches Nahverkehrsmittel benutzen könnte, selbst wenn sie es wollte, wobei der Wille zur Benutzung des ÖPNV im übrigen bei vielen durchaus unterstellt werden kann. Bei den Verhältniszahlen unterscheiden wir je nach Anwendungsfall verschiedenartige Berechnungsansätze.

Gliederungszahlen
Gliederungszahlen sind Anteilswerte, so wie wir sie eben am Beispiel der ÖPNV-Benutzung durch die Pendler erörtert haben. Anteilswerte und damit zusammenhängende Quotienten zeichnen sich dadurch aus, daß der absolute Umfang der statistischen Masse nicht mehr zum Ausdruck kommt. Bei vielen statistischen Analysen wird in diesem Sinn vorgegangen. In unserem obigen Beispiel war zur ersten analytischen und diagnostischen Erkenntnis nicht die statistische Gesamtmasse der Teilnehmer am Berufsverkehr, sondern der jeweilige Anteil der ÖPNV-Benutzer bedeutungsvoll. Gelegentlich formen wir quantitative Merkmale auch um in qualitative (wertende) Merkmale. So würden wir den Anteil der Benutzer der ÖPNV-Mittel bei den Pendlern mit nur 20 % als mangelhaft bezeichnen müssen und auch den Anteil der Benutzer der ÖPNV-Mittel bei den Beschäftigten, die in ihrem Beschäftigungsort auch wohnen, mit 50 % bestenfalls als gerade ausreichend.

Meßzahlen

Nun kann man allerdings dieselbe Fragestellung auch mit einer anderen Verhältniszahl beantworten, indem man nämlich zwei Merkmale miteinander in Beziehung setzt, ohne sozusagen die Gesamtmasse "zu bemühen" oder den Umweg über sie zu machen. Wir könnten also z.B. die 20 % zu den 50 % in Beziehung setzen, es käme als Quotient 0,4 heraus. Diese Verhältniszahl wird von Statistikern Meßzahl genannt. Sie hat in dem oben genannten Fall eine Schwäche, weil eine qualitative Wertung dadurch ausgeschlossen wird, daß Zähler und Nenner schon Verhältniszahlen mit wertender Bedeutung darstellen, was in dem dann entstehenden Quotienten dazu führt, daß durch ihn eine Wertung zweifelhaft werden muß. Man geht im allgemeinen davon aus, daß bei Meßzahlen die Merkmalsgrößen zweier gleichartiger statistischer Gesamtmassen aufeinander bezogen werden, also z.B. wieviel selbstgenutzte Eigentumswohnungen auf wieviel Mietwohnungen entfallen.

Beziehungszahlen

Im Gegensatz zu den Meßzahlen entstehen Beziehungszahlen dadurch, daß Merkmalsgrößen zweier wesensverschiedener statistischer Gesamtmassen zueinander in Beziehung gesetzt werden. Über diesen Weg eröffnen sich gerade für die räumliche Planung eine ganze Reihe analytischer Beurteilungsvorgänge. Gerade in der räumlichen Planung ist die in Beziehungsetzung wesensverschiedener statistischer Gesamtheiten ein bestimmender Vorgang, weil wir es hierbei, wie wir schon an mehreren Stellen erörtert haben, immer mit der Beziehung von unterschiedlichen Gruppen der Gesellschaft untereinander zu tun haben (Beschäftigte zu Bevölkerung) wie auch zum räumlichen Standort der damit verknüpften Aktivitäten (Wohnung, Arbeitsplatz, Freizeiteinrichtung usw.). Ein besonders typisches Beispiel dafür ist die Beziehung zwischen Einwohnern (von Bund, Land, Stadt) und Fläche, die wir als Besiedlungsdichte kennen. Sie läßt sich auf zweierlei Weise berücksichtigen. Die einfachere und verständlichere Weise setzt die Bevölkerung in Bezug zur Fläche, also als Zahl der Einwohner/qkm. Ebenso ist die "Geschoßflächenzahl" der Baunutzungsverordnung eine solche Beziehungszahl. Schwieriger für den Laien ist die umgekehrte Ausdrucksweise zu verstehen, indem nämlich die Bevölkerung in den Zähler gesetzt wird und mit 1.000 multipliziert wird. Dieser Wert sagt dann aus, wieviele qkm je 1.000 Personen zur Verfügung stehen.

2.5.4 Indexzahlen

Die bisherigen Erörterungen haben gezeigt, daß Stadtentwicklung von Veränderung gekennzeichnet ist. Unser Anliegen ist also der Zeitvergleich, um aus zurückliegenden Entwicklungsproportionen Rückschlüsse auf die Zukunft zu vollziehen. Unsere Fragestellung lautet also in der Regel: "Um wieviel Prozent haben sich in einem bestimmten Zeitraum die Zahl der Wohnungen, die Baupreise, die Miethöhen, die Zahl der PKW, die Zahl der Arbeitsplätze usw. verändert?" Diese Problemstellung ist durch eine Besonderheit gekennzeichnet, indem jeweils nach der zeitlichen Veränderung des Durchschnittswertes eines komplexen Vorgangs gefragt wird. Erwartet wird eine Aussage etwa in nachstehender Weise: "Der jetzige Durchschnittswert beträgt X % des entsprechenden Durchschnittswertes zum Basiszeitpunkt." Die Wahl des Basiszeitpunktes ist deshalb Voraussetzung. Sie ist zunächst einmal eine Frage nach der Zweckmäßigkeit in doppelter Hinsicht. Der Basiszeitpunkt hängt zum Teil von dem Erhebungsrhythmus der amtlichen Statistik ab und natürlich vom Erhebungszweck. Von der Wahl des Basisjahres hängt auch das Ausgangsniveau ab. Die Entscheidungen darüber hängen vom jeweiligen Einzelfall ab und können deshalb hier nicht in extenso diskutiert werden.

Den Stadtplaner interessieren in der Regel überwiegend Mengenindices und weniger Preisindices, obwohl letztere als Indikatoren nicht selten auch eine Bedeutung haben, wie etwa die Entwicklung der Miet- und Baupreise. Zu beachten ist, daß innerhalb einer Stadt z.B. die Miethöhen, das Verkehrsaufkommen oder der PKW-Besitz pro Kopf der Bevölkerung erheblich schwanken. Die Menge der neugebauten Wohnungen ist nicht uniform, sondern sehr differenziert nach allerlei Kriterien, wie Größe nach Fläche und Zimmerzahl, Eigentumsverhältnissen, Ausstattung usw. D.h., daß oft die oben gestellte, scheinbar einfache Frage meist gar nicht so einfach, wie sie gestellt ist, beantwortet werden kann. Es kommt deshalb oft zu dem Bemühen, Frage und Antwort vereinfachend zu standardisieren. Ein solcher Vorgang kann gefährlich werden, wenn ein Planer solche standardisierten statistischen Daten unkritisch und undifferenziert verwendet. Er kann sie verwenden, muß sich jedoch vorher darüber informieren, unter welchen vereinfachenden Rahmenbedingungen sie erhoben und aufbereitet wurden.

2.5.5 Zeitreihen und ihre Analyse

Von einer Zeitreihe sprechen wir, wenn Daten über den gleichen Sachverhalt für eine Reihe von Zeiträumen vorliegen, also z.B. die Entwicklung der Einwohnerzahl des Bundes, eines Landes, unserer Stadt und ihrer Region. Ihre Darstellung erfolgt in der Regel durch eine Tabelle oder XY-Koordinatengrafik, in der die Zeitpunkte und ihre Intervalle (möglichst in gleichen Intervallen) auf der X-Achse und die jeweiligen Merkmalswert auf der Y-Achse eingetragen werden. Bei einem Koordinatennetz sind optische Manipulationen denkbar. Beispielsweise kann der Eindruck schnellsten Wachstums der Motorisierung dadurch erweckt werden, indem der Anfang der Y-Achse nicht beim absoluten Nullpunkt gewählt wird, sondern mit der Größe, die zu Beginn der Zeitreihe vorlag. Damit wird die Möglichkeit genommen, die relative Dimension der Gesamtmasse des Merkmals zu erfassen. Erst beim genauen Hinschauen bei den Zahlen läßt sie sich erkennen. Wenn man nun noch die Intervallabstände graphisch auf der X-Achse möglichst klein und auf der Y-Achse möglichst groß wählt, wird die Entwicklungslinie oder -kurve sehr steil, suggeriert also eine rasante Entwicklung, was jedoch gar nicht sein muß. Eine solche graphische Darstellung ist deshalb mit äußerster Vorsicht zu betrachten und auch aufzustellen. Der Planer sollte unter allen Umständen eine solche "Zweckgrafik" vermeiden. Insofern ziehen Statistiker Tabellen vor, weil sie keine optisch-psychologische Irreführung auslösen. Architekten, Bauingenieure, Stadt-, Verkehrs- und Landschaftsplaner ziehen oft Koordinatengrafiken vor, weil diese Gruppen stärker visuell geprägt sind, sollten aber umsomehr das Vorangegangene beachten.

Interpolation und Extrapolation von Zeitreihen

Die Entwicklung wirtschaftlicher und sozialer Sachverhalte zeigt eine sehr unterschiedliche Dynamik, wenn wir uns beispielsweise die des Verkehrs der letzten 50

Jahre auf der Schiene einerseits und auf der Straße andererseits ansehen. Eine rein deskriptive statistische Aufgabe relativ einfacher, aber gern verwandter Art ist es, die zeitliche Entwicklung für eine Reihe von Sachverhalten vergleichend darzustellen, also etwa die Entwicklung der Beschäftigten mit der gleichzeitigen Entwicklung der Erwerbsquote und der Belegungsziffer der Wohnungen. Will man diese Zeitreihen in einer einzigen Grafik darstellen, wird die große Schwankung der absoluten Merkmalswerte zu einem Problem. In solch einem Fall kann es angebracht sein, auf der X-Achse unterschiedliche Maßstäbe zu verwenden. Allerdings muß dies in solchen Fällen klar zum Ausdruck kommen und vermerkt werden, welcher Maßstab für welches Merkmal verwendet wurde.

Eine Möglichkeit der Darstellung von relativen Veränderungen ist es, den Maßstab der Y-Achse logarithmisch zu unterteilen.

Bei langen Zeitintervallen von Zählungen entsteht oft der Wunsch, auch Werte für dazwischen liegende Zeitpunkte zu erhalten. Dafür wird gern die Interpolation verwendet. Vor diesem Verfahren ist jedoch zu warnen, wenn daraus exakte Schlüsse gezogen werden sollen, denn niemand garantiert uns, daß die Entwicklung proportional verläuft oder verlaufen ist. Es kann Zwischenschübe wie -flauten gegeben haben, es kann externe Sondereinflüsse gegeben haben. So hat es bei der ersten Ölkrise einen starken Einbruch in der Entwicklung gegeben, die mancherlei Spekulationen ausgelöst hat, ob der künftig zu erwartenden Kfz.-Entwicklung. Leider hat nach dem Schock die Entwicklung den Bruch in rasantem Tempo wieder ausgeglichen. Insbesondere bei längeren Zeitintervallen ist es deshalb angeraten, sehr vorsichtig zu sein und zu versuchen, ggf. über Sekundärstatistiken Zusatzinformationen zu beschaffen. Statistiker haben dafür Annäherungsmethoden entwickelt, die hier darzustellen den Rahmen sprengen würde. Hier kommt es lediglich darauf an, daß dem Planer bewußt gemacht wird, wie welche Methode zu bewerten ist, damit er nicht, auf eigene Faust operierend, in gefährliches Fahrwasser gerät.

Jede Planung versucht, als ureigene Aufgabe die Zukunft zu ergründen. Es liegt also nahe, Zeitreihen einschließlich ihrer Interpolationen zu verwenden, indem durch hypothetische Verlängerung ein Trend der Entwicklung herausgearbeitet wird. Eine Methode dazu ist die Extrapolation. Die Fehlerquelle ist bei dieser Methode noch ungleich größer als bei der Interpolation. Bei der Interpolation haben wir immerhin Anfangs- und Endpunkt der zu interpretierenden Entwicklung sowie die davor und danach abgelaufenen Entwicklungen, also eine hohe Wahrscheinlichkeit, daß keine extremen Schwankungen zu erwarten sind. Bei der Extrapolation fehlt uns der Endpunkt ebenso wie die weitere Entwicklung. Wir arbeiten dabei also mit der Annahme, daß zumindest zunächst einmal die vorangegangene Entwicklung sich fortsetzt. Diese Annahme muß nicht falsch sein, birgt jedoch wesentlich größere Risiken als die der Interpolation. Besonders wichtig ist in solchen Fällen, daß ständig diejenigen Faktoren, die maßgeblich die Entwicklung beeinflussen, unter Beobachtung sind, damit sie bei externen Einflüssen als Indikatoren benutzt werden können, ob z.B. die Voraussetzungen für die Extrapolation noch stimmen.

Komponenten von Zeitreihen
Zeitreihen entstehen durch das Zusammenwirken mehrerer Komponenten. Wir können, vereinfacht, zwischen mehreren Gruppen an Komponenten unterscheiden:

Zeitreihen mit evolutionären Komponenten
Insbesondere in Band 1 sind uns schon mehrere Fallsituationen begegnet, die sich im Sinne eines Trends entwickelt haben. Z.B. hat seit Anfang des 20. Jahrhunderts das Kraftfahrzeug eine außerordentliche Entwicklung ebenso durchlaufen wie etwa die Verstädterung. In ständig steigendem Maß ist die manuelle menschliche Arbeitskraft durch die mechanische ersetzt worden. Nunmehr stehen wir vor dem Phänomen, daß die geistige Leistung, insbesondere bei der Bewältigung von Massenvorgängen, in steigendem Maß durch die elektronische Leistung ersetzt wird. Diese Entwicklungen nennen wir einen "Trend", den wir üblicherweise durch Zeitreihen in zahlenförmig-tabellarischer oder in kurvenförmig-graphischer Form darstellen. Der Zuwachs oder die Abnahme müssen dabei nicht gleichförmig verlaufen.

Zeitreihen mit oszillatorischen Komponenten
Küstenbewohner kennen das Phänomen der ständig wiederkehrenden Flut- und Ebbe-Wellen der Tide. In der wirtschaftlichen Entwicklung kennen wir die Konjunkturwellen. In der täglichen Verkehrsmisere kennen wir die Wellen des Verkehrsaufkommens mit den Tagesspitzen. Auch in diesem Fall der wiederkehrenden Wellenbewegungen müssen diese Wellen nicht kontinuierlich gleichlaufend sein. Von Welle zu Welle können sich die Periodenlänge sowie der Ausschlag von Maximum zu Minimum nach unten wie nach oben hin verändern. Dabei kann durchaus ein mittel- oder langfristiger Trend die Wellenbewegung überlagern. Diesen Vorgang nennen wir einen "Zyklus", den wir ebenfalls durch Zeitreihen in zahlenförmiger tabellerischer oder kurvenförmiger graphischer Form darstellen können.

Zeitreihen mit einmalig zufälligen Komponenten
Ein Trend oder ein Zyklus kann immer wieder durch ein besonderes Ereignis unterbrochen, durchbrochen, umgelenkt, modifiziert werden. Ein solches gravierendes Ereignis kann ein Krieg sein, eine plötzliche Weltwirtschaftkrise oder auch eine ökologische Katastrophe. In solch einem Fall erhält unsere Zahlenreihe oder Kurve einen Bruch, der den bis dahin beobachteten und daraus auch prognostizierten Regelfluß empfindlich stören kann. Es fehlt in diesem Situationsfall das für Analysen und Prognosen wichtige Element oder Moment der annähernden Regelmäßigkeit. Allerdings enthalten nahezu alle Entwicklungen kleinere bis mittlere Abweichungen von der Regelmäßigkeit, die so klein sind, daß wir sie kaum oder gar nicht wahrnehmen, die aber in ihrer Summe durchaus wirksam sein können. Oft wirken sie sich durch ihr kontinuierliches Auftreten schon wieder "als regelmäßiger Einfluß" aus, sind also schon in der Tabelle oder Kurve enthalten, oder sie sind zu klein, um entsprechend überhaupt wirksam werden zu können. In diesem Fall werden sie als "Restgröße" behandelt. Meist sind sehr starke Einzelereignisse, die spürbare Einflüsse ausüben, direkt erkennbar, so daß auf sie unmittelbar reagiert werden kann. Wenn die beschriebenen Zeitreihen für uns verwertbar sein sollen, müssen wir in der Lage sein, sie in die einzelnen Komponenten zu zerlegen, um Ursache und Wirkung erkennen zu können. So wird die reale Entwicklungszeitreihe des Wohnungsbedarfs einer Stadt, wie wir ja schon erörtert haben, durch die Komponenten
– Zahl der Arbeitsplätze und deren Entwicklungszeitreihe,
– Erwerbsquote der Bevölkerung und deren Entwicklungszeitreihe,
– Durchschnittsgröße privater Haushalte und deren Entwicklungszeitreihe sowie

- Durchschnittsgröße der Wohnungsbelegung und deren Entwicklungszeitreihe bestimmt. Dabei kommt es sehr darauf an, daß wir saisonale Indices nicht nur in ihrer historischen Entwicklung erkennen, sondern sie auch in die Zukunft projizieren können, zumal sie für den nächsten weiteren Schritt, nämlich die Berechnung von Trends bedeutungsvoll sein können.

2.6 Allgemeine Analysen räumlicher Verteilungen

2.6.1 Allgemeines

Die häufigste Form der Darstellung räumlicher Verteilungen ist die geographische Lokalisation der jeweils einzelnen Elemente (Gebäude, Nutzungen, Anlage-Netze, Funktionen usw.) auf einem Plan oder einer Karte durch Symbole (z.B. Punkte, Kreuze, Kreise, Dreiecke, Quadrate, Schraffuren, Farben, Farbstärken etc.).

Diese geo-graphische Darstellung gibt zwar die beste Information über die Lage der einzelnen Einrichtungen, läßt aber keine rechnerisch-quantitativen Vergleiche verschiedener Verteilungen zu. Zu diesem Zweck müssen mathematisch-statistische Methoden herangezogen werden, um Parameter für die Verteilung zu bestimmen.

Für die Berechnung solcher Werte kann eine voll digitalisierte Koordinatenbestimmung aller in Frage kommenden Flurstücke oder ein orthogonales Koordinatensystem angewendet werden. Im letzteren Fall bildet die Ausgangsbasis für die rechnerischen Operationen eine Matrix, die auf einem Planquadratraster aufgebaut ist, das über das Planungsgebiet gelegt wird. Die dabei zu verwendende Maschengröße des Gitters bzw. die Kantenlänge der Planquadrate hängt von der Dichte der Verteilung und der wünschenswerten Genauigkeit bei der Analyse der jeweiligen Untersuchungsobjekte ab. Bei ihrer Darstellung und Verteilung sollte auf keinen Fall auf die Wiedergabe der Ausgangsmatrix verzichtet werden, da sie den einzigen an der Realität nachprüfbaren Beleg für die geographische Lokalisation darstellt..

Räumliche Verteilungen unterscheiden sich außer durch die Summe ihrer Einzelobjekte in der Regel in zweifacher Weise voneinander:
- nach ihrer Position, d.h. nach ihrer räumlichen bzw. geographischen Lage, oder
- nach ihrer Dispersion, d.h. nach der Art der Verteilung (Streuung).

Für die Feststellung oder Festlegung einer Verteilung muß deshalb zunächst die geographische Lage durch die Positionsermittlung eines zentralen Punktes (Ortes) bestimmt und danach die räumlichen Beziehungen der Einzelobjekte (z.B. Wohnungen oder Arbeitsplätze) der Verteilung zu diesem zentralen Punkt oder zur Summe der anderen Einzelobjekte untersucht werden. Die Frage stellt sich, welche Parameter für die Beschreibung räumlicher Verteilungen zur Verfügung stehen. Wenn es gelingt, die beiden zur Beschreibung linearer Verteilungen benutzten Grundbegriffe - die Abweichung und die Häufigkeit - in ein räumliches Konzept zu übernehmen, dann können alle darauf aufbauenden Parameter der konventionellen Statistik analog in die räumliche Statistik übernommen werden.

Bei linearen Abweichungen werden die Abweichungen in denselben Einheiten gemessen wie die Merkmale. Eine Abweichung ist die Differenz zwischen zwei Merkmalswerten, die man auch als Abstand (z.B. der zwischen Wohnung und Arbeitsplatz oder Schule usw.) bezeichnen kann. Bei der räumlichen Verteilung wird aus dem Abstand eine Entfernung, die man dann auch mit den gebräuchlichen

Längenmaßen messen kann. Die Abweichung in einer räumlichen Verteilung kann also als lineare und direkte Entfernung zwischen der Position eines Merkmals und einem anderen festgelegten Punkt ausgedrückt werden.

Der Begriff der Häufigkeit bezieht sich in der Konventionellen Statistik auf die Besetzung einer bestimmten Größenklasse. Der Klasse entspricht in der räumlichen Verteilung die Flächeneinheit.

Mit Hilfe dieser beiden Definitionen läßt sich nun ein System von Parametern für die Beschreibung räumlicher Verteilungen entwickeln. Überzieht man z.B. die Untersuchungsfläche mit einem Rasternetz, das gleich große Flächeneinheiten enthält, so kann man sich aller Rechenvorteile bedienen, die in der Statistik für "gruppierte" Daten bekannt sind.

2.6.2 Bestimmung (Position) eines zentralen Punktes (Ortes)

Ein zentraler Punkt (Ort) in der räumlichen Verteilung entspricht dem Mittelwert in der konventionellen Statistik. Diese unterscheidet, wie wir schon erörtert haben, verschiedenartige Mittelwerte, wie z.B. das arithmetische Mittel, den Median usw. Der gebräuchlichste Wert ist das arithmetische Mittel.

Schwerpunkt

Dem arithmetischen Mittel in der linearen Verteilung entspricht in einer flächigen Verteilung der Schwerpunkt (oder zentraler Standort). Die Analogie wird durch die folgenden Definitionen erklärt.

Das arithmetische Mittel ist in einer Zahlenreihe der Wert, von dem die Summe der Quadrate aller Abweichungen ein Minimum darstellt.

Der Schwerpunkt ist in einer räumlichen Verteilung der Punkt, von dem die Summe der Quadrate der Entfernungen zu allen Einzelwerten ein Minimum darstellt.

Daß die Entfernung quadratisch in die Definition des Schwerpunktes eingeht, weist darauf hin, daß seine Position besonders stark von den Merkmalen in der Randlage einer Verteilung beeinflußt wird. Das kann für den Vergleich regionaler Verteilungen nachteilig sein, so z.B. wenn Veränderungen der Versorgungseinrichtungen einer Stadtrandsiedlung durch ihre große Entfernung zum Zentrum stärker ins Gewicht fallen als Veränderungen im Innenstadtgebiet.

Daran können wir erkennen, daß die Schwerpunktbestimmung sowohl für die Flächennutzungs- wie auch die Verkehrsplanung eine wesentliche Bedeutung hat.

Medianpunkt

Im Gegensatz zur Schwerpunktsberechnung läßt sich dieser Ausdruck nicht ohne weiteres in X- oder Y-Koordinaten zerlegen. Somit gibt es auch keine Lösungsformel, sondern nur ein Annäherungsverfahren, welches für diesen Fall auch bei Benutzung von elektronischen Datenverarbeitungsanlagen ziemlich aufwendig ist.

Der Umstand, daß die Entfernung in die Definition nur einfach eingeht, läßt die Position des Medianpunktes weniger empfindlich für Veränderungen in der Randlage von Verteilungen werden. Er erscheint daher für räumliche Analysen recht brauchbar zu sein. Der große Rechenaufwand für seine Bestimmung hat jedoch bislang in der Regel davon abgehalten, ihn zu benutzen.

Sonstige zentrale Punkte

Den beiden vorangegangenen Ableitungen entsprechend ließen sich auch die anderen Mittelwerte der konventionellen Statistik zur Bestimmung von zentralen Punkten einer räumlichen Verteilung umwandeln; so z.B. das geometrische Mittel. Ihre mathematischen Definitionen sind jedoch für die praktischen Probleme der Stadtforschung zu abstrakt, als daß eine sinnvolle Anwendung erkennbar wäre. Für die Praxis sollten die Parameter in irgendeiner Weise interpretierbar sein.

2.6.3 Bestimmung von Streuungs- (Dispersions-)Parametern

Unter dem Begriff "Dispersion" versteht man das Ausmaß der Streuung, in der sich numerische Daten um einen Mittelwert verteilen. Zur Messung dieser Streuung sind verschiedene Parameter entwickelt, so z.B. der Streubereich oder die Spannweite, die durchschnittliche Abweichung und die Standardabweichung.

Die Spannweite, die in der linearen Verteilung als Differenz der Extremwerte definiert ist, müßte in der räumlichen Verteilung sinngemäß die größte vorkommende Entfernung zwischen zwei Punkten sein. Ein solches Maß hat für die Analyse regionaler Verteilungen von Einrichtungen, z.B. von Einzelhandelsgeschäften, wenig Bedeutung. Hierfür eignet sich schon eher die durchschnittliche Abweichung.

Durchschnittliche Entfernung

Das Maß der durchschnittlichen Entfernung zum zentralen Punkt läßt sich aus der durchschnittlichen Abweichung ableiten. Letztere ist als das arithmetische Mittel aller Abstände vom Mittelwert definiert. Als Mittelwert fungiert in diesem Fall der Median. In der räumlichen Verteilung entspricht das dem arithmetischen Mittel der Entfernungen aller Einzelobjekte zum Medianpunkt.

Streuungsindex (Standardabweichung)

Das in der konventionellen Statistik am häufigsten gebrauchte Streuungsmaß ist die Standardabweichung. Dieses Maß läßt sich auch für die räumliche Verteilung bestimmen. Man erhält es, wenn man den für die Schwerpunktbestimmung errechneten Minimalwert durch die Anzahl der Einzelobjekte dividiert und aus dem Resultat die Wurzel zieht.

Streuung und Konzentration

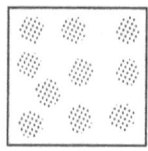

Streuung groß, Konzentration groß

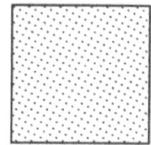

Streuung groß, Konzentration gering

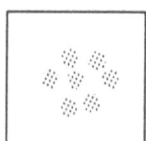

Streuung gering, Konzentration groß

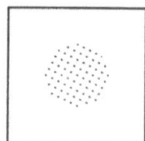

Streuung gering, Konzentration gering

Grafik 6

Konzentrationsindex

In einer räumlichen Verteilung sind Konzentration und Streuung keineswegs immer voneinander abhängig. Es sind durchaus Verteilungen denkbar, bei denen z.B. sowohl die Konzentrationen als auch die Streuungen groß sind (siehe Grafik 6). Dafür dient als Beispiel am besten der Rhein-Ruhr Raum. Die einpolige Stadtregion dagegen stellt eine größere Konzentration mit geringer Streuung dar. Aus dieser Erörterung läßt sich erkennen, daß komplementär zur Bestimmung eines zentralen Punktes oder Ortes sowohl der Streuungs- als auch der Konzentrationsindex eine wesentliche Bedeutung haben.

Mit einem Konzentrationsindex kann man die Verteilung der Einzelwerte in bezug zur Fläche, unabhängig von ihrer geographischen Lage messen. Die Konzentration einer Verteilung ist am größten, wenn sich ein Maximum an Einzelobjekten (Elementen oder Merkmalen) auf einem Minimum an Fläche befindet. Dabei werden die Flächeneinheiten (Planquadrate) nach der Dichte ihrer Besetzung (mit der höchsten beginnend) geordnet und die Merkmalswerte (also die Besetzung je Planquadrat) in dieser Reihenfolge kumuliert. Trägt man dann auf einem Diagramm in der Waagerechten die Fläche ab und in der Senkrechten die prozentualen Anteile der kumulierten Werte an der Gesamtzahl der Einrichtungen, so erhält man die sogenannte Lorenzkurve (siehe Grafik 7).

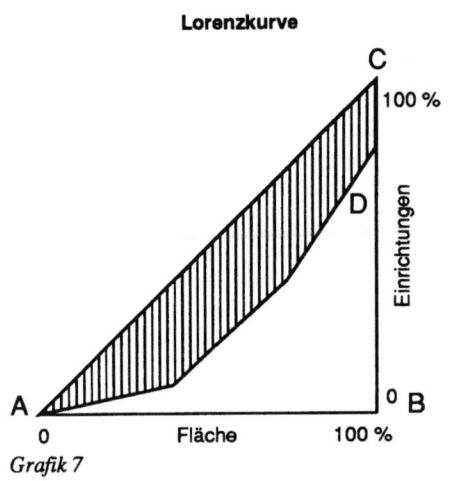

Grafik 7

Der durch den Verlauf der Kurve ausgedrückte Konzentrationsgrad kann durch eine einzige Zahl wiedergegeben werden, den sog. Konzentrationskoeffizienten. Dieser errechnet sich aus dem Verhältnis der von der Kurve eingeschlossenen Fläche (ADC) zu der Gesamtfläche des Dreiecks (ABC). Das Resultat kann zwischen 0 und 1 liegen, wobei 0 eine absolut gleichmäßige Verteilung und 1 die theoretisch absolute Konzentration bedeutet.

Aus dem Diagramm kann für jeden Flächenanteil der entsprechende Anteil an Einrichtungen in dieser Fläche abgelesen werden. Die Konzentration ist umso stärker, je ausgebeulter die Kurve ist. Ein direkter Verlauf von A nach C würde eine absolut gleichmäßige Verteilung bedeuten.

Verteilung von Einrichtungen

Die im folgenden beschriebene Methode soll die Darstellung des Angebots bestimmter Einrichtungen in ihrer räumlichen Verteilung ermöglichen. Bei der Bewertung des Angebots ist die Menge der Objekte, bezogen auf eine kleine Flächeneinheit (wie z.B. Block oder Planquadrat), nicht so entscheidend wie die Anzahl der Einrichtungen, die in kürzester Zeit erreicht werden können. Eine solche Zahl stellt gewissermaßen das Angebot dar, das dem Benutzer an einem bestimmten Ort in nächster Umgebung zur Auswahl steht.

Zur Bestimmung einer solchen Zahl kann folgendes Verfahren angewandt werden: Um einen Punkt wird ein Kreisbogen mit einem Radius von 350 m geschlagen (350 m ist etwa der übliche mittlere Abstand zwischen Omnibus- und Straßenbahnhaltestellen und erfahrungsgemäß eine Entfernung, die selbst im Zeitalter der Motorisierung noch zu Fuß akzeptiert wird). Diese Entfernung entspricht etwa einem Fußweg von 5 Minuten. Dann wird die Anzahl der zu untersuchenden Einrichtungen innerhalb des Kreises ausgezählt. Der resultierende Zahlenwert, der als Agglomerationsindex bezeichnet werden soll, gibt an, wieviel Einrichtungen von dem betreffenden Punkt innerhalb von 5 Minuten zu Fuß erreicht werden können. Wiederholt man dieses Verfahren für eine Vielzahl von Punkten, so lassen sich schließlich Isolinien ziehen, d.h. Linien, die Punkte mit gleichhohen Merkmalswerten (Agglomerationsindices) miteinander verbinden. Solche Linien schließen dann Flächen ein, in denen eine gewisse Angebotshäufung vorliegt, deren Qualität durch den Agglomerationsindex ausgedrückt wird.

3. Spezifische Methoden räumlicher Planungen

3.1 Methodik der Flächennutzungsplanung

3.1.1 Allgemeines

Wenn wir hier die Methodik der Flächennutzungsplanung erörtern, dann schließen wir Rahmen-, Struktur- oder Programmpläne ein, weil sie nichts anderes als verfeinerte Flächennutzungspläne darstellen. Bei der Flächennutzungsplanung schweben wir in der Regel nicht in einem luftleeren Raum, sondern operieren auf der Basis bestehender Substanz, uns bekannter historischer Entwicklungen und vorhandener Pläne. Dies gilt auch für die Hierarchie übergeordneter Pläne (Bundesraumordnungsprogramm, Landesentwicklungsplan, Bezirksentwicklungsplan, Stadtentwicklungskonzept usw.). Diese Pläne stellen, wie wir schon erörtert haben, Vorgaben für den Flächennutzungsplan dar und erlauben nur in den von ihnen vorgegebenen Grenzen Weiterentwicklungen und neue Ansätze. Sie erlauben in der Regel keine vollständig neuen, möglicherweise sogar spektakulären Alternativen. Bei "spektakulären Alternativen" sollte jeder Planer und jeder Entscheidungsträger mißtrauisch werden. Außerdem muß darauf verwiesen werden, daß die Kapitel 4.1 und 4.6 von Band 1, die Kapitel 4.1 und 4.2 von Band 2 und das Kapitel 2 dieses Bandes grundlegende Teile der Flächennutzungsplanung (Ziele, Grunsätze, Leitgedanken) behandeln.[84] Insofern können wir uns hier auf die spezifische Methodik in der Bestimmung der Art und des Maßes sowie der Verteilung von Nutzungen beschränken.

3.1.2 Ermittlung von Art und Maß der vorhandenen Flächennutzung

Liegenschaftskataster, Grundbuch, bestehende Flächennutzungs-, Rahmen-, Struktur- und Bebauungspläne (ggf. geprüft durch die Statistik der Bau- und Bodenverkehrsgenehmigungen oder eigene Erhebungen, wie etwa durch Luftbildauswertungen) erlauben relativ exakt die Bestandsaufnahme der Flächennutzung (einschl. aller Frei- und Grünflächen). Bei einer schon existierenden ADV-Unterstützung von Flächennutzungs- und Verkehrsplanung lassen sich die Daten über die ADV-Speicher mühelos für die verschiedensten Operationen abrufen (siehe dazu auch Kapitel 2.3).

3.1.3 Ermittlung der Potentiale für zusätzliche Flächennutzung

Feststellung des Flächenbedarfs in seiner Basisgröße
Beschäftigtenzahl/Arbeitsplätze
Grundlage ist zunächst die statistische Feststellung der Beschäftigten/Arbeitsplätze in der Stadt und ihres Wohnungsbedarfs über die Erwerbsquote und die Belegungsziffer der Wohnungen und die zukünftige Entwicklung dieser Faktoren. Quellen

---

84 K. Müller-Ibold: "Einführung in die Stadtplanung", Fn. 2.

dafür sind die schon erörterten amtlichen und nicht-amtlichen statistischen Erhebungen. Die Wechselbeziehungen der Faktoren sind in Band 1 ausführlich behandelt worden, müssen deshalb also hier nicht wiederholt zu werden. Allgemein üblich, aber relativ unpräzis und verschwommen, ist die Ermittlung des Wohnungsbedarfs über die Feststellung des Geburten- und Sterbeüberschusses in Kombination mit der Wanderungsbewegung. Dieser Methodik fehlt jedoch die ausschlaggebende Basisgröße der Wirtschaft, d.h. der Arbeitsplätze bzw. des Beschäftigtenbedarfs. In jedem Fall spielt natürlich die Berücksichtigung der Ein- und Auspendler eine Rolle. Dabei kann beobachtet werden, daß die Pendler nach Standort und Gewohnheiten oft wie eine göttliche Fügung hingenommen werden. Diese etwas fatalistische Haltung ist nicht angebracht, da es unter den Pendlern viele gibt, die umziehen, wenn ihnen entsprechende Wohnungen in der Stadt angeboten werden, ebenso wie auch die Bürger innerhalb einer Stadt nicht gerade selten umziehen. Man kann durchaus davon ausgehen, daß der Umzugswunsch jährlich bei etwa 10 % der Bevölkerung liegt. Wenn die Stadt also entsprechende Wohnflächen anbietet, wird es auch eine Wanderung in die Stadt geben und die Umlandbevölkerung, die mit ihren Beschäftigten selbst z.T. sogar überproportional wächst, wird die freiwerdenden Wohnungen belegen. Die Prognose der Beschäftigten/Arbeitsplätze mit dem darauf aufbauenden Einwohner- und Wohnflächenbedarf sind also Basisgrößen, weil nahezu alle anderen Flächenbedarfe sich z.T. auch in unmittelbarem Zuordnungsbedarf daraus entwickeln (siehe dazu auch Helly[85] und Krueckeberg, Silvers[86]).

Erwerbsquote

Der nächste Basisfaktor ist die Erwerbsquote. Sie wird in Zukunft, wie wir schon erörtert haben, sinken. Vermutlich können wir mittelfristig mit einer Erwerbsquote von höchstens 44 % rechnen. Diese Quote bedeutet, daß wir die Zahl der Beschäftigten/Arbeitsplätze mindestens mit dem Faktor 2.3 multiplizieren müssen, um die für die jeweiligen Arbeitsplätze erforderliche Mantelbevölkerung ermitteln zu können.

Pendler

Von dieser Mantelbevölkerung müssen wir diejenigen Einpendler mit Familien abziehen, von denen wir annehmen können, daß sie unter allen Umständen weiter im Umland wohnen werden. In der Regel können wir davon ausgehen, daß maximal ein Drittel der Einpendler interessiert daran ist, in die Stadt zu ziehen, wenn ausreichender und entsprechender Wohnraum angeboten wird (Weitpendler, neu hinzugezogene Beschäftigte einer Stadt, die zunächst eine Übergangswohnung im Umland gefunden haben, allgemeine Wohnungsfluktuation, Personen, die einen eigenen Haushalt gründen wollen, usw.). In Fällen extrem hohen Pendleranteils und bei sehr intensiver Wohnungspolitik der Kernstadt läßt sich dieser Anteil möglicherweise auf 35-40 % erhöhen.

Wohnungsbelegung

Ein weiterer Faktor ist die zukünftige durchschnittliche Belegungsquote der Wohnungen. Alle Anzeichen sprechen dafür, daß sie bei der städtischen Bevölkerung auf

---

85 W. Helly: "Urban Systems Models", Fn. 47
86 D.A. Krueckeberg, A.L. Silvers: "Urban Planning Analysis", Fn. 24

unter 2.0 Personen pro Wohnung fallen wird (siehe Erörterungen in Band 1, Kapitel 3.1.1.). Wir müssen also für die nächste Zukunft den prognostizierten Einwohnerbedarf durch diese Quote (etwa 1.8-2.0) dividieren, um einen annäherungsweise realistischen Bedarf an Wohnungen zu ermitteln.

Brutto-Geschoßfläche und Geschoßflächenzahl von Wohnungen
Die durchschnittliche Brutto-Geschoßfläche der Wohnungen liegt in den westlichen Bundesländern bei 90-100 qm/Wohnung. Bei einer angenommenen durchschnittlichen Geschoßflächenzahl in den Städten von 0.3 bis 0.4 ergibt sich, daß im Durchschnitt jede Wohnung eine Netto-Stadtfläche von 220-330 qm benötigt. Da der Anteil an Einfamilienhäusern und 2-3geschossigen Miethäusern steigt, ist anzunehmen, daß zukünftige Werte eher bei 330 qm als bei 220 qm liegen werden. Bei einer durchschnittlichen Belegungsquote von 1.8-2.0 Personen pro Wohnung ergibt sich daraus, daß ein Nettobedarf an Wohnbauflächen von 110-180 qm pro Einwohner mit steigender Tendenz besteht. Diese Zahlen sind orts- und strukturabhängig und lassen sich nur als Durchschnittswert für beispielhafte Erläuterungen verwenden. Die tatsächlichen Werte können in den einzelnen Städten stark voneinander abweichen und auch über bzw. unter den hier genannten Grenzwerten liegen. Es kommt auf die Größe der Stadt, ihre wirtschaftliche und demographische Struktur, ihren Anteil an Etagenwohnungen und Einfamilienhäusern usw. an.

Verkehrsflächen
Sehr grob können als generelle und rein kalkulatorische Richtwerte für Verkehrsflächen als Folgeeinrichtungen für die örtliche Wohnflächenerschließung (Wohnsammelstraßen, Anliegerstraßen, Wohnstraßen, öffentliche Abstellflächen, aber ohne Hauptverkehrsstraßen und sonstige übergeordnete Verkehrsanlagen) 15-20 qm je Einwohner angesetzt werden.

Für übergeordnete Verkehrsflächen ohne See- oder Binnenhäfen (Straßen, Schnell- und Fernbahnen, Bahnhöfe, Flughäfen usw.) müssen wir als Anhaltsgröße 5-7% ansetzen. Diese Daten schwanken stark. Für die konkrete Planung müssen immer erst die örtlichen Werte genau ermittelt werden.

Gemeinbedarfsflächen
Ebenso grob können als genereller Richtwert für direkt wohnungsbezogene Gemeinbedarfsflächen (Geschäfte, Gewerbe für Nahversorgung, Schulen, Kindertagesstätten, Jugendheime, Sporteinrichtungen, Bäder, Spiel- und Bolzplätze sowie allgemeines wohnungsbezogenes Grün) etwa 22-25 qm je Einwohner angesetzt werden.

Arbeitsflächen
Für Industrie- und Gewerbeflächen lassen sich unter keinen Umständen Richtzahlen oder allgemeine einfache Ermittlungsverfahren für den Flächenbedarf nennen. Zu sehr hängt diese Frage davon ab, ob es sich überwiegend um eine Industrie-Stadt oder einen zentralen Ort bestimmter Ordnung handelt. Selbst innerhalb dieser Kategorien hängt die Bestimmung jeweils davon ab, ob es sich um klassische Industrien oder moderne Produktionsstätten handelt, und ob die jeweilige Stadt zusätzlich Standort für Sonderfunktionen ist (z.B. also Universitätsstadt, Landeshauptstadt, Hafenstadt usw.). Die Ermittlung des jeweiligen zukünftigen Flächenbe-

darfs muß deshalb in jedem Fall örtlich und spezifisch erfolgen. Eine sehr allgemeine Erkenntnis qualitativer Art ist jedoch, daß nahezu alle Branchen der Wirtschaft zur Zeit, bedingt durch Automation und Telekommunikation etc., eine Erhöhung der Brutto-Arbeitsfläche pro Beschäftigten erleben.

Wieweit diese Entwicklung in Zukunft noch gehen wird, ist vermutlich überhaupt nicht abzusehen. Immerhin sind erste Zeichen zu erkennen, daß es durch die enorm variable Leistung moderner Kommunikationstechnik für einen nennenswerten Teil der Arbeitsplätze zur Verlagerung in die Wohnung des jeweils Beschäftigten kommen könnte.

Feststellung der Flächenreserven (Neuausweisungspotentiale)
Ein Motiv zur Planaufstellung ist in der Regel die Ausweitung, Neuausweisung oder Umwidmung von Flächen für städtische Nutzungen (Wohnen, Gewerbe, Industrie, Dienstleistungen, Verkehr usw.). Es gilt also zunächst festzustellen, ob und welche noch nicht mit städtischen Nutzungskategorien belegten Flächen für eine Ausweisung für solche Nutzungen zur Verfügung stehen bzw. umgewidmet werden können.

Feststellung der Flächenbilanz
Es kann sich bei einem Vergleich des Neuausweisungsbedarfs mit dem zur Verfügung stehenden Neuausweisungspotential herausstellen, daß innerhalb der Stadtgrenzen nicht mehr genügend Flächen zur Umwidmung zur Verfügung stehen. Diese Situation lag z.B. Mitte der 60er Jahre in Kiel vor. Die erforderlichen Wohnbau- und Gewerbebauvorhaben mußten schon Anfang der 60er Jahre auf Flächen ausgewiesen werden, die erst über mühselige und schwierige Eingemeindungsverhandlungen dem Hoheitsgebiet der Stadt zugeführt werden konnten. Deshalb war im Stadtentwicklungskonzept 1968 akzentuiert als Vorgabe für die Flächennutzungsplanung herausgestellt worden, daß, unter Betrachtung aller Kriterien, eine räumliche Weiterentwicklung, bei Berücksichtigung der zu schonenden Landschaft, nur unter Einschluß weiterer Eingemeindungen möglich sein werde. Landesplanung und Kommunalaufsicht unterstützten damals die konzeptionellen Vorstellungen von Magistrat und Rat der Stadt Kiel zum Flächennutzungsplan, worauf der Landtag bei der großen kommunalen Gebietsreform in den 70er Jahren die entsprechenden Gemeinden in die Stadt Kiel eingemeindete.

Wenn ein solcher Schritt nicht getan wird, steht eine Kommune vor der Frage, ob sie auf den weiteren Ausbau verzichten will mit der Folge in der Regel sehr dünner Streusiedlungen im Umland (deren negative Wirkungen wir schon kennengelernt haben), oder ob wertvolle Landschaftsschutzgebiete als kleineres Übel für städtische Bebauung "geopfert" werden sollen. Dieser Aspekt muß eigentlich die Landesplanung auf den Plan rufen mit dem Ziel, daß Landesregierung und Landtag sozusagen "helfend eingreifen". Ein solches Handeln der "Aufsicht" ist jedoch selten zu beobachten. Heutzutage scheuen die staatlichen Verwaltungen und noch mehr die Politiker einen solchen doch relativ harten Eingriff. Besonders zeigt sich hierbei, wie verheerend sich das Fehlen einer übergeordneten Konzeption zur Stadtentwicklung und Flächennutzung auswirken kann. Politiker und Verwaltung der Länder sind hier künftig handfest gefordert, rühren sich jedoch selten.

3.1.4 Ausarbeitung alternativer Konzepte für die Flächennutzung

Allgemeines zur räumlichen Verteilung von Nutzungen

Wir haben schon erörtert, daß im Regelfall die Masse des neuhinzukommend zu Planenden geringer ist als die schon vorhandene Bausubstanz. Standorte, insbesondere von Zentren für die Versorgung der Bevölkerung mit Gütern und Dienstleistungen höheren Ranges und der Schwerindustrie, sind fixiert und nicht etwa ohne weiteres abänderbar (z.B. City-Nutzung, Hafen- und Bahnanschluß). Das heißt wiederum, daß die Veränderung der Ansprüche unter Umständen zu Neustrukturierungen führen muß, die in sehr sensible Bereiche einwirken. So hat die Entwicklung der Dienstleistungsbranche nach dem Krieg zu enormem Druck ganz allgemein auf die Randbereiche der "Cities" in aller Welt geführt. Als Folge wurden Wohnquartiere mit sehr wichtigen Funktionen in ihrer Existenz bedroht. Maßnahmen zu ihrem Schutz wurden ergriffen, so daß die Nutzungsanbieter z.T. auf andere Zonen auswichen und die Preise der Grundstücke am Innenstadtrand hochschnellten. Dieser Vorgang macht deutlich, daß es weder nach der Zahl noch nach der Dimension umfangreiche Alternativen geben kann.

Gunstzonen für die Stadtentwicklung

Wir haben in den vorangegangenen Bänden erörtert, daß wir kontinuierlich Stadterneuerung, -umbau und -erweiterung betreiben müssen. Das heißt, daß wir uns auch ständig darüber im klaren sein müssen, welche Flächen generell innerhalb und außerhalb der Stadt für solche Operationen am besten geeignet sind. Deshalb wollen wir diese Bereiche "Gunstzonen" für die Stadtentwicklung nennen. Ihre Bestimmung gehört an den Beginn der Flächennutzungsplanung, sie ist sozusagen der erste Teil und Vorgabe des Flächennutzungsplans. Wahlweise kann eine Bestimmung der Gunstzonen für die Entwicklung auch Teil eines eigenständigen räumlichen Stadtentwicklungskonzeptes sein.

Daraus wird nach Diedrich[87] ersichtlich, daß es notwendig ist, zu definieren, in welcher Dimension und Richtung etwa die Erweiterung von Hauptnutzungen gehen soll, wo und weshalb sich in erheblichem Maße Umnutzungen anbieten, und welche Bereiche welcher Art Erneuerungsmaßnahmen zugeführt werden müssen usw. Mit dem Begriff Hauptnutzungen sind solche Nutzungen gemeint, die signifikante Bedeutung für die Gesamtentwicklung der Stadt haben, wie Wohnnutzungen, Freizeitnutzungen, cityartige Nutzungen, gewerbliche Nutzungen, Dienstleistungsnutzungen außerhalb der City, Mischnutzungen und anderes.

Solcherart Gunstzonen der Stadtentwicklung haben ihre Basis in verschiedenen Beziehungsbeurteilungen. So stellt sich uns einerseits die Frage nach der Bedeutung eines räumlichen Standortes für eine bestimmte Nutzung (z.B. hochwertige Landschaft als positives Standortmerkmal für ein Wohnumfeld).

Andererseits stellt sich uns die Frage der günstigsten räumlichen Zuordnung zwischen den Funktionen (z.B. Minimierung der Summe aller Verkehrswege von Flächen für die Wohnfunktion zu allen anderen bedeutenden Flächenfunktionen wie etwa Arbeitsplätzen und Einkaufsmöglichkeiten). Daraus ergeben sich folgende

---

[87] H. Diedrich: "Mathematische Optimierung: Ihr Rationalisierungsbeitrag für die Stadtentwicklung", Göttingen 1970

Wechselbeziehungen der verschiedenen Hauptfunktionen untereinander und insbesondere mit den Wohnquartieren:
a) Möglichst kurze und variable Beziehungen zur Summe aller Arbeitsplätze (und nicht unmittelbare spezifische Zuordnung von Wohnung zu Arbeitsplatz).
b) Möglichst kurze und variable Beziehungen zu den verschiedenen hierarchischen Stufen der Einkaufsquellen.
c) Möglichst kurze und variable Beziehungen zu den öffentlichen und privaten Dienstleistungen (Gesundheits-, Sozial-, Bildungseinrichtungen usw.).
d) Möglichst kurze, variable, störungsfreie und ökonomische Verkehrsanbindungen (öffentliche Nah- und Fernverkehrsmittel und deren Haltestellen, System der Hauptverkehrsstraßen, Häfen usw.).
e) Möglichst kurze und variable Beziehungen zu den Freizeiteinrichtungen (Grün- und Erholungsflächen, Kleingärten, Vergnügungs- und Sportstätten und Kultureinrichtungen usw.).

Um eine generelle Entwicklungsorientierung festlegen zu können, ist es erforderlich, die jeweilige Stadt zunächst relativ grob zu untergliedern (je nach geschichtlich gewachsener und/oder vorgegebener topographisch-geographischer Struktur in regionale Quadranten, Sektoren oder ähnliches). In der Regel bietet die topographisch-geographische Struktur einen ersten Anhaltspunkt für eine solche Gliederung. So werden viele Städte durch Oberflächengewässer (Förden, Flüsse, Seen, Meeresbuchten etc.) und/oder Höhenzüge, Sumpflandschaften und anderes stark gegliedert und in ihrer Struktur vorbestimmt.

So ist z.B. die Stadt Kiel durch die Förde, den Nord-Ostee-Kanal und den Fluß Schwentine mehr oder weniger in vier "Quadranten" geviertelt. Daraus ergeben sich relativ typische Quadranten, nämlich
a) der Raum nördlich des Kanals (westliches Fördeufer),
b) der Raum südlich des Kanals (westliches Fördeufer),
c) der Raum nördlich der Schwentine (östliches Fördeufer) und
d) der Raum südlich der Schwentine (östliches Fördeufer).

Diese Struktur wird durch Überlagerungen spezifischer Funktionen noch weiter geprägt. So liegt die Altstadt auf dem Westufer (nach Norden etwa 1-2 Kilometer abgerückt vom Endpunkt der Förde, der "Hörn"). Die City dehnt sich von dieser Altstadt in Richtung Hörn aus und hat ihren Schwerpunkt etwa an der südlichen Grenze der Altstadt. Die City liegt leider nicht direkt an der Südspitze der Förde, wodurch ihre Verkehrszugänglichkeit wesentlich besser zu gestalten gewesen wäre. Deshalb haben auch alle Bemühungen bei der Erweiterung innerstädtischer Funktionen darin gelegen, diese in Richtung Süden (auch im Zusammenhang mit Hauptbahnhof und ZOB) anzusetzen. Die überregionalen Verkehrsadern (Schiene und Straße) führen aus dem Süden an die Stadt heran. Sie verlängern sozusagen die Zerschneidung der Stadt durch die Förde in eine West- und eine Osthälfte. Sie erlauben dadurch andererseits eine relativ unproblematische wahlweise Aufteilung der Verkehrsströme auf das West- wie das Ostufer. Der Güterbahnhof liegt deshalb auch relativ günstig südlich der Hörn, während der Hauptbahnhof, die westliche Hörn berührend, auch noch relativ günstig liegt.

Die Industrie (Werften, Marinearsenal u.a.) lag ursprünglich schwerpunktmäßig auf dem Ostufer (flaches Vorland) und machte sich von der Hörn bis über die Schwentine hinaus breit. Die Hafenanlagen waren bis zum zweiten Weltkrieg durch die Marine geprägt. Erst nach dem letzten Krieg entwickelte die Stadt Kiel größere eigene Hafenanlagen auf beiden Fördeufern, insbesondere auch die innerstädtischen Fährhäfen, heutzutage mit Verbindungen zu fast allen Ostseeländern. Nahezu automatisch wurden zur Gründerzeit die Arbeiterquartiere in konzentrierter Form auf dem Ostufer an die Industrieflächen angelehnt.

Als Beispiel ist in der Grafik 8 eine sehr simplifizierte Matrix dargestellt, bei der alle wesentlichen übergeordneten Funktionen (vertikal) aufgeführt sind, die ihre Wertung (horizontal) bei Standorten in den vier oben genannten "Quadranten" durch eine einfache Punktvergabe erhalten. Die einzelnen Funktionen können nun nach ihrer Bedeutung entsprechend gewichtet werden, wobei die Gewichtung auch durch politische Wertung beeinflußt werden kann. So könnten z.B. in der Gruppe 1 die Arbeitsplätze und zentralen Dienstleistungen, in Gruppe 2 die öffentlichen Nahverkehrsmittel und in Gruppe 5 die Krankenhäuser als Bezugsfaktor mit zwei Punkten oder mehr gewichtet werden.[88]

Grobe Bewertungsmatrix für Stadtquartiere

Raumgliederung / Bezugsgruppen	nördlich Kanal +	−	0	südlich Kanal +	−	0	südlich Schwentine +	−	0	nördlich Schwentine +	−	0
1. Arbeitsplätze und soziale Einrichtungen												
1.1 Arbeitsplätze	1			1			1			1		
1.2 Zentrale Dienstleistungen	1			1				1		1		
1.3 Langfristige und überörtliche Einkäufe	1			1			1					1
2. Verkehrsanbindung (überörtlich)												
2.1 Bundesautobahn				1			1			1		
2.2 Stadtautobahn					1		1			1		
2.3 Bahnhof/ZOB	1			1			1			1		
2.4 Hafen		1		1			1			1		
2.5 Nahverkehrsmittel	1			1			1					1
3. Versorgung												
3.1 Elt	1			1			1			1		
3.2 Wasser	1			1			1			1		
3.3 Gas	1			1			1			1		
3.4 Kanalisation	1			1				1		1		
3.5 Fernheizung		1			1				1			1
4. Überörtliche Schulen												
4.1 Hochschulen	1			1			1			1		
4.2 Berufsschulen				1			1			1		
4.3 Fachschulen			1	1					1		1	
5. Krankenhäuser, Kliniken	1			1			1			1		
6. Freizeitbeziehungen (übergeordnete)												
6.1 Strand, Seen usw.	1					1	1			1		
6.2 Sportstätten			1	1			1			1		
6.3 Vergnügungsstätten			1	1			1			1		
Summe:	6	8	6	19	1	−	14	1	5	4	6	10
Quersumme:	− 2			+ 18			+ 13			− 2		
Kategorien:	C			A			B			D		

Grafik 8

---

88 Siehe hierzu auch K. Müller-Ibold: "Flächennutzungsplan Kiel, Teil I, Stadtentwicklung", Kiel 1968.

Aus dieser Matrix ergibt sich ohne Gewichtung, daß
- der Raum südlich des Kanals (westliches Fördeufer) mit Abstand die günstigsten Entwicklungsvoraussetzungen bietet, insbesondere auch im Hinblick auf Erweiterungen nach Süden,
- der Raum südlich der Schwentine (östliches Fördeufer) noch erhebliche Entwicklungspotentiale enthält,
- während die beiden Räume nördlich des Kanals und nördlich der Schwentine geringe allgemeine Entwicklungspotentiale haben.

Die starken Unterschiede zeigen an, daß sich auch bei Gewichtungen wesentliche Verschiebungen nicht ergeben. Es ist jedoch immer angebracht, Testläufe vorzunehmen, um zu prüfen, ob es signifikante Veränderungen bei einer Gewichtung der Faktoren geben könnte und wie die Ergebnisse dann zu bewerten sind.

Grafik 9 zeigt uns dann auch, daß es in der räumlichen Nutzungsverteilung ein "Loch" nach Süden gibt, in das sich im Hinblick auf Nutzungsbeziehungen zwei größere neue Stadtteile einfügen ließen (nicht voll gerasterte Kreise).

Allerdings gilt es, bei solchen Beurteilungen auch einen Blick auf Spezialpotentiale für den jeweiligen Raum zu werfen. So spielt im Raum Kiel die wasserorientierte Freizeit eine besondere, sogar übergeordnete Rolle, für die sich beide Fördeseiten nördlich von Kanal und Schwentine wiederum besonders eignen. Wir müssen deshalb bei einer realen Feststellung von Gunstzonen differenzierter als bei dem Beispiel vorgehen, für das wir dann allerdings auch eine Vielzahl von Daten zur Beurteilung heranziehen und ständig fortschreiben müßten. Der Raum dafür ist in dieser Einführung nicht ausreichend, so daß wir es bei diesem groben Beispiel belassen müssen, zumal das Beispiel ausreichend das Methodikziel beschreibt.

Die Herausarbeitung von Gunstzonen für die Stadtentwicklung macht deutlich, daß die übergordneten Quartiere (Stadtteile) zur Interpretation des Flächennutzungsplans jeweils eigener Rahmen- oder Strukturpläne bedürfen, die in größerem Maßstab auch verfeinerte Aussagen machen können. Diese Pläne sollten in der Regel das Gebiet von etwa 10.000-20.000 Einwohnern umfassen.

Verteilung von Art und Maß der baulichen Nutzung
Nachdem wir die allgemeinen quantitativen Bedarfe und die Gunstzonen für die Entwicklung festgestellt haben, benötigen wir ein iteratives Vorgehen zur Findung einer möglichst optimalen Verteilung der einzelnen Nutzungen nach ihrer Art und ihrem Maß. Den größten Anteil an der Summe aller bebauten Flächen nehmen mit durchschnittlich 50-55 % die Wohnbauflächen mit den ihnen direkt zuzuordnenden Gemeinbedarfs-, Erschließungs- und Freiflächen ein. Die Beziehungsstruktur zwischen diesen Nutzungsfunktionen spielt eine wesentliche Rolle (siehe Grafik 5). Sie sind außerdem ein herausragender Bestimmungsfaktor in der räumlichen Verteilung, weil sie in jedem Fall auch das wichtigste Bezugsfeld für die übrigen Nutzungsarten darstellen. Insofern ist die Ausweisung der Wohnbauflächen von ausschlaggebender Natur. Die Ausweisung der neuen Wohnbauflächen muß sich nach folgenden Kriterien richten:
a) Festlegung von Tabuflächen für die bauliche Nutzung, insbesondere der Freiflächen, die wir im folgenden Kapitel 3.2 über die Methoden zur Freiraumplanung noch gesondert behandeln werden.

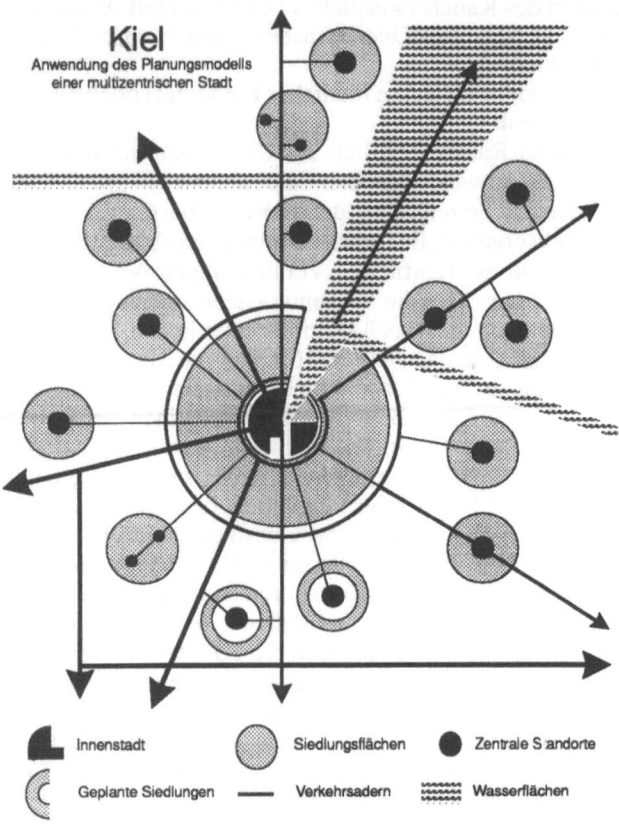

Grafik 9

b) Abrundung vorhandener Wohnsiedlungen, deren Größe und Struktur den Anforderungen angemessener Versorgung noch nicht gerecht wird (insbesondere auch für eine ökonomische Basis des ÖPNV).
c) Ansatz neuer Wohnquartiersstandorte, die nach Größe, Struktur und Anschlußmöglichkeit eine optimale Anbindung an öffentliche Nahverkehrsmittel an die Versorgung und zu der größten Zahl der Arbeitsplätze bieten müssen. Die Größe sollte so sein, daß zumindest in so kurzem Takt eine Omnibuslinie wirtschaftlich eingesetzt werden kann, daß der berufstätige Benutzer nicht ständig auf die Uhr schauen muß, sondern auch noch den nächsten Bus nehmen kann, ohne allzu spät am Arbeitsplatz zu erscheinen. Wenn dieser Aspekt außer acht gelassen wird, werden die Teilnehmer des Berufsverkehrs dazu tendieren, den eigenen PKW zu benutzen, trotz aller "Beschwörungen" durch die Politiker.
d) Umwidmung von Flächen anderer baulicher Nutzung zu Wohnbauflächen, die aus vielen Gründen notwendig sein könnte (z.B. aufgegebene Kasernen, Industriebrachen, Verlagerung von Messen, Flugplätzen usw.).

e) Abrundung bestehender und Ansatz neuer Industrie- und Gewerbebauflächen mit möglichst direktem Anschluß an die übergeordneten Verkehrsadern, damit der Gütertransport zum und vom jeweiligen Werk keine Siedlungsbereiche stören kann, möglichst günstige ÖPNV-Anschlüsse zu allen Wohnquartieren der Stadt, Absetzung gegen die unmittelbare Nachbarschaft von Wohnquartieren und Abschirmung durch Trenngrünflächen, so weit möglich Vermeidung von West- und Süd-Westlage gegenüber Wohnquartieren (häufigste Windrichtung auf der nördlichen Erdhalbkugel ist der Süd-West-Wind). Diese Nutzungsverteilung sollte zunächst provisorisch und in Form mehrerer Alternativen erfolgen. Es genügt, sie zunächst auch in grober Strukturierung vorzunehmen.

Konzept für ein generelles Verkehrsnetz
Ein im oben erörterten Zusammenhang unverzichtbares Element sind natürlich die Verkehrswege, die in ihrer Netzverknüpfung erst die richtigen Voraussetzungen für die Wechselbeziehungen (siehe Grafik 5) zwischen den Nutzungen herstellen. Eine Standortzuordnung kann erst dann endgültig erfolgen, wenn die dafür erforderlichen Bewegungsabläufe möglichst optimal verlaufen können. Darunter verstehen wir vor allem, daß möglichst viele Verkehrsteilnehmer auf Grund des Verknüpfungsangebotes in die Lage versetzt werden, freiwillig das ÖPNV-Mittel zu benutzen (Benutzerfreundlichkeit). Dieses Ziel kann nur dann erreicht werden, wenn die Benutzer in zumutbare Nähe des ÖPNV-Mittels gebracht werden und wenn das ÖPNV-Mittel wirtschaftlich angemessen häufig fahren kann. Schlagwortartig heißt dies: Wir müssen zunächst einmal den Bürger zum ÖPNV-Mittel bringen und nicht umgekehrt! In die iterativen Wechselschritte zur Feststellung optimaler Verteilung, Größe und Zuordnung zwischen den Flächen für Wohnen, Arbeiten und Versorgung muß deshalb auch eine damit verknüpfte schrittweise Erarbeitung einiger Alternativkonzepte für das Verkehrsnetz erfolgen, sich sozusagen "dazwischen schieben" (siehe dazu auch Kapitel 3.3, "Methoden zur Generalverkehrsplanung").

3.1.5 Fachplan Zentrale Standorte

Allgemeines
Nach den vorangegangenen Schritten empfiehlt es sich, die nunmehr erfolgte alternative Verteilung der Wohnbauflächen als Basis für die Bewertung vorhandener, alternativ zu erweiternder oder neuer Zentraler Standorte zu Grunde zu legen. Unter Auswertung von Verkehrs- und Nutzungsdichtealternativen gilt es, in iterativen Schritten ein Optimum in der Verteilung der verschiedenen Nutzungsarten in ihren Beziehungen zur Hierarchie der Zentralen Standorte und umgekehrt herbeizuführen (siehe dazu auch Kapitel 3.3. dieses Bandes, Kapitel 3.2.3.2 aus Band 1 und Kapitel 3 aus Band 2). Es sollten in dieser Phase nicht nur die bestehenden zentralen Standorte nach ihrer Lage, Größe, Ausstattung und Struktur überprüft werden, sondern auch die konzipierten neuen Wohn- und Arbeitsflächen in ihrer Wechselwirkung zu diesem System. Bei den jeweiligen Nutzungskategorien sollten ggf. dabei schrittweise Modifikationen und/oder Ergänzungen vorgenommen werden. D.h. auch, daß ggf. um die in freier Landschaft gebauten Einkaufszentren (insbesondere in den ostdeutshden Ländern) nunmehr die noch erforderlichen Wohnflächen einer Region gruppiert werden sollten.

Zentrale Standorte sind nicht ohne weiteres durch eine Matrix von Richtwerten bestimmbar. Ihr Bedeutungsübergang (siehe dazu Kapitel 3.2.3.2 in Band 1 und Kapitel 3 in Band 2)[89] wird durch eine Reihe von Faktoren bestimmt. Es liegt auf der Hand, daß der Umsatz z.B. eines Einkaufszentrums davon abhängt, wie stark das Konsumpotential (nach Zahl und Wohlstand) der Bevölkerung ist. Insofern bedarf ein Einkaufszentrum bestimmter Größe durchaus eines nach Bevölkerungszahl unterschiedlichen Einzugsbereichs, je nachdem, wie wohlhabend die in dem Einzugsbereich lebenden Einwohner sind. Es dürfte einleuchten, daß deshalb Zentren in Indien anders strukturiert und dimensioniert sein müssen als Zentren in Europa, diese wiederum anders als solche im Nahen Osten usw. Es liegt ebenso auf der Hand, daß im Prozeß der Wohlstandsentwicklung in Deutschland seit 1950 sich die Eignungs- wie auch Standort- und Hierarchie-Aspekte zentraler Standorte spürbar verändert haben. Zur Zeit setzt sich ein weiterer Strukturwandel durch, mit gefährlichen Bedrohungen für die Existenz der "Cities" unserer Städte. Ein Einkaufszentrum mit einem Einzugsbereich an Bevölkerung mit geringem Einkommen bedarf einerseits eines größeren Einzugsbereichs als ein Zentrum mit einer Bevölkerung mittleren oder höheren Einkommens. Andererseits können bestimmte Güter, die für den Einwohner mit geringem Einkommen Güter des gehobenen Bedarfs sind, schon Güter des täglichen Bedarfs für den Einwohner mit hohem Einkommen sein. Deshalb ist auch das Angebot an Gütern in einem Neben-Zentrum mit einer Bevölkerung geringen Einkommens anders als eines mit einer Bevölkerung mit hohem Einkommen.

Die Grafik 10 zeigt die Ursache-Wirkung-Relationen. In einem Koordinatennetz hat Bökemann[90] in der vertikalen Koordinate die Bedeutungs- oder Rang-Skala eines Zentrums dargestellt, in der horizontalen Koordinate die Bevölkerungszahl. Die diagonale Linie zwischen den beiden Koordinaten stellt mit ihrem Winkel das Überschußpotential (Umsatz, tägliche Besucherzahl etc.) eines Zentrums dar. Ist der Winkel flach, dann handelt es sich um ein Zentrum mit geringer Bevölkerungszahl oder gering verdienender Bevölkerung im Einzugsbereich. Ist der Winkel steil, dann handelt es sich um eine Bevölkerung höheren Einkommens. Bei einer gering verdienenden Bevölkerung muß deshalb der Einzugsbereich größer oder dichter besiedelt sein als in den anderen Fällen, damit ein Mindestumsatz der Geschäfte für ihr Überleben gesichert ist. Die Koordinaten in der Grafik zeigen darüber hinaus Entwicklungswirkungen auf. Steigt die Bevölkerung in einem Einzugsbereich, dann steigt auch die Bedeutung des Zentrums (linker Teil A der Grafik 10). Die Bevölkerung in einem Einzugsbereich muß jedoch nicht angestiegen sein, obwohl die Bedeutung größer geworden ist. Wenn nämlich der Wohlstand der Bevölkerung sich erhöht (größerer Winkel, siehe rechter Teil B der Grafik 10), dann steigt die Bedeutung des Zentrums auch. Normalerweise bewegen sich diese Veränderungen in einem sehr begrenzten Rahmen. Erst wenn der Einzugsbereich durch Neuausweisung (in der Regel in solchen Fällen zur Abrundung) von Wohnbauflächen erheblich an Bevölkerung ansteigt, kann es sein, daß ein Zentrum in eine höhere Kategorie der Zentrenhierarchie aufsteigt.

---

89 K. Müller-Ibold: "Einführung in die Stadtplanung", Fn. 2.
90 Siehe D. Bökemann: "Theorie der Raumplanung. Regionalwissenschaftliche Grundlagen für die Stadt-, Regional- und Landesplanung", München 1982.

Die statistischen Methoden zur Bestimmung von Nutzungsverteilungen, Streuungen und Schwerpunkten wurden schon in Kapitel 2.6 erörtert.

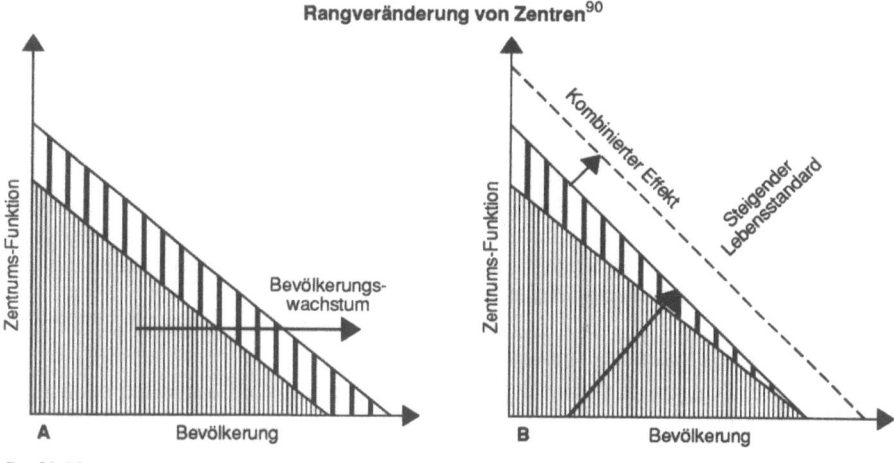

Grafik 10

Unter Verwendung der Methoden, die in den Kapiteln 2.1.4 bis 2.1.6 erläutert wurden, müssen in den nachfolgenden Schritten die jeweiligen Prüfungen vorgenommen werden. Sie dienen letztlich der Abklärung für die Feinabstimmung und erlauben Verknüpfungen einschließlich der Analyse der daraus entstehenden Folgerungen. Sie sollen die Entscheidung für die Auswahl des schließlich auszuarbeitenden Planes erleichtern und herbeiführen.

Es kann sich zunächst auch als nützlich erweisen, einen Ordnungs- oder Fachplan "Zentrale Standorte" als Interpretation der Aussagen des Flächennutzungsplanes in sektoraler Hinsicht auszuarbeiten, weil bei großen Städten die Aussagen des Flächennutzungsplanes wegen des großen Maßstabs zu allgemein sein müssen. Auch wären die Zusammenhänge in der Zentrenhierarchie und -verteilung nicht über die bezirkliche Begrenzung der Rahmen- oder Struktur-Pläne erfaßbar. Ein differenzierter, sektoraler Fachplan "Zentrale Standorte" ist deshalb komplementär zum regional wirkenden Rahmen- oder Strukturplan "einzusetzen". Er gibt Auskunft über die Verteilung zentraler Funktionen über das ganze Stadtgebiet in Wechselwirkung auch zu den Zentralen Orten im Umland, während der Rahmenplan die allgemeine Flächennutzungsausweisung auf Stadtteilebene differenziert und interpretiert.

Ein solcher Fachplan Zentrale Standorte dient
- als verfeinernde Interpretation des Flächennutzungsplanes,
- als Grundlage und Vorgabe von Ausweisungen für Verkehrs-, Rahmen-, Struktur- und Bebauungspläne (Präzisierung der Ziele und Ausweisungen von Stadtentwicklungskonzept und Flächennutzungsplan),
- als Vorgabe für Projekte von Entwicklungs- und Bauträgern,
- als Orientierungsgrundlage für die Entscheidungsträger und
- als Orientierungsrahmen für die Zentrenplanung im regionalen Maßstab (Abstimmungsgrundlage mit Landesplanung und benachbarten Gebietskörperschaften).

Für die Methodik soll hier exemplarisch die Ermittlung des Flächen- und Verteilungsbedarfs des Einzelhandels behandelt werden, weil eine Erörterung der Bedarfsermittlung aller in zentralen Standorten anzusiedelnden Funktionen oder Leistungsträgern den Rahmen einer Einführung sprengen würde. Außerdem ähneln sich die Methoden der Bedarfsermittlung, so daß die übrigen Funktionen in einem Analogverfahren behandelt werden können. Auch in diesem Fall gilt, daß die Analyse und Prognose des Bedarfs in der Regel von einem spezialisierten Gutachter durchgeführt werden müßte, für den der Stadtplaner sachverständiger Partner sein sollte. In kleineren Gemeinden oder auch in Entwicklungsländern sollte der Stadtplaner allerdings in der Lage sein, diese Arbeiten in grober Form auch selbst vorzunehmen. Wir werden hier deshalb lediglich die Grundzüge eines methodischen Ansatzes behandeln und nicht eine komplette Handlungsanweisung. Folgende Methodik ist im allgemeinen und in der Regel angebracht, um die Flächennutzungsbedarfe und ihre Verteilung im Einzelhandel zu ermitteln.

Analyse des Angebotes an Leistungen
Die bestehende Nutzungsstruktur läßt sich durch eine räumlich-quantitative Analyse
- des Personals,
- der Umsätze,
- der Bruttogeschoß-Ladenflächen und ihrer Verteilung

ermitteln.

Beschäftigte (Quelle: Arbeitsstättenzählung)
Die Beschäftigten sind quantitativ nach ihrer Tätigkeit in der regionalen Verteilung (City, Zentren, sonstige Standorte) und in ihrer sektoralen Bedarfszuordnung (periodischer oder aperiodischer Bedarf) festzustellen. In der Regel kann beobachtet werden, daß es im Einzelhandel einen dauernden Trend zur Konzentration gibt, dem es entgegenzusteuern gilt. Weiterhin kann beobachtet werden, daß die neueren Betriebsformen (Verbrauchermärkte und SB-Warenhäuser), insbesondere auf der grünen Wiese oder in Gewerbegebieten, ihre Position ständig ausbauen und eine schwere Hypothek für die jeweilige City geworden sind. Es liegt auf der Hand, daß meistens der Anteil derjenigen, die in Betrieben mit aperiodischen Bedarfsangeboten beschäftigt sind, in der City und in den Hauptnebenzentren deutlich stärker sind als in den übrigen Bereichen, wo Betriebe mit täglichem, periodischen Bedarfsangebot vorherrschen.

Umsatz (Quelle: Handels- und Gaststättenzählung)
Die Umsatzpotentiale geben zunächst einmal Aufschluß über den jeweiligen Standard der Versorgung der Bevölkerung. So kann aus dem Gesamtumsatz und seiner Verteilung auf die einzelnen Zentren wie auch das übrige Stadtgebiet geschlossen werden,
- wie hoch der Kaufkraftabfluß zu den Verbrauchermärkten und SB-Warenhäusern im Umland schon ist,
- welche Leistungsdefizite ggf. einzelne Zentren aufweisen und
- ob Ergänzungen einzelner Zentren oder neue Zentren erforderlich sind.

Bei der Bewertung dieser Faktoren spielt auch eine Rolle, wie groß z.B. der Anteil der beruflichen Einpendler einer Stadt ist. Wenn der Anteil des Umsatzes an periodischem Bedarf im Vergleich zu anderen Regionen z.B. relativ niedrig und analog der Anteil des Umsatzes an aperiodischem Bedarf hoch ist, dann hat die betreffende Stadt vermutlich einen hohen Einpendleranteil. Die Pendler kaufen die Gegenstände des periodischen Bedarfs überwiegend in ihrer Wohngemeinde und die des aperiodischen Bedarfs eher in der Arbeitsgemeinde. Solche Beurteilungs- und Bewertungsfaktoren spielen deshalb eine nicht unwichtige Rolle.

Bruttogeschoß-Ladenflächen (Sondererhebung erforderlich)
In der Regel sollte proportional die räumliche Verteilung der Ladenflächen grob derjenigen der Umsätze entsprechen. Erhebliche Differenzen lassen deshalb auf Unausgewogenheiten schließen, denen nachgegangen werden sollte. Dadurch erhalten wir ergänzende Auskünfte über Defizite. Durch Rationalisierung und neue Betriebsformen (Selbstbedienung) hat die Ladenfläche pro Beschäftigten ständig zugenommen.

Analyse der Nachfrage an Leistungen
Die auf der Angebotsseite ermittelten Beschäftigten-, Umsatz- und Ladenflächenzahlen stellen das Ergebnis der Kaufkraftverwendung dar. Sie sind bestimmt durch die einzelhandelsrelevante Kaufkraft pro Einwohner und das Kaufverhalten der Bevölkerung der betreffenden Stadt und ihres Umlandes. Folgende Faktoren bestimmen im einzelnen die Nachfrage.

Die Bevölkerungszahl
Die Einwohnerzahl einer Stadt ist eine der wichtigsten Komponenten auf der Nachfragerseite. Die Rückläufigkeit in der Zahl der Einwohner in vielen deutschen Städten hat starke Auswirkungen auf das Kaufkraftpotential gehabt. Ausschlaggebend war dabei die starke Rückläufigkeit der durchschnittlichen Wohnungsbelegung. Da in den zurückliegenden Jahrzehnten die Pro-Kopf-Kaufkraft kräftig angestiegen ist, wurde der Basisschwund nicht so stark empfunden. Auch wenn sich die Bevölkerung lediglich in das jeweilige Umland verlagert hat, so bleibt dennoch ein Teil der Kaufkraft (insbesondere für den periodischen Bedarf) im neuen Wohnstandort.

Das Einkaufsverhalten der Bevölkerung
Die Zuordnung des einzelhandelsrelevanten Ausgabevolumens innerhalb der Einzugsgebiete der Stadt zu den jeweiligen Zentren und Einkaufsstätten verlangt Kenntnisse über das Einkaufsverhalten der Bevölkerung. Dazu sind spezifische Erhebungen (siehe Kapitel 2.4 und 2.5) erforderlich. Die Auswertung dieser Erhebungen sollte zur Bildung von jeweils spezifischen potentiellen Einzugsbereichen führen. Die Untersuchungen sollten Aufschluß geben über die Häufigkeit der Einkäufe in den ausgesuchten Zentren, über gekaufte Warenarten und über die Gründe zur Entscheidung über den Einkaufsort. Daraus können der quantitative Umfang und die Richtung der Kaufkraftströme abgeleitet werden. Durch solche empirischen Erhebungen können Kaufkraftgrößen nur innerhalb bestimmter Unsicherheitsmargen festgestellt werden. Deshalb sollten die gewonnenen Werte für die einzelnen Zentren mit denen, die aus der Angebotsanalyse gewonnen wurden, abgeglichen werden. Das

daraus gewonnene "geeichte" Netz an Einkaufsbeziehungen kann dann als Grundlage für die Prognosen über die quantitativen Bedarfe und ihre Verteilung dienen.

Privater Verbrauch und einzelhandelsrelevante Kaufkraft
Der private Verbrauch eines Haushalts wird durch verschiedene Zwecke bestimmt (Miete, Reisen, Dienstleistungen, einzelhandelsrelevante Ausgaben u.a.). Eine sehr grobe Faustregel geht davon aus, daß etwa 50 % des privaten Pro-Kopf-Verbrauchs auf den Einzelhandel und einzelhandelsrelevante Dienstleistungen entfallen. Daraus sehen wir, daß der Einzelhandel eine signifikante Rolle spielt. Da der Einzelhandel empfindlich auf mehrere Einflußfaktoren reagiert und nicht wie z.B. die öffentlichen Einrichtungen des Gemeinbedarfs durch Entscheidungen der Gebietskörperschaften bestimmbar ist, empfiehlt es sich, den Einzelhandel zum Ausgangspunkt der Überlegungen zur Zentrenstruktur und -hierarchie zu machen, um dann in weiteren Schritten mit den übrigen zentrenorientierten Funktionen abzugleichen.

Ermittlung des zukünftigen Bedarfs
Die Entwicklung des Einzelhandels vollzieht sich überwiegend nach zukünftigen Nachfragepotentialen (Wohlstandsentwicklung), Veränderungen des Verbraucherverhaltens (was geschieht bei veränderten Ladenschlußzeiten oder sich verändernden räumlichen Verteilungen von Arbeitsplätzen?), des Warensortiments und der Vertriebsformen (z.B. Tele-Netz-Bestellung). Wir können schon an solchen Faktoren erkennen, daß es hier noch zu umwälzenden Veränderungen kommen kann. Jede Prognose baut zunächst einmal auf Erfahrungen aus der Vergangenheit und Zukunftsvermutungen und -schätzungen auf. Schon die Erfahrungen aus der Vergangenheit können nur teilweise statistisch-quantitativ erfaßt und aufbereitet werden. Die Zukunftseinschätzung der Einzelfaktoren ist mit noch größeren Unsicherheiten behaftet. Insofern ist es angebracht, bei Ladenflächenprognosen mit größeren Bandbreiten zu operieren und rechnerische "Scheingenauigkeiten" peinlichst zu vermeiden! Wir haben schon erörtert, daß auch die Nutzungsausweisung im Flächennutzungsplan größere Bandbreiten erfordert. Wegen dieser Ungenauigkeit bedarf es auch keiner Genauigkeit, sozusagen "hinter dem Komma", bei der Prognose des Ladenflächenbedarfs.

Ermittlung der zukünftigen Bevölkerungszahl
Bei diesem Thema kann auf schon erörterte Sachverhalte verwiesen werden. Wichtig ist die zukünftige Verteilung der Bevölkerung (in der Stadt, im Umland, an Standorten guter oder schlechter Erreichbarkeit, Zentren usw.), weil dadurch, wie wir schon erörtert haben, Kaufströme signifikant gesteuert werden.

Ermittlung der zukünftigen Kaufkraftentwicklung
Die Kaufkraft hängt zunächst ab von der Entwicklung des verfügbaren Einkommens der privaten Haushalte. Diese werden nicht nur von der Konjunktur- und Strukturentwicklung der Wirtschaft bestimmt, sondern darüber hinaus auch von der Höhe der Ausgaben für die soziale Sicherheit (Gesundheit, Rente, Fort- und Weiterbildung usw.). Soweit es zu übersehen ist, werden wir in dieser Hinsicht im nächsten Jahrzehnt erhebliche Unsicherheiten und Schwankungen erwarten und in alternative Szenarien einbauen müssen. Zu beachten ist darüber hinaus die ständige Geldent-

wertung, d.h., daß der reale Wert des Brutto-Einkommens trotz nominaler Erhöhung keinen realen Kaufkraftzuwachs nach sich ziehen muß.

Nach wie vor gilt unser Augenmerk der getrennt zu ermittelnden Aufwände für periodischen und aperiodischen Bedarf. Zu vermuten ist, daß (langfristiger Wohlstandszuwachs unterstellt) der aperiodische Bedarf weiterhin relativ gegenüber dem periodischen Bedarf anwachsen wird. Daraus entstehen unterschiedliche Auswirkungen auf die Zentrenhierarchie, wobei zu beachten ist, daß ein erheblicher Teil des Umsatzes und seines Zuwachses von den neuen Betriebsformen, insbesondere auf grüner Wiese im Umland der Städte, abgeschöpft werden wird. Wenn an diesem Punkt nicht intensiv Gegenmaßnahmen (starke Subzentren und City) getroffen werden, müssen wir uns mit einem Um- und ggf. sogar Rückbau unserer Innenstädte in der Zukunft auseinandersetzen.

Ermittlung des zukünftigen Einkaufsverhaltens
Die Gewichtung der Attraktivität der Zentren untereinander kann sich stark verändern, z.B. durch die Ansiedlung neuer Betriebsformen am Rand der Städte, in Gewerbegebieten und auf grüner Wiese. Es kann sein, daß die Ansiedlung eines oder mehrerer attraktiver Betriebe in einem schon vorhandenen Zentrum dessen Gewicht zum Nachteil anderer stark erhöht. Es kann schließlich auch sein, daß die Bevölkerung im Einzugsbereich eines Zentrums überproportional anwächst und damit das Kaufkraftpotential dieses Zentrums stark erhöht mit der Folge, daß es in der Gewichtung unter den Zentren Bedeutung gewinnt und umgekehrt.

Die relative Erreichbarkeit der Zentren kann durch neue Verkehrsanlagen (ÖPNV-Linien oder Haltestellen und Hauptverkehrsstraßen) so verbessert werden, daß eine erhöhte Attraktivität entsteht. Auch dadurch kann sich das konkrete Verbraucherverhalten verändern. Die Verkehrsplanung muß deshalb bei der Zentrenplanung und ihrer Fortschreibung direkt eingebaut werden.

Die allgemeine Verlagerung der Bevölkerung von der inneren in die äußere Stadt und in das Umland bewirkt eine weitere Veränderung im Einkaufsverhalten.

Aus diesen Betrachtungen sehen wir, daß es ein Bündel an Ursachen gibt, das zu einer Änderung des Einkaufsverhaltens der Bevölkerung führen kann. Deshalb sind quantitative Auswirkungen dieser Veränderungen nur begrenzt festzumachen. Wir sind dabei relativ stark auf ergänzende Beobachtungen und Schätzungen angewiesen.

Ermittlung der zukünftigen Geschäftsflächenproduktivität
Bei der Ermittlung des Bedarfes an Nutzflächen spielt natürlich der spezifische Flächenbedarf einer Branche eine signifikante Rolle, weil er den Faktor darstellt, mit dessen Hilfe über die Bebauungsdichte der Flächennutzungsbedarf für den Einzelhandel ermittelt werden muß. Es liegt auf der Hand, daß betriebsbedingt die durchschnittlichen Umsatzleistungen pro Quadratmeter Verkaufsfläche außerordentlich schwanken. Teilweise sind die großen Schwankungen nicht auf den Unterschied der Betriebe nach Art und Größe zurückzuführen, sondern auch auf sehr unterschiedliche Rationalisierungsanstrengungen. Ebenso liegt es auf der Hand, daß die Schwankungen im Bereich von Betrieben für den aperiodischen Bereich sehr viel höher sind als die für den periodischen (sozusagen täglichen) Bedarf.

Ermittlung zukünftig disponibler Flächen des Einzelhandels
Der Einzelhandel erfährt eine kontinuierliche Umstrukturierung. Insofern müssen wir auch ins Kalkül ziehen, daß ständig Geschäfte aufgegeben werden; Neugründungen sind seltener. In diesen Prozeß muß nicht unmittelbar eingegriffen werden, weil in der Regel ein anderes Einzelhandelsgeschäft den Laden übernimmt, entweder im Rahmen einer Neugründung oder in Form von Erweiterungen. Es ist notwendig, abzutasten, in welchen Größenordnungen dieser Prozeß sich bewegt, um solche als disponibel "auftauchende" Flächen in die Prognose und die Folgerungen dazu mit einbeziehen zu können und beispielsweise einem prognostizierten Überbedarf an Flächen entgegenzuwirken, usw.

Ermittlung der zukünftigen Bedarfe neuer Vertriebsformen
Die schnelle Ausweitung neuer Vertriebsformen (insbesondere Verbrauchermärkte und SB-Warenhäuser) hat dazu geführt, daß
— heute das Bild der Städte schon teilweise durch solche Vertriebsformen geprägt wird (dies gilt insbesondere für die ostdeutschen Länder, weil zur Zeit der DDR der Einzelhandel ein Kümmerdasein fristete und er deshalb der schnellen Ansiedlung solcher Vertriebsformen seit der Vereinigung nichts entgegenzusetzen hatte, z.T. auch, weil der Einzelhandel in der Art, wie die westlichen Bundesländer ihn kennen, selbst erst wieder aufgebaut werden mußte und dabei ins Hintertreffen geriet),
— der klassische Einzelhandel in den Innenstädten unter enormen Konkurrenzdruck geraten ist, der ihm kaum noch Spielräume erlaubt, wie etwa die Mitfinanzierung (über Miete oder Kapitalbeteiligung) von Passagen, wie wir sie z.B. in der Hamburger City kennen, wo sie sich schon zu einem System entwickelt haben,
— die neuen Vertriebsformen immer stärker auch vom Verbraucher angenommen wurden, weil sie sich am Stadtrand und im Umland angesiedelt haben in günstiger Verkehrslage mit enormen Parkmöglichkeiten für den PKW, der immer mehr dem Mobilitätsbedürfnis der Bevölkerung entgegenkommt und sozusagen dadurch eine Art Spirale in Gang gesetzt hat, die z.T. enorm schädlich ist und
— in der ideologischen Auseinandersetzung um richtige Verkehrslösungen in den Innenstädten häufig auf beiden Seiten mit allzulangen Entscheidungsprozessen allzu prinzipiell ausgerichtete Konzepte verfolgt wurden.

Wenn wir also unausgewogene Entwicklungen und Situationen vermeiden wollen, gilt es, Konzepte zu entwickeln, die einerseits den Bedürfnissen neuerer Vertriebsformen so weit entgegenkommen, daß sie sich in ein System zentraler Versorgungsstandorte integrieren lassen und andererseits helfen können, schwersten Schaden für unsere Innenstädte abzuwenden. Wir werden es nicht schaffen, Städte vollständig gegen diesen Entwicklungstrend abzuschotten. Der erste Schritt in diese Richtung ist dann allerdings, daß wir den Charakter dieser Vertriebsformen kennenlernen, um auch in der Lage zu sein, ihre zukünftige Entwicklung abzuschätzen.

Auf der Nachfragerseite (also der des Verbrauchers) wurde dieser Trend durch folgende Faktoren ausgelöst und gefördert:
— Zunahme der allgemeinen Mobilität,
— Verlagerung der Wohnstandorte in die Außenstädte und das Umland,

- Änderung der Einkaufs- und Konsumgewohnheiten (z.B. Einkauf nur einmal in der Woche mit Warenmengen, die dann nur noch mit PKW transportiert werden können, d.h. viele Parkplätze = Einkaufszentrum auf grüner Wiese) und
- Verstärkung des Preisbewußtseins.

Auf der Anbieterseite (also der der Betriebe) wurde dieser Trend durch folgende Faktoren ausgelöst und gefördert:
- Verschärfung der Wettbewerbsbedingungen,
- Trend zu großen Betriebseinheiten (Sortimentsverbreiterungen) und
- Rationalisierungsmaßnahmen (z.B. Selbstbedienung, geringerer Service etc.).

3.1.6 Prüfung der Flächenbedarfe, -aufteilung und -verteilung

Bei der Erörterung von Sinn und Zweck von Planungsmodellen haben wir festgestellt, daß ADV-gesteuerte Modelle erforderlich sind, um an Hand der nunmehr aufgestellten Alternativen festzustellen, wie sich in den einzelnen Alternativen die Wirklichkeit wohl abspielen wird (siehe dazu auch Kapitel 2.1.4 dieses Bandes). So können wir uns also fragen, welche Auswirkungen im einzelnen die Alternative B der Nutzungsverteilungen in Kombination mit der Alternative A der Hierarchieverteilung der zentralen Standorte hat. Wir können außerdem feststellen, ob und welche kleinere Modifikationen dieser Alternativenkombinationen zu Optimierungen führen. Darüber hinaus können wir erfahren, welche Kombination am Ende, auch unter politischer Prioritätensetzung bei den Zielen, den Verhältnissen entsprechend eine optimale Lösung bietet.

Prüfung der "Grobkörnigkeit" in der Flächenverteilung

Die Erhebungen für Modelle der Flächenverteilung sollen uns zunächst Aufschluß darüber geben, inwieweit die in den Alternativen aufgezeigten verschiedenen Nutzungen entsprechend der Baunutzungsverordnung in der jeweiligen Kategorie auch andere Nutzungen enthalten. Wir müssen feststellen,
- wieviele andere Nutzungen in der Ausweisung von Wohnbaugebieten schon automatisch durch die Maßstäblichkeit des Flächennutzungsplanes einbezogen sind, d.h., welche Schulen etwa (z.B. Grundschulen) und anderes nicht durch Symbole eingetragen sind;
- wieviele andere Nutzungen allgemein in den ausgewiesenen Wohnbauflächen schon enthalten sein werden (weil sie z.B. laut Baunutzungsverordnung zulässig sind, z.B. das Büro des Versicherungsvertreters in der eigenen Wohnung);
- wieviele Wohnflächen z.B. in anderen ausgewiesenen Nutzungen (z.B. Kern- und Mischgebieten) enthalten sein werden, usw. und
- welche Verteilungsfolgerungen daraus zu ziehen sind.

Prüfung der anteiligen Aufteilung von Funktionen auf die jeweiligen Nutzflächen

Als Ergebnis der Prüfung der Grobkörnigkeit in der Flächenverteilung muß eine wirklichkeitsorientierte Flächenbilanz für die einzelnen Nutzungen gezogen werden, damit nicht in der einen Nutzungskategorie zu viel und in der anderen zu wenig spezifische Flächen ausgewiesen werden. Hier geht es um reale, quantitative Größenordnungen der Nutzflächenanteile. Das Modell sollte den Gesamtbedarf der Stadt einschließen, so daß im Planungsprozeß hier erstmals im Detail die Bedarfe auch der sehr differenzierten Mischungen und Veränderungen, die wir in den bestehenden, meist nicht neu zu überplanenden Stadtteilen zu erwarten haben, mit einfließen.

Prüfung der konkreten Verteilung der Flächennutzung
Ein solches Modell soll uns schließlich darüber aufklären, welche Wirkungen die alternativen Nutzungsverteilungen auslösen. Wir wollen also dadurch z.B. erfahren, ob die quantitative Verteilung der Wohnflächen und ihre Verknüpfung mit den anderen Nutzungen, so wie wir sie uns vorstellen, auch in den realen Zahlen eine angemessene Versorgung der Bevölkerung sicherstellen, oder ob wir noch mehr oder weniger große Austarierungen vornehmen müssen, und welche der Alternativen nach einem solchen Schritt optimal ist. Die Operation mit dem Modell soll in diesem Fall helfen, uns an ein Optimum der Verteilungen heranzutasten, wobei auch in diesem Schritt im Planungsprozeß erstmals in komplexer Weise die Gesamtstadt mit allen schon bestehenden Stadtteilen mit einbezogen werden muß.

Bewertung
In einem letzten Schritt müssen die jeweiligen Alternativen im Vergleich untereinander bewertet werden. Dabei kann es zu einer "Wenn-Dann"-Betrachtung kommen, bei der die jeweiligen Alternativen nach verschiedenen Prioritätsschwerpunkten verglichen werden. Dabei kann es sein, daß Zweifel an bis dahin festgelegten Prioritäten oder Vorgaben aufkommen. In dieser Phase setzt letztmalig ein Rückkopplungsprozeß ein, der auch prüfen soll, ob die vorangestellten Sollvorgaben und Prioritäten stichhaltig und plausibel sind.

3.1.7 Schlußbemerkung zur Methodik der Flächennutzungsplanung

Mit größter Vorsicht sollten Orientierungswerte für die Flächennutzung behandelt werden. In Band 1 haben wir in Kapitel 4.5.4 die außerordentliche Abnahme der Bevölkerung in den schon bebauten Gebieten behandelt. Nicht der Rückgang an Wohneinheiten, sondern der enorme Rückgang der Belegungsquote pro Wohnung war der Grund. Dieser strukturelle Wandel hat auch den Bedarf an Folgeeinrichtungen, bezogen auf die Einwohnerzahl, beträchtlich verändert. Es leuchtet sicher ein, daß der Bedarf im Kerngebiet der Stadt Kiel völlig anders aussehen muß, nachdem sich die Bevölkerung dort von 149.000 im Jahr 1939 auf 73.000 im Jahr 1989 innerhalb von 50 Jahren mehr als halbiert hat! Die Zahl der Wohnungen ist im gleichen Zeitraum dagegen lediglich um 10 % gesunken. Ursächlich hängen damit natürlich auch erhebliche Verschiebungen der sozialen und der demographischen Struktur zusammen. Der Anteil der älteren Menschen an der verbliebenen Bevölkerung ist hoch, der der jüngeren niedrig. Wir müssen uns also vor Augen führen, daß strukturelle Veränderungen ständig die Bedarfswerte an Einrichtungen ändern. So sind die Bedarfe an Einrichtungen für die Jugend, einschließlich Schulen, ganz erheblich in diesem Gebiet zurückgegangen, die für Alteneinrichtungen sicher nicht dramatisch, aber eben doch, gestiegen. Wenn hier also Orientierungswerte für Flächennutzungen, insbesondere für Wohnungen und darauf bezogene Versorgungseinrichtungen für die Bevölkerung genannt werden, dann sind sie exemplarisch, sollten lediglich als Anhaltswerte behandelt werden und müßten in jedem Fall durch die hier genannten Methoden auf der Basis örtlicher Erhebungen abgesichert werden. Größere Schwankungen sind allein schon innerhalb des jeweiligen Stadtgebietes zu erwarten. Umso wichtiger sind die erörterte Methodik, kontinuierliche Kontrollen und Rückkopplungen. Auch haben wir uns natürlich in einem Einführungswerk nicht in extenso mit dem förmlichen Verfahren zur Aufstellung eines Flächennutzungsplans (so wie es uns in der täglichen Praxis ständig begegnet und was schließlich auch ein Teil der Methodik ist) auseinandersetzen können. Darüber gibt es die eine oder andere sehr aufschlußreiche Arbeit[91], die in das Detail einführt, abgesehen vom sehr eingehenden Kommentar zum Baugesetzbuch.[92]

3.2 Methodik der Freiraumplanung

3.2.1 Vorbemerkung

Die Funktionen von Freiräumen sowie die Grundlagen und Leitgedanken zur Freiraumplanung haben wir in Kapitel 4.2 von Band 1 und Kapitel 5.2 von Band 2 erörtert, so daß wir darauf an dieser Stelle verweisen können, um uns nicht zu wiederholen. Hier wollen wir uns mit den Grundlagen der Methodik auseinandersetzen.

Freiflächen weisen einige Besonderheiten auf. Sie haben einen Wert per se, als Frischluftkorridor, Grünabgrenzung eines Stadtteils usw. Darüber hinaus sind sie allein das "Begehrlichkeitsobjekt" bei Erweiterungserfordernissen der Stadt und ihrer Nutzungskategorien. Insofern bedürfen Freiflächen unserer besonderen Aufmerksamkeit. Landschafts- und Grünordnungspläne haben deshalb eine herausragende, rahmensetzende und strukturbestimmende Bedeutung.

3.2.2 Definition der Freiräume

Als Freiräume werden Flächen zusammengefaßt, die z.T. sehr unterschiedliche Strukturen und Funktionen aufweisen. Bei der Flächennutzungsplanung empfiehlt es sich, nach drei Hauptkategorien zu unterscheiden:

Grünflächen

Zu den Grünflächen sollten zählen: Parkanlagen, Zoologische und Botanische Gärten, Kleingärten und Friedhöfe.

Da der Begriff Grünflächen dadurch terminologisch belegt ist, aber aus sprachlichen Gründen der Oberbegriff "Grünflächen" weiterhin Verwendung findet, sollte er immer dann, wenn er im allgemeinen sprachlichen Sinne gebraucht wird, in Anführungszeichen gesetzt werden.

---

91 Siehe hierzu z.B. K.-H. Rothe: "Das Verfahren bei der Aufstellung von Bauplänen", Köln 1992.
92 Battis/Krautzberger/Röhr: "Baugesetzbuch", Fn. 3

Freizeit- und Erholungsflächen
Zu den Freizeit- und Erholungsflächen sollten zählen: Spiel- und Bolzplätze, Sportplätze, Freibäder und ähnliches.

Ausschlaggebend für diese Kategorie ist die Versorgungscharakteristik für die Bevölkerung mit Freizeit- und Erholungseinrichtungen.

Sonstige Freiflächen
Zu den sonstigen Freiflächen sollten zählen: Waldflächen, Flächen für die Landwirtschaft, Moor, Heide, Unland und Wasserflächen.

Diese Kategorie stellt solche Freiflächen dar, die bis dato nicht in unmittelbarem Bezug zur Versorgung der Bevölkerung mit städtischen Nutzungen stehen. Sie stellt auch einen ersten orientierenden Ansatzpunkt im Hinblick auf die ökologische Bedeutung der Freiflächen dar, indem sie das Verhältnis zwischen Flächen aufzeigt, die einerseits baulichen Nutzungen (einschließlich ihnen zuzuordnender Grünflächen) und andererseits freiräumlichen Nutzungen eigener Kategorie dienen. Sie sind es jedoch auch, die potentiell als zur Umwandlung in städtische Nutzungen anstehend bewertet werden müssen.

Zusätzliche Anmerkung
Auf eine Einbeziehung von außerhalb der jeweiligen Stadt liegenden relevanten Freiflächen muß in der Regel aus hoheitsrechtlichen Gründen bei der Planung verzichtet werden. Die Nichteinbeziehung muß jedoch nicht zwangsläufig zu verzerrenden Aussagen führen, da die Randgebiete außerhalb der Städte in der Regel zu den besser versorgten Ortsteilen mit Freiflächen zählen und sie außerdem in das Untersuchungsgebiet einbezogen werden sollten, wie wir schon bei der Definition der Begriffe "Planungsgebiet" und "Untersuchungsgebiet" erörtert haben. Allgemeine Einsichten zu Landschafts- und Grünordnungsplänen finden wir im übrigen zur Vertiefung bei Grzimek[93], Deixler[94] u.a.

3.2.3 Funktionen der Freiräume

Gliederungs- und Abgrenzungsfunktionen
Zunächst einmal haben die Freiräume die Funktion, das jeweilige Stadtgebiet zu gliedern. Keine Stadt könnte es ertragen, wenn ihre bebauten Flächen als amorphe Masse ungegliedert ihr Gesamtgebiet sozusagen überwuchern würden. Die Bürger wären nicht in der Lage, sich mit "ihrem" Stadtteil zu identifizieren (wir haben gesehen, daß der Bürger seine Stadt im wesentlichen im eigenen Stadtteil und im übrigen in ausgesuchten anderen Stadtteilen wie z.B. die Innenstadt "erlebt"). In dieser Gliederungsfunktion grenzen Freiräume bestimmte Stadtteile auch gegen andere ab, wie z.B. ein Wohngebiet gegen ein Gewerbegebiet usw.

---

93 G. Grzimek: "Der Beitrag der Landschafts- und Grünordnungsplanung zum Umweltschutz", München 1979.
94 W. Deixler: "Der wesentliche Inhalt von Landschafts- und Grünordnungsplänen und ihre Bedeutung für die Bauleitplanung", München 1979.

Stadtklima- und Lufthygienefunktionen
Das Stadtklima weist gegenüber dem des Umlandes durchschnittlich bis zu 2 Grad Celsius und in besonderen Situationen bis zu 10 Grad Celsius höhere Temperaturen auf. Diese Differenzen sind nachts am stärksten. Die Windgeschwindigkeiten und die relative Luftfeuchtigkeit sind in der Stadt geringer als im Umland. Bewölkung und Niederschlag sind in der Stadt in der Regel etwas stärker. Die Luftverunreinigungen durch Emissionen von Industrie, Kraftfahrzeugen und privaten Haushalten sind beträchtlich höher als im Umland. Ein zusätzlicher Faktor verstärkter Negativwirkungen der Luftverunreinigung liegt darin begründet, daß die Windgeschwindigkeit in Städten durch die Bebauung stark gemindert ist, so daß ein ausreichender Luftaustausch behindert ist. Insofern spielen die städtischen Freiräume nach Größe, Lage, Vernetzung untereinander und Richtung eine bedeutende Rolle als "Luftkamine" für den Austausch von verunreinigter mit reiner und angewärmter mit ungewärmter Luft usw.

Versorgungsfunktionen
Es liegt auf der Hand, daß die Freiräume auch der Versorgung der Bevölkerung mit Einrichtungen für die Erholung, Gesundheit, Spiel- und Freizeit usw. dienen. Ebenso wie bei den Dienstleistungen gilt es, hier Differenzierungen nach kurzfristiger, mittelfristiger und langfristiger Nutzung vorzunehmen, entsprechend vorzusehen und zu verteilen (ggf. auch in zentralen Standorten wie Nebenzentren usw.)

Physisch-psychische Ausgleichsfunktionen
Schließlich dienen Grünflächen der allgemeinen physischen wie psychischen Entspannung der Bevölkerung. Insgesamt betrachtet können wir davon ausgehen, daß gerade die innerstädtischen Gebiete die größten Mängel aufweisen und deshalb einer besonderen Beachtung bedürfen. Deshalb ist zu Beginn einer jeden Freiraum- und Grünflächenplanung eine Untersuchung der Defizite und Disparitäten an solchen Räumen und Flächen in einer Stadt erforderlich.

3.2.4 Analyse und Diagnose von Defiziten und Disparitäten
Ziele
Ein vorrangiges und erstes Ziel der Stadtplanung aus dem Blickwinkel des Bürgers muß sein, solche Stadtteile herauszukristallisieren, die Defizite in der Versorgung aufweisen. Es gilt, Vorstellungen und Maßnahmen zu entwickeln, wie solche Defizite abgebaut oder ausgeglichen werden können. Durch die Defizite entstehen gerade bei Freiräumen auch erhebliche Ungleichheiten (Disparitäten) zwischen den Stadtteilen. Es liegt natürlich auf der Hand, daß die Defizite und Disparitäten bei Freiräumen von außen nach innen immer größer werden. Eine Einengung des Blickpunktes auf den jeweiligen Stadtteil kann dabei sehr irreführend sein, weil im jeweiligen Nachbarstadtteil (unter Umständen sogar im Grenzbereich) ein Freiraumangebot vorliegen könnte. Insofern muß der Blickwinkel von Untersuchungen für diesen Zweck zweipolig sein, nämlich auch aus dem Blickwinkel des Einzugsbereichs von Freiräumen und ihren Funktionen über die Stadtteilgrenzen hinweg. Solche Untersuchungen haben das Ziel, die räumlichen Defizite und Disparitäten der

Grünflächen, der Freizeit- und Erholungsflächen sowie der Freiflächen aufzuzeigen und (unter Berücksichtigung der vorherrschenden Wohnbaustruktur) die o.g. Einzelfaktoren zu einer komplexen Bewertung zusammenzuführen.

Methodik
Grundlage der Datenbasis für eine entsprechende Untersuchung sollte der jeweilige Nutzungsartenkatalog des Vermessungsamtes sein. Die Aggregation der Daten sollte aus pragmatischen Gründen auf der statistischen Ortsteilebene erfolgen, da der Schwerpunkt der Untersuchung in der Regel die innere Stadt sein wird und diese durch relativ kleine Ortsteilgrößen gekennzeichnet ist. Wegen der Unzulänglichkeit einer reinen Flächenstatistik, die oft funktionale Zusammenhänge außer acht läßt, sollte im Rahmen einer solchen Untersuchung neben absoluten und relativen Freiflächenanteilen pro Ortsteil ein funktionales Element zur Beurteilung von räumlichen Disparitäten berücksichtigt werden, nämlich die theoretische Frequentierung im Einzugsbereich (10 Minuten Gehweg) der ausgewählten Freiflächen. Dies ist deshalb wichtig, weil die Versorgung eines Ortsteils mit Freiflächen nicht strikt an den Verwaltungsgrenzen endet, so daß es notwendig ist, über Ortsteilgrenzen (im Sinne einer "Marge" für die Grenzen) hinauszublicken und die Bevölkerung von angrenzenden Ortsteilen in die Einzugsbereiche der Untersuchungsflächen mit einzubeziehen und umgekehrt. Dafür ist es erforderlich, einen eigenen einheitlichen Einzugsbereich für Freiflächen festzulegen. Empfehlenswert ist ein Einzugsbereich von 700-800 m, was einem zehnminütigen Fußweg entspricht. Anhand dieser Ergebnisse ist es möglich, auch Ortsteile zu beurteilen, die einen geringeren Freiflächenanteil besitzen, aber in der Realität - infolge ihrer relativ günstigen Lage zu benachbarten Freiflächen angrenzender Ortsteile - besser einzustufen wären (siehe Grafik 11).

Auswahl von Untersuchungsschwerpunkten
Die auch ohne Untersuchung sofort sichtbar werdende unterschiedliche Verteilung von Freiflächen in den Städten legt den Schluß nahe, das Gebiet für die Untersuchungen von Defiziten und Disparitäten einzugrenzen. Zu diesem Zweck sollten zunächst die Freiflächenanteile - gemessen an der Gesamtortsteilfläche - ermittelt werden. Das Ergebnis sollte kartiert werden. Eine Klassenbildung (etwa in Klassen I-V) sollte nach der Summenhäufigkeitsverteilung erfolgen (siehe Grafik 12). Ortsteile einer Klasse I sollten z.B. einen Freiflächenanteil von 67-100 % der jeweiligen Gesamtortsteilfläche aufweisen, während Ortsteile einer Klasse V lediglich solche mit einem Anteil bis zu 10 % sein sollten. Die Ortsteile der Klassen II, III und IV sollten gleichmäßig dazwischen gestaffelt werden.

Danach können Stadtteile, die schon offensichtlich ein ausreichendes Freiraumangebot aufweisen können, für die detaillierte Untersuchung vernachlässigt werden, sofern es um die übergeordnete Gesamtplanung der Stadt geht.

Die Abgrenzung des Untersuchungsgebietes könnte anschließend nach folgenden Gesichtspunkten erfolgen:
– Einbeziehung der Ortsteile, die in Klasse IV und V eingestuft sind;
– zusätzlich könnten Ortsteile mit ausgesprochenen Bevölkerungsschwerpunkten einbezogen werden;
– um "Inseleffekte" zu vermeiden, müßte arrondiert werden;

- größere eigenständige Siedlungsbereiche stellen in der Regel eine Ausnahme dar, weshalb sie ebenfalls in eine Untersuchung mit einbezogen werden sollten, sofern ein erkennbarer Bedarf offenkundig ist.

Freizeit- und Grünflächenverteilung nach funktionalen Gesichtspunkten
Zunächst sollte von den ausgewählten Frei- und Grünflächen der Einzugsbereich (800 m) als Isolinie z.B. auf Blockstatistikkarten festgelegt werden. Anhand derselben sollte die Wohnbevölkerung im jeweiligen Einzugsbereich ermittelt werden. Mathematisch sollte dann die Gesamtzahl der Einwohner im Einzugsbereich der Größe der Frei- und Grünfläche gegenübergestellt werden, so daß die anteilmäßigen Flächen, die auf die tangierten Ortsteile entfallen, proportional zum jeweiligen Einwohneranteil ermittelt werden können. Die schematische Darstellung der Grafik 11 soll diese Aufschlüsselung noch einmal verdeutlichen. Aufgrund dieser Methode werden in einigen Ortsteilen die absoluten Frei- und Grünflächenanteile - gegenüber dem statistischen Bestand - geringer, während andere Ortsteile einen größeren Frei- und Grünflächenanteil gegenüber ihrem statistischen Bestand erhalten.

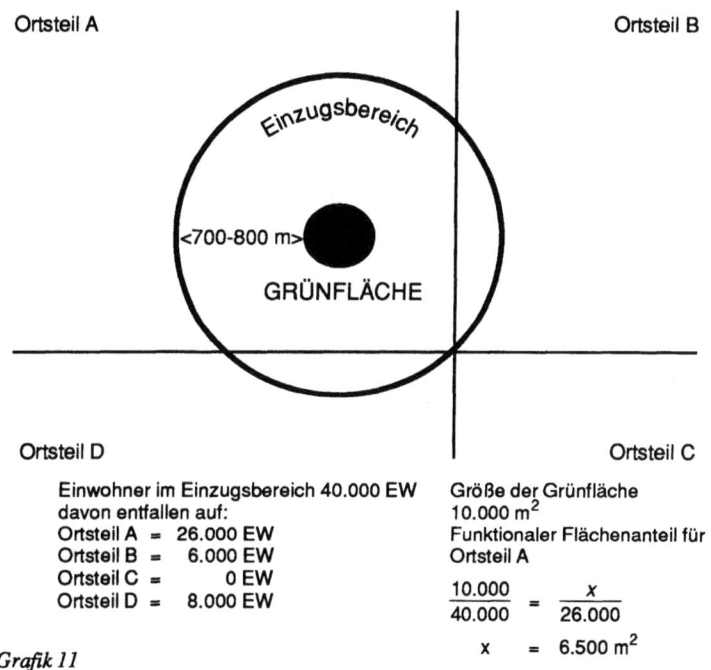

Grafik 11

Auswahl der Frei- und Grünflächen
Innerhalb des abgegrenzten Untersuchungsgebietes sollten öffentlich zugängliche Frei- und Grünflächen bzw. zusammenhängende Grünverbindungen festgestellt

bzw. festgelegt werden, die nach ihrem funktionalen Gefüge aufgeschlüsselt sein müssen. Je nach Größe der Stadt, sollten beim Flächennutzungsplan nur Frei- und Grünflächen berücksichtigt werden, die eine Größe von 1-3 ha haben. Die Orientierung am 1-3 ha-Schwellenwert geschieht aus arbeits-ökonomischen Gründen. Hierzu kommt, daß kleinteiligere Flächen oftmals nur lokale Funktionen wahrnehmen, ihr Einzugsbereich also nicht über die jeweilige Ortsteilgrenze hinausreicht.

Der Schwellenwert von 1-3 ha gilt jedoch lediglich für die graphische Plandarstellung nach der Planzeichenverordnung. Rechnerisch müssen auch kleinere Flächen zur Geltung kommen, weil die Summe von sagen wir 5 Miniparks in der Größe von gerade unter 1 ha eine Grünfläche von nahzu 5 ha ergibt, die zusammengenommen durchaus wirksam ist.

Anmerkung zur Frequentierung der ausgewählten Frei- und Grünflächen
Der Frei- und Grünflächenanteil pro Einwohner schwankt zwischen den Ortsteilen in der Regel stark. Während z.B. der Durchschnittswert in Hamburg bei ca. 18 m²/E liegt, erreicht der Maximalwert 137 m²/E und der Minimalwert 1 m²/E. Für den Bereich der Kurzerholung (stundenweise Erholung) deuten diese Spannen auf eine unterschiedliche Belastungssituation hin. D.h., je kleiner der Wert ist, umso stärker ist die Gefahr einer "Überfrequentierung". Dadurch entsteht eine Einschränkung des Freizeit- und Erholungswertes durch Vegetationsschäden.

Es muß noch einmal darauf hingewiesen werden, daß eine solche Untersuchung von einem Einzugsbereich für häufige Kurzbesuche ausgeht. Eine Reihe von Frei- und Grünflächen wie z.B. zentrale Stadtparks, Flußwanderwege und Seeufer mit ihren Grünzonen haben insbesondere im Hinblick auf die Halbtags- und Ganztagserholung einen weit größeren Einzugsbereich, der die Relation von Frei- und Grünflächenanteil pro Einwohner verändern kann.

Klasseneinteilung von Ortsteilen nach Grünflächenausstattung

Klasse	Grünfläche m²/Einwohner
G I	> 60 - 60
G II	21 - 60
G III	13 - 20
G IV	7 - 12
G V	≤ 6

Grafik 12

Defizite und Disparitäten bei öffentlichen Grünflächen

Dieser erste Untersuchungsansatz sollte gewählt werden, um einen Bezug zu der im Flächennutzungsplan dargestellten Nutzungskategorie Grünflächen herzustellen. Nach dem BauGB[95] werden hierunter Parkanlagen, Dauerkleingärten, Sport-, Spiel-, Zelt- und Badeplätze und Friedhöfe verstanden. Mit Ausnahme der Parkanlagen können die aufgezählten Flächen statistisch ermittelt und den Ortsteilen zugeordnet werden. Die Flächen der Parkanlagen sollten - wie schon beschrieben - nach funktionalen Gesichtspunkten ermittelt und aufgeschlüsselt werden. Die auf diese Art und Weise ermittelte Frei- und Grünfläche pro Ortsteil muß mit der jeweiligen Einwohneranzahl ins Verhältnis gesetzt werden, so daß der Quotient einen Grünflächenversorgungsgrad (in m²/E) ergibt. Um die räumlichen Disparitäten herauszustellen, müssen die ermittelten Flächenwerte klassifiziert werden. Aus Überlegungen der Vereinfachung empfiehlt es sich, z.B. für solche Untersuchungsansätze eine

---

95 Battis, Krautzberger, Löhr: "Baugesetzbuch", Fn. 3.

Einteilung in eine ungerade Zahl von etwa fünf Klassen (siehe Grafik 12) vorzunehmen. Diese Einteilung hat den Vorteil, daß man einen sogenannten Durchschnitt darstellen kann und hiervon abweichend zwei positive bzw. zwei negative Kategorien. Dies ist insbesondere dann sinnvoll, wenn Orientierungswerte über Versorgungsgrade nicht existieren bzw. nicht angegeben werden können. Eine solche Klasseneinteilung nach dem Prinzip der Summenhäufigkeitsverteilung ist in Grafik 12 dargestellt. Im vorliegenden Fall repräsentiert die Klasse G III zugleich einen städtebaulich verwertbaren Mittelwert von ca. 17 m²/E.[96],[97] Dieser Mittelwert ist deshalb auch von Bedeutung, weil er andeutet, wo etwa Defizite und Disparitäten beginnen. Schließlich geht es uns um die Herauskristallisierung unterversorgter Stadtteile, damit wir für sie zumindest Ausgleichsmaßnahmen planen und durchführen können.

Zunächst werden rein vom Zahlenergebnis her solche Gebiete auffallen, die einen sehr geringen Pro-Kopf-Anteil an Grünflächen, und insbesondere auch an Freizeit- und Erholungsflächen, aufweisen. Charakteristisch dafür sind zwei funktional völlig unterschiedliche Nutzungsgebiete, nämlich:
– die innerstädtischen, dicht bebauten Wohnquartiere, die an die City angrenzen. Sie stellen in der Regel die ausgesprochenen Problembereiche dar, weil sie mit hoher Wohndichte belegt sind und deshalb auch entsprechender Grün- und Freiflächenanteile bedürfen, sie jedoch nicht haben; und
– die Gebiete, die in hohem Maße mit Industrie- und Gewerbeflächen besetzt sind. Sie stellen in der Regel kein Problem dar, weil es sich hierbei in der Regel um Ortsteile mit sehr geringen Wohnbevölkerungsanteilen handelt. Allerdings gilt es hier zu beachten, daß in der Regel solche Gebiete eine Grünabschirmung und -gliederung benötigen.

Vielfach finden wir in deutschen Städten zwei traditionelle "Freiflächen- und Grünringe" vor, nämlich:
– einen inneren Grünring, der in der Regel die City umschließt und durch das "Schleifen" von Befestigungsanlagen und ihre Umwandlung in parkartige "Wallanlagen" entstanden ist, und
– einen äußeren Grünring, der in der Regel an die in der Gründerzeit entstandene Stadtteile, anschließt. Meist handelt es sich hierbei um ursprünglich private Parkanlagen (damals "vor den Toren der Stadt"), die zu Schlössern oder Wohnanlagen reicher Bürger gehörten und von ihren ursprünglichen Eigentümern nicht selten den Städten geschenkt oder in eine Stiftung eingebracht wurden.

Sowohl der innere als auch der äußere "Grünring" bieten, lagebedingt, eine relativ gute Möglichkeit, die Gebiete ihres Einzugsbereichs zu versorgen. Es gilt also, diesen Aspekten bei der Untersuchung ein besonderes Augenmerk zu widmen, sonst läuft man Gefahr, Mißinterpretationen zum Opfer zu fallen.

Die ausgesprochenen Problembereiche befinden sich zwischen dem ersten und zweiten "Grünring". Die überwiegende Zahl dieser Stadt- bzw. Ortsteile weist in der Regel eine hohe bauliche Dichte auf. Der Anteil der Wohnnutzung ist dominierend, während die Frei- und Grünflächen merklich unterrepräsentiert sind. Dies bewirkt

---

[96] Siehe hierzu auch: Baubehörde Hamburg, Landesplanungsamt: "Fachbeiträge zur Bauleitplanung - Räumliche Gründisparitäten", Hamburg 1983
[97] Siehe hierzu auch Georg Schöning, Klaus Borchard: "Städtebau im Übergang zum 21. Jahrhundert", Stuttgart 1992.

in Relation zur Einwohnerzahl eine Einstufung in die Bewertungsklassen G IV und G V. Auffallend ist oft die durchschnittliche bis gute Frei- und Grünflächenversorgung des Citybereiches. Die Einstufung ergibt sich in der Regel aus hohen Frei- und Grünflächenanteilen - unter Berücksichtigung eines 800 m Einzugsbereiches - von Flußuferparks und deren Wasserflächen, Wallanlagen usw. in Relation zu teilweise geringen bis sehr geringen Einwohneranteilen. Die meisten deutschen Städte liegen mit ihren Innenstädten an Flüssen, See- oder Fördeufern.

Defizite und Disparitäten bei Freizeitflächen

Im zweiten Untersuchungsansatz wird der Themenschwerpunkt von "Versorgung der Bevölkerung mit öffentlichen Grünflächen" um die "Versorgung der Bevölkerung mit Freizeit- und Erholungsflächen" erweitert. Kernstück einer solchen Untersuchung sollte die bereits erwähnte funktionale Differenzierung nach ausgewählten Freiflächen, die Freizeit- und Erholungscharakter haben, sein. Weiterhin ist in diesem Fall eine differenzierte Betrachtung und damit verbundene Einbeziehung der Wasserflächen im Hinblick auf ihren Freizeit- und Erholungscharakter notwendig. Infolgedessen sollten in diesem Fall solche Wasserflächen nicht mitberücksichtigt werden, die primär für Industrie- und/oder Hafenzwecke genutzt werden. Hierzu zählen z.B. alle Wasserflächen von Hafengebieten und Kanälen mit angrenzenden Industriegebieten. Die Einbeziehung der landwirtschaftlichen Flächen liegt darin begründet, daß generell Freiflächen im Nahbereich städtischer Ballungsräume für Freizeit- und Erholungszwecke aufgesucht werden (nicht zuletzt infolge des Mangels an innerstädtischem "Grün"). In städtischen Ballungsräumen nehmen auch Friedhofsflächen eine eingeschränkte Erholungsfunktion wahr, zumal dann, wenn sie, wie bei neueren Anlagen, parkähnlichen Charakter besitzen. Aus diesem Grund müssen solche Flächen ggf. in die Untersuchung mit einbezogen werden.

Klasseneinteilung von Ortsteilen nach Summenhäufigkeitsverteilung
(Beispiel Hamburg)

Klasse	Freizeit- und Erholungsfläche m^2/Einwohner
FE I	> 300
FE II	61 - 300
FE III	21 - 60
FE IV	11 - 20
FE V	0 - 10

Grafik 13

Die auf diese Art und Weise ermittelten Flächenangaben sollten denen der Ortsteilbevölkerung gegenübergestellt werden. Das Ergebnis zeigt den "Versorgungsgrad" der Bevölkerung mit Freizeit- und Erholungsflächen. Die Umsetzung des Begriffs "Versorgungsgrad" muß selbstverständlich vor dem Hintergrund der in den jeweiligen Ortsteilen vorherrschenden Wohnbaustruktur gesehen werden. Die Einteilung der Ortsteile sollte mittels der Summenhäufigkeitsverteilung - wiederum in fünf Klassen - erfolgen (siehe Grafik 13). In der Regel wird sich zeigen, daß die überdurchschnittlich gut versorgten Ortsteile mit Freizeit- und Erholungsflächen im Stadtrandgebiet liegen, während der Bereich der inneren Stadt eine eindeutige räumliche Konzentration der Klassen IV und V aufweist. In der Regel werden die neueren, größeren Siedlungsgebiete in die Kategorien I und II fallen.

Defizite und Disparitäten bei sonstigen Freiflächen

Sonstige Freiflächen liegen ihrer Art entsprechend überwiegend in den Außenbezirken, d.h., je nach Größe des Stadtgebietes im Verhältnis zur Einwohnerzahl, z.T.

auch schon in der freien Landschaft. Da es bei der hier anstehenden Untersuchung um Defizite und Disparitäten der Versorgung städtischer Bevölkerung mit funktional erforderlichen Grünflächen geht, ist von Fall zu Fall sorgfältig abzuwägen, welche Freiflächen überhaupt in Betracht kommen. Es gibt Städte mit weitläufigen und solche mit engen Stadtgrenzen. In beiden Fällen kann die unrelativierte Betrachtung allein der zahlenmäßigen Ergebnisse zu irreführenden Folgerungen, zur Unter- wie Überversorgung führen. Es muß hier also sorgfältig diejenige Fläche abgegrenzt werden, die nicht mehr direkt der städtischen Bevölkerung dient.

Klimaökologische Ausgleiche

Ein klimaökologischer Ausgleichsraum ist eine Freifläche, die einem benachbarten, belasteten Raum zugeordnet ist und dort bestehende klima- und lufthygienische Belastungen aufgrund von Lagebeziehungen und Luftmassenaustauschvorgängen abbauen kann. Diesem Zweck können alle bislang erörterten Freiräume dienen, soweit sie die oben beschriebene Funktion im größeren Zusammenhang erfüllen. D.h., die klimaökologische Freifläche ist keine selbständige Kategorie, sondern setzt sich für einen besonderen Zweck aus Teilen aller Freiräume zusammen.[98] Folgende Flächen sollten für Untersuchungen für Ausgleichsräume herangezogen werden: Parkanlagen, Spielplätze, Zoologische und Botanische Gärten, Spiel- und Bolzplätze, Sportplätze, Freibäder, Kleingärten, Friedhöfe, Waldflächen, Flächen für die Landwirtschaft, Moor, Heide, Unland und Wasserflächen.

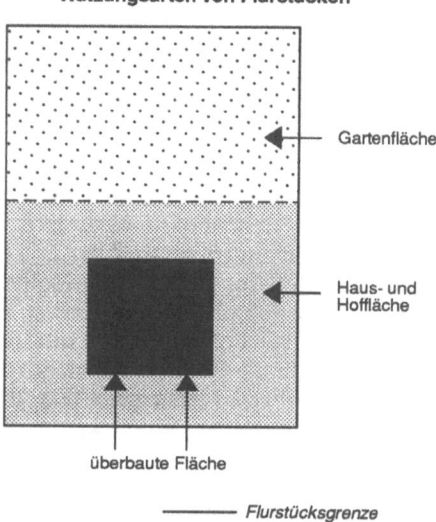

Grafik 14

Private Grünflächen

Den "unbebauten" Flächen stehen "bebaute" Flächen wie Verkehrsflächen, Gewerbe- und Industrieflächen, Wohnbauflächen und Flächen für Versorgungseinrichtungen gegenüber. Die Begriffe "unbebaut" und "bebaut" wurden deshalb in Anführungszeichen gesetzt, weil die verwendete Statistik keine zusätzliche Differenzierung innerhalb der einzelnen Nutzungsarten zuläßt. Teilbereiche dieser Nutzungsarten sind in der Realität teilweise in sich bebaut, aber auch nicht bebaut! Grund hierfür ist der Nutzungsartenkatalog des Vermessungsamtes, der nur die jeweilige dominante (nicht statistisch gesehene) Nutzungsart des gesamten Flurstückes ausweist. Die Darstellung in Grafik 14 illustriert diesen Sachverhalt.

Das Ziel einer solchen Untersuchung ist die Feststellung des Anteils der in Wirklichkeit unbebauten Fläche an der Gesamtfläche bebauter Gebiete (in %) bzw.

---

98 Siehe hierzu auch: Schriftenreihe des Bundesministers für Raumordnung, Bauwesen und Städtebau: "Regionale Luftausauschprozesse", Heft 06.032, Bonn-Bad Godesberg 1979.

Klasse	Klasseneinteilung bei unbebauten Privatflächen
	Anteil unbebauter Privatflächen an der Gesamtfläche (in %)
UF I	67 - 100
UF II	34 - 66
UF III	21 - 33
UF IV	11 - 20
UF V	0 - 10

Grafik 15

die Relation zwischen "unbebauter" und "bebauter" Fläche (sog. Versiegelungsgrad). Die Klasseneinteilung nach dem Prinzip der Summenhäufigkeitsverteilung, wiederum in fünf Klassen, stellt sich für Hamburg in Grafik 15 dar.

Hier offenbart sich ein Problem der verwendeten Statistik, die den Anteil der privaten Grünflächen nicht darstellt. Dieser verdeckte Grünanteil kann jedoch beträchtliche Größenordnungen ausmachen. So erfüllen Einfamilienhausgebiete mit parkähnlichem Charakter (z.B. in Vororten) zweifellos auch eine begrenzte Funktion des klimaökologischen Ausgleichs und haben dementsprechend dafür einen anderen Stellenwert als Gebiete mit verdichtetem Geschoßwohnungsbau. Ich verweise auch auf die grundsätzlichen Erörterungen in Band 1, Kapitel 4.2, und Band 2, Kapitel 5.2.2.[99] Aus diesem Grund sollten die Ortsteile im Hinblick auf ihre vorherrschende Baustruktur typisiert werden, um dann in einem zweiten Schritt die Ausgleichspotentiale der "privaten" Grünflächen abschätzen zu können. Da diesbezügliche Daten für die Gesamtstadt nicht vorliegen, muß, auf der Basis der Baublöcke, der nicht überbaute Flächenanteil der Baublöcke ausplanimetriert und der Gesamtblockfläche gegenübergestellt werden. Das Ergebnis ist der nicht überbaute Blockflächenanteil in Prozent.[100]

Zusammenfassende Bewertung
Zum Abschluß der Untersuchung müssen die Einzelergebnisse zu einem Gesamtergebnis zusammengeführt werden. Dies sind im einzelnen:
1. Grünflächenbewertung,
2. Freizeitflächenbewertung,
3. Bewertung sonstiger Freiflächen,
4. Bewertung privater Grünflächen.

3.2.5 Klima- und Luftpotentiale der Grün- und Freiflächen
Potentiale und Störungen des Stadtklimas
Die Stadt ist ein Gebilde, das von Menschenhand geschaffen und deshalb unnatürlich ist. Es liegt auf der Hand, daß das Klima, als Teil der Natur, auf verstädterte Regionen reagiert. Die Reaktion ist desto stärker, je dichter und je weitgehender die Besiedlung des Raumes ist. Zwar bilden verstädterte Zonen kein ursächlich eigenes Klima, erzeugen jedoch nach den Erkenntnissen von Klimaforschern typische Modifikationen des jeweiligen Kleinklimas einer Region. Unter dem Aspekt und in enger

---
99 K. Müller-Ibold: "Einführung in die Stadtplanung", Fn. 2.
100 Siehe dazu auch: Fachbeiträge zur Bauleitplanung - Räumliche Gründisparitäten, Fn. 96

Zusammenarbeit mit der Stadtplanung sind die Beiträge von Eriksen[101], Kratzer[102], Katzschner[103] und Fellenberg[104] besonders aufschlußreich.

Ursachen des Stadtklimas

Die Ursachen für ein modifiziertes Stadtklima liegen in folgenden Veränderungen:
- Veränderung des Oberflächenreliefs (veränderte Landschaftscharakteristik, veränderte Bodenreibung, gebremste Windbewegungen, verstärkte Luftkonvektion, verstärkte Luftturbulenzen, reduzierte Verdunstungsflächen usw.),
- künstliche Wärmeproduktion (Heiz- und Prozeßwärme, Energie- und Wärmeausstrahlung als Abfallprodukt usw.),
- Luftverunreinigungen (Abfallprodukte bei der Erzeugung von Heiz- und Prozeßwärme, bei der Produktion von Kunststoffen, bei der künstlichen Intensivbehandlung - Düngung - und Schutz öffentlicher wie privater Grünflächen usw.),
- Strahlungsveränderungen (Verminderung atmosphärischer Einstrahlungen, Verstärkung von Ausstrahlungen usw.).

Eigenschaften des Stadtklimas

Die erhöhte *Temperatur* in der Stadt gegenüber der Temperatur in der freien Landschaft ist eines der wesentlichen Merkmale des Stadtklimas. Die vorliegende Buchreihe kann diesen Gegenstand zwar nicht vertiefen, einige Hinweise sind jedoch erforderlich. So kann festgestellt werden, daß als ein maßgeblicher Bestimmungsfaktor des Temperaturunterschiedes, neben der erhöhten Wärmeerzeugung in der Stadt gegenüber dem Umland, die durchschnittliche Windstärke angesehen werden muß. Es leuchtet sicher ein, daß ein starker Wind sehr viel intensiver zum Temperaturaustausch führt als ein schwacher Wind und damit eine nicht unerhebliche Ausgleichsfunktion ("Kaltluftaustausch") bietet. Insofern weisen Städte in stärkerer Windlage, z.B. Küstenstädte, in der Regel auch eine geringere Temperaturdifferenz zu ihrem Umland auf als Inlandstädte. Außerdem sind die Differenzen auch unterschiedlich, je nach Tages- und Jahreszeit und nach Stadtgröße.

Die erwähnten Untersuchungen haben ergeben, daß Städte gegenüber ihrem Umland sogenannte "Wärmeinseln" bilden, die sowohl eine horizontale wie auch vertikale Ausdehnung haben. Solche Wärmeinseln können bei sehr großen Städten bis zu 300 Metern Höhe erreichen; in Frankfurt erreicht sie eine Höhe von etwa 100 Metern. Die Untersuchungen lassen auch erkennen, daß Städte nahezu immer (Tag und Nacht sowie über das ganze Jahr) wärmer sind als ihr Umland. Dieser Sachverhalt liegt nicht nur darin begründet, daß in der Stadt permanent Abfallwärme abgestoßen wird, sondern, daß in der Stadt mehr und konzentrierter in Form von Gebäuden wärmespeichernde Körper vorhanden sind als im Umland, die ständig auch Wärme wieder abstrahlen und dadurch zur Aufheizung beitragen.

---

101 W. Eriksen: "Beiträge zum Stadtklima von Kiel", Kiel 1964.
102 P.A. Kratzer: "Beiträge zum Münchener Stadtklima", in: Wetter und Leben, München 1968.
103 L. Katzschner: "Klima und Planung", Kassel 1988
104 G. Fellenberg: "Lebensraum Stadt", Stuttgart 1991

Die *Luftfeuchtigkeit* ist in den Städten in der Regel geringer als in ihrem jeweiligen Umland. Städte haben eine um ein vielfaches geringere Vegetation (die also dort sehr viel weniger Feuchtigkeit abgibt), und Niederschlag wird durch die Kanalisation in überwiegendem Maß direkt abgeführt (kann also innerhalb des Siedlungsgebietes nur äußerst begrenzt verdunsten).

Die Differenzen sind bei der relativen Luftfeuchtigkeit größer als beim Partialdruck des Wasserdampfes. Auch hier spielen natürlich die Temperaturen nach Tagesablauf und Jahreszeit eine erhebliche Rolle, wie eine Reihe von Untersuchungen[105] gezeigt hat.

Wir reden hier im Gegensatz zum Wind auch von *Luftbewegung*, weil insbesondere innerhalb der Städte nicht nur Wind beachtet werden muß, sondern auch die thermischen Auf- und Abbewegungen in der Stadt, die durch besondere Kontraste der Aufheizung und Wärmeabgabe einerseits sowie auch hier vorhandene kühlere Flächen andererseits in wesentlich stärkerem Maß auftreten als im Umland. Diese thermischen Auf- und Abbewegungen wirbeln kleinste Partikel an Staub, Pollen, Gummiabrieben der Kraftfahrzeuge und anderen Materialien auf. Diese Luftbewegungen empfinden wir selten als Wind, weil sie nicht die Stärke von Windbewegungen erreichen. Sie sind dennoch von Bedeutung, weil sie solche Verursacher gesundheitlicher Störungen wie Allergien und anderes in größere Höhen tragen und damit sowohl in höhere Etagen der Gebäude und in eine weitere Umgebung transportieren, indem sie dann auch durch den Wind erfaßt und fortgetragen werden.

Durch Bebauung, technische Anlagen, erhöhte Bodenrauhigkeit und andere künstliche, von Menschen geschaffene Barrieren wird der Wind, wie eine Reihe von Untersuchungen gezeigt hat, stark gehemmt und in seiner Richtung modifiziert. Wächter und Scharrer haben in Frankfurt festgestellt, daß selbst über den Dächern die Windgeschwindigkeit nur rd. 66 % der Geschwindigkeit des Umlandes beträgt, und daß der deutliche Abfall nachweislich am Stadtrand einsetzt. Zwar haben Wächter und Scharrer auch eine eigene, innere Zirkulation auf Grund der Wärmeinsel der Stadt beobachtet, jedoch tritt offenbar eine derartige Erscheinung nur an wenigen Tagen des Jahres auf und ist deshalb für die Stadtplanung nicht sehr relevant. Insofern sind konkrete modellhafte Winduntersuchungen von kaum schätzbarem Wert für die Einschätzung des Luftaustauschs zwischen städtischer Siedlung und ihrem Umland.[106,107]

Im Zusammenhang mit den Luftverunreinigungen in der Stadt haben die Luftbewegungen über Dach (Wind + thermische Luftbewegung) für das subjektive Empfinden des Menschen nur eine begrenzte Bedeutung. Für das subjektive Empfinden des Menschen spielen die Windbewegungen in Bodennähe eine viel größere Rolle. Windbewegungen in Bodennähe werden sehr stark durch Art und Maß der Bewegung sowie durch die Vegetation bestimmt. In der Regel wird davon ausgegangen, daß die Windgeschwindigkeit in Bodennähe sehr viel geringer ist als die über Dach. In Parks, die dicht bepflanzt sind, engen Straßen und Innenhöfen kann sie auf nahezu

---

105 Siehe hierzu auch H. Wächter und H. Scharrer: "Die Regionalwindverteilung im Gebiet der Stadt Frankfurt am Main", Frankfurt 1970.
106 Siehe hierzu auch A.B. Barlag/W. Kuttler: "The significance of country breezes for urban planning", Bochum 1991.
107 Siehe hierzu auch A. Zeuger/W. Bächlein/A. Lohmeyer.: "Windkanaluntersuchungen als Hilfsmittel zur stadtklimatologischen Baufolgenabschätzung", in: Schweizer Ingenieur und Architekt, 1993.

Null abfallen. Aus diesen Gründen wurde nach dem Krieg in der städtebaulichen Gestaltung von der hofartigen Blockbebauung abgewichen und zum Zeilenbau übergegangen, damit die Frischluft in die Tiefe der Quartiere besser eindringen kann, ja sogar Wohnquartiere selbst noch begrenzt die Funktion eines Luftkorridors wahrnehmen können. Der anwachsende Verkehr, der beim Zeilenbau mit seinem gesundheitsschädlichen Lärm in jede Ecke eines Quartiers dringt, hat später den Luftaustauschaspekt wieder in den Hintergrund gedrängt und die hofartige Bebauung favorisieren lassen im Kampf gegen den Lärm. An diesem Beispiel zeigt sich, daß auch Umweltschutzaspekte untereinander Konflikte auslösen. Schließlich gilt es festzustellen, daß die Wirkung von Inversionswetterlagen in Städten, die in inversionsträchtigen Gebieten liegen, durch die dargestellten Folgen noch erheblich verstärkt wird.

Zu den *Strahlungseffekten* im städtischen Raum gibt es Untersuchungen von Bach[108], deren Charakteristik jedoch für die Planung räumlicher Systeme, ihrer Strukturen sowie ihres Maßes und ihrer Art der Flächennutzung keine nennenswerten Aussagen enthalten. Allgemein gesehen können wir feststellen, daß die UV-Strahlung in der Stadt durch die Luftverunreinigungen vermindert ist gegenüber dem im Umland.

In der Regel hat die Stadt einen um 5-10 % höheren *Niederschlag* als ihr Umland. Erhöhte Turbulenz und Konvektion im Bereich der Stadt führen nach diesen Untersuchungen primär zu den erhöhten Niederschlagsmengen, wobei das vermehrte Kondensationsangebot auch eine Rolle spielt.

Die bislang hier erörterten Merkmale des Stadtklimas sind schon seit Jahrzehnten Gegenstand der Forschung und Untersuchung des Stadtklimas gewesen. Die Stadtklimatologie der letzten 10-15 Jahre untersucht, über die Stadt-Umland-Differenzen im Klima hinausgehend, wie sich die räumlichen Ausprägungen einzelner Klimaelemente während bestimmter Wettersituationen innerhalb des Stadtgebietes verhalten. Man könnte sagen, daß die neuere Stadtklimatologie verstärkt witterungsbezogen arbeitet und verstärkt räumlich differenziert.

Bewertung stadtklimatologischer Einflüsse

Wir können zur Zeit alle stadtklimatologischen Einflüsse noch nicht quantitativ bewerten. Da das Stadtklima modifizierter Teil des Gesamtklimas und sehr differenziert zu sehen ist, sind seine Auswirkungen bislang nicht mit Langzeituntersuchungen über den konkret quantitativen Einfluß auf die Gesundheit von Mensch, Tier und Pflanze belegt. Es sind in dieser Hinsicht noch viele Fragen offen, obwohl eine ganze Reihe von Untersuchungen vorliegen. Bei der Bewertung des Stadtklimas muß berücksichtigt werden, daß der Mensch sich in der weit überwiegenden Zeit des Tages in den Gebäuden aufhält, also in ausschlaggebendem Maß auch gebäudeklimatologische Zusatzeinflüsse wirksam werden. Diese wiederum sind von derart unterschiedlicher, z.T. aber signifikanter Charakteristik, wie etwa Giftstoffe in Möbeln und Gebäudeausstattung usw., daß zumindest zur Zeit quantifizierte Aussagen in hohem Maß fragwürdig wären. Die von stadtklimatologischen Einflüssen Betroffenen reagieren auch sehr unterschiedlich auf die Einflüsse, je nach ihrer

---

108 W. Bach: "Strahlungshaushalt und lufthygienische Verhältnisse in Groß-Cincinnati, USA", Wiesbaden 1979.

subjektiven und objektiven Situation. So wirken in starkem Maß differenzierend das Alter der Betroffenen, ihr jeweiliger Gesundheitszustand, der Charakter ihres Arbeitsplatzes, die Assimilations- wie Adaptionsfähigkeit und, last but not least, auch das vorbeugende Gesundheitsverhalten der Betroffenen. Schließlich werden die stadtklimatologischen Einflüsse auch stark von der allgemeinen bioklimatologischen Wirksamkeit des jeweils gerade vorherrschenden Witterungstyps (Bio-Wetter) überlagert. Wir können uns deshalb zur Zeit nur qualitativ mit diesen Fragen auseinandersetzen und müssen zunächst mit relativ groben Differenzierungen operieren.

Insofern ist es zweckmäßig, schrittweise vorzugehen und erst einmal in unseren Breitengraden eine Unterteilung in Winter und Sommer vorzunehmen. Der Klimatologe geht zunächst einmal von der Frage aus, ob und wieweit das jeweilige "Stadtklima" für den Menschen "komfortabel" (behaglich) ist oder nicht.[109] Während des Winterhalbjahres liegen die Kombinationswerte von Temperatur und Luftfeuchtigkeit in unseren Breitengraden weit unterhalb der "Behaglichkeitswerte". Insofern können wir also die höheren Temperaturwerte in den Städten als positiven Faktor werten, auch wenn der Stellenwert relativ gering sein dürfte. Die relative Luftfeuchtigkeit ist im Winter generell hoch, dagegen ist der Wasserdampfdruck wegen der niedrigen Temperaturen gering. Da die relative Luftfeuchtigkeit Unbehaglichkeit auslöst, können wir auch hier einen positiven Faktor im Stadtklima während des Winters ausmachen, zumal dadurch auch Nebelbildungen verhindert oder aufgelöst werden. Auch hier spielt allerdings eine Rolle, daß der Mensch sich im Winter relativ wenig im Freien aufhält, diese Wirkung also auch nur relativ gering ist. Das Gleiche gilt im umgekehrten Sinn für sehr heiße Länder in der Nähe des Äquators, deren Bewohner im Sommer den Aufenthalt im Freien meiden.

Da das Stadtklima in sehr hohem Maß durch die Lufthygienesituation überlagert wird und letztere ungleich größere Wirkungen zeigt, die ursächlichen Wirkungsfaktoren jedoch nicht auseinandergehalten werden können, lassen sich die Wirkungen des Stadtklimas nicht für sich isoliert quantifizieren. Dieser Sachverhalt zeigt uns, daß alle Maßnahmen zur Verbesserung des Stadtklimas im Zusammenhang mit der Lufthygienesituation zu sehen sind und umgekehrt. Der Sachverhalt, daß bei den Todesfällen durch Herzkrankheiten, Gehirnblutung, Altersschwäche, Erkrankung der Atmungsorgane usw. das Maximum im Laufe eines Jahres im Winter auftritt, gilt als Indikator dafür, daß das Klima im Winter ungünstiger ist als im Sommer. Zu beachten ist allerdings auch hier, daß die lufthygienischen Faktoren die der klimatologischen so stark überlagern, daß eine unmittelbare Kausalkette der klimatologischen Faktoren nicht möglich ist. Es könnte ja auch sein, daß der wesentlich längere Aufenthalt im Haus im Winter verstärkt die Negativa verseuchter Wohnungen zur Wirkung kommen läßt. Untersuchungen in Berlin wie im Ruhrgebiet[110] berichten von maximalen Sterberaten ebenso während extremer Hitze- wie auch besonderer Smogperioden.

Es liegt auf der Hand, daß es kein einheitliches Stadtklima geben kann, da die Städte untereinander und jede Stadt für sich nach Art und Maß der baulichen Nutzung bzw. Freiraumgestaltung erhebliche Differenzierungen aufweisen. Besonders deut-

---

109 Siehe hierzu M. Evans: "Housing, Climate and Comfort", London 1980.
110 W. Kuttler: "Lufthygienische und stadtklimatologische Aspekte des Rhein-Ruhr-Raumes", in: Geographische Rundschau Nr. 7-8, 1988

lich wird dies im Vergleich zunächst einmal der Wohnquartiere der inneren Stadt, die an Frei- und Grünflächen in nennenswertem Maß oft unterversorgt sind, mit solchen am Stadtrand. Besonders ausgeprägt sind natürlich die Unterschiede zwischen Städten mit vorwiegend Schadstoffe emittierender Schwerindustrie einerseits und Städten mit vorwiegend Dienstleistungen aller Art sowie Leichtindustrie andererseits. Schließlich ergeben sich starke Unterschiede bei stark unterschiedlichen Groß-Wind-Lagen von Städten, z.B. also zwischen solchen an der "Waterkant" und solchen in Inversionslagen im Binnenland.

Freiflächenpotentiale zur Beeinflussung des Stadtklimas
Auch wenn noch nicht von einem eigenständigen "Stadtklima" geredet werden kann, ist nach Eriksen[111] der Stadtklimaeinfluß durch die fortschreitende Verstädterung dennoch schon so bedeutend geworden, daß er nicht mehr voll aufgehoben werden kann. Er läßt sich jedoch unter bestimmten Bedingungen verringern. Mehrere Untersuchungen neuerer Art aus Japan stützen diese Ergebnisse.[112,113]

Eriksen wertet die Zusammenhänge nach Klimaelementen und Geländebedingungen über den gesamten Jahresablauf aus. Danach können zur Festlegung der für das menschliche Leben in den Städten sich ausprägenden kritischen Wetterlagen nur zeitlich und räumlich exakt definierte Meßwerte herangezogen werden.

Die Vegetation kann durch Energie- und Masseaustausch klimatische Einflüsse ausüben. In größeren zusammenhängenden Flächen ist sie deshalb auch in der Lage, kompensatorische Wirkungen gegenüber dem puren "Stadtklima" durch folgende Leistungen zu erzielen
– Erhöhung der Luftfeuchtigkeit,
– Ausgleich der Temperatur,
– Minderung von Strahleneinwirkungen,
– Minderung von Windbewegungen,
– Erzeugung eigener thermischer Luftbewegung.

Wenn wir, unter der Annahme ausreichender Flächen, davon ausgehen, daß Frei- und Grünflächen eine kompensatorische Leistung erfüllen können, dann empfiehlt sich folgender Ansatz (siehe auch Band 1, Kapitel 4.2.2[114]):
a) Freiraumfunktion von Frei- und Grünflächen
   Frei- und Grünflächen haben allein schon deshalb einen Wert an sich, weil sie selbst einen "Freiraum" darstellen, der nicht bebaut ist und deshalb keine eigenen negativen stadtklimatologischen Wirkungen auslöst.
b) Schutzraumfunktion von Grünflächen
   Grünflächen bilden zunächst einen eigenen mikroklimatischen Raum, der das Eindringen des "Stadtklimas" in ihn selbst verhindert. Der Aufenthalt des Menschen in solchen Grünflächen kann also zu einem zeitlich begrenzten Kompensationseffekt gegenüber dem Stadtklima führen.

---

111 W. Eriksen: "Probleme der Stadt- und Geländeklimatologie", Darmstadt 1973.
112 I. Saito/O. Ishihara/T. Katayama: "Study of the effect of green areas on the thermal environment in an urban area", in: "Energy and Buildings", 1991.
113 S. Kawashima: "Effect of vegetation on surface temperature in urban and suburban areas in winter", in: "Energy and Buildings", 1991.
114 K. Müller-Ibold: "Einführung in die Stadtplanung", Fn. 2.

c) Luftaustauschfunktion
Während die beiden vorangegangenen Funktionen Abwehrcharakter haben, also passiver Art sind, hat die Luftaustauschfunktion aktive, steuernde Bedeutung, die von ausschlaggebendem Gewicht ist. Bei dieser Funktion sollen die negativen Elemente des Stadtklimas sozusagen den Quartieren entzogen werden und durch positive Elemente "ausgetauscht" werden. Die Kombination von Wind und Thermik der aufsteigenden Wärme in den bebauten Zonen erzeugt ein "Nachziehen" der "Frischluft" aus den Grünflächen, so daß diese Funktion auch tiefer in die bebauten Gebiete hineinwirkt, insbesondere, wenn die Grünflächen wie "Korridore" oder "horizontale Luftkamine" von außen kommend das Stadtgebiet durchziehen, wie wir es bei der Durchlüftung von Wohnungen auch für richtig halten.

Beeinflussung der Luftfeuchtigkeit
Wir haben festgestellt, daß insbesondere die relative Luftfeuchtigkeit in den Städten niedriger ist als in ihrem jeweiligen Umland. In ihren Darstellungen weisen Eriksen[115], Katzschner[116] u.a. mehrfach darauf hin, daß es einen Zusammenhang zwischen Luftbewegung, Feuchtigkeit und Temperatur gibt. So ergeben z.B. ihre Untersuchungen, daß die relative Feuchtigkeit im Winter mit rd. 95 % außerordentlich hoch liegt und relativ gleichmäßig über das gesamte Untersuchungsgebiet verteilt ist. In diesem Zusammenhang ist in der Überwärmung der inneren Stadt im Winter ein positiver Effekt zu sehen, indem sie zu deutlich geringerer Nebelwirkung führt. Bei sommerlichen Hochdrucklagen sind einerseits die Quartiere mit geschlossener Bebauung und andererseits die großen Grünflächen (Friedhöfe, Parks und Wälder), die dichten Baumbewuchs aufweisen, diejenigen Landschaftsteile, die die Temperatur- und Feuchtigkeitswerte am stärksten in konträre Richtung beeinflussen. Bei heiteren Wetterlagen ist in den geschlossen bebauten Wohnquartieren in den Nächten gleichmäßig die Temperatur erhöht und die relative Luftfeuchtigkeit verringert. Während des Tages dagegen löst die unterschiedliche Besonnung sehr differenzierte Situationen aus. Auf Plätzen und in Straßen, die von der Sonne beschienen sind, ist die Temperatur natürlich am Tage am höchsten, weil der Anteil "Grün" am geringsten und der Anteil "Stein" am größten ist. Dies gilt besonders bei Situationen, in denen bei windgeschützter Lage die Wirkung der Sonneneinstrahlung nicht kompensiert wird. Allerdings kann in solchen Situationen bei gut geplanter Ventilation ein zu hoher Anstieg von Temperatur und Trockenheit zumindest partiell vermieden werden. Wichtig für die Planung ist der Sachverhalt, daß insbesondere Grünflächen mit Baum- und Strauchbewuchs in den Sommermonaten eine höhere relative Luftfeuchtigkeit (insbesondere in den Morgen- und Abendstunden) aufweisen. Während des Tages vermindern sich diese Differenzen ähnlich wie bei den Temperaturen.
Ein kurzer Exkurs zu den Wasserflächen ist erforderlich, weil aus einer Reihe von Gründen (Verkehr, Wasserversorgung usw.) in der Regel größere Städte am Wasser (offenes Meer, große Seen, Flüsse, Förden) liegen, dessen Einfluß auf das Stadtklima nicht zu unterschätzen ist. Die Städte haben sich auch in der Regel direkt am Wasser

---

115 W. Eriksen: "Probleme der Stadt- und Geländeklimatologie", Fn. 111.
116 L. Katzschner: "Klima und Planung", Fn. 103.

(dort, wo Hochwasser sie nicht erreichte) angesiedelt und sind von dort aus (zunächst entlang des Ufers) gewachsen. Nicht selten sind bei kleineren Flüssen die "Flutungswiesen" im Zentrum der Städte angestaut worden. Insofern liegen oft größere Wasserflächen mitten in der Stadt, die wegen ihrer Art auch nicht durch Bebauung sozusagen "eingekesselt" sind, sondern bei Flüssen sogar zweiseitig offen sind. Dadurch bieten sie einen Korridor für den Luftaustausch, der durch Ufergrün und Wasser in herausragendem Maß Kompensationsmöglichkeiten bietet, zumal hier oft der Wind relativ ungehindert in das Innere des Stadtgebiets "eindringen" kann. Es kommt hier besonders darauf an, von solchen Haupt-Luftkorridoren aus, in zusammenhängenden Freiflächen, Nebenschneisen mitten in die bebauten Quartiere zu führen unter Ausnutzung und Vernetzung der vielfachen Frei- und Grünflächen (Parks, Friedhöfe, öffentliche Freizeitflächen, Kleingärten usw.). Eriksen hat allerdings festgestellt, daß z.B. das Wasser des Hafenbeckens von Kiel (am Ende der Förde, mitten in der Stadt) keinen gravierenden Einfluß auf die Temperatur der Stadt ausübt. Zunächst dürfte diese Beobachtung für den Winter keine Überraschung hervorrufen, weil das Wasser in dieser Jahreszeit im Durchschnitt wärmer ist als die Temperatur im Umland, also sozusagen die Wintertemperatur der Stadt "unterstützt". Eriksen hat außerdem festgestellt, daß in Kiel im Winter die um zehn Grad Celsius höhere Wassertemperatur im Hafen kaum Einfluß selbst auf die unmittelbaren Randzonen ausgeübt hat. Die Ursache dafür ist vermutlich darin zu suchen, daß an der Küste in der Regel ein frischer Wind vorherrscht und in verstärktem Maß Luft wegen des tiefen "Einschnitts" der Förde "austauscht" und damit automatisch die Temperatur schon ausgleicht. Insofern haben solche Wasserflächen innerhalb der Städte großes Gewicht sowohl als Windschneise oder -korridor als auch für den Feuchtigkeitsausgleich. Planung kann also durch die richtig gezielte Anlage von Grünflächen (insbesondere solcher mit Baum- und Strauchbewuchs, also Friedhöfe, Parks, Grünzüge und auch Kleingartenkolonien) und natürlichen wie künstlichen Wasserflächen kompensatorische Wirkungen gegen eine zu geringe Feuchtigkeit und zu hohe Temperatur des Stadtklimas auslösen.

Beeinflussung von Temperatur und Strahlung
Der Mensch kann sich durch entsprechende Kleidung gegen zu niedrige Außentemperatur schützen. Gegen zu hohe Außentemperatur ist er machtlos, es sei denn, er weicht in andere Situationen aus, um seine Behaglichkeit sicherzustellen. Dies trifft überall dort zu, wo die Temperatur der Umgebung des Menschen denjenigen kritischen Punkt unter- oder überschreitet, von dem an der Körper nicht mehr in der Lage ist, seinen Stoffwechsel dem Energieaustausch mit der jeweiligen Umgebung anzupassen. Menschen unterliegen nach Untersuchungen von Evans[117] einer Komfortmarge bei Lufttemperatur und Luftfeuchtigkeit. Der Überhitzungseffekt in Städten führt dazu, daß bei sommerlichen Heißwetterlagen diese "kritischen" Temperaturen häufiger überschritten werden.

Grünflächen sind in der Lage, in solchen Situationen Kompensation zu bieten. Ihre temperaturmindernde Wirkung wird durch die Verdunstung ihrer Transpirationsfeuchte erzeugt. Zusätzlich kommt bei allen baum- und strauchbestandenen Grünanlagen hinzu, daß der Schatten erhebliche Wirkungen auslöst. Durch den Schirm

---

[117] M. Evans: "Housing, Climate and Comfort", Fn. 109.

der Bäume und Sträucher wird die direkte Strahlung mit ihren Wirkungen abgefangen. Als Folge speichert der Boden keine eingestrahlte Energie wie es z.B. die Steinmassen der bebauten Quartiere tun (hohe Wärmespeicherkapazität). Der Boden solcher Grünflächen erzeugt deshalb auch keine Rückstrahlung gespeicherter Wärme, so daß der sogenannte "Backofeneffekt" (beispielsweise der Wüste) durch Vegetationsflächen verhindert wird. Vegetationsbewachsene Böden sind feucht und leiten obendrein Wärme, die sie trotz der Abschirmung erreicht, mit Hilfe der wärmeleitenden Feuchtigkeit in tiefere Schichten des Bodens ab. Dadurch bleiben in solchen Grünflächen die Temperaturdifferenzen im Tagesablauf wesentlich geringer als bei Steinflächen. Wie im Fall der Feuchtigkeit, werden bei Windbewegungen die Temperaturdifferenzen zwischen Grünflächen und Steinflächen abgebaut ("ausgetauscht"). Die durch die Verdunstungskälte der Grünanlagen erzeugte Kaltluft wird durch Luftbewegungen auf andere Luftmassen übertragen. Für den Fall sehr geringer Luftbewegungen, also nahezu bei Windstille, haben Eriksen und andere festgestellt, ist in der Regel kaum ein relevanter Luftaustausch zu beobachten. Erst sehr starke thermische Wirkungen durch großflächige Baumassen einerseits und extreme Sommerhitze andererseits könnten in sehr begrenztem Maß einen solchen Luftaustausch bewirken. Planung kann also bei richtig plazierten Grünflächen mit Baum- und Strauchbewuchs in Form von "Luftkorridoren" und Öffnung auch der sonstigen Freiflächen zum "Kaltluftaustausch" einen, wenn auch begrenzten, Beitrag zum Ausgleich der Temperaturen innerhalb des Stadtklimas bieten.

Allerdings gelten diese Betrachtungen nur für gemäßigte Zonen. In heißen ariden Zonen (Steppen, Halbwüsten, Wüstenrand usw.) fehlt die Vegetation mit wirksamem Baumbewuchs in der erforderlichen Dimension fast vollständig. Hier muß die schattenbildende Funktion des Vegetationsschirms durch die Gebäude selbst hergestellt, also gezielt geplant werden. Insofern ist es angebracht, in entsprechenden Klimazonen die Gebäude in sehr enger, verschachtelter und aneinander gebauten Weise zu planen und zu errichten. Die baulichen Anlagen müssen hier sich gegenseitig sowie den Straßen und Plätzen Schatten liefern (siehe Bauweise und Stadtstruktur von Städten in heißen ariden Zonen).

Beeinflussung von Luftbewegung und -richtung
Die Bildung der schon erörterten "Wärmeinseln" über den Städten erzeugt den Austausch von Luftmassen mit unterschiedlichen physikalischen Eigenschaften (hier unterschiedlichen Temperaturen). Die wärmere aufsteigende Luft in der Stadt zieht Luftmassen aus der Umgebung nach, es entsteht eine Luftbewegung. Dieser Vorgang ist durch Meßreihen bei mehreren Untersuchungen belegt. Auch haben wir erlebt, daß in Katastrophenfällen große Brände in den Städten geradezu Windstürme ausgelöst haben (z.B. die Folge von Bombenteppichen und der daraus resultierenden Flächenbrände in deutschen Städten während des 2. Weltkrieges). Aufgeheizten "Steinwüsten" innerhalb der Städte wird z.T. für ein begrenztes Feld eine ähnliche Wirkung nachgesagt. Dieser Aspekt ist aber umstritten. Relativ unstrittig ist, daß in der Regel externe dynamische Luftbewegungen (Winde) die thermischen Luftbewegungen derart überlagern, daß diese keine relevante Rolle spielen. Erst in sehr windarmen Situationen kann die örtliche thermische Luftbewegung Bedeutung erhalten. Ein solcher Fall tritt jedoch in den gemäßigten Zonen selten ein. Die nahezu ständig auftretenden dynamischen Winde spielen hier eine zu starke Rolle. Wir müssen ihnen also "Eindringungspotentiale" in Form von "Windschneisen oder

-korridoren" verschaffen. Ein Zubauen solcher Korridore wäre aus stadtklimatologischer Sicht ein Frevel. Natürlich geht es auch um die Charakteristik von Grünflächen innerhalb und außerhalb der Stadt als Erzeuger von Kalt- und Frischluft.[118] Umso mehr erhält also unter diesem Aspekt die Vernetzung der verschiedenen Frei- und Grünflächen innerhalb der Stadt eine Bedeutung, weil sie in ihrer zusammenhängenden Masse nicht nur zur Luftbewegung beitragen können, sondern auch zur Richtungssteuerung dieser Bewegung, was die jeweilige Einzelfläche nicht könnte. Die vernetzten Frei- und Grünflächen tragen in doppeltem Sinne bei: Sie sind Korridor, Richtungsgeber und können aus ihrer durch Vernetzung entstehenden größeren Fläche heraus ggf. auch selbst Erzeuger von Luftbewegungen werden. Allerdings ist der Wirkungsradius einzelner Grünflächen, wie wir auch schon bezüglich der Wirkung von Wasserflächen bei Eriksen erfahren haben, relativ gering, weshalb Tsuyoshi und Takakura[119] dafür plädieren, möglichst viele kleinere Grünflächen in Streulage zu verteilen. Dieser Vorschlag scheint jedoch nur sinnvoll, wenn es gelingt, diese Freiflächen auch miteinander zu vernetzen, damit eine "Frischluftdurchdringung" der Stadt sichergestellt ist. Zu beachten ist auch, daß unter gewissen Konstellationen von Baukörpern und Anlagen von Schutzpflanzungen Düsenwirkungen erzeugt werden können, die die Geschwindigkeit der Luftbewegung (durchaus bis zur Verdoppelung) beschleunigen können.

So wie wir den Luftaustausch durch entsprechende Maßnahmen fördern wollen, kommt es andererseits auch darauf an, zu starke Winde in ihrer Wirkung zu bremsen. Städte in sehr exponierter Windlage (insbesondere z.B. an der Küste oder am Rande von Wüsten) können und sollten mit Windschutzmaßnahmen überstarke Windbewegungen abmildern, weil zwar normalerweise in den Städten keine Erosion stattfindet, aber z.B. verstärkte Pollen- und Staubeinfälle dadurch vermieden werden können. Besonders bedeutsam sind derlei Maßnahmen in ariden Zonen, weil dort aufkommende Winde in der spärlichen Landschaft keinen Widerstand finden und mit erheblichen Staubaufwirbelungen Städte geradezu "eindecken" können. Wenn dann z.B., wie auf der östlichen arabischen Halbinsel, die Wüstensande und noch mehr die Wüstenstäube salzhaltig sind, können die mehrfach im Jahr auftretenden Sand- und Staubstürme kaum zu beherrschende Schäden anrichten. Insbesondere der Sandstaub (in seiner außerordentlich kleinen Feinkörnigkeit) setzt sich tief in alle Poren nahezu aller Baumaterialien und beginnt mit seinen Salzen die Zersetzung bei jedem Wasser- oder Regentropfen (der dort trotz der Trockenheit doch vorkommt) in einer kaum faßbaren Dimension. Ebenso dringen sie durch jeden Fenster- und Türanschlag und führen dadurch zu Belästigungen, ja Störungen selbst innerhalb von Gebäuden. Schließlich "decken" sie ständig wiederholend Infrastrukturanlagen (insbesondere Straßen und Wege, Schienen, Start- und Landebahnen der Flughäfen usw. zu. Diese Anlagen müssen davon dann ebenso wie bei uns die Anlagen vom Schnee befreit werden. Der Sand und sein Staub "verstopfen" geradezu die Straßenkanalisation, weshalb auf diese vielfach verzichtet wird. Es wird bewußt in Kauf genommen, daß zwei Mal im Jahr ein Gewitter niedergeht, das dann auch für zwei Tage erhebliche Überschwemmungen auslöst.

---

118 Siehe hierzu auch O. Kiese: "Die Bedeutung verschiedenartiger Freiflächen für die Kaltluftproduktion und Frischluftzufuhr von Städten", in: Landschaft und Stadt Nr. 2, 1988.
119 H. Tsuyoshi u. T. Takakura: "Simulation of thermal effects of urban green areas on their surrounding areas", in: Energy and Buildings, 1991.

Potentiale und Störungen der Lufthygiene

In steigendem Maß hat in den letzten Jahrzehnten im Zusammenhang und in Wechselwirkung mit den stadtklimatologischen Bedingungen die Luftverunreinigung bedrohliche Ausmaße angenommen. Diverse Untersuchungen[120,121] machten das Ausmaß deutlich, sind jedoch längere Zeit wegen der möglichen finanziellen und anderen Auswirkungen von Gegenmaßnahmen von Entscheidungsträgern gern verdrängt worden. Inzwischen scheint sich das Erfordernis, auch hier planerisch tätig werden zu müssen, zumindest partiell durchgesetzt.

Ein wichtiger Schritt wurde mit der Einführung von Gesetzen und Verordnungen zum Immissionsschutz, zur Abfallsammlung, -behandlung und -beseitigung, zum Wasserhaushalt, zur Reaktorsicherheit, zum Natur- und Landschaftsschutz sowie zur Energieeinsparung getan. Dabei muß uns bewußt sein, daß räumliche Planung wesentliche Beiträge liefern kann, der Hauptteil der Maßnahmen gegen die Luft- und Gewässerverunreinigung jedoch durch Vermeidung der Ursachen selbst und/oder durch Verhinderungsmaßnahmen am Störobjekt (Verursacherprinzip) erfolgen muß.

Zum Verständnis des Themas ist es notwendig, die für die Umweltschädigung verwendeten Begriffe zu definieren. Dazu eigenen sich die Begriffsdefinitionen aus dem Bundes-Immissionsschutzgesetz (BImSchG)[122] für unsere Zwecke nicht nur am besten, es ist auch angebracht, die daraus entstandenen gebräuchlichen Begriffe zu verwenden. Das BImSchG unterscheidet zwischen Immissionen und Emissionen.

Nach dem BImSchG, § 3 Abs. 1, sind Immissionen schädliche Umwelteinwirkungen, die nach Art, Ausmaß oder Dauer geeignet sind, Gefahren, erhebliche Nachteile oder erhebliche Belästigungen für die Allgemeinheit oder die Nachbarschaft herbeizuführen. Nach Abs. 2 sind Immissionen auf Menschen sowie Tiere, Pflanzen oder andere Sachen einwirkende Luftverunreinigungen, Geräusche, Erschütterungen, Licht, Wärme, Strahlen und ähnliche Einwirkungen. Nach Abs. 3 sind Emissionen die von einer Anlage ausgehenden Luftverunreinigungen, Geräusche, Erschütterungen, Licht, Wärme, Strahlen und ähnliche Erscheinungen. Nach Abs. 4 sind Luftverunreinigungen Veränderungen der natürlichen Zusammensetzung der Luft, insbesondere durch Rauch, Ruß, Staub, Gase, Aerosole, Dämpfe oder Geruchsstoffe.

Zu beachten ist, daß das BImSchG auch die Einwirkungen auf Sachen (z.B. gebaute Objekte) und nicht allein auf Lebewesen einbezieht. In diesem Zusammenhang verweise ich auf Kapitel 3.4.2 von Band 1[123], in dem auf die Bedeutung von Umwelteinflüssen bei der Zerstörung von Bauwerken beim Stadtverfall hingewiesen wird.

Die schädlichen Wirkungen der Luftverunreinigungen für die Gesundheit von Mensch, Tier, Pflanze und Sache sind in folgenden Gruppen zusammenfaßbar:
a) Akute Schäden durch das kurzfristige Auftreten schwerer Luftverunreinigungen (z.B. kurzfristiges ungewolltes Austreten giftiger Substanzen in Betrieben der chemischen Industrie oder beim Transport der Substanzen usw.).
b) Mittelfristige Schäden (z.T. chronisch) durch das ständige Auftreten kleinerer Luftverunreinigungen auf Grund der Störungen durch eine Mehrzahl einzelner

---

120 Siehe hierzu P. Filliger: "Stadtklima und Luftreinhaltung", in: DISP. 99, Zürich 1989.
121 Siehe hierzu F. Wiemers: "Green for melioration of urban climate", in: Energy and Buildings, 1988.
122 Siehe hierzu: Bundesimmissionsschutzgesetz, BGBl. I, S.19.
123 K. Müller-Ibold: "Einführung in die Stadtplanung", Fn. 2.

Verursacher, die in ihrer Summe das eigentliche Problem auslösen (ständiges Austreten der Abgase von Kraftfahrzeugen, Heiz- und Energieerzeugungsanlagen, Industrie, Flugzeugen usw.).
c) Langfristige Störungen (z.b. Störungen physiologischer Funktionen, Störungen durch schweren Verkehrslärm usw.).
d) Belästigungen (z.B. durch leichten Verkehrslärm, Gerüche etc.).

Ursprünglich waren überwiegend die Austritte von Industrie- und Hausbrandabgasen verantwortlich für die Bildung von Smog (z.b. die Smogkrise in London 1952). Diese Situation hat sich spürbar gewandelt. Zunächst hat es einen erheblichen Abbau verunreinigender Hausbrandquellen gegeben, Wohnungen wurden in steigendem Maß an Fernheizungen angeschlossen, die Energieausbeute wurde ebenso wie die Filterung der Abgase bei allen Anlagearten deutlich verbessert. Dagegen nahm der Kraftfahrzeugverkehr ständig erheblich zu, sodaß trotz erheblicher Anstrengungen, Fahrzeugemissionen zu vermindern, diese nunmehr gleichermaßen zur Smogbildung und anderem beitragen. Allerdings muß wohl auch erwähnt werden, daß die Gesetzgebung zum Schutz der Umwelt und der daraus resultierenden Ver- und Gebote angefangen hat, zu greifen. Dennoch verbleibt nach wie vor das Erfordernis enormer Anstrengungen zum Schutz unserer Umwelt. Im Zuge dieser Entwicklung hat sich auch die Gewichtung der einzelnen Schadstoffe in ihrer Gefährlichkeit gewandelt. Diese Wandlung ist mehr oder weniger vorprogrammiert, wenn man bedenkt, daß einerseits durch Maßnahmen der Austritt bestimmter Schadstoffe so vermindert wurde, daß ihre relative Bedenklichkeit gesunken ist, und andererseits neue Schadstoffe, auch mit stärkerer Gewichtung in ihrer Schädlichkeit, hinzugekommen sind.

Freiflächenpotentiale zur Beeinflussung der Lufthygiene

Allgemeines

Unser realisierbares Ziel ist es nach Katzschner[124] und Filliger[125], durch gezielte Zuordnung sowie Größe von Frei- und Grünflächen eine Verminderung von Immissionsbelastungen im verstädterten Raum herbeizuführen, d.h. die Verminderung der Einwirkung von Belastungskomponenten auf das betroffene Subjekt oder Objekt. Wir operieren dabei mit drei verschiedenen Zielansätzen:
a) Verhinderung oder Verminderung der Emission,
b) Beeinflussung der Ausbreitungsbedingungen,
c) Schutz für die von der Immission betroffenen Subjekte und Objekte.

Zu a): Dieser Ansatz ist nicht sonderlich planungsrelevant, weil es sich in der Regel um Maßnahmen direkt am Emittenten (Verursacher) handelt und nur durch Vorschriften per Gesetz, Verordnung, Norm oder ggf. über einen finanziellen Anreiz für den Verursacher durchsetzbar sind.

Zu b): Insbesondere komplementär zu den Maßnahmen in a) ist die Beeinflussung der Ausbreitungsbedingungen zu sehen. An diesem Punkt setzt die Planung an. Hier handelt es sich primär um den Einsatz der Frei- und Grünflächen einerseits in ihrem Potential zur Absorption von Produkten der Luftverunreinigung und andererseits zur

---

124 L. Katzschner: "Klima und Planung", Fn. 103.
125 P. Filliger: "Stadtklima und Luftreinhaltung", Fn. 120.

Steuerung von Lufttemperatur, -feuchtigkeit und -bewegung. Bei diesem Ansatz spielt die optimale Lage, Größe und Vernetzung der Frei- und Grünflächen eine kardinale Rolle. Dieser Ansatz ist bedeutungsvoll für jede Umweltverträglichkeitsprüfung. Leider sind Vorschriften zu Umweltverträglichkeitsprüfungen meistens objektorientiert. Wenn z.B. bei der Flächennutzungsplanung eine bisherige Frei- oder Grünfläche mit Wohnflächen überplant wird, dann muß geprüft werden, ob die für Wohnen beabsichtigte Fläche erhaltenswerte Elemente an Fauna und Flora enthält. Ist das der Fall, darf in der Regel nicht überplant werden. Diese Entscheidung kann jedoch in hohem Maß schädlicherweise dazu führen, daß sehr viel größere Schäden an anderer Stelle entstehen. So kann z.B. die Folge davon sein, daß eine beabsichtigte Konzentration der Wohnbebauung dadurch unterbunden wird, eine Zersiedelung der Landschaft sich fort- oder einsetzt, deshalb (wegen der Kleinteiligkeit im Einzelnen nicht beobachtet und erst recht nicht steuerbar) in der Summe erheblich mehr Bodenfläche irgendwo in Ortschaften des Umlandes "versiegelt" wird, prozentual und in der Kilometerleistung weit überproportional mit PKW gefahren wird (weil deshalb auch fehlender ÖPNV-Anschluß) und ein Anschluß an umweltfreundliche Energie- und Abfallquellen (Fernheizung, Gasleitung, leistungsfähiges Klärwerk) nicht finanzierbar ist. Ein Gebot zur Abwägung und dafür vorhergehenden Prüfung solcher übergeordneter Wechselwirkungen ist expressis verbis leider nirgends verankert und wird darum auch nach Beobachtungen des Verfassers zum schweren Schaden der Umwelt kaum verfolgt, obwohl es nach den generellen Zielen sowohl der Gesetze zur Raumplanung wie zum Umweltschutz beachtet werden müßte. Die Objektorientierung der Gesetze engt auch viele "Umweltschützer" auf dieses Blickfeld ein. Deshalb ist in dieser Hinsicht unsere Umweltschutzgesetzgebung sogar zum Teil kontraproduktiv.

Der Ansatz b) besteht also aus Eingriffen in die Ausbreitungsbedingungen für die Emissionen, indem z.B. auch ein Verdünnungseffekt ausgenutzt wird. Verdünnung erreichen wir durch Vergrößerung der Entfernungen zwischen Emittenten und betroffenen Subjekten bzw. Objekten. Diese Entfernung hat den Sinn, so viel mehr Zeit und Raum für die Verdünnungsvorgänge zu erhalten, daß die emittierten Stoffe unterhalb der schädlichen Konzentration bleiben. Wir erreichen diesen Effekt dadurch, daß wir den Austritt der emittierten Stoffe möglichst hoch setzen, also z.B. durch hohe Schornsteine, oder indem wir das betroffene Objekt in größerer Entfernung zum Emittenten ansiedeln und einen Frei- und Grünstreifen beispielsweise zwischen Gewerbe- und Wohngebiet anlegen. Allerdings gilt dieses Verfahren nur sehr begrenzt. Es ist in vielen Fällen bestenfalls als Ergänzung zu a) und c) einsetzbar.

Zu c): Schließlich kann es aus verschiedenen Gründen unvermeidbar sein, das Schutzsubjekt oder -objekt direkt vor schädlichen Einwirkungen zu schützen. Wir wollen beispielsweise in den Wohnquartieren den Verkehrslärm minimieren. Zunächst versuchen wir, generell das Aufkommen des Individualverkehrs dadurch zu minimieren, indem wir versuchen, die Verkehrsteilnehmer auf das öffentliche Nahverkehrsmittel zu ziehen. In der Regel verbleibt ein erheblicher Durchgangsverkehr. Diesen versuchen wir sozusagen "auszusperren", indem wir Einbahnstraßen, Sackgassen, Straßenbügel und ähnliches einbauen. Danach verbleibt jedoch auf den Wohnsammel- und Hauptverkehrsstraßen gerade dadurch zwangsläufig ein noch erhöhter Verkehr mit sehr schädlichen Lärmauswirkungen. Hier verbleiben uns wiederum drei Möglichkeiten. Wir bauen eine neue "Umgehungsstraße", um den

Durchgangsverkehr so weit aus den Ortsteilen zu ziehen, daß die verbleibenden Verkehrsströme im Rahmen erträglichen Lärms bleiben. Bei freierer Lage des Straßenkörpers kann es ggf. auch möglich sein, entweder durch Landschaftsgestaltung (Führung der Straße im Einschnitt oder Modellieren der Landschaft) zur "Einmauerung" der Straße oder Errichtung einer Schallschutzmauer Schallimissionen neu abzufangen. Im innerstädtischen Bereich sind alle diese Maßnahmen nicht möglich. Dort müssen wir am Ende (die schlechteste aller Lösungen) zum Schallschutz am Gebäude (insbesondere Fenster) greifen (siehe dazu auch Band 2 Kapitel 5.3.3[126]). Dabei dürfen natürlich die Bemühungen, die Lärmemission der Kraftfahrzeuge zu vermindern, nie nachlassen. Auch hier gilt das Bemühen um die Konzentration der Maßnahmen.

Sauerstoffproduktion und Bindung von Kohlendioxyd
Es gibt das Schlagwort "Grünflächen sind die Lungen einer Stadt". Über zwei Ansätze können wir die Richtigkeit dieser These prüfen. Zunächst einmal haben wir schon erörtert, daß die Frei- und Grünflächen als Frisch- und Kaltluftkorridore fungieren und nicht unwesentlich zum Luftaustausch beitragen. Da die Lunge auch das "Austausch"-Organ unseres Körpers für Sauerstoff ist, also dem Blut den Sauerstoff zuführt, scheint an diesem Punkt die These zu stimmen.

In einem anderen Punkt scheint jedoch eine allgemeine Vorstellung überholt zu sein, daß nämlich die Grünflächen nicht nur die Sauerstoffzufuhr, sondern auch eine erhebliche Sauerstoffproduktion sicherstellen können. Mehrere Untersuchungen haben gezeigt, daß der Sauerstoffverbrauch einer Stadt im Durchschnitt ungefähr 20mal größer ist als das Produktionspotential städtischer Grünanlagen. Dabei werden allerdings "städtische Grünanlagen" unterschiedlich definiert. Wenn bei solchen Nutzungen die privaten Kleingartenanlagen, Haus- und Kleinsiedlungsgärten nicht enthalten sind, sondern nur öffentliche Anlagen, könnte die Sauerstoffproduktion dennoch zumindest eine nennenswerte Größenordnung erreichen, da die zuletzt genannten Anlagen nur einen kleinen Anteil am Gesamtgrün der Stadt haben. Andere Untersuchungen haben außerdem festgestellt, daß die in den Städten durch Atmung, Industrieproduktion, Hausbrand und Verkehr erzeugte Menge an Kohlendioxyd ebenfalls nicht über die Umwandlung in Sauerstoff durch die Grünflächen kompensiert werden könne. Dadurch entsteht also in jedem Fall ein hohes Defizit im Verhältnis Sauerstoffverbrauch und Sauerstoffproduktion in unseren Städten.

Als Fazit sollten wir deshalb bei der Sauerstoffversorgung festhalten, daß die Bedeutung der Frei- und Grünflächen überwiegend in der Sauerstoffzufuhr und nicht so sehr in der Sauerstoffproduktion liegt. Diese Erkenntnis führt zu einer weiteren gewichtigen Schlußfolgerung: Nicht allein die Größenordnung, sondern mehr noch die Vernetzung der Frei- und Grünflächen zu einem Frischluftkorridor-System, mit guter Anbindung an die Flächen der "freien Natur", ist wichtig. Die Vernetzung muß "durchgängig" sein, also die "Durch"-Lüftung der Stadt erlauben.

Minderung von Staub und anderen Schadstoffen
Auch im Hinblick auf die Absorptionsfähigkeit der Frei- und Grünflächen hat es früher allzu euphorische Annahmen gegeben. Seit etwa der Mitte der 50er Jahre

---

126 K. Müller-Ibold: "Einführung in die Stadtplanung", Fn. 2.

zeichnete sich ab, daß Revisionen notwendig waren. Hausbrand, Straßenverkehr, Industrie und Gewerbe sind die bedeutendsten Staubquellen in der Stadt. Zwar hat die Gesamtmenge an in der Stadt auftretendem Staub in den letzen 30 Jahren durch die Verminderung des Staubaustrittes (z.B. Aschen und Ruß) auf Grund der sich verschärfenden Gesetzgebung und Verwendung erheblich verbesserter Energieerzeugerapparaturen abgenommen. Bedenklich ist jedoch, daß die Abnahme im wesentlichen bei den grobkörnigen Stäuben erfolgte, während die gefährlichen feinkörnigen Stäube (z.B. Aerosole) deutlich zugenommen haben. Eine Differenzierung nach grob- und feinkörnigen Stäuben ist erst bei den Untersuchungen ab etwa Mitte der 70er Jahre erfolgt, so daß die davor liegenden Untersuchungen und Arbeiten wohl den Wirkungseffekt der Staubfilterung durch Grünanlagen überschätzt haben. Dennoch sollten wir andererseits das tatsächliche Staubfilterungspotential auch nicht unterschätzen. Es ist vorhanden und sollte voll ausgeschöpft werden. Dazu sind folgende Grundüberlegungen erforderlich:

Wenn wir Grünflächen direkt oder komplementär als Staubfilter einsetzen wollen, muß die reinigungsbedürftige Luft in sie eindringen können. Wir dürfen also den Besatz der Grünflächen nicht zu dicht machen, insbesondere nicht an ihrem Rand, wie wir es bei Wäldern in der Regel als Schutz gegen Sturmerosion tun! In solch einem Fall wissen wir aus der Windforschung, daß die Luftbewegung über die Grünflächen hinweg abgeleitet wird und dabei die in der Luft enthaltenen schädlichen Partikel mitgerissen werden, so daß die Absorption nur gering ist. Diejenigen Luftmassen jedoch, die in die Grünflächen eingedrungen sind, werden dort abgebremst. Die Turbulenzen, die Stäube und andere Partikel aufgewirbelt und mitgetragen haben, vermindern sich. Die Fremdpartikel in der Luft setzen sich auf Grund ihrer Schwere auf dem Boden der Grünfläche ab. Dieser Prozeß wird häufig noch dadurch verstärkt, daß die Luftfeuchtigkeit innerhalb von Grünflächen hoch ist, von den Partikeln "aufgesogen" wird und dadurch diese automatisch an Gewicht zunehmen läßt. Zum Teil fallen die Partikel auch auf die einzelnen Pflanzen, deren Blattrauhigkeit bzw. -haftfähigkeit diese Partikel solange hält, bis der nächste Regen sie abwäscht, zu Boden bringt und dort einsickern läßt. Weiterhin kann erwartet werden, daß Luftbewegungen, die sich über die Grünflächen hinweg bewegen und dadurch in ihrer Geschwindigkeit zunächst erhöht werden, auf der Leeseite der Grünfläche wieder an Geschwindigkeiten verlieren, wodurch wiederum schwerere Partikel sozusagen "ausgefällt" werden. Daraus läßt sich auch ableiten, daß Grün-"Gürtel" dieser Funktionsart für den "Setzungsvorgang" nicht zu dünn bemessen sein dürfen.

Grünflächen können also durchaus grobkörnige Fremdpartikel in der Luft herausfiltern, weniger die kleinkörnigen. Dabei sollten die Grünflächen möglichst dicht an die Quellstandorte herangeführt bzw., wenn möglich, in sie hineingelegt werden.

Schließlich besteht noch die Frage, ob es gelingen kann, gasförmige Schadstoffe mit dem Medium "Grünfläche" der Luft zu entziehen. Diese Thematik kann nur sehr differenziert und deshalb hier nur sehr kursorisch behandelt werden. Prinzipiell sind nach verschiedenen Untersuchungen Grünflächen größeren Umfangs, insbesondere die Wälder, dazu in der Lage. Die besten Voraussetzungen für die Herauslösung von Schadstoffen bieten anscheinend Koniferen, insbesondere für SO_2. Allerdings ist dafür Grundvoraussetzung, daß die Grundbelastung nicht über die physiologische Verträglichkeitsschwelle der jeweiligen Pflanzenarten hinausgeht. Aus diesen Gründen ist die Herauslösung von Schadgasen aus der Luft durch Grünflächen insbesondere in verstädterten Gebieten sehr begrenzt.

Minderung von Lärm
Bis zum Ende der 60er Jahre hat es viel zu optimistische Annahmen über das schallabsorbierende Potential von Grünflächen gegeben. Inzwischen haben diverse Untersuchungen gezeigt, daß nur eine sehr tiefe Staffelung von Grünflächen unter Verwendung bestimmter Pflanzenarten (dichtes Immergrün und Nadelhölzer) Wirkungen erzeugen können. Erste, sehr geringe Minderungen des Schalls lassen sich bei mindestens 10 Metern Breite solcher Anlagen beobachten. Die Minderung dabei ist jedoch so gering, daß sie beim Lärm in den Städten nicht relevant ist. Grünflächen sind als Lärmschutzpolster deshalb lediglich begrenzt am Stadtrand zwischen stärker abgesetzten Umgehungsstraßen und Siedlungskörpern einsetzbar.

Freiflächenpotential als psychischer Faktor
Wir wissen alle, daß frische Luft, Bewegung in ihr und das Erlebnis der Natur wesentlich dazu beitragen können, daß insbesondere der Streß, der durch die Lebensbedingungen und das Umfeld der heutigen Zeit erzeugt wird, abgebaut werden kann, ja, daß dadurch sogar physische und psychische Gesundungsprozesse eingeleitet, ausgelöst oder unterstützt werden können. Natürlich hängt dieses Potential davon ab, wie sehr der Mensch davon Gebrauch macht. Insofern besteht auch bei dieser Funktion der Frei- und Grünflächen ein sehr enges Zuordnungs- und Zugänglichkeitsverhältnis insbesondere zu den Wohnflächen. Alle privaten und öffentlichen Frei- und Grünflächen dienen diesem Aspekt, da es hierbei sowohl um die Versorgung mit Freizeit- und Sporteinrichtungen geht, wie um Wander- und Joggingwege in Parks und anderen Freiräumen, durch Kleingartengebiete, entlang der Ufergrünflächen von Flüssen und Seen usw. Bei diesem Thema spielen die privaten Grünflächen (also Haus-, Klein- und Siedlungsgärten) und ihr Anteil natürlich auch eine bedeutungsvolle Rolle. Wegen der Vielfalt der Ansätze müssen wir uns hier mit dem Hinweis darauf begnügen, da es nicht Sinn dieses Bandes sein kann, sich auch noch laienhaft mit einzelnen Faktoren der medizinischen Bedeutung der Grünflächen im einzelnen auseinanderzusetzen.

3.2.6 Freizeit- und Erholungsflächen

Allgemeines
Die freie Zeit, die dem Menschen in hochindustrialisierten Ländern außerhalb seiner Arbeit zur Verfügung steht, hat ständig zugenommen und nimmt weiter zu. Die Maschine und der Roboter haben die Produktionsleistung pro Kopf der Beschäftigten derart anwachsen lassen, daß wir uns eine relativ geringe Arbeitszeit leisten können. Die Verkürzung der wöchentlichen Arbeitszeit, die Ausdehnung des Jahresurlaubs, die frühzeitigere Beendigung der Berufsphase im Lebensrhythmus und, last but not least, die Verlängerung der durchschnittlichen Lebenserwartung haben Zeitpotentiale für eine spezifische und geplante Verwendung freier Zeit für bestimmte, Freude bringende Tätigkeiten hervorgebracht, wie sie die Menschheit noch nie gekannt hat. Da es eine beträchtliche Zahl von Menschen gibt, die mit individueller Freizeit nicht

ohne weiteres zurechtkommt, sucht sie die kollektive Freizeit, d.h. solche, die spezielle Anlagen für ihre Ausübung erforderlich macht (z.B. Sportstadien, Freizeitzentren usw.). Dadurch werden solche Aktivitäten für die Stadtplanung relevant. Da ein Teil solcher Anlagen auch nicht unbeträchtliche Störungen auslösen kann, ist die Standortentscheidung häufig nur über den förmlichen und öffentlichen Stadtplanungsakt möglich.

Mit den Begriffsdefinitionen der Freizeit, ihrem Bezugsrahmen, ihrer Zeitdauer und der Kapazitätseinschätzung ihrer Anlagen haben wir uns allgemein im Kapitel 3.3.5 von Band 2[127] auseinandergesetzt, so daß wir hier darauf verweisen können. Daher wissen wir, daß die freie Zeit ein außerordentliches Spektrum mit steigenden Anteilen am gesamten Tagesgeschehen ausmacht. Der Sinn dieses Kapitels ist es, sich spezifisch mit den Freizeitaktivitäten außer Haus auseinanderzusetzen. Allerdings kommen wir nicht umhin, auch den Bereich der eigenen Wohnung als Ort der Freizeit immer wieder zu streifen.

Dauer aktiver Freizeitaktivitäten außer Haus

Umfangreiche Untersuchungen haben in den 70er Jahren der Ruhrsiedlungsverband[128], das EMNID-Institut[129] und die PROGNOS AG[130] durchgeführt. Zunächst verblüfft das Ergebnis auch neuerer Untersuchungen, daß bei rückläufiger Arbeitszeit die Dauer aktiver Freizeit außer Haus nicht signifikant zugenommen hat. Sie betrug im Mittel aller Befragten etwa 36 Stunden pro Woche. Unter Annahme eines Unsicherheitsfaktors sollten wir lieber den Sachverhalt mit einer Marge von etwa 34 bis 38 Stunden pro Woche annehmen.

Grundlegende Arten der Freizeitaktivitäten

Wie in Band 1 ist darauf hinzuweisen, daß uns in diesem Zusammenhang nicht die allgemeine freie Zeit des Bürgers interessiert, sondern die Zeit aktiver Freizeitbetätigung außer Haus im Sinne der Erholung, Entspannung und Regeneration.

Wir unterscheiden zunächst einmal nach:
– stundenweiser Erholung (z.B. Sport, Kino, Spaziergang, Kneipe),
– Halb- und Ganztagserholung (z.B. Wanderung) und
– mehrtägiger Erholung (Wochenendfahrt und Urlaub).

Für diese Arten von Freizeit sind Staat und Kommunen verpflichtet, zumindest stadtplanerische Vorsorge zu treffen. Es ist dabei in der Regel nicht davon auszugehen, daß insbesondere die Kommunen auch die entsprechenden Anlagen hinstellen und betreiben. Die meisten der Freizeitanlagen werden, mit Ausnahme der großen Sportstadien und Badeanstalten, von privaten Eigentümern betrieben. Staat und Kommunen müssen jedoch dafür sorgen, daß im Interesse der Allgemeinheit entsprechende Flächen der spezifischen Nutzungen an den richtigen Standorten ausgewiesen und ggf. erschlossen werden.

---

127 K. Müller-Ibold: "Einführung in die Stadtplanung", Fn. 2.
128 Siehe hierzu Graf Viggo v. Blücher: "Freizeit im Ruhrgebiet", Bielefeld u. Essen 1971.
129 EMNID-Insitut: "Dokumentation zur Freizeitkultur", Bielefeld 1976.
130 PROGNOS AG: "Entscheidungsfragen für die Freiraumplanung", Düsseldorf 1978.

Von Bedeutung ist, daß etwa 70 bis 80 % der freien Zeit in der Wohnung oder dem unmittelbaren Wohnumfeld, etwa 10 bis 15 % für Urlaub und Reisen in fernere Regionen und etwa 10 bis 15 % in stadtplanerisch relevanter Art außer Haus, aber im Wohnort oder der eigenen Stadtregion verwendet werden.[131] Es hat sich gezeigt, daß Frauen in schon signifikanter Größenordnung "sich weniger Freizeit nehmen" können (der Unterschied macht etwa fünf Stunden pro Woche aus). Ausschlaggebend ist dabei vermutlich, daß viele Frauen mit der Doppelrolle der berufstätigen Hausfrau kämpfen müssen, die ihnen weniger Zeit, insbesondere für die aktive Freizeit außer Haus, läßt. Mit steigendem Ausbildungsniveau sinkt die Dauer der aktiven kollektiven Freizeitbeschäftigung außer Haus. Vermutlich ist der Grund darin zu suchen, daß unter solchen Personen ein beträchtlicher Teil (als freiberuflich und unternehmerisch oder in höheren Positionen tätig) wesentlich stärker zeitlich im Beruf belastet ist (60-Stunden-Woche und mehr). Hinzu kommt, daß mit steigendem Bildungsgrad individuelle Freizeit (Lesen, individuelles Hobby, Engagement in ehrenamtlichen Tätigkeiten und ähnliches) eine stärkere Rolle spielt. Auch steigt mit höherem Einkommen die Qualität des häuslichen Umfeldes, so daß diese Gruppe möglicherweise auch eher in der Lage ist, zu Haus ihre Freizeithobbys auszüben (z.B. privater Tennisplatz, Schwimmbad etc.). Da die "freie" Zeit insgesamt nach dem Krieg erheblich angestiegen ist, nimmt demnach der Anteil, der mit speziellen Aktivitäten "zu Hause" oder rein privat bei Freunden verbracht wird, überproportional zu (vermutlich in steigendem Maß bei Jugendlichen auch vor den Bildschirmen aller Art mit durchaus auch sehr negativen Wirkungen). Da sich das freie Wochenende inzwischen in der Regel vom Freitagmittag bis zum Sonntagabend ausgedehnt hat, gewinnt auch die kurze Wochenendreise an Bedeutung. Deshalb ist zu vermuten, daß die aktive Freizeit außer Haus, die für die Stadtplanung hauptsächlich relevant ist, in ihrem Umfang relativ konstant ist und bleibt.

Zahl der Freizeitaktivitäten

Es gibt zahlreiche Freizeitaktivitäten außer Haus. Sie rangieren vom Spaziergang über Wandern, Radfahren, Sport- und Turnarten, Besuch von Veranstaltungen als Zuschauer (Sport, Musik, Theater, Film, Ausstellungen, sonstige Veranstaltungen), Baden, in die Kneipe gehen, bis hin zum Angeln, Bootsfahren, Fliegen, Fallschirmspringen (um auch einige ausgefallene zu nennen) usw. Die Zahl der möglichen Freizeitaktivitäten sagt wenig aus, da eine Person jeweils nur eine sehr begrenzte Zahl von Aktivitäten ausübt. Die Art der Aktivitäten und ihre Dauer ändert sich je nach Alter und Familienstand. Außerdem bedürfen nicht alle Aktivitäten einer förmlichen Ausweisung der Flächennutzung (eine "sinnvolle Verteilung" von Kneipen über eine Nutzungsausweisung muß daran scheitern, daß Kneipen zu wenig Fläche beanspruchen, also von der Quantität her nicht spezifisch relevant sind und außerdem durchweg privat betrieben werden). Es kommt allerdings bei solchen Funktionen z.B. darauf an, daß in den richtigen Lagen der Ortszentren, der Standorte besonderer Institutionen (z.B. Universitätsbereiche), der inneren Stadt usw. ausreichend Kern- bzw. Gemischte-Baugebiete ausgewiesen werden, um solchen Einrichtungen genügend Entwicklungsspielraum zu bieten.

---

[131] Siehe dazu auch G. Schöning und K. Borchard: "Städtebau im Übergang zum 21. Jahrhundert", Fn. 97

Grundlagen und Orientierungswerte
Wir haben schon in den Bänden 1 und 2[132] erörtert, daß es von der Stadt und ihrer Struktur abhängt, inwieweit und wo im einzelnen Freizeiteinrichtungen, insbesondere im Zusammenhang mit Freiflächen, geplant werden müssen. Darüber hinaus bestimmen die soziale und demographische Struktur der Bevölkerung ebenso wie die geographische Struktur und Lage einer Region, welche Arten der Freizeit dominieren und welche geringere Bedeutung haben. Daß an der "Waterkant" Wassersport dominanter als im Binnenland ist, der Ski-Sport dominanter in schneereichen Gebieten und im Bergland als in schneearmen Gebieten und im Flachland ist, liegt auf der Hand.

Die für Gemeinden allgemein erforderlichen Anlagen wurden erstmalig in den "Richtlinien für die Schaffung von Erholungs-, Spiel- und Sportanlagen in den Gemeinden"[133] ermittelt. Diese Richtlinien wurden von der Deutschen Olympischen Gesellschaft im Benehmen mit den kommunalen Spitzenverbänden entwickelt und von diesen als eigene Empfehlungen übernommen. Sie berücksichtigten grundsätzliche Größenunterschiede der Gemeinden. Sie betreffen das freie Spielen von Kindern, die schulische Leibeserziehung, den Vereins- und Wettkampfsport sowie die sportliche Erholung der Bevölkerung in der freien Zeit. Als besonders zusätzlich zu erwähnende Funktionsflächen sind die Kleingärten zu erwähnen, die allerdings unter eigenen Kriterien betrachtet und dimensioniert werden müssen, weil sie z.B. als Freizeittätigkeit stärker im norddeutschen als im süddeutschen Raum beheimatet und populär sind.

Für die praktische Anwendung sind folgende Grundsätze zu beachten:
Die Bemessung nach Anzahl, Größe und Lage der einzelnen Freizeitanlagen unterliegt, je nach Orts- und Landespräferenzen, in gewissen Grenzen immer einer freien Entscheidung der Gemeinde. Nicht die schematische Zahl, sondern Funktion und tatsächlicher Bedarf der Region sollten innerhalb des generellen Rahmens entscheidend sein. Primär sind Anlagen in der Standortentscheidung auf ihre jeweiligen Wohneinzugsgebiete zu beziehen. In größeren Gemeinden mit bezirklicher Gliederung (Stadtbezirke, Orts- und Stadtteile usw.) sind die Richtwerte nicht starr auf das gesamte Stadtgebiet zu verteilen, sondern der Stadtgliederung anzupassen und auf die einzelnen Bezirke usw. zu beziehen. Nicht immer wird dabei Rücksicht auf die jeweiligen Verwaltungsgrenzen der Stadt genommen werden können. Hin und wieder wird man dabei auch innerstädtisch "grenzüberschreitend" planen müssen. Der Ansatz gleicht jenem, den wir zum Disparitätenausgleich bei der Frei- und Grünflächenplanung in Kapitel 3.2.4 erörtert haben. In sehr großen Gemeinden mit stark differenzierter Bebauungsstruktur kann es sein, daß zu ihr auch noch räumlich selbständige Ortsteile gehören, die keine Richtwertbemessung erlauben, weil sie z.B. zu klein sind. In solchen Situationen sollte flexibel mit Sonderlösungen operiert werden, die insofern dann auch von der Norm losgelöst werden müssen.

Natürlich gilt es, nicht nur Defizite im Nachholbedarf bei den schon existierenden Stadtteilen durch Planfestlegung von neuen Freizeitanlagen in diesen Gebieten abzubauen, sondern in die Zukunft zu schauen mit Neubaustadtteilen, die letztlich solche Anlagen vom ersten Augenblick an ebenso benötigen. Insofern macht es hier

---

132 K. Müller-Ibold: "Einführung in die Stadtplanung", Fn. 2.
133 Deutsche Olympische Gesellschaft: "Der Goldene Plan in den Gemeinden", Frankfurt 1962.

wenig Sinn, im einzelnen Orientierungswerte für Freizeiteinrichtungen aufzuzeigen. Zunächst ist es wichtig zu wissen, daß es durchaus signifikante Unterschiede zwischen den einzelnen Regionen gibt. Zur weiteren Information wird auf die "Richtlinien für die Schaffung von Erholungs-, Spiel- und Sportanlagen"[134] der Deutschen Olympischen Gesellschaft als Handbuch für die Planung von Freizeiteinrichtungen und auf "Städtebau im Übergang zum 21. Jahrhundert"[135] von Schöning und Borchard mit einer Reihe von Orientierungswerten verwiesen.

3.2.7 Das System der Landschafts- und Grünordnungsplanung

Funktion der Landschafts- und Grünordnungsplanung

Die Elemente der natürlichen Umwelt (Gestein, Boden, Geländeform, Wasser, Luft, Sonnenlicht, Pflanzen- und Tierwelt) bilden ein vielfältiges, als Ganzes schwer überschaubares Wirkungsgefüge, das mit dem Gefüge der städtebaulichen Nutzungen in Wechselbeziehung steht. Gleichzeitig bildet diese natürliche Umwelt einen unmittelbaren Erlebnis- und Erholungsraum für die Bevölkerung.

Wir leben in Mitteleuropa, wie schon in den vorangegangenen Bänden angemerkt, nahezu total in einer vom Menschen gestalteten Kulturlandschaft. Nur wenige Flecken sind, auch hier von Menschenhand bestimmt, als Naturlandschaft erhalten. Nach Germeraad entstand unsere Kulturlandschaft aus der Überlagerung von drei "Ebenen" (siehe Grafik 16).[136]

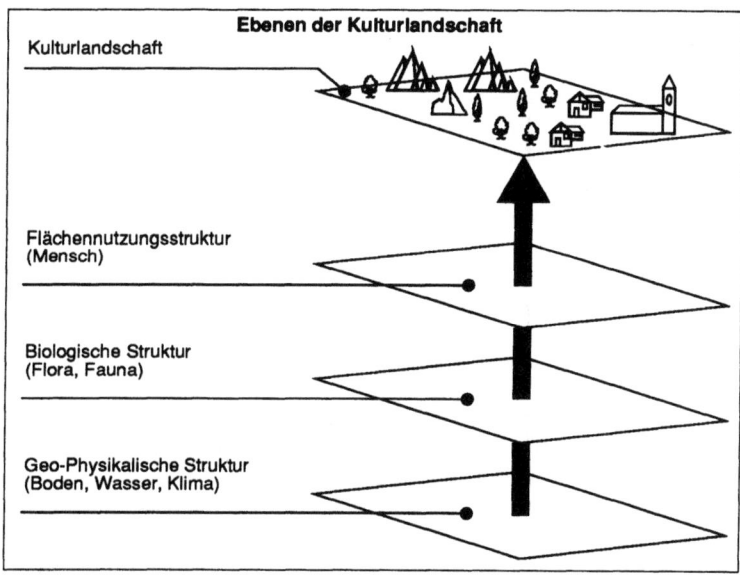

Grafik 16

---

134 Deutsche Olympische Gesellschaft, "Richtlinien für die Schaffung von Erholungs-, Spiel- und Sportanlagen", Frankfurt 1976.
135 G. Schöning u. K. Borchard, Fn. 97.
136 Quelle: P. W. Germeraad: "Ecological Analysis", Dhahran 1985.

Die Basisebene wird durch die *geo-physikalische Struktur* bestimmt. Sie besteht aus den Elementen der Landformation, der Gewässer, des Klimas usw. Diese Struktur kann der Mensch zwar durch einen "Atomschlag" vermutlich zerstören, aber im Sinne einer evolutionären Entwicklung nur sehr partiell beeinflussen.

Die erste, sich davon abhebende Ebene wird durch die *biologische Struktur* (Flora und Fauna) bestimmt. Sie hatte sich ursprünglich in einer langfristigen Evolution ohne künstliche Eingriffe entwickelt. Hin und wieder wurde diese Entwicklung durch Naturereignisse gestört (Vulkanausbrüche, z.B. des Krakatau; Erdbeben auf Grund der Verschiebungen von Erdplatten wie etwa das von San Francisco oder vor Millionen Jahren im persich-arabischen Golf usw.).

Die dritte Ebene stellt die von Menschenhand gestaltete *Flächennutzungsstruktur* dar. Damit ist nicht nur die städtische Flächennutzung gemeint, sondern auch z.B. die der Land-, Fisch- und Forstwirtschaft, die durch Kultivierung, Pflanzenzucht, Viehzucht, Haustierhaltung, Rodung, Anbau und Umbau die "Landschaft" der zweiten Ebene erheblich bis vollständig verändert hat.

Zusammengefaßt bilden diese drei Ebenen die *Kulturlandschaft*, in der wir heute leben. Wenn im weiteren Verlauf von Natur und Naturlandschaft usw. die Rede ist, dann ist damit die heute existierende, kultivierte und nicht die ursprüngliche Natur gemeint. Letztere gibt es nur noch in sehr begrenztem Umfang. Wenn von ihr die Rede ist, wird das speziell vermerkt sein.

Um eine nachhaltige Nutzbarkeit der natürlichen Umwelt zu ermöglichen und unerwünschte Nebenwirkungen einzelner Nutzungen - etwa für die Gesundheit der Bevölkerung - zu vermeiden, und um gleichzeitig die natürliche Umwelt als Erlebnisraum zu erhalten und zu gestalten, muß sie in ihrem Wirkungsgefüge, nicht nur in der Wechselwirkung mit einzelnen Nutzungen, bei allen räumlichen Planungen beachtet werden. Das wird umso notwendiger, je stärker die natürliche Umwelt im Zuge der Verstädterung durch Bebauung, Verkehr, Abbau von Bodenschätzen, wasserwirtschaftliche Maßnahmen, Landbewirtschaftung u.a. in einem noch nie dagewesenen und sich beschleunigenden Umfang verändert und gestört wird.

Es ist Aufgabe der Landschafts- und Grünordnungspläne, zur Vorbereitung und als Teil der Bauleitpläne:
– die Möglichkeiten und Bedingungen der natürlichen Umwelt als Wirkungsgefüge und als Erlebnis- und Erholungsraum herauszuarbeiten;
– die städtebauliche Entwicklung in Abstimmung mit den anderen Teilplanungen den Möglichkeiten und Bedingungen der natürlichen Umwelt anzupassen, dadurch auch die Möglichkeiten der Entwicklung zu erweitern;
– die Grün- und Freiflächen, im Hinblick auf die Bedürfnisse der Bevölkerung, im Zusammenhang mit anderen Teilplanungen im Rahmen der Bauleitplanung, in die gesamte städtebauliche Entwicklung einzuordnen.

Die Landschafts- und Grünordnungspläne (Freiraumplanung) haben zu dienen:
– den sozialen und kulturellen Bedürfnissen der Bevölkerung - durch die Ausweisung von Kommunikationsräumen im Freien sowie von Raum für kulturelle Veranstaltungen in Zuordnung zu den Wohngebieten, aber auch von ruhigen Bereichen für das unmittelbare Erlebnis der Natur- und Kulturlandschaft;
– der Sicherheit der Bevölkerung, vor allem in bezug auf die Gefahren des Autoverkehrs - durch die Ausweisung von Fußgängerzonen, kreuzungsfreien Schulwegen und verkehrsgeschützten Spielräumen für Kinder;

— der Gesundheit der Bevölkerung, z.T. gleichzeitig der Jugendförderung - durch die Ausweisung von Spiel-, Sport- und Erholungsflächen, von Möglichkeiten für die Gartenpflege, zum Spaziergehen, Ausruhen, insbesondere auch von Bewegungsraum für Kinder, Jugendliche und alte Menschen.

Durch die Ausweisung von Grünflächen um störende Einrichtungen herum mit Pflanzungen zur Staubfilterung und Anlagen zur Lärmminderung soll gesundheitsschädlichen Einflüssen entgegengewirkt werden. Durch die Planung von Grünflächen mit klimatischen Wirkungen - als Abkühlflächen, Frischluftbahnen und ähnlichem - soll zum Wohlbefinden und zur Gesundheit der Bevölkerung beigetragen, gleichzeitig damit auch den Wohnbedürfnissen der Bevölkerung gedient werden.

Die Belange des Natur- und Landschaftsschutzes sollen durch die Erhaltung von wertvollen Gegebenheiten der natürlichen Umwelt, von Gehölzen, Gewässern, besonderen Geländeformen usw. gestützt werden, auch durch Erhaltung von Bereichen mit ungestörtem natürlichen Wirkungsgefüge, selbst innerhalb von Siedlungsbereichen.

Die Gestaltung des Orts- und Landschaftsbildes soll durch Sicherung und Schutz natürlicher Elemente der Landschaft wie Gehölze, Ufer, Talauen, Bergkuppen als Gliederung des Siedlungsbereiches und als Erlebnis- und Erholungsraum für die gesamte Bevölkerung gefördert werden.

Die Landschafts- und Grünordnungspläne haben gleichzeitig den Zielen der Raumordnung und Landesplanung zu dienen, wie sie in den Landesentwicklungsprogrammen der Länder gemäß den Grundsätzen der Raumordnung und Landesplanung dargestellt werden. Von Bedeutung für die Landschafts- und Grünordnungspläne sind insbesondere die Grundsätze, welche die natürliche Umwelt betreffen, wie etwa "Erhaltung der nachhaltigen Leistungsfähigkeit der Landschaft", "Verhinderung der Zersiedelung der Landschaft", "Reinhaltung des Wassers und der Luft", "Erhaltung wesentlicher Grünzüge", "Schaffung von Naherholungsgebieten" u.a.m.

Das hierarchische System und seine Zuordnungen

Auch die Landschaftsplanung ist nach dem föderalistischen Prinzip in ein entsprechendes hierarchisches System eingebettet. Dabei wird von der in der Raumplanung üblichen Gliederung und Strukturierung ausgegangen, so wie es die Grafik 17 zeigt.

In Anlehnung an den zur Zeit vorwiegenden Sprachgebrauch wird für den Beitrag der Landschafts- und Grünplanung auf der Ebene des Flächennutzungsplanes die Bezeichnung "Landschaftsplan" verwendet, auf der Ebene des Bebauungsplanes die Bezeichnung "Grünordnungsplan" (in Großstädten, deren Gebiet überwiegend bebaut ist, werden anstelle der Bezeichnung "Landschaftsplan" auch die Bezeichnungen "Grünordnungsplan", "Landschafts- und Grünordnungsplan" oder "Freiflächenplan" für den Beitrag der Landschafts- und Grünplanung verwendet). Die Grafik 18 soll uns die wesentlichen Wechselbeziehungen der Hierarchiestufen veranschaulichen. Der Inhalt des Grünordnungsplanes als Teil des Bebauungsplanes unterscheidet sich vom Inhalt des Landschaftsplanes
— infolge des anderen Maßstabes der Bearbeitung: meist 1:5000 oder 1:10000 bei den Hauptplänen des Flächennutzungsplanes, meist 1:500 oder 1.:1000 beim Bebauungsplan (Landschafts- und Grünordnungspläne sollten grundsätzlich im gleichen Maßstab wie die zugehörigen Bauleitpläne dargestellt werden, um den unmittelbaren Bezug zu ermöglichen);

Hierarchie der Planungsebenen der Landschaftsplanung

Ebene der Planung	Art der Raumplanung	Art der Landschaftsplanung	Karten-Maßstab
Bund	Raumordnungsprogramm	-	-
Land	Landesentwicklungsprogramm (-plan)	Landschaftsprogramm	-
Land/Kommunalverband	Regionaler Raumordnungsplan	Landschaftsrahmenplan	1 : 100.000 - 1 : 25.000
Gemeinde/Stadt	Flächennutzungsplan	Landschaftsplan	1 : 10.000
Gemeindebezirk/Stadtteil	Rahmenplan/Strukturplan	Grünordnungsplan	1 : 5.000
Teil des Gemeindegebietes	Bebauungsplan	Grünordnungsplan	1 : 2.000 - 1 : 500
Fachverwaltung	Fachplan	Landschaftspflegerischer Begleitplan	(1 : 10.000) 1 : 5.000 - 1 : 500

Grafik 17

– infolge des anderen räumlichen Geltungsbereiches;
– infolge der unterschiedlichen rechtlichen Gewichte von vorbereitendem und verbindlichem Bauleitplan.

Im allgemeinen sollte die Erstellung eines Landschaftsplanes in einer Gemeinde oder einem Planungsverband der Erstellung von Grünordnungsplänen vorangehen. Die Grundlagenuntersuchungen für den Landschaftsplan in einer Gemeinde können dann für die Grünordnungspläne mitverwendet werden. Wenn ein Bebauungsplan aus zwingenden Gründen vor dem Flächennutzungsplan aufgestellt wird, müssen natürlich auch für den zugehörigen Grünordnungsplan die Grundlagen gesondert bearbeitet werden. Natürlich sind in jedem Fall für den Grünordnungsplan ergänzende, insbesondere vertiefende Untersuchungen notwendig.

Übergeordnete Wechselbeziehungen im Bereich der Landschaftspflege

LANDSCHAFTSPLAN	GRÜNORDNUNGSPLAN
Beitrag zum Flächennutzungsplan	*Beitrag zum Bebauungsplan*
– Einordnung in größere naturräumliche Landschaftseinheiten	– Übergeordnete Zusammenhänge für den Grünordnungsplan als Beitrag zum Bebauungsplan sind den Darstellungen des Flächennutzungsplanes, insbesondere des zugeordneten Landschaftsplanes zu entnehmen.
– Einbettung in Ziele der Raumordnung und Landesplanung im Bezug auf die natürliche Umwelt, Auswertung für die städtebauliche Ordnung	
– Erfassung und Bewertung der für die städtebauliche Entwicklung wesentlichen Gegebenheiten der Landschaft	– Gliederung der Frei- und Grünflächen im Hinblick auf die städtebauliche Entwicklung. Beim Fehlen eines vorausgehenden Landschaftsplanes müssen übergeordnete Zusammenhänge in den wesentlichen Zügen im Grünordnungsplan beachtet werden.
– Gliederung der Stadtlandschaft durch großräumige Kombination verschiedener Freiraumnutzungen	

Grafik 18

In der Regel besitzt der Grünordnungsplan durch den begrenzten Geltungsbereich und den größeren Maßstab eine engere Aufgabenstellung und geringere Breite des Inhalts, aber größere Differenzierung und Tiefe als der Landschaftsplan.

Oft werden Landschaftspläne und Grünordnungspläne in Gutachterform auch für besondere Probleme und Teilbereiche, auch zu Sonderformen städtebaulicher Planung ("Stadtentwicklungskonzept", "städtebaulicher Rahmenplan", "städtebaulicher Ausführungsplan", "Sanierungsplan" u.a.) erstellt. Landschafts- bzw. Grünordnungspläne sind Planwerke. Sie bestehen aus Plänen und Texten. Der Text wird in der Regel in zwei Hauptteile, den Grundlagenteil und den Planungsteil, gegliedert. Im Einzelfall kommen jedoch auch andere Gliederungen vor.

Die allgemeinen Planinhalte (Bestandsaufnahmen, Bedarfsermittlungen, Konzepte, Bewertungen und Stellungnahmen) sind Voraussetzungen für die endgültigen, rechtswirksamen Planentscheidungen, Darstellungen und Festsetzungen nach dem Baugesetzbuch. Sie müssen im Rahmen des Erläuterungsberichtes bzw. der Begründung dargestellt werden.

Die natürliche Umwelt und ihre Wechselbeziehungen zur Stadt

Grundlagen der Umwelt

Als Faktoren der natürlichen Umwelt sind für die städtebauliche Entwicklung auf seiten der Bauleitplanung bedeutsam:
– Untergrund- und Grundwasserverhältnisse (für die Ausweisung von Baugebieten),
– Geländerelief, z.B. Täler, Terrassenstufen, Kuppen, Felsformationen (für die Ausweisung von Freihaltezonen zugunsten des Orts- und Landschaftsbildes, zur Erhaltung der klimatischen Funktion von Grün- und Freiflächen usw.),
– Gewässer, vor allem auch die kleinen Wasserläufe, einschließlich ihrer Wassereinzugsgebiete und Hochwasserrückhalteräume,
– Lokalklima, z.B. Windverhältnisse, Smogzonen, Frischluftschneisen,
– Boden, z.B. Zonen höherer Bodengüte (für Vorrangflächen für die Landwirtschaft),
– Pflanzenwelt, z.B. Wald, Auenbereiche, Einzelgehölze, seltene und ökologisch bedeutsame Pflanzengesellschaften,
– Tierwelt, z.B. schützenswerte Vogelkolonien, Wildwechsel.

Die Faktoren der natürlichen Umwelt sind erforderlich, soweit sie nicht schon anderweitig erhoben und dargestellt sind. Für Spezialuntersuchungen (z.B. über das Lokalklima, den Baugrund, die Grundwasserverhältnisse) sind gesonderte Aufträge ggf. zu erteilen. Die Faktoren der natürlichen Umwelt sind in ihrer Gesamtheit zu berücksichtigen. Eine Darstellung der einzelnen Faktoren in gesonderten Karten ist im Grünordnungsplan kaum erforderlich, im Landschaftsplan erleichtert sie die Übersicht und den Nachvollzug der Planung. Auch können verschiedene Einzelfaktoren je nach örtlicher Situation in Faktorengruppen gebündelt dargestellt werden, etwa der Teilkomplex Bodenuntergrund/Wasser/Geländerelief oder der Komplex Boden/Pflanzenwelt/Tierwelt und anderes.

Eine Zusammenfassung der Gegebenheiten und Möglichkeiten der natürlichen Umwelt, eine Darstellung der Zusammenhänge und eine Bewertung der natürlichen Eignung oder Nicht-Eignung der Flächen im Hinblick auf die städtebauliche Entwicklung ist als Beitrag der Landschaftsplanung während des Planungsablaufes bei beiden Stufen der Bauleitplanung unentbehrlich. Es können, je nach örtlichen Problemen, Teilkomplexe gebündelt werden, wie etwa im:

Landschaftsplan
- Gliederung nach Gesichtspunkten der natürlichen Umwelt, Darstellung des Wirkungsgefüges der natürlichen Umwelt im Hinblick auf die städtebauliche Entwicklung mit funktionalen Darstellungen, Diagrammen u.ä.;
- Gliederung des Gemeindegebietes nach dem Landschaftsbild, Darstellung der Bestände der natürlichen Umwelt mit Erlebniswert, größere und kleinere Erholungsbereiche, Anziehungspunkte, Aussichtslagen, Orientierungszeichen usw.;

daraus entwickelt:
- Bewertung der Eignung von Flächen für mögliche bauliche Nutzungen bei nachhaltigem Schutz der natürlichen Umwelt, Ausweisung von Vorrang- und Tabuflächen.

Grünordnungsplan
Prinzipiell ist die Darstellung der Gegebenheiten und Möglichkeiten wie beim Landschaftsplan auch im Grünordnungsplan nötig. Durch die Begrenzung des Planungsgebietes ist jedoch meist die Breite des Inhalts eingeschränkt, so daß oft die Zusammenfassung der Teilkomplexe in einer einzigen Plandarstellung möglich ist. Soweit möglich, sollte auf die Vorarbeiten des Landschaftsplanes zurückgegriffen werden. Der Grünordnungsplan zielt, wie der Bebauungsplan, auf die unmittelbar anstehende Umsetzung der Planung ab, im Gegensatz zum Landschaftsplan, der, wiederum wie der Flächennutzungsplan, eine generelle Rahmensetzung vornimmt. Der Grünordnungsplan muß also sehr viel konkreter sein als der Landschaftsplan.

Die Grundlagen für die Planung
Bestehende Nutzungen und Strukturen
Die bestehenden Struktur- und Nutzungsverhältnisse sind in Ergänzung zu den Kartenunterlagen und den vorhandenen Erhebungen als Grundlage der Planung im Hinblick auf die städtebauliche Entwicklung und ihre Beziehung zur natürlichen Umwelt zu erfassen und zu bewerten. Datenquellen sind die amtliche Statistik und sonstige Erhebungen, wie wir sie in Kapitel 2.3 erörtert haben, und Sondererhebungen, die in der Regel bei jedem Landschafts- oder Grünordnungsplan erforderlich werden. Einen zusätzlichen Überblick bieten die Veröffentlichungen der Akademie für Raumforschung und Landesplanung.[137]

Landschaftsplan
- Gegenwärtige Flächennutzung durch Bebauung, Verkehr, Bodenentnahmen und Aufschüttungen, Land- und Forstwirtschaft usw.;

---

[137] Siehe hierzu insbesondere: Akademie für Raumforschung und Landesplanung: "Daten zur Raumplanung - Zahlen, Richtwerte, Übersichten", Hannover 1981.

- besonders differenzierte Erfassung im Bereich der Grünflächen: allgemeine Grünanlagen, Kleingarten- und Erholungsbereiche, Fußgängerverbindungen, Radwege usw., also insgesamt des Gefüges der Freiflächen;
- Erfassung neuerer Nutzungsänderungen, nicht nur im Gemeindegebiet, sondern auch auf den angrenzenden Gemarkungsteilen, soweit sie über die Gemeindegrenze hinweg bedeutsam und wirksam sind;
- Bestände der gegenwärtigen Nutzung mit geschichtlicher, wissenschaftlicher und kultureller Bedeutung sowie mit Bebauung für den Erlebniswert der Landschaft, wie alte Ortskerne, charakteristische Straßen und Plätze, bekannte und vermutete Bodendenkmale usw.;
- Schäden, Gefahren, Probleme und Konflikte im Bereich der natürlichen Umwelt als Wirkungsgefüge und Erlebnisraum durch die Nutzung bzw. Fehlnutzung wie Müllablagerungen, Bodenschäden, Wasser- und Bodenverschmutzungen, Lärm, Beeinträchtigungen des Orts- und Landschaftsbildes u.a.m.

Grünordnungsplan
- Die bestehenden Nutzungsverhältnisse müssen im Gebiet des Grünordnungsplanes in Ergänzung der Bestandsaufnahme des Landschaftsplanes differenziert erfaßt werden.
- Im Rahmen der verbindlichen Bauleitplanung ist es zweckmäßig, die Übereinstimmung der Kartenunterlagen mit der Wirklichkeit durch einen Feldvergleich zusammen mit zuständigen Vertretern der Gemeinde vorzunehmen. Der Feldvergleich sollte auf den Unterlagen beurkundet werden.
- Wie weit die gegenwärtigen Nutzungsverhältnisse in einzelnen Karten dargestellt werden und schließlich in den Erläuterungsbericht eingehen, hängt davon ab, wie schwierig und vielschichtig die Verhältnisse sind, und wie weit eine solche Darstellung für den Nachvollzug der Planungsentscheidungen von Bedeutung sind.

Eine Reihe von Planungsunterlagen müssen in die Planung der Landschafts- und Grünordnungspläne als Bedingungen, Grenzen der Möglichkeiten und Nutzungsansprüche eingehen und im Hinblick auf die natürliche Umwelt bewertet werden; sie werden z.T von anderen Fachbereichen als Vorgaben geliefert, wie z.B.
- soziale und wirtschaftliche Gegebenheiten wie Bevölkerungs-, Alters-, Wirtschafts- und Sozialstruktur, Wanderungsbewegungen, Bauentwicklung, Wohnverhalten;
- bestehende Planungen wie schon vorhandene Bauleitpläne, Fachplanungen (Verkehr, Wasserwirtschaft, Flurbereinigung usw.);
- bestehende Rechtsverhältnisse wie Landschafts- und Naturschutzgebiete, Natur-, Boden- und Baudenkmäler, Wasser-, Quell- und Hochwasserschutzgebiete, militärische Schutzbereiche, Emissionsschutzgebiete, aber auch allgemeine schon bestehende Nutzungsausweisungen und -rechte, außerdem wichtige Besitzverhältnisse.

3.2.8 Methodik der Planung von Frei- und Grünflächen

Allgemeines
Im Rahmen einer Einführung in die Stadtplanung kann nicht auf die Einzelheiten und die Tiefe einer professionellen Disziplin wie der Landschaftsplanung eingegan-

gen werden, die allein Sache eines Landschaftsplaners sein können. Hier kommt es darauf an, daß der Stadtplaner sich Kenntnisse aneignet, die ihn befähigen, professioneller Partner des Landschaftsplaners zu sein, entsprechende Anforderungen aus der Sicht der Flächennutzungsplanung zu stellen und umgekehrt aus den Erkenntnissen der Landschaftsplanung ggf. Folgerungen für die Flächennutzungsplanung zu ziehen.

Bestandsaufnahme und -analyse
Nachdem wir eine Reihe von Fragen im Hinblick auf innerstädtische Freiraumdefizite, auf Anforderungen zur Klimasteuerung usw. erörtert und untersucht haben, bedarf es natürlich auch der Untersuchung der größeren zusammenhängenden Freiraumlandschaftsteile der Stadt und ihres Umlandes. Dazu gehört unter allen Umständen die Bestandsaufnahme der weiter unten erörterten Bereiche. Sehr wichtig ist auch hier die Beobachtung der Entwicklung, deren Wertung und Gewichtung, damit entsprechende Folgerungen gezogen werden können. In diesem Fall gilt es, besonders darauf aufmerksam zu machen, daß die Entwicklungen sehr viel langfristiger verlaufen als in den bislang erörterten Themenbereichen der baulichen Entwicklung.

Landschaftsbestand
Die heutige Landschaft ist durch Land-, Vieh- und Forstwirtschaft, Eindeichung von Überschwemmungszonen, städtische Grünflächen, Versiegelung usw. durchweg kultiviert und nicht mehr natürlich. Sie hat sich in ihren großräumig-ökologischen Funktionen für Wasserhaushalt, Klima und Vegetation so stark verändert, daß sie z.T. nicht mehr in der Lage ist, diese Funktionen wahrzunehmen. Es gilt also, den Landschaftsbestand nicht nur quantitativ in seiner heutigen Struktur festzustellen, sondern auch qualitativ zu bewerten, damit Erfordernisse an Heilungsmaßnahmen, Ausgleichen oder Kompensationen frühzeitig sichtbar werden. Insofern muß das gesamte Planungsgebiet in ökologische Funktionsgebiete unterteilt werden (z.B. Frisch- und Kaltluftschneisen für den Klimaausgleich in der Stadt einerseits und Biotopreservate andererseits), die zu bewerten sind im Hinblick auf ihre gesamtökologische Bedeutung, Belastbarkeit und Eignung auch für andere Nutzungen. Aus einer solchen Bewertung ergibt sich ein erster Ansatz auch für die Eignung bzw. Nicht-Eignung für neue, städtische Nutzungen. Solche städtische Nutzungen sind z.B. auch solche für Freizeit im Freien, die die ökologische Funktion der Landschaft durch Überbeanspruchung erheblich belasten können (z.B. schon allein durch die daraus entstehenden Verkehrsbewegungen).

Relief
Das Relief der Landschaft hat zu allen Zeiten eine große Rolle gespielt. Selbst die scheinbar flache Landschaft hat mehr Relief als es der Laie in der Regel bemerkt, weil zahlreiche "Gegenstände" der Landschaft den Blick verengen (Baum- und Strauchgruppen, bauliche Anlagen usw.). Die Technik, die vielerlei Schwierigkeiten hat überwinden helfen, erlaubt uns immer mehr, das Relief zu "übersehen" und zu mißachten, mit häufig bedenklichen Folgen. Für den Kaltluftaustausch, für das Fließen des Wassers und des Abwassers und vieles andere mehr ist die Beachtung des Reliefs ebenso erforderlich wie für die Ausgestaltung des Landschaftsbildes, das uns schließlich auch in sogar hohem Maß interessieren muß.

Bodenbeschaffenheit
Die Beschaffenheit von Böden ist entscheidend für die Nutzungseignung, gleichgültig, ob es um land- oder forstwirtschaftliche oder bauliche Nutzungen geht. Es gibt Wechselbeziehungen zwischen der Bodenbeschaffenheit und dem Landschaftsrelief. Die Bewertung der Böden erfährt ständig Veränderungen. So hatten schwere Böden in früheren Zeiten für den Ackerbau einen höheren Stellenwert als heute, weil sie fruchtbarer sind als leichte Böden. Inzwischen ist die Landwirtschaft motorisiert und mit ihren Maschinen auf schwerem Boden behindert, während der leichte Boden nicht nur mit Maschinen leichter zu bearbeiten, sondern heutzutage durch verbesserte Düngungsmethoden auch noch ebenso ertragreich ist. Insofern wird der schwere Boden zunehmend für Viehwirtschaft (Weide) verwendet.

Wasserhaushalt
Im Umfeld einer Stadt können wir davon ausgehen, daß erhebliche Veränderungen sowohl der Oberflächengewässer als auch des Grundwassers stattfinden. Meist handelt es sich um Absenkungen des Grundwasserspiegels und damit auch des Spiegels von Seen und Flüssen mit weitreichenden Folgen insbesondere für die Vegetation. In besonderem Maß verhindert die städtische Bebauung infolge der Versiegelung des Bodens das natürliche Eindringen von Oberflächenwasser (Regen) in den Boden und der daraus resultierenden Anreicherung des Grundwassers. Das Oberflächenwasser wird obendrein noch künstlich abgeleitet und verändert damit künstlich den Fluß und Spiegel von Oberflächengewässern. Die Emissionen in Städten führen in steigendem Maß zur Verschmutzung des Oberflächenwassers (Regen) in solch einem Maß, daß schon hin und wieder der Gedanke auftaucht, auch diese Wasser reinigen zu müssen. Schließlich wird das Regenwasseraufnahmepotential in verstädterten Regionen stark reduziert, so daß die Gefahr von Überschwemmungen immer weiter zunimmt.

Klima
Auf die Probleme des Stadtklimas sind wir auch im Hinblick auf die Freiräume schon so weit eingegangen, daß hier eine weitere Erörterung nicht erforderlich ist, außer der Hinweis, daß eine Bestandsaufnahme ebenfalls unverzichtbar ist.

Schutzgebiete
Die Landschaft im Umfeld und Weichbild der Städte ist ständig bedroht. Dabei geht es nicht nur um die Gefährdung durch Bebauung, sondern auch um solche durch Freizeit- und Erholungsaktivitäten, die im städtischen Umfeld massiv auftreten können. Insofern sind alle nichtlandbauwürdigen oder extensiv landwirtschaftlich genutzten Gebiete auf ihre besondere Schutzwürdigkeit hin zu untersuchen und ggf. wie folgt auch zu klassifizieren:
a) landschaftlich wenig empfindliche Gebiete,
b) Landschaftsschongebiete,
c) landschaftsschutzwürdige Gebiete,
d) bedingt naturschutzwürdige Einzelbereiche von Gebieten,
e) naturschutzwürdige Gebiete,
f) Naturdenkmäler (Landschaftsobjekte von optischer Bedeutung).

Siedlungsstruktur
Im dicht besiedelten Raum Deutschlands und insbesondere im Umland der Städte finden wir auch in der sogenannten "freien Landschaft" immer eine Siedlungsstruktur vor. In der Regel handelt es sich um die landwirtschaftliche Siedlungsstruktur in Form von Dörfern und ländlichen Städten. Oft sind gerade im Umland diese jedoch schon in hohem Maß durch Pendlerstandorte und -wohnungen einschließlich der daraus entstehenden Folgeeinrichtungen durchsetzt.

Sondernutzungen
Schließlich gilt es, das Augenmerk auf Sondernutzungen verschiedenster Art zu richten. So können sich in einem Gebiet Öl- und Gasvorkommen befinden. Es können sich am Ufer von Seen, Flüssen und anderen Gewässern Sonderrechte aufgebaut haben (z.B. Fischerei-, Wasserstau-, Wassersport-, Schiffs- und Bootsbau-Rechte usw.).

Ermittlung der Bedarfe an Frei- und Grünflächennutzung

Die Bedarfe entstehen durch die Anforderungen der unterschiedlichsten Funktionsnutzer, deren Bedarfsgründe, -qualitäten und -quantitäten hier nicht einzeln in extenso erörtert werden können. Zum Teil sind sie schon an anderer Stelle erörtert worden, z.T. unterliegen sie der Wollensentscheidung der Planungsträger.

Im wesentlichen handelt es sich um
- Flächen für Land-, Forst- und Wasserwirtschaft,
- Flächen für Kleingärten und -siedlungen,
- öffentliche Frei- und Grünflächen,
- Flächen für private und öffentliche Freizeiteinrichtungen,
- Verfügungsflächen für sonstige Nutzungen,
- Frei- und Grünflächen zur Abgrenzung von Baugebieten,
- Frei- und Grünflächen zur Klima- und Luftsteuerung und
- private Frei- und Grünflächen.

Zu beachten ist, daß ein Teil dieser Flächenkategorien Doppel- und Mehrfachfunktionen wahrnehmen können, wie etwa die Kleingartenflächen im Zusammenhang mit den öffentlichen Parks und sonstigen Grünzügen einen wesentlichen Beitrag zur Klima- und Luftsteuerung bilden. Wie hoch die Bedarfe z.B. für allgemeine Grünflächen (Parks und Grünzüge usw.) sind, ist kaum generell zu quantifizieren ebenso wie bei für den Luftaustausch erforderlichen Verbindungen um eine Vernetzung herzustellen. Mit dieser Problematik setzt sich anschaulich Maria Spitthöver[138] auseinander. Die Veränderungen in der demographischen Struktur und der Belegung von Wohnungen zeigen uns außerdem, wie sehr die örtliche Verteilung der Bedarfe strukturellen Schwankungen unterworfen ist.

Ausarbeitung alternativer Konzepte und ihre Bewertung

Nach den in den Kapiteln 3.2.1 bis 3.2.8 erörterten Grundlagen können für die Landschaftsplanung noch relativ grobe alternative Konzepte entwickelt werden.

---

138 M. Spitthöver: "Anmerkungen zur Richtwertproblematik in der Freiraumplanung", in: Gartenamt, 1984.

Wichtige Vorgaben sind dabei das Stadtentwicklungskonzept und idealerweise die jeweiligen Alternativen eines gleichzeitig laufenden Planungsprozesses für den Flächennutzungsplan. Existiert ein rechtskräftiger Flächennutzungsplan, dann gelten zunächst dessen Vorgaben. In diesem Fall dient der Landschaftsplan mit seinen Alternativen allerdings auch der Überprüfung des Flächennutzungsplanes und könnte in diesem Sinn auch Anlaß zu seiner Änderung werden.

Beim Landschaftsplan geht es, wie beim Flächennutzungsplan, um die Größe, Zuordnung und Verteilung der verschiedenen Nutzungsarten, jedoch speziell der Freiflächen in ihrer Wechselbeziehung zu den anderen Nutzungen. Drei Hauptfunktionen spielen dabei im Bereich von Städten eine besondere Rolle, nämlich
- die Versorgung der Stadtbevölkerung mit den erforderlichen Freiflächennutzungen als Siedlungsfolgeeinrichtungen,
- die Versorgung der Stadtbevölkerung mit allgemeinem Erholungsgrün (Parks, Grünzüge etc.) und
- die Bildung von vernetzten Luftkorridoren zur Sicherung eines ausreichenden Kaltluftaustausches innerhalb der Kernzonen der Stadt.

Im übrigen sei auf die Kapitel 5.1 und 5.2 des zweiten Bandes verwiesen, in denen schon im Grundsatz die Ziele, Aufgaben und Inhalte der Landschafts- und Freiflächenplanung einschließlich Leitgedanken dargestellt sind.

Wir haben schon erörtert, daß die Freiräume in ihrer Gesamtheit das lebenswichtige Grünsystem der Stadt bestimmen. Dabei spielt zwar zunächst einmal die quantitative Festlegung der Versorgungsbedarfe, ihre Erfüllung und Verteilung (also als Freizeit-, Friedhofs-, Kleingartenflächen usw.) eine große Rolle. Eine ebenso große Bedeutung hat jedoch nach Kellner und Nagel[139] auch die Qualität der Freiräume.

Wie wir gesehen haben, sollten möglichst viele der Freiräume miteinander und mit den Außenräumen vernetzt sein, damit sie in diesem Zusammenhang möglichst optimal die Stadt mit Frischluftzufuhr versorgen können. Im gleichen Sinn haben vernetzte Freiräume eine weitere Funktion, nämlich die der Gliederung und Abgrenzung der einzelnen Siedlungsbereiche und Stadtteile. Dadurch erhält jeder Freiraum, der vernetzt ist, eine Dreifachfunktion, nämlich einerseits die seiner "Fachfunktion" (Kleingartengebiet, Freizeitfläche, Friedhof usw.) und andererseits die des Abgrenzungs- oder Frischluftkorridors. Diese Dreifachfunktion stellt natürlich eine besondere Qualität dar, die noch zu der qualitativen Detailausprägung des jeweiligen Freiraums hinzukommt.

Wie wir in Kapitel 3.2.4 gesehen haben, müssen Freiräume, wenn sie defizitären Quartieren benachbart sind, deren Freiraumdefizite ausgleichen, unter Umständen auch die Versorgung solcher benachbarter Quartiere voll aufnehmen. Diese Aufgabe wäre sozusagen eine Vierfachfunktion, die eine besonders hohe qualitative Bewertung erfahren sollte. Freiräume, die eine solche Mehrfachfunktionen ausüben, müßten tabu sein z.B. für jegliche Ambition der Baulückenschließung.

Schließlich haben wir erörtert, daß allgemeine Grünzüge und Parks eine physisch-psychische Bedeutung für die Bevölkerung haben (Spaziergang, Fahrradtour, Jogging usw.). Daraus könnte in Einzelfällen eine Fünffachfunktion entstehen.

---

139 V. Kellner u. G. Nagel: "Qualitätskriterien für die Nutzung öffentlicher Freiräume", Hannover 1986.

Die Gesamtbewertung kann über eine Matrix erfolgen, die die Grundfunktionen Gliederung/Abgrenzung, Stadtklima, Versorgung und physisch-psychischer Ausgleich mit denen der Nutzungsfunktionen (Freizeit, Kleingarten, Friedhof usw.) verknüpft, so daß Wechselbeziehungen deutlich herausgearbeitet werden können. Die dadurch erfolgte Bewertung, bei der natürlich auch die rein quantitative Erfüllung der Bedarfe eingehen muß, erlaubt schließlich ein Bewertung der alternativen Konzepte für einen Landschaftsplan für die Gesamtheit der Stadt. Sie kann zunächst einmal dazu führen, daß die eine oder andere Alternative modifiziert wird. Desgleichen kann dieser Schritt dazu führen, daß in einer ersten Rückkopplung die Vorgaben und Prioritäten überprüft werden. Das Ergebnis sollte dann zu einer verringerten Zahl von tiefer zu untersuchenden Alternativen führen.

Prüfung, Rückkopplung und Korrektur

Spätestens nach der Aufstellung alternativer Konzepte und ihrer Bewertung ist eine generelle Überprüfung mit Plausibilitätskontrollen erforderlich, die auch eine Überprüfung der Vorgaben und Prioritäten einschließen sollte. Eine solche Rückkopplung bis zu den Vorgaben führt in der Regel zu Korrekturen und zum Ausschluß des einen oder anderen Konzeptes. Insbesondere in dieser Rückkopplungsphase gilt es auch zu prüfen, ob der vorliegende Flächennutzungsplan unter Umständen sogar unnötigerweise Restriktionen auslöst, die eine Korrektur des Flächennutzungsplans notwendig erscheinen lassen (siehe dazu auch Wüst[140] in der Verknüpfung von Landschafts- und Grünordnungsplanung mit der Bauleitplanung).

Ausarbeitung alternativer Pläne

Nach Prüfung, Rückkopplung und Korrektur der noch relativ grob strukturierten Konzepte und einer Reduzierung der Zahl von alternativen Konzepten kann die Erarbeitung von "endgültigen" Planalternativen beginnen, die sich nach ihrer Zahl nunmehr in der Regel in Grenzen halten, weil auch für sie gilt, was wir schon bei der Flächennutzungsplanung erörtert haben, daß die Masse der schon festgelegten und ausgeführten Nutzungen meist weit größer ist als die der neu zu planenden und auszuführenden. Insofern ist in der Regel der Spielraum nicht so groß, daß eine größere Zahl von Alternativen denkbar wäre.

Entscheidung

Nach der Ausarbeitung der Planalternativen müssen diese dem Entscheidungsträger (Rat) zur letzten Entscheidung für eine der Alternativen vorgelegt werden. Dabei ist davon auszugehen, daß während des Planungsprozesses der für die Planung zuständige Ausschuß sich damit schon mehrfach, auch mit Richtungsdiskussionen und -vorgaben, beschäftigt hat. Nach Auslegung und Bürgerbeteiligung erfolgt die Planfeststellung, Genehmigung, Ausfertigung und Verkündung. Landschafts- und Grünordnungsplan sollten als "Flächennutzungsplan ... Teil Landschaftsplan" resp. "Bebauungsplan ... Teil Gründordnungsplan" jeweils mit dem Vermerk versehen

---

140 H.S. Wüst: "Aktuelle Fach- und Rechtsprobleme der Landschafts- und Grünordnungsplanung und ihres Verhältnisses zur kommunalen Bauleitplanung", Deutsches Architektenblatt B.-W., Stuttgart 1986.

werden: "Dieser Plan ist Bestandteil des Flächennutzungsplans bzw. des Bebauungsplans". Die Bauleitpläne sollten den Gegenverwerk enthalten: "Folgende weitere Pläne sind Bestandteil des Flächennutzungs-(Bebauungs-)plans ..." (siehe dazu Band 2 Kapitel 5.2.4[141]).

3.2.9 Schlußbetrachtung zu den Frei- und Grünflächen

Während die Planung von Entwicklungsprogrammen, Flächennutzung, Verkehr, Versorgung und Infrastruktur in einem engen Datenzusammenhang und automatischer Wechselwirkung zueinander stehen, also in den Methoden der statistischen Arbeit, Aufstellung von Modellen usw. ähnliche Charakterzüge aufweisen, kann dies ohne weiteres von der Beurteilung, Bemessung und Standortfindung für Frei- und Grünflächen nicht gesagt werden. Sie haben eine stärkere Eigengesetzlichkeit als die anderen Bereiche. Deshalb wurde den Frei- und Grünflächen in diesem Band besonders breiter Raum eingeräumt. Schließlich verlangt der Vorrang, den der Schutz der Umwelt beansprucht, auch eine entsprechende Würdigung.

3.3 Methodik der Generalverkehrsplanung[142]

Der Verkehr, seine Struktur und Planung, Gestaltung und Bewältigung ist wie bei anderen Planungen kein Selbstzweck. Wir haben in Band 1, Kapitel 3.1.1 schon erörtert, daß es mit der Entwicklung der Menschheit ständig ein steigendes Mobilitätsbedürfnis gegeben hat. Eine der besonderen Lebensqualitäten der postindustriellen Zeit ist Mobilität, nicht nur für Privilegierte, sondern auch für die weit überwiegende Masse der Bevölkerung. Die Bevölkerung will von dieser Mobilität Gebrauch machen. Anders ist es nicht zu erklären, daß so viele Menschen bereit sind, erhebliche Kosten, z.B. für einen PKW, aufzubringen, dann unter Umständen stundenlang in Staus zu stehen und obendrein für den Berufsverkehr noch das ÖPNV-Mittel zu benutzen, d.h. auch noch zu bezahlen! Allerdings muß auch berücksichtigt werden, daß oft beruflicher Erfolg, der zugleich in der Regel auch einen sozialen Erfolg darstellt, von der Mobilitätsfähigkeit des Bürgers abhängt. Oberstes Ziel der Verkehrsplanung muß deshalb sein:
– dem Mobilitätsbedarf der Bürger Rechnung zu tragen und ihn nicht einzuengen,
– das Verkehrsaufkommen nach Zahl und Dauer, also in seiner Summierung durch Planung in holistischem Sinn, zu minimieren (d.h. unnötigen Verkehr zu vermeiden und Verkehrslängen wie auch -dauer zu reduzieren),
– alle Planungen darauf abzustellen, daß der Öffentliche Personennahverkehr nicht nur Vorrang erhält, sondern auch in die Lage versetzt wird, durch Kundenorientierung zu konkurrieren und
– die Verkehrsstörungen auf ein Minimum zu reduzieren.

Die Grundlagen, Leitgedanken, Ziele und allgemeinen Prioritäten wie auch Probleme haben wir in Band 2 (Kapitel 3.4, 3.5 und 5.3) erörtert, so daß sich eine Wiederholung hier erübrigt.

---

141 K. Müller-Ibold: "Einführung in die Stadtplanung", Fn. 2.
142 Siehe hierzu auch Baubehörde Hamburg: "Untersuchungen zum Generalverkehrsplan Region Hamburg", Hamburg 1976.

3.3.1 Grundlagen der Methodik

Da der Verkehr nicht vollständig erfaßt und auch - falls dies in Sonderfällen möglich sein sollte - nicht direkt prognostiziert werden kann, muß das Mobilitätsbedürfnis durch mathematische Simulations- und Optimierungsmodelle nachgebildet werden. Diese Modelle zeichnen den Zusammenhang zwischen Nutzungen, Standorten, Vorgaben, Verhaltensweisen, Restriktionen und prognostizierbaren Einflußgrößen nach. Schließlich ist es der aus Beziehungsbedürfnissen des Menschen in seiner Eingebundenheit in die Aktivitäten unserer Gesellschaft entstehende Verkehrszweck, der Verkehrsströme erzeugt. Der Mensch als homo sapiens bewegt sich (außer in der Ausübung einer spezifischen Freizeit) nicht zum Spaß (er fährt mit seinem PKW nicht einfach mal so zum Vergnügen auf der Straße hin und her).

Die auf Strecken, Knoten und Verknüpfungspunkte eines Gesamtverkehrsnetzes sich abwickelnden Verkehrsströme sind deshalb die Summen von unterschiedlichen Fahrten, die durch die Merkmale
- Fahrtzweck,
- Fahrtquelle,
- Fahrtziel,
- Zeitpunkt des Fahrtbeginns bzw. -endes,
- Verkehrsmittel und
- Bedarfsart

bedingt sind und beschrieben werden können.

Die Fahrtquellen und -ziele sollten Verkehrszellen zugeordnet werden (der Planungsraum sollte in Planbezirke und Umlandzellen unterteilt werden). Für bestimmte Fragestellungen sollten - wie z.B. in der Innenstadt - spezifische räumliche Einheiten gewählt werden.

Die Fahrten sollten in Zeitintervallen zusammengefaßt werden. Unter Berücksichtigung aller Genauigkeitsanforderungen hat es sich als sinnvoll erwiesen, die Verkehre der Stundengruppen 6 bis 9 Uhr, 9 bis 15 Uhr und 16 bis 19 Uhr zu analysieren und zu prognostizieren und in einer zweiten Phase auf spezifische kleinere Zeitintervalle (z.B. "Spitzenstunde") einzugehen.

Der Zweck einer Fahrt wird bestimmt durch die Art des Fahrtzieles. Es wird in der Regel nach sieben verschiedenen Zielarten unterschieden: Arbeit, Ausbildung, geschäftliche oder dienstliche Erledigung, privater Einkauf, Freizeit, sonstige private Erledigung und Urlaub.

Die 7 x 6 = 42 verschiedenen Fahrtzwecke (aus Kombinationen der Quellen und Ziele) können zu Fahrtzweckgruppen zusammengefaßt werden. Während sich die Zahl der Fahrten von der Wohnung zur Arbeitsstätte (pro Tag oder Woche/Monat/Jahr) über lange Zeiträume nicht signifikant verändert hat, ist insbesondere die Zahl der Fahrten für geschäftliche Erledigungen, Bildung und Fortbildung und für sonstige private Erledigungen (insbesondere Freizeit, Erholung und Sport) enorm gestiegen, ja diese Zwecke sind z.T. sogar erst neu entstanden. Während früher insbesondere der PKW noch nicht als "Massenverkehrsmittel" zur Verfügung stand und der Wohlstand heutiger Prägung nicht existierte, dominierte die Fahrt zur Arbeit, heute ist das nicht mehr der Fall.

Wegen ihrer terminlichen Regelmäßigkeit kann relativ problemlos für die tägliche Fahrt zur Arbeitsstätte das öffentliche Verkehrsmittel eingesetzt werden, sofern (das ist sehr wichtig) die Haltestelle in zumutbarer Entfernung liegt und das ÖPNV-Mittel häufig genug fahren kann, weil die Bevölkerungskonzentration ausreicht! Bei den anderen Fahrtzwecken ist die Benutzung der öffentlichen Verkehrsmittel in Deutschland zwar in der Regel möglich, jedoch oft mit derart starken Zeitverlusten und Unbequemlichkeiten belastet, daß die überwiegende Mehrzahl der Verkehrsteilnehmer für solche Zwecke dann doch das Kraftfahrzeug benutzt. Damit bleibt das Wachstumspotential für die öffentlichen Verkehrsmittel schon aus Gründen der Struktur der Verkehrszwecke eng begrenzt!

Wegen der heterogenen Zusammensetzung der Verkehrsströme und wegen der unterschiedlichen Einflüsse einzelner Merkmale auf das Verkehrsverhalten ist es erforderlich, nach Bedarfsart, Fahrtzweckgruppe und Stundengruppe unterschiedliche Verkehre zu bestimmen und zu prognostizieren (z.B. Personenfahrten von der Wohnung zur Arbeitsstätte zwischen 6.00 und 9.00 Uhr). Die dabei verwendeten Methoden unterscheiden sich qualitativ nicht.

Der zu untersuchende Raum sollte immer in etwa das Gebiet der Stadtregion abdecken. Die Planung sollte zwar grundsätzlich auf das Gebiet der Gemeinde beschränkt bleiben, aber die Auswirkungen aus dem und auf das Umland aufzeichnen und Vorschläge dafür aufzeigen.[143]

Die Untersuchungen des GVP sollten sich in drei Arbeitsschritte gliedern:
- Verkehrsanalyse,
- Verkehrsprognose,
- Verkehrsplanung.

Der erste Arbeitsschritt kann zeitlich unabhängig erfolgen; er muß sich jedoch an den Anforderungen der beiden anderen Schritte orientieren. Zwischen der Verkehrsprognose und der Verkehrsplanung bestehen wechselseitige Abhängigkeiten.

Verkehrsanalyse
Die Verkehrsanalyse ist eine Bestandsaufnahme und -beurteilung des jeweiligen städtebaulichen und verkehrlichen Zustandes. Sie unterteilt sich grob in
- Vorarbeiten,
- Durchführung von Erhebungen,
- Aufbereitung von Erhebungen und
- Aufstellen, Kalibrieren und Validieren von Verkehrsmodellen.

Die Verkehrsanalyse dient in erster Linie dazu, Modelle zu finden, mit denen in der Prognose das Verhalten der Verkehrsteilnehmer in Abhängigkeit von der Nutzungs-, Standort-, Infrastruktur- und anderen Faktoren (z.B. restriktive, auch politische Vorgaben) beschrieben werden kann. Deshalb kommt dem Schritt "Aufstellen, Kalibrieren und Validieren von Verkehrsmodellen" eine besondere Bedeutung zu.

Die Vorarbeiten umfassen u.a. die Sichtung vorhandener Unterlagen, die Erstellung eines sachlich und zeitlich fixierten Arbeitsprogrammes sowie die Diskussion und die Auswahl der anzuwendenden Verkehrsmodelle.

Art und Umfang der Erhebungen werden durch die Qualität der schon vorhandenen Unterlagen, die Struktur des Planungsraumes und die Anforderungen der Prognose bestimmt. Die im Rahmen eines GVP durchzuführenden Erhebungen sollen hier nicht im einzelnen erörtert werden. Es sei lediglich erwähnt, daß es sich hierbei um Feststellungen der Bevölkerungs- und Beschäftigtenverteilung, der Nutzungs-

---

143 Siehe hierzu auch: K. Müller-Ibold: "Einführung in die Stadtplanung", Band 2, Fn. 2.

verteilung, der Fahrten nach Zweck und Art der Verteilung der Verkehrsmittel handeln sollte.

Die Arbeitsstufe "Aufstellen, Kalibrieren und Validieren von Verkehrsmodellen" umfaßt die Entwicklung von Modellen, die das Verkehrsverhalten der Bevölkerung beschreiben, wobei das Kalibrieren und Validieren die Vergleichsprüfung mit der Wirklichkeit vornimmt. Dieser Schritt analysiert das Mobilitätsverhalten der Bürger von Stadt und Umland, wobei implizit die Bedürfnisse des Bürgers enthalten sind.

Verkehrsprognose
In der Verkehrsprognose wird untersucht, wie sich der Verkehr infolge von Änderungen der Bevölkerung, der Wirtschaft, der Flächennutzung, der Motorisierung, der Verhaltensweisen der Bevölkerung, der politischen Vorgaben sowie durch Alternativen in der Netzgestaltung der Verkehrsanlagen vermutlich ändern wird.

Die Verkehrsprognose sollte folgende Aktivitäten umfassen:
– Ermittlung der zukünftigen Bevölkerung und ihre räumliche Verteilung,
– Ermittlung der zukünftigen Wirtschaftsstruktur und die Verteilung der Arbeitsplätze,
– Ermittlung (und Eingabe) der zukünftigen Flächennutzung, ihrer Dichte und spezifischen Vorgaben,
– Entwurf von Gesamtverkehrsnetzen mit alternativen Struktur- und Netzteilen,
– Ermittlung der Verkehrserzeugung in den einzelnen Gebieten,
– Ermittlung der Verkehrsverteilung zwischen den einzelnen Gebieten,
– Ermittlung der Verkehrsaufteilung zwischen ÖPNV und IV,
– Verkehrsumlage auf das Gesamtnetz der jeweiligen Alternative,
– Funktionsanalyse.

Zwischen diesen Bearbeitungsstufen bestehen enge Interdependenzen, die im Planungsprozeß durch Rückkopplungen berücksichtigt werden müssen, wobei mehrfach iterative Schritte erforderlich sind.

Die zukünftige Flächennutzung in den einzelnen Verkehrszellen des Planungsraumes muß nach Flächennutzungs- und Entwicklungsplan unter Beachtung der bisherigen Entwicklung abgeschätzt werden. Dazu müssen je nach Nutzung unterschiedliche Faktoren der Quell- und Zielverkehrserzeugung eingegeben werden. Hier zeigt sich der erste konkrete, quantitative Einfluß von politischen Zielvorgaben. Zum Beispiel muß die Entscheidung von Magistrat und Rat über eine Veränderung von Nutzungen dann auch bei den Eingabedaten für den Verkehr verändert werden.

Beim Entwurf der alternativen Gesamtverkehrsnetze sollte zunächst auf dem gültigen Stand der Planung unter Beachtung der politischen und allgemeinen verkehrlichen Zielvorstellungen aufgebaut werden. Es ist durchaus denkbar, daß aufgrund der Ergebnisse der ersten Netzberechnungen auch noch neu zu erstellende alternative Netzteile untersucht werden müssen, die von den bisherigen Planungen - nicht jedoch von den Zielvorstellungen - abweichen. Es sollte jedoch kein Hehl daraus gemacht werden, daß gravierende Alternativen des Gesamtnetzes wegen der vorgegebenen Nutzungs- und Netzstruktur und der in ihnen steckenden Investitionen in der Regel kaum anstehen können.

Die Summe aller Fahrten, die eine Verkehrszelle in einem Zeitintervall verlassen, wird Quellverkehrsaufkommen genannt. Entsprechend sind das Zielverkehrsaufkommen und das Binnenverkehrsaufkommen definiert. Zwischen diesen Verkehrsaufkommen und der Flächennutzung bestehen engste Zusammenhänge. Verkehrserzeugungsmodelle sollen aus den Strukturdaten einer Zelle (z.B. die verschiedenen Nutzungsarten und -maße und daraus resultierender Einwohner, Beschäftigter, Besucher) die Verkehrsaufkommen des jeweiligen Verkehrsbezirkes ermitteln.

Die räumliche Verteilung dieser Verkehrsaufkommen - d.h. die Ermittlung der Verkehrsströme zwischen den einzelnen Zellen - sollte über Verkehrsverteilungsmodelle ermittelt werden. In solchen Modellen wird der Verkehrsstrom zwischen zwei Zellen i und j aus dem Quellverkehrsaufkommen von i, dem Zielverkehrsaufkommen von j und dem "Netzwiderstand" zwischen i und j (z.B. mittlere Reisezeit) bestimmt. Auch hier müssen die vorgegebenen Entscheidungen über Standorte und ihre Nutzungen nach Art und Maß eingehen.

Die Aufteilung der zuvor ermittelten Verkehrsströme auf die verschiedenen Verkehrssysteme wird mit Hilfe von Modellen bestimmt, die relationsbezogene Merkmale (z.B. Angebot an Verkehrsmitteln, Reisezeit) und ziel- bzw. quellbezogene Merkmale (z.B. Stellenplatzangebot, Motorisierungsgrad) berücksichtigen müssen. Eine politische Vorgabe, nämlich die Beschränkung der Stellplätze für Kfz z.B. für Dauerparker in der Innenstadt, wird dadurch in der konkreten Quantität wirksam und schlägt ggf. in Qualität um. Die so ermittelten Teilströme zwischen den einzelnen Verkehrszellen werden schließlich auf die jeweiligen Teilnetze (Straßennetz, Netz der öffentlichen Verkehrsmittel) umgelegt. Dabei werden zunächst sinnvolle Wege ("Routen") zwischen den Zellen gesucht und die Reisezeiten auf diesen Routen bestimmt. Die Umlegung erfolgt dann auf diese Routen in Abhängigkeit von den Reisezeiten, d.h. in Abhängigkeiten der Leistungsfähigkeit der Trassen. Zielvorgaben können hier wirksam werden, wenn z.B. bewußt bestimmten Netzteilen "beschränkte Nutzung der Schnelligkeit" sozusagen verordnet wird (Sonderspuren, Geschwindigkeitsbeschränkung). Solche Modellrechnungen müssen in der Regel auf elektronischen Rechenanlagen durchgeführt werden, weil sie quantitativ sonst nicht zu bewältigen wären.

Das Ergebnis der Modellrechnungen sind die Belastungen der Strecken und Knotenpunkte der jeweils konzipierten alternativen Verkehrsnetze. In einer anschließenden Funktionsanalyse wird dann untersucht, ob das den Berechnungen jeweils als Alternative zugrunde gelegte Verkehrsnetz - unter Beachtung der Zielvorstellungen des GVP - die errechneten Belastungen bewältigen kann oder überdimensioniert bzw. unterdimensioniert ist. Unter Umständen sind neue Vorgaben erforderlich, die einen neuen Rechengang nach sich ziehen, eine neue Wegalternative oder Ergänzungen erforderlich machen, ja sogar eine Änderung der Flächennutzungsplanung.[144]

Koordinierung zwischen Generalverkehrsplan und Flächennutzungsplan

Die starken Wechselwirkungen zwischen Flächennutzung und Verkehr bedingen, daß die Arbeiten am Flächennutzungsplan und am Generalverkehrsplan eng miteinander verknüpft sein sollten. Da es bis heute kein praktikables Verfahren gibt, die optimale Gesamtinfrastruktur (Flächennutzung und Verkehrsnetz) "in einem Guß" zu bestimmen, muß der Gesamtplanungsprozeß iterativ durchgeführt werden. Aus Gründen der Vorgaben bietet es sich an, zunächst die Flächennutzung unter Einbe-

---

144 Siehe hierzu auch: Baubehörde Hamburg: "Untersuchungen zum Generalverkehrsplan Hamburg, Fn. 142.

ziehung überschlägiger bzw. vorläufiger verkehrsplanerischer Überlegungen festzulegen und danach auf der Grundlage der zukünftigen Nutzungen die Generalverkehrsplanung durchzuführen (also erst Flächennutzungsplan, dann GV-Plan). Dabei empfiehlt es sich, auch die Flächennutzungsplanung erst endgültig mit der endgültigen Entscheidung zum Generalverkehrsplan festzulegen.

Da bei der Aufstellung eines Flächennutzungsplanes verkehrsplanerische Gesichtspunkte eingeschlossen sind, und da eine Wirkungsprognose von Flächennutzungen naturgemäß auch Toleranzen enthält, ist es unwahrscheinlich, daß die endgültigen Ergebnisse des Generalverkehrsplanes automatisch wesentliche Änderungen der Flächennutzung und damit Modifizierungen einer wesentlichen stadtplanungspolitischen Zielvorstellung bedingen, insbesondere, wenn ein iterativer Prozeß vorangegangen sein wird. Dennoch sind natürlich Erfordernisse zur Änderung des förmlichen Flächennutzungsplanes auf Grund der Erkenntnisse aus Untersuchungen zum GV-Plan nicht auszuschließen und, wenn erforderlich, auch durchzuführen. Es gilt jedoch: Flächennutzung geht vor!

3.3.2 Schritte des Methodenwerkes

Die wesentlichen Schritte des Methodenwerkes[145] sind folgende:
Die Untersuchungen sollten
- sich auf die werktäglichen Verkehre beziehen,
- als Untersuchungs- und Planungsraum die Stadtregion umfassen,
- diesen Untersuchungs- und Planungsraum in kleinteilige Verkehrszellen (beim Hamburger GVP z.B. 400 für den Planungsraum) unterteilen,
- auf die Stundengruppe 6-9 Uhr und 9-15 Uhr abgestellt sein, in denen der Berufsverkehr (6-9 Uhr) bzw. der Wirtschaftsverkehr (9-15 Uhr) konzentriert auftreten,
- die Fahrten der Verkehrsteilnehmer nach Fahrtzwecken untergliedern anhand der Tätigkeiten vor dem Antritt und nach dem Ende der Fahrten.

In den nachfolgenden Arbeitsschritten sollten die Verhaltensweisen der Verkehrsteilnehmer mit Hilfe der Verkehrsmodelle ermittelt werden:
- Verkehrserzeugung: Die Verkehrsaufkommen müssen in Abhängigkeit von der Flächennutzung (z.B. Einwohner, Beschäftigte) ermittelt werden.
- Verkehrsverteilung: Die Quellen und Ziele einer Fahrt müssen entsprechend den jeweiligen Reisewiderständen (mit größerer Reisezeit nehmen die Verkehrsbeziehungen ab) räumlich zugeordnet werden.
- Verkehrsaufteilung: Die Wahl des benutzten Verkehrsmittels muß in Abhängigkeit von der Lage- und Verkehrsgunst (Lage im Planungsraum, Zuordnung zum ÖPNV-Netz) und Motorisierung ermittelt werden.
- Verkehrsumlegung: Die alternativ konzipierten ÖPNV- und IV-Netze müssen mit den jeweiligen Verkehrsströmen belastet werden, wobei die Routenwahl abhängig von den Fahrtzeiten vorgenommen werden muß.

Die Strukturdaten müssen aus der Volks- und Arbeitsstättenzählung genommen werden, d.h., die Aufstellung eines GVP ist abhängig von Zeiträumen, in denen eine Volkszählung stattfindet! Die Daten über Verkehrsaufkommen, Verkehrsverteilung

---

145 Siehe hierzu auch Baubehörde Hamburg: "Untersuchungen zum Generalverkehrsplan Region Hamburg", Fn. 142.

und Verkehrsaufteilung stehen für den Fahrtzweck Wohnen-Arbeiten (Berufspendlerverkehr) aus der Pendlererhebung im Rahmen der Volkszählung zur Verfügung; alle übrigen Fahrtzwecke müssen mit Sondererhebungen stichprobenartig erfaßt werden. Im übrigen müssen die Abhängigkeiten aus den Untersuchungen über das jeweils vorherrschende Verkehrsaufkommen abgeleitet werden.

Allgemeine Festlegungen

Einteilung des Planungs- und Untersuchungsraumes in Verkehrszellen
Wir haben schon erörtert, daß der Gesamtraum in einen Planungsraum (gemeindliches Hoheitsgebiet) und einen Untersuchungsraum (übrige Verkehrsregion) unterteilt werden muß. Zur Erfassung der sehr differenzierten Verkehrsbewegungen nach Verkehrsquelle, -ziel, -zweck, -zeit, -mittel u.a. ist es notwendig, das gesamte Gebiet des Geschehens in kleinteilige "Verkehrszellen" zu gliedern.

In einem ersten Schritt hat sich bewährt, diejenigen Gebiete, die ein so geringes Verkehrsaufkommen haben, daß sie unbedeutend für das weitere Verfahren sind, auszusortieren, nämlich Flächen
– mit überwiegend forst- und landwirtschaftlicher Nutzung,
– mit sehr geringen Einwohner- und Beschäftigtenzahlen und
– mit brachliegender Nutzung, für die keine neue Nutzung zur Diskussion steht.

Diese Gebiete sollten in die Modellrechnungen als "Nullbezirke" aufgenommen werden, damit deutlich wird, daß nicht etwa Gebiete übersehen worden sind.

In einem weiteren Schritt kommt es sehr darauf an, Zellen so zu strukturieren, daß sie jeweils Gruppen annähernd gleicher Bevölkerungs- oder Beschäftigtengrößen bilden. Weitere qualitative Kriterien sollten sein:
– einheitliche Struktur innerhalb einer Verkehrszelle,
– geringe Schwankung der wesentlichen Strukturgrößen der einzelnen Zellen,
– Anschluß an wenigstens einen wichtigen Verkehrsweg sowohl des IV als auch des ÖPNV.

Es kommt hierbei nicht etwa darauf an, daß die Verkehrszellen so zugeschnitten werden, daß sie alle etwa gleich sind, sondern, daß größere Gruppen gleichartiger Zellen gebildet werden können, also einerseits solche mit überwiegend Dienstleistungsarbeitsplätzen, mit überwiegend gewerblichen Arbeitsplätzen, mit überwiegend Wohnungen, mit Mischnutzungen verschiedener Katagorie usw. Es sollte angestrebt werden, daß im Prinzip die Zellen des Untersuchungsgebietes solchen des Planungsgebietes entsprechen.

Die heutige Desaggregation in der amtlichen Statistik erlaubt eine Aufbereitung der Strukturdaten, die sich, auf Grund ihrer Kleinteiligkeit, sehr gut zu Verkehrszellen zusammenfügen lassen.

Abgrenzung der Fahrtzwecke
Die unterschiedlichen Verhaltensweisen der Verkehrsteilnehmer werden durch den Fahrtzweck bestimmt. So findet der Berufsverkehr in überwiegendem Maß regelmäßig mit gleichem Ziel, zum gleichen Zeitpunkt an gleichen Wochentagen statt, während der Einkaufsverkehr relativ sporadisch und der Besuchsverkehr sehr sporadisch mit unterschiedlichen Zeiten und unregelmäßig stattfinden. Es liegt auf der Hand, daß daraus unterschiedliche Verhaltensweisen entstehen. Die Abgrenzung der

Fahrtzwecke ist vom Untersuchungsziel abhängig. Bei der Erfassung des werktäglichen Verkehrs ist beispielsweise die Unterscheidung nach Berufspendler-, Wirtschafts- und Privatverkehr zu grob. Insbesondere der Wirtschaftsverkehr muß feiner erfaßt werden. Auch läßt sich der Wirtschaftsverkehr nicht immer eindeutig vom Privatverkehr unterscheiden. Da wir von Befragungen abhängig sind, kann sich leicht durch falsche Interpretation von seiten der Befragten eine Verfälschung einschleichen (z.B., indem ein Teil den Einkaufsverkehr zum Wirtschaftsverkehr, der andere ihn zum Privatverkehr rechnet). Die Einteilung in Fahrtzwecke muß also eine ausreichende, unmißverständliche Differenzierung und Definition erlauben (mit der Möglichkeit der anschließenden Zusammenfassung für bestimmte Arbeitsschritte). Eine Verknüpfung des Fahrtzweckes mit der jeweiligen Tätigkeit an der Quelle und am Ziel der Fahrt kommt unseren Zielanforderungen dabei am besten entgegen. Auch wenn der Feiertagsverkehr durch Ereignisse wie das verlängerte Wochenende deutlich angestiegen ist, dominiert nach wie vor der Werktagsverkehr, weshalb es ausreicht, ihn zu untersuchen und den Feiertagsverkehr zu vernachlässigen. Für die Erfassung des werktäglichen Verkehrs haben sich die folgenden fünf Quell- und Zielarten mit den sich daraus ergebenden 25 zweifach indizierten Fahrtzwecken bewährt (siehe Grafik 19).

Fahrtzweckmatrix[146]

von \ nach		Wohnung	Arbeits-stätte	geschäftl. u. dienstl. Erledigung	privater Einkauf	sonstige private Erledigung
		W	A	G	E	P
Wohnung	W	W - W	W - A	W - G	W - E	W - P
Arbeitsstätte	A	A - W	A - A	A - G	A - E	A - P
geschäftliche und dienstl. Erledigung	G	G - W	G - A	G - G	G - E	G - P
privater Einkauf	E	E - W	E - A	E - G	E - E	E - P
sonstige private Erledigung	P	P - W	P - A	P - G	P - E	P - P

Grafik 19

Zeitliche Zusammenfassungen

Da es einerseits Zeiten starken und gebündelten Verkehrs gibt und andererseits Zeiten ausgesprochen schwachen Verkehrs, gilt es aus Gründen der Arbeitsökonomie, diejenigen Zeiten herauszufiltern, die in ihrem Verkehrsaufkommen relevant für die Netzgestaltung und Dimensionierung der Verkehrsanlagen sind. Dabei gilt der verkehrspolitische Obersatz, daß nicht die Verkehrsspitzen Grundlage der endgültigen Entscheidung sein können. In diesem Zusammenhang ist darauf zu verweisen, daß Verkehrsspitzen auch partiell gebrochen werden können, indem, wie auch in den meisten deutschen Städten erfolgt, durch Verabredung der Verbände Arbeits-

---

[146] Quelle: Baubehörde Hamburg: "Untersuchungen zum Generalverkehrsplan Region Hamburg", Fn. 142.

zeitbeginn und -schluß der verschiedenen Zweige gestreckt werden (insofern schwanken Arbeitszeitbeginn und -schluß).

Der Fahrtzweck Wohnung-Arbeitsstätte findet im wesentlichen zwischen 6.00 und 9.00 Uhr statt, der Fahrtzweck Arbeitsstätte-Wohnung zwischen 16.00 und 18.00 Uhr. Durch gleitende Arbeitszeiten sind Verschiebungen erfolgt, die in der Regel zur Entlastung der Spitzen beitragen. Zur Analyse der typischen Verkehrsbeziehungen zwischen Wohnung und Arbeitsstätte eignet sich besonders die Stundengruppe von 6.00 bis 9.00 Uhr, da in der abendlichen Stundengruppe diese Verkehrsbeziehung sich mit den sich dazwischenschiebenden Fahrtzwecken Arbeitsstätte-privater Einkauf und/oder Arbeitsstätte-sonstige private Erledigung vermischt.

Der Wirtschaftsverkehr findet im wesentlichen in der Zeit von 9.00 bis 15.00 Uhr statt und wird dabei von den privaten Fahrtenzwecken überlagert. Diese Stundengruppe sollte deshalb für die Analyse des Wirtschaftsverkehrs herangezogen werden. Nach 15.00 Uhr setzt in der Regel schon der Fahrtzweck Arbeitsstätte-Wohnung ein, während der Wirtschaftsverkehr ab diesem Zeitraum beginnt, abzuflauen. Dadurch ist der Zeitraum von 15.00 bis 16.00 Uhr sehr stark vermischt und läßt wenig Rückschlüsse zu. Da dieser Zeitraum auch die täglichen Spitzen enthält, für die wir nicht planen, kann dieser Zeitraum in den Analysen vernachlässigt werden.

Neben der politischen Vorgabe nicht für den Spitzenverkehr zu planen, gibt es eine andere Priorität, nämlich dem Wirtschaftsverkehr Vorrang einzuräumen. Deshalb sollte die Stundengruppe 9.00 bis 15.00 Uhr als Basis der Daten zugrunde gelegt werden.

Auswertung von Daten aus den amtlichen Zählungen

Bei den Modellen, mit denen der Verkehrsablauf unter Berücksichtigung der Verhaltensweisen der Verkehrsteilnehmer nachgebildet wird, müssen die Verkehrsdaten an Einflußgrößen gebunden werden, die ihre Grundlage in den Strukturen der jeweiligen Verkehrszellen haben. Die Verkehrszellen sind deshalb so gegeneinander abzugrenzen, daß eindeutige Zuordnungen der Strukturen möglich und entsprechende statistische Zusammenfassungen vorhanden sind. Besonders die beschränkte Verfügbarkeit amtlicher statistischer Daten, die teilweise in der wünschenswerten Differenzierung für einen größeren Untersuchungsraum für Verkehrsanalysen nicht vorliegen, zwingen uns dazu, nur die Wohnbevölkerung, die Beschäftigten, den Kraftfahrzeugbestand und die Verkaufsflächen der Handelsbetriebe als kennzeichnende Strukturmerkmale für die Verkehrszellen zu verwenden.

Selbst bei der amtlichen Statistik ergeben sich bei einem Verknüpfungsbedarf zwischen den erhobenen Daten, wie wir ihn bei der Flächennutzungs- wie auch Verkehrsplanung benötigen, Schwierigkeiten durch die unterschiedlichen Erfassungsansätze. Z.B. ergeben sich bei der Volkszählung, bei der in der Wohnung befragt wird, und der Arbeitsstättenzählung, bei der die Auskünfte im Betrieb eingeholt werden, nicht zu vernachlässigende Abweichungen. Die Abgleichung erfordert in der Regel einen erheblichen Zeitaufwand. Außerdem wird, insbesondere bei der Aufstellung von Zeitreihen, die Verknüpfung auch dadurch erschwert, daß Begriffsbestimmungen, oft bedingt durch die Entwicklung, geändert werden oder sogar entfallen (z.B. weil eine Berufsgruppe im Laufe der Zeit ganz verschwunden ist).

Volks- und Berufszählung
Für die Untersuchungen der Verkehrsplanung benötigen wir in der Regel aus der Volks- und Berufszählung die Angaben über die Anschrift, die Zahl der Haushaltsmitglieder, gegliedert nach Alter und Geschlecht, den Stand der Allgemeinbildung, Berufsausbildung, Erwerbstätigkeit, Ruhestand und die Art der Erwerbstätigkeit.

Die Volkszählung ist eine Totalerhebung, durch die die gesamte Bevölkerung erfaßt wird und per Gesetz auskunftspflichtig ist. Diese Angaben sollten nach Baublöcken zusammengefaßt und dann in den verschiedensten Aggregationen für die festgelegten Verkehrszellen zur Auswertung zusammengeführt werden.

Arbeitsstättenzählung
Wie die Volkszählung, ist auch die Arbeitsstättenzählung eine Vollerhebung. Für die Untersuchungen der Verkehrsplanung benötigen wir die Anschrift des Unternehmens, die Zahl der im jeweiligen Betrieb beschäftigten Personen und die Art des Wirtschaftsbereiches, in dem der Betrieb tätig ist.

Bei den amtlichen Arbeitsstättenzählungen wird in der Regel nach folgenden zehn Wirtschaftsbereichen unterschieden:
0. Land- und Forstwirtschaft, Tierhaltung und Fischerei,
1. Energiewirtschaft und Wasserversorgung,
2. Verarbeitendes Gewerbe,
3. Baugewerbe,
4. Handel,
5. Verkehr und Nachrichtenübermittlung,
6. Kreditinstitute und Versicherungsgewerbe,
7. Dienstleistungen,
8. Organisationen ohne Erwerbscharakter,
9. Gebietskörperschaften, Sozialversicherungen.

Handels- und Gaststättenzählung
Die Handels- und Gaststättenzählung erfaßt alle Betriebe des Handels sowie des Gaststätten- und Beherbergungsgewerbes. Für Untersuchungen zur Verkehrsplanung sind aus dieser Zählung die Angaben über die Geschäfts- und Verkaufsflächen (Anschrift und Nutzflächen) erforderlich. Auch hier sollte in der Auswertung und Aggregation wie oben verfahren werden.

Kraftfahrzeugstatistik
Die Statistik des Kraftfahrzeugbestandes beruht auf der Registrierung bei der Zulassung. Diese ist jedoch zu grob in ihrer regionalen Verteilung. Deshalb empfiehlt es sich, die Verkehrssteuerkartei heranzuziehen, die es erlaubt, eine Differenzierung der Zuordnung nach Verkehrszellen vorzunehmen. Allerdings gibt es dabei ein allgemeines Problem, nämlich die unterschiedlichen Anschriften von Fahrzeughalter und -nutzer. Dies trifft in der Regel und überwiegend bei Firmenfahrzeugen zu. Um diese Diskrepanz abzugleichen, ist es ratsam, die einzelnen Verkehrszellen daraufhin abzuklopfen, ob z.B. in ihnen Firmen ansässig sind, die eine große Anzahl von Firmenfahrzeugen für die Mitarbeiter halten.

Auswertung von Daten aus Sondererhebungen
Für die differenzierten Anforderungen der Verkehrsplanung an Daten und Informationen reichen die Daten der amtlichen Statistik nicht. Es sind nicht unerhebliche zusätzliche, gezielte Erhebungen notwendig.

Pendlererhebungen
Die allgemeinen Volkszählungen erheben in der Regel lediglich Angaben zur Anschrift von Wohnung und Arbeitsplatz bzw. Schule oder sonstige Ausbildungsstätte, nur "hauptsächlich" benutztes Verkehrsmittel (gebrochener Verkehr mit Umsteiger ist also aus diesen Daten nicht zu ermitteln) und der "normale" Zeitaufwand. Weder Stichtag noch Zeitbeginn und -ende werden erhoben. Deshalb empfiehlt es sich, mit der Volkszählung eine freiwillige Pendlererhebung zu koppeln, die auch über weitere Fragen Aufschluß geben kann.

Befragung im fließenden Kfz-Verkehr
Ergänzend zu den bislang erörterten Erhebungen sind für den Individualverkehr zusätzliche Untersuchungen erforderlich. Es ist ratsam, dafür eine Befragung an Quelle und Ziel vorzunehmen. Eine solche Befragung kann erfolgen in Haushalten, Unternehmen, Geschäften und Verwaltungen durch
– eine mündliche Befragung mit Interviews,
– eine schriftliche Befragung durch Fragebögen oder
– eine Kombination aus beidem.
 Solche Befragungen haben bei einzelnen Verkehrsaufkommen den Vorteil, daß durch Interviews in die Tiefe gegangen werden kann. Andererseits sind Teile, z.B. der Wirtschaftsverkehr, dadurch kaum zu fassen. Diese Interviewmethode ist teuer.
 Der Verkehr läßt sich auch auf den Verkehrswegen selbst erfassen durch
– eine mündliche Befragung der Verkehrsteilnehmer auf der Straße oder
– eine schriftliche Befragung der Verkehrsteilnehmer auf der Straße mittels Postkartenverteilung und Rücksendung nach Ausfüllen durch den Verkehrsteilnehmer.
 Um den Wirtschaftsverkehr möglichst gut zu erfassen, hat sich die Postkartenbefragung an bestimmten Kordons des Untersuchungsgebietes bewährt, auch wenn kein vollständiger Rückfluß erwartet werden kann. Der Rückfluß ist jedoch derartig groß, daß nicht befürchtet werden muß, daß das notwendige Repräsentativ nicht erreicht werden könnte.

Prognosen
Prognosen können in der Regel nicht die volle Bandbreite aller denkbaren Entwicklungen berücksichtigen. Die Vielzahl der Einflußgrößen würde bei der Kombination zu so vielen Prognosezuständen führen, daß sie personell und kostenmäßig nicht mehr bewältigt werden könnten. Eine Beschränkung auf das wesentliche ist also notwendig und muß unter dem Gesichtspunkt durchgeführt werden, daß die aus heutiger Sicht jeweils wahrscheinliche Entwicklung für den Planungszeithorizont zugrunde gelegt wird. Im Rahmen der Fortschreibung lassen sich jedoch mit einem derartigen Methodenwerk weitere Kombinationen mit geänderten Einflußgrößen in kürzester Zeit erfassen, d.h. die Entwicklung läßt sich durch Beobachtung bestimm-

ter Indikatoren laufend gut beobachten, ein Abweichen der tatsächlichen Entwicklung von der Prognose schnell feststellen und regulieren.

Zukünftige Flächennutzung
Entscheidungen mit für den GVP bedeutenden Aussagen über die zukünftige Verteilung und Dichte von Einwohnern und Beschäftigten werden im Flächennutzungsplan getroffen. Auch für den Flächennutzungsplan einer Stadt gilt, wie wir inzwischen wissen, daß er im Zusammenhang mit einer Volkszählung aufgestellt oder revidiert werden sollte, weil viele der erforderlichen Daten nur dann verfügbar sind. Zwar stehen zu manchen Daten Zwischenerhebungen nach repräsentativen Stichprobenverfahren mit relativ hoher Genauigkeit zur Verfügung. Dennoch ist der günstigste Zeitpunkt derjenige, der die Daten der Volkszählung voll und aktuell ausschöpfen kann. Für die Generalverkehrsplanung gilt deshalb, daß im günstigsten Fall ihre Erarbeitung mit der des Flächennutzungsplanes zusammenfällt, was generell Ziel der Zeitplanung sein sollte. In solch einer Situation lassen sich am besten Flächennutzung und Verkehrsnetz in einem schrittweisen gegenseitig iterativen Verfahren aufeinander abstimmen mit dem oben schon skizzierten Ziel der Minimierung aller Verkehrsbewegungen nach Zahl und Dauer.

Alternative Netz-Szenarien
Rechnerisch kann das bestmögliche Verkehrsnetz nur iterativ ermittelt werden. Im GVP müssen daher zunächst Netze entwickelt werden, die eine Beurteilung alternativer bzw. sich ergänzender Strecken erlauben (Planungsfälle). Die Planungsfälle sollten die Bandbreite zwischen einer "Nullösung" (Abrundung des existierenden Netzes und Fertigstellung nur der im Bau befindlichen Maßnahmen) und einer Maximallösung (weitestgehender Ausbau der Verkehrsinfrastruktur) abdecken.

Jeweils ein Netz für den öffentlichen Verkehr und ein Netz für den individuellen Verkehr müssen bei den Berechnungen ein Gesamtverkehrsnetz bilden, weil sich Maßnahmen im Netz des ÖPNV auch auf der Straße auswirken und umgekehrt. Um den beim Durchrechnen aller möglichen Netzkombinationen entstehenden Aufwand zu beschränken, sollten zunächst alle Netze des individuellen Verkehrs mit dem ÖPNV-Netz kombiniert werden, wie es im Flächennutzungsplan festgelegt ist, und umgekehrt alle Netze des öffentlichen Verkehrs mit dem Straßennetz, wie es sich nach Fertigstellung der im Bau befindlichen Maßnahmen ergibt. Aus den hieraus gewonnenen Erkenntnissen sollten dann schrittweise iterativ weitere Kombinationsalternativen getestet werden. In einem weiteren Durchgang sollten unter Verwendung der Erkenntnisse aus den Planungsfällen Netzvarianten entwickelt werden, die im Gegensatz zu den Planungsfällen als detaillierte Teilalternativen anzusehen sind.

Aufstellung und Eichung von Verkehrsmodellen
Ein GVP sollte die Belastung des ÖPNV- und/oder Straßennetzes (Anzahl der Fahrgäste oder Fahrzeuge pro Strecken- und Zeitabschnitt) zurückführen
— auf bestimmte Eigenschaften (Strukturdaten) der Verkehrszellen, in die er Stadt und Umland unterteilt, nämlich darauf, wie viele Einwohner, Beschäftigte, Einkaufsflächen, Pkw/1.000 E., Einstellplätze diese Verkehrszellen haben,
— auf die Mobilität der Bevölkerung und
— auf die Verkehrsnetze selbst (Streckenführung und -ausbau).

Dies geschieht mittels vier, in einer Sequenz hintereinander geschalteter Modelle:
- Die Verkehrserzeugung ermittelt aus den Strukturdaten Zweck, Zahl, Ziel und Quelle der Fahrten.
- Die Verkehrsverteilung ermittelt, welche Verkehrszellen durch diese Fahrten miteinander in Beziehung stehen.
- Die Verkehrsaufteilung trennt die Anteile des individuellen und des öffentlichen Nahverkehrs voneinander.
- Die Verkehrsumlegung stellt fest, welche Verbindungen für die Fahrten benutzt wurden bzw. benutzt würden, wenn angeboten.

Für diese Modelle werden Rechenmethoden verwendet, in denen die quantitativen Zusammenhänge festgehalten sind, die in den Verkehrsanalysen ermittelt werden.

Ändert man nun das Verkehrsnetz, so verlagern sich die Verkehrsströme auf ihm. Diese Verlagerungen kann der GVP rechnerisch ermitteln, also vorhersagen. Die Grundlage der Generalverkehrsplanung sollte primär und zunächst einmal also ein Instrument sein, mit dem man alle erdenklichen Ergänzungen, Veränderungen und ggf. Verbesserungen der bestehenden Verkehrsnetze simulieren und prüfen kann, um sich so Schritt für Schritt (iterativ) an eine Konzeption heranzutasten, die unter Beachtung aller relevanten Ziele (Städtebau, Umwelt, Verkehr, Kosten usw.) die beste ist. Das ist der Zweck der GVP-Methodik (siehe hierzu Grafik 20).

Mit der Zeit ändern sich nun aber auch die Größen, die die Verkehrsbelastung der Netze auslösen oder beeinflussen: Die Strukturdaten der Verkehrszellen und die Mobilität der Bevölkerung. Weil ein konzipiertes Verkehrsnetz frühestens 20 Jahre später erst fertiggestellt sein kann, ist es richtiger, statt der jeweils gegenwärtigen Struktur und Mobilität diejenige einzuspeichern, die 20 Jahre später in alternativen Möglichkeiten vorherrschen könnte. Darum müssen für den GVP prognostizierte Daten verwendet werden. Dadurch kommt aber auch - neben der Frage, ob der GVP selbst mit seinen mathematischen Modellen richtig aufgebaut ist - eine zusätzliche mögliche Fehlerquelle in den GVP hinein, zumal die Strukturdatenprognose nicht nur für die jeweilige Stadt, sondern trennscharf nach Verkehrszellen vorgenommen werden muß. Bei dieser Strukturprognose muß die im F-Plan vorgesehene Flächennutzung zu Grunde gelegt werden. Dies ist auch der Grund, warum der GVP erst nach einem F-Plan erarbeitet werden sollte.

Das Verkehrs-Erzeugungs-Modell

Das Verkehrserzeugungsmodell ermittelt aus den Strukturdaten jeder einzelnen Verkehrszelle deren Verkehrsaufkommen.

Dabei unterscheidet es die Fahrten nach
- ihrer Richtung (ob sie aus der betrachteten Verkehrszelle hinaus oder in sie hineinführen) in Quell- und Zielverkehr,
- ihrem Zweck in Berufspendlerverkehr, Wirtschaftsverkehr und Privatverkehr (und feinere Unterscheidungen),
- der Tageszeit, zu der sie unternommen werden (in der Regel in drei Intervalle): 6.00 bis 9.00 Uhr, 9.00 bis 15.00 Uhr und 16.00 bis 19.00 Uhr.

Dieses Modell soll Aussagen treffen, wie "Im Berufsverkehr zwischen 6 und 9 Uhr gehen von Zelle X,Y oder Z so und so viele Fahrten aus", sagt aber nichts darüber, wohin sie führen (Verkehrsverteilung), ob sie den PKW oder das ÖPNV-Mittel benutzen (Verkehrsaufteilung), oder welche Route sie wählen (Verkehrsumlegung).

Füttert man das Verkehrserzeugungsmodell mit den Strukturdaten von heute oder morgen, antwortet es mit dem Verkehrsaufkommen von heute bzw. morgen.

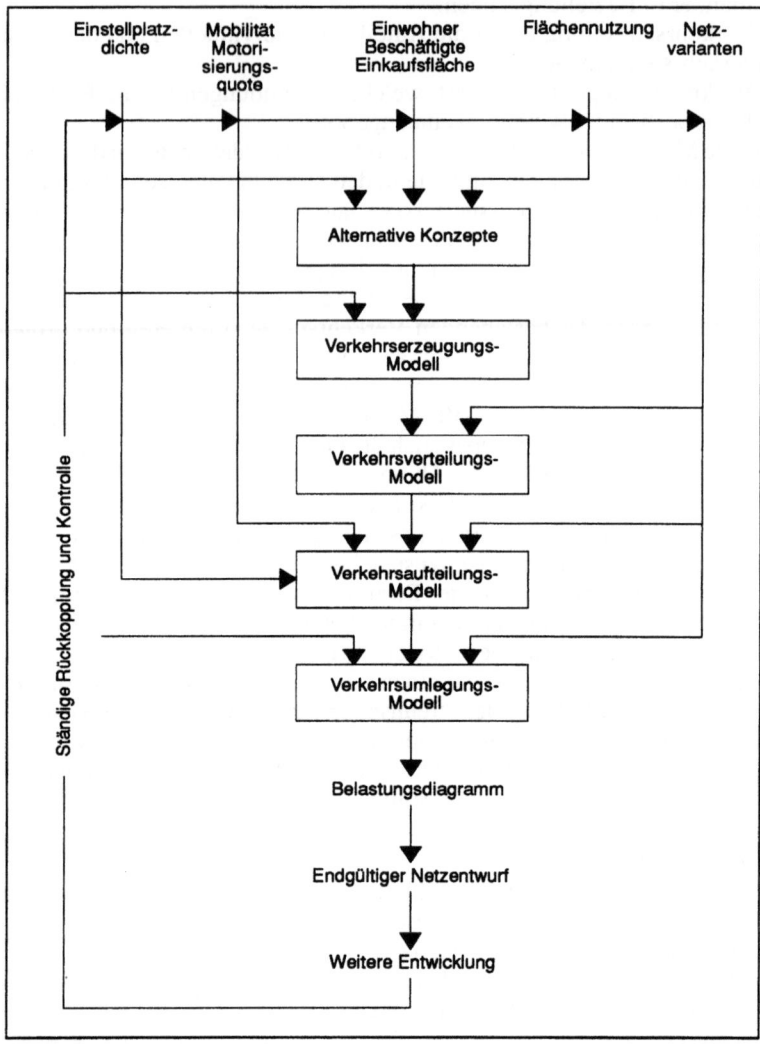

Grafik 20

Das Verkehrs-Verteilungs-Modell
Das Verkehrsverteilungsmodell ermittelt, aus welchen Zellen die Fahrten kommen, die in einer bestimmten Zelle ihr Ziel haben, und in welche Zellen die Fahrten führen, die von einer bestimmten Zelle ausgehen. Diesem Modell zufolge ist die Zahl der Fahrten zwischen je zwei Verkehrszellen vom Verkehrsaufkommen dieser beiden

Zellen abhängig und von der Reisezeit, die auf der Strecke zwischen ihnen erzielt wird (also vom Netzangebot und seinen Alternativen). Die Anzahl der Fahrten zwischen zwei Zellen ist um so größer, je größer das Quellverkehrsaufkommen der einen und das Zielverkehrsaufkommen der anderen Zelle (innerhalb desselben Reisezweckes) und je kürzer die Reisezeit zwischen ihnen ist.

Das Verkehrs-Aufteilungs-Modell

Das Verkehrsaufteilungsmodell ermittelt die Aufteilung der Reisen auf die öffentlichen Verkehrsmittel und die privaten PKW. Es legt dabei einige Annahmen (veränderbar) zu Grunde:
a) Der städtische Wirtschaftsverkehr findet auch in Zukunft fast ausschließlich auf der Straße statt. Er läßt sich nicht in relevantem Umfang auf öffentliche Nahverkehrsmittel verlegen.
b) Im Berufspendlerverkehr ist die Verkehrsmittelwahl (Modal Split) abhängig vom Motorisierungsgrad, Erreichbarkeit und Häufigkeit der ÖPNV-Mittel, Reisezeitverhältnis (Reisezeit mit dem ÖPNV zur Reisezeit mit dem Auto) und hauptsächlich von Einstellplatzrestriktionen.

Wer motorisiert ist und am Arbeitsplatz einen Stellplatz vorfindet, fährt mit dem Auto zur Arbeit. Nur wer kein Auto besitzt oder am Arbeitsplatz keinen Stellplatz findet (wie in der City), benutzt das ÖPNV-Mittel. Der Einfluß des Reisezeitverhältnisses oder der Fahrkosten fällt dagegen nicht ins Gewicht. Der zukünftige ÖPNV-Anteil am Berufsverkehr hängt also entscheidend davon ab, wie die Einstellplatzsituation sich entwickelt. In der Regel kann man davon ausgehen, daß die city-ähnlichen Gebiete mit Restriktionen für Dauerparker ausgeweitet werden, so daß trotz zunehmender Motorisierung der ÖPNV-Anteil etwa gehalten werden kann.

Das Verkehrs-Umlegungs-Modell

Das Verkehrsumlegungsmodell ermittelt, wie die errechneten Reisen die konzipierten Netzalternativen annehmen bzw. belasten. Es geht davon aus, daß die Verkehrsteilnehmer den Weg mit dem geringsten Zeitaufwand suchen. Im Straßennetz werden neben dieser optimalen Route auch weitere mögliche Wege benutzt. Auf diese Weise werden die Fahrten auf die Netze umgelegt, wodurch Belastungsdiagramme für das Schienen- und das Straßennetz entstehen.

Dieses Methodenprinzip hat das frühere "Hochrechnungsprinzip" von Verkehrsnetzen damit vollständig verlassen. Der GVP läßt sich weiterhin dadurch empirisch prüfen, indem seinen theoretisch ermittelten Verkehrsbelastungen die tatsächlich gemessenen gegenübergestellt werden.

Alternative Netzkonzeptionen

Mit Hilfe des Prüfungseinsatzes der Modelle ist es nunmehr möglich, durch iterative Schritte irreale, unökonomische, leistungsschwache, öko-schädliche und den allgemeinen Zielen nicht entsprechende Alternativen der Netzszenarien auszuschalten, brauchbare Alternativen durch Modifikationen und Anpassungen zu konkretisieren und zu verbessern und ggf. eine weitere Alternative neu zu entwickeln. Durch diesen Schritt erreichen wir die Herausbildung realer Alternativen, die es uns gestatten, auch im Hinblick auf schrittweise Anpassungen in der Flächennutzung, einen Optimierungsprozeß in der Kombination von Flächennutzungsverteilung und Verkehrsnetzen einzuleiten.

Es scheint immer wieder angebracht, darauf hinzuweisen, daß es in der Regel keine einzige richtige Lösung gibt. Meistens führen zwei, ja sogar drei "Wege" gleicher Qualität zum Ziel. Es kommt also sehr darauf an, nunmehr auch unter Einfügung politischer Prioritäten einerseits und emotionaler Wertsetzungen andererseits einen Bewertungsgang der verbliebenen Alternativen vorzunehmen, um schließlich die Entscheidung für eine der Alternativen herbeizuführen.

Die Inhalte der Ziele und ihre Grundlagen sind in den Kapiteln 3.11 und 4.4.2 von Band 1 und den Kapiteln 5.3.1 und 5.3.2 von Band 2 und in der Einleitung zu Kapitel 3.3 dieses Bandes soweit erörtert worden, daß es hier genügt, auf sie zu verweisen.[147]

Bewertung der alternativen Verkehrsnetze

Die Untersuchungen zum Generalverkehrsplan als Grundlage für die politische Willensbildung über eine Verkehrsnetz-Konzeption sollen
– zur Anhebung des Rationalitätsniveaus im Entscheidungsprozeß beitragen,
– den Entscheidungsprozeß transparent machen und
– die Konsequenzen der vom Rat zu treffenden Entscheidungen klarlegen.

Die Beurteilung von Maßnahmen geht daher von Zielvorstellungen aus, für die Bewertungskriterien entwickelt werden müssen. Diese Kriterien wiederum sind nur dann einer zahlenmäßigen Behandlung zugänglich, wenn entsprechende Maßstäbe vorliegen. Im GVP sollte versucht werden, die Bewertungskriterien nach Möglichkeit zu quantifizieren und nur in Ausnahmefällen qualitative Argumente abzuwägen.

Bewertungsrahmen

Grundlage der Bewertung sind die Zielvorstellungen der Stadtentwicklungspolitik. Solche Ziele sind formuliert z.B. im Entwicklungskonzept, -programm oder -modell und im Flächennutzungsplan. Darüber hinaus sind in der Regel verkehrliche Ziele z.B. in den Leitlinien für den Nahverkehr dargestellt und stellen einen Bewertungsrahmen etwa wie folgt dar:
– Einrichtung und ggf. Stärkung von Verkehrsachsen durch leistungsfähige Hauptverkehrslinien und eindeutige Einzugsbereiche,
– Konzentration urbaner Nutzungen in den Einzugsbereichen der Verkehrsachsen, d.h. Heranführen der Nutzer an das ÖPNV-Netz und umgekehrt,
– Freihalten der Zwischenräume (Vermeidung von Zersiedlung),
– Erreichbarkeit der zentralen Standorte für Privat- und Wirtschaftsverkehr,
– Vorrang für den öffentlichen Nahverkehr, insbesondere in der Inneren Stadt,
– Steigerung der Lebensqualität in Wohngebieten durch Verkehrsberuhigung,
– Aufrechterhaltung des Wirtschaftsverkehrs.

Für die Auswertung von Ergebnissen des GVP sollten folgende Festlegungen abgeleitet werden:
– Der Wirtschaftsverkehr muß auch in Zukunft abgewickelt werden können. Das zukünftige Straßennetz ist daher unter Zugrundelegung einer Stundengruppe zu gestalten, in der der Wirtschaftsverkehr dominiert. Dies trifft für die Zeit von 9

---

147 K. Müller-Ibold: "Einführung in die Stadtplanung", Fn. 2.

bis 15 Uhr zu. D.h., daß der Spitzenverkehr auf der Straße von 6-9 Uhr bzw. 16-19 Uhr nicht berücksichtigt wird.
- Das öffentliche Nahverkehrsnetz ist die Grundlage für die Abwicklung des Berufsverkehrs. Die Spitzenbelastungen in der morgendlichen Stundengruppe 6-9 Uhr mit absolut überwiegenden Berufs- und Ausbildungsverkehrsteilnehmern müssen daher nicht nur abgewickelt werden können, sondern das ÖPNV-Angebot muß dergestalt sein, daß es zur Benutzung "einlädt".

Bewertungskriterien
Zur Beurteilung der Ergebnisse einer GVP-Untersuchung sollten für folgende Faktoren Bewertungskriterien aufgestellt werden:

Belastungsgrößen: Um Belastungen von Verkehrswegen beurteilen zu können, müssen sie der Leistungsfähigkeit (Kapazität) gegenübergestellt werden. Die Grundleistungsfähigkeit von Straßen liegt bei etwa 1.800 Fahrzeugen/Ampelgrünstunde x Fahrstreifen. Dieser Wert wird heute in der Spitzenstunde auf vielen innerstädtischen Stadtstraßen erreicht; er stellt allerdings einen Spitzenwert dar. Während der Verkehrsspitzen auftretende Stauungen halten nur kurze Zeit an und werden relativ schnell wieder abgebaut. Bei dem gleichmäßiger verteilten Verkehr der Stundengruppe 9-15 Uhr entstehen, wenn die angenommenen hohen Leistungsfähigkeiten erreicht sind, Störungen und Stauerscheinungen als ganztägiger Dauerzustand. Ein GVP sollte aufzeigen, inwieweit auftretende Engpässe durch ergänzende Maßnahmen im Straßennetz beseitigt werden können. Im ÖPNV-Netz ist die Bewertung der Streckenbelastungen beeinflußt durch Attraktivitätsvorstellungen (Sitzplatzangebot, Häufigkeit und Erreichbarkeit) und deren Auswirkungen auf die Zugfolge.

Infrastrukturkennzahlen: Infrastrukturkennzahlen lassen Aussagen über die Qualität der Verbindungen zwischen den Verkehrszellen zu. Ausgewertet werden sollten folgende Kriterien:
- Lagegunst (durchschnittliche Anzahl der Ziele innerhalb des Planungsraumes, die je Zeiteinheit von einer Verkehrszelle erreicht werden können),
- Zeitaufwand (mittlerer Zeitaufwand aller von einer Verkehrszelle ausgehenden Fahrten) und
- Luftliniengeschwindigkeit (auf die Luftlinie bezogene mittlere Geschwindigkeit aller von einer Verkehrszelle ausgehenden Fahrten).

Die Verkehrsarbeit (Belastung x Streckenlänge) erlaubt Aussagen über Verkehrsverlagerungen z.B. zwischen Hauptverkehrsstraßen und Autobahnen oder den einzelnen ÖPNV-Verkehrsarten.

Städtebauliche Bewertungskriterien: Das künftige Verkehrsnetz muß so beschaffen sein, daß neben der rein technischen Bewältigung der Verkehrsabläufe auch eine möglichst unmittelbare Entwicklung der übrigen Lebensbereiche gefördert wird. Für ÖPNV-Mittel kann dieser Einfluß unterstellt werden. Negative, störende städtebauliche Auswirkungen treten - wenn überhaupt - bei ÖPNV-Varianten in etwa gleicher Größe auf, so daß hierfür keine Bewertungskriterien entwickelt zu werden brauchten.
Für die Bewertung von Straßen sollten demgegenüber städtebauliche Bewertungskriterien eingesetzt werden. Diese machen in weiterem Umfang als bisher einschrän-

kende städtebauliche Situationen bei der Planung von Verkehrswegen der systematischen Beurteilung zugänglich. Folgende Störfaktoren sind dabei zu beachten[148]:
a) Gestörte Umwelt (Umweltverträglichkeitsprüfung)
b) Gestörte Einrichtungen: Hier sollten Einrichtungen erfaßt werden, die von Verkehrslärm, Abgasen usw. besonders empfindlich berührt werden (z.B. Krankenhäuser, Schulen usw.).
c) Gestörte Stadtbereiche und Zugänglichkeiten besonderer Einrichtungen: Hier sollten erfaßt werden die Zerschneidung einheitlicher Stadtbereiche und die Störung der Zugänglichkeit von Einrichtungen (z.B. Einzugsbereich und Weg zu einer Schule) etwa durch Zerschneidung eines Gebietes durch eine Straße.
d) Gestörte Wohnnutzungen: Hier sollten bei Wohnnutzungen stark belastete Stadtstraßen erfaßt werden.
e) Gestörtes Stadt- und Landschaftsbild: Erfaßt werden sollten hier z.B. breite oder stark belastende Straßen, die das Stadt- oder Landschaftsbild beeinträchtigen (z.B. Beeinträchtigung eines Parks durch eine ausgebaute Straße).

Durch Kombination mit der Verkehrsbelastung sollte für jede Straße die städtebauliche Störung in Form eines quantitativen Faktors bewertet werden. Eine Gewichtung der gestörten Elemente erlaubt dann insgesamt eine qualitative Bewertung.

Attraktivitätsfaktoren des ÖPNV: Für den Fahrgast läßt sich die Attraktivität der Nahverkehrsmittel durch die Erreichbarkeit, Häufigkeit, Reisezeit und das Sitzplatzangebot ausdrücken. Für die Beurteilung der Straßennetze sollten die ÖPNV-Fahrten und der P+R-Verkehr ermittelt werden, um z.B. Entlastungen von Straßen vom Individualverkehr für den öffentlichen Nahverkehr positiv bewerten zu können.

Kosten: Die Kosten für Maßnahmen im ÖPNV-Netz und im übergeordneten Straßennetz sollten jeweils grob soweit abgeschätzt werden, wie es für die relative Beurteilung der Netzvarianten im Vergleich notwendig ist.

Bezugsfelder der Generalverkehrsplanung

Da Untersuchungs- und Bewertungsprozeß transparent zugrunde gelegt werden, könnte und sollte das Informationssystem zum Generalverkehrsplan zunächst direkte Entscheidungshilfen auch für die Stadtplanungspolitik liefern. Außerdem erlaubt ein richtig aufgebautes Informationssystem eines Generalverkehrsplanes, die verkehrlichen Auswirkungen von Änderungen oder Alternativen der Zielvorstellungen permanent aufzuzeigen, indem geänderte Daten als Vorgaben oder geänderte Netzkomplexe zur Analyse eingegeben werden. Das heißt z. B., daß der Bau- und Planungsausschuß zu verschiedenen von ihm erörterten Nutzungs- oder Netzalternativen Planspiele vornehmen kann. Schließlich kann ein Informationssystem zum Generalverkehrsplan eine große Anzahl verkehrsplanerischer Fragen beantworten. Im folgenden sollen beispielhaft einige denkbare Fragestellungen skizziert werden:

---

148 Siehe hierzu auch J. Neidhart: "Umweltverträglichkeitsprüfung in der kommunalen Straßenplanung?", in: Straßenverkehrstechnik, 1990

- Welchen Entlastungseffekt haben einzelne Hauptstrecken auf das übrige Straßennetz (Bündelungseffekt, Umweltentlastung)?
- Welche verkehrlichen Auswirkungen haben zusätzliche Großsiedlungen oder andere neue Nutzungsstandorte (welche Auswirkungen haben z.B. zusätzliche Einkaufszentren auf das Verkehrsnetz)?
- Wo ist unter verkehrlichen Gesichtspunkten der günstigste Standort für besondere Verkehrserzeuger (z.B. Universität)?
- Wie ist die Linienverknüpfung in einem Streckennetz des ÖPNV zu gestalten, wenn die Anzahl der Umsteigevorgänge minimiert werden soll?
- Welchen Einfluß haben zusätzliche Stellplatzrestriktionen in der Innenstadt und/oder in den Nebenzentren auf die Verkehrsmittelwahl, und welche Folgen ergeben sich daraus für die Verkehrsinfrastruktur hinsichtlich Anlage und Betrieb?
- Welche Bedeutung haben jeweils einzelne Netzteile (wenn sie eingeengt oder nicht eingeengt sind, usw.)?

Diese und andere Fragen können gestellt und in relativ kurzer Zeit beantwortet werden, so daß schrittweise zu einzelnen Themen, Alternativen und Konzepten unmittelbar Entscheidungen getroffen werden können.

3.3.3 Überprüfungen, Rückkopplungen, Korrekturen und endgültige Alternativen

Im Zuge der Bewertung der alternativen Netze kommt es in der Regel zu Überprüfungen, Rückkopplungen und Korrekturen auch im Hinblick auf Vorgaben und Prioritäten. Solche Überprüfungen und Rückkopplungen können auch dazu führen, daß Anforderungen zur Minimierung von Verkehrsvorgängen und Favorisierung des ÖPNV den Anlaß geben, das Flächennutzungskonzept zu überprüfen und ggf. zu korrigieren. Im Rahmen dieses Vorganges wird in der Regel auch die Zahl der Alternativen auf einige wenige realistische reduziert, weil ebenso wie bei der Flächennutzungsplanung und auch bei der Freiflächen- und Landschaftsplanung davon ausgegangen werden muß, daß die schon bestehende Substanz erheblich größer ist, als die, die in absehbarer Zeit hinzukommen geplant und ausgeführt werden kann.

3.3.4 Entscheidung und Aufnahme in den Flächennutzungsplan

Bei der Generalverkehrsplanung empfiehlt es sich, möglichst viel an Spielraum offen zu lassen. Insofern sollte nur der Netzrahmen, der für die Ausweisung im Flächennutzungsplan erforderlich ist, beschlossen werden. In der Regel läßt dieser Maßstab sogar noch eine spätere endgültige Entscheidung im Detail für die eine oder andere Alternative zu. Diese Entscheidung, auch über die Offenhaltung und das weitere Vorgehen, kann jedoch nicht die Verwaltung treffen. Sie muß von dem Entscheidungsträger (Rat) getroffen werden, einschließlich der Grundentscheidung, welche Netze (ÖPNV- und Straßennetz) in den Flächennutzungsplan in welcher Detailausprägung übernommen werden sollen. Der Generalverkehrsplan sollte als "Flächennutzungsplan ..., Teil Generalverkehrsplan" mit dem Vermerk versehen werden: "Dieser Plan ist Bestandteil des Flächennutzungsplans". Der Flächennutzungsplan sollte den Gegenvermerk enthalten: "Folgende weitere Pläne sind Bestandteil des Flächennutzungsplans: ...".

3.4 Methodik der Umweltverträglichkeitsprüfung/-planung

3.4.1 Allgemeines

Wir haben die grundsätzlichen Fragen und Leitgedanken zum Umweltschutz schon in den Bänden 1 und 2 erörtert und müssen deshalb diesen Komplex hier nicht weiter vertiefen. Dennoch scheint es angebracht, zumindest allgemein Methode und Verfahren zur Umweltverträglichkeitsprüfung (UVP) noch ein wenig näher zu erörtern, insbesondere weil wir festgestellt haben, daß schon im Planungsansatz die Umweltverträglichkeit als eine der wichtigen Schritte behandelt werden muß.

Auch hier müssen wir schrittweise denken und vorgehen. Die Integration der Umweltverträglichkeit z.B. in den Planungsprozeß bei der Flächennutzungsplanung erübrigt eine verfeinerte Umweltverträglichkeitsprüfung bei der Projekt- und Bebauungsplanung nicht. Der Planungsvorgang beim Flächennutzungsplan wird die Gewichtung für die Abwägung bei den Nachfolgeplänen im übergeordneten Sinn festlegen. Z.B. wird der Flächennutzungsplan zu neu ausgewiesenen Wohngebieten ggf. aussagen, daß dem Schutz kleinerer Pflanzengruppen oder Biotope im Fall X keine Priorität gegeben werden soll, weil sonst andere Umweltschäden größerer Dimension eintreten würden. Sehr viel weiter kann der Flächennutzungsplan im Detail nicht gehen. Bei der örtlichen Ausprägung des Siedlungsentwurfs kann jedoch sehr wohl noch auf die lokal einzugrenzenden Umweltverträglichkeitsanforderungen eingegangen werden entweder durch den geschickten Entwurf, der ein Biotop dennoch retten kann, oder durch entsprechende Ausgleichsmaßnahmen.

Für die kommunale Verwaltung sind Probleme der Umwelt nicht etwas grundlegend Neues. Zu erinnern ist an das Ende des letzten Jahrhunderts, als erkannt wurde, daß eine systematische Schmutzwasserkanalisation das Ausbrechen und die Ausweitung der so gefürchteten Seuchen verhindert. In sehr schneller Reaktion haben damals alle Träger der öffentlichen Hand, insbesondere die Kommunen, wie auch die Privaten in ihrer Bereitschaft, erhebliche Kanalgebühren zu zahlen, gehandelt. Damals hat niemand über die Höhe der dadurch neu entstandenen, von Privaten zu zahlenden öffentlichen Lasten gejammert. Heute wird in kaum noch erträglicher Weise darüber lamentiert, daß die öffentlichen Gebühren so hochgeschnellt seien. Es ist erstaunlich, wie wenig Menschen den Zusammenhang mit ihren eigenen enorm gestiegenen Umweltansprüchen sehen. Qualität kostet Geld, eine Binsenweisheit, die jedem Menschen klar sein sollte. Schuld an diesem Bild tragen allerdings vielfach die Medien, die in noch erschreckenderem Maß unreflektiert die Lastenerhöhung beklagen, dem Bürger aber bedauerlicherweise allzu selten den Zusammenhang mit seinen eigenen Forderungen nach höchster Gesundheitssicherung (auch durch Schutzmaßnahmen gegen Gefährdung durch Abwässer, Müllbeseitigung usw.) darlegen. Insbesondere tragen die Medien deshalb eine "Mitschuld", weil sie es sind, die als "Sprachrohr" der Öffentlichkeit Politiker wie auch Verwaltung unter Druck setzen, immer wieder neue Schutzmaßnahmen zu ergreifen, oft ohne Reflexion und Folgebetrachtungen! Selten hören wir von den Medien den Hinweis, daß die stark gestiegenen Anforderungen der Bürger an die Gesellschaft auch konkret und in erheblichem Maß Geld kosten, also Ursache insbesondere für starke Gebührenerhöhungen sind! Manchmal überfällt einen geradezu die Frage, ob die Medien nicht wollen oder gar selbst dazu nicht in der Lage sind. Allerdings entfiele dann ja auch das beliebte Spiel der Medien in ihrer Kritik an der öffentlichen Hand in einem wesentlichen Teil. Der Mut, der die Bürger in ihrem Erwartungshorizont selbst kritisiert, ist von nur sehr wenigen Medien zu erwarten. Der Eindruck ist deshalb leider nicht zu verwischen, daß es einigen Teilen der Medien anscheinend nicht sonderlich um die sorgfältige Recherche und umfassende Information des Bürgers geht. Die aktive Umweltvorsorge erfordert heute nach Jacoby[149] allerdings andererseits auch für den kommunalen Handlungsbereich neue Ansätze, Verfahrens- und Handlungsseiten in zum Teil völlig neuen und enorm ausgeweiteten Feldern. Fiedler[150] setzt sich deshalb auch mit den daraus sich ergebenden Folgen für die kommunale Organisation auseinander. Auf beides können wir hier nur hinweisen, aber nicht im Einzelnen eingehen.

3.4.2 Rechtliche Voraussetzungen

Grundlage für Umweltverträglichkeitsprüfungen sind
- das Baugesetzbuch (BauGB § 1 Abs. 5 Satz 7), wonach die Gemeinden die Belange des Umweltschutzes, des Naturschutzes und der Landschaftspflege, insbesondere des Naturhaushalts, des Wassers, der Luft und des Bodens einschließlich seiner Rohstoffvorkommen sowie das Klima bei ihrer Bauleitplanung zu berücksichtigen und in den Abwägungsprozeß einzubeziehen haben,
- die Richtlinie des Rates der Europäischen Gemeinschaften über die Umweltverträglichkeitsprüfung bei bestimmten öffentlichen und privaten Projekten und
- das Gesetz über die Umweltverträglichkeitsprüfung.

Die Bundesregierung beabsichtigt, in einer Novelle zum BauGB die Umweltverträglichkeitsprüfung epressis verbis noch stärker in das Gesetz einbauen.

3.4.3 Datenbasis und Umweltkataster

Umweltverträglichkeitsprüfungen erfordern in der Regel über die allgemeinen Daten und Informationen, die aus der amtlichen Statistik und ihren Nebenzweigen sowie aus den speziellen Erhebungen zu Planungsuntersuchungen vorliegen, hinaus Zusatzinformationen (z.B. über die Vegetation, Tierwelt usw.). Z.T. werden Daten dieser Kategorie schon bei der in die Flächennutzungsplanung integrierten Umweltverträglichkeit erhoben. Diese Daten werden oft nur in der für die Flächennutzungsplanung erforderlichen Aggregation geliefert, jedoch oft im Urmaterial schon in einer Tiefe ermittelt, die auch für die Umweltverträglichkeitsprüfung der Nachfolgepläne ausreichen würde. Es ist deshalb ratsam, systematisch ein Umweltkataster einzuführen, in dem alle in der öffentlichen Verwaltung auch neben der amtlichen Statistik für die Umweltverträglichkeit relevanten anfallenden Daten zentral erfaßt und aufbereitet werden. Einzuschließen sind hier auch die Daten halböffentlicher Institutio-

---

149 C. Jacoby: "Kommunale Umweltverträglichkeitsprüfung - UVP - Grundlagen und Stand der Einführung", Kaiserslautern 1988.
150 K.P. Fiedler: "Organisation der Umweltverträglichkeitsprüfung in kreisfreien Städten", Bonn 1989.

nen, wie etwa der Landwirtschaftskammer und anderer Verbände. Ein solches Verfahren ist ökonomischer, als bei jeder anfallenden UVP neu eine Sammlung und Aufbereitung der Daten durchzuführen.

3.4.4 Verfahrensmethode

Verfahrensarten

Das Verfahren der UVP besteht in der Regel aus den folgenden drei aufeinander aufbauenden Stufen der Vertiefung:
a) Vorprüfung,
b) Kleine Umweltverträglichkeitsprüfung,
c) Große Umweltverträglichkeitsprüfung.

a) Vorprüfung
Die Vorprüfung soll ergeben, ob von dem jeweiligen Planungsvorhaben Umweltauswirkungen ausgehen werden, die insbesondere die Entscheidung über Art, Standort und Umfang des Vorhabens beeinflussen können. Wenn schon diese Vorprüfung ergibt, daß Umweltauswirkungen nicht erkennbar sind, ist damit für den jeweiligen Fall die UVP abgeschlossen. Die Entwicklung mit ihrer Begründung sollte unter allen Umständen aktenkundig gemacht werden.

b) Kleine Umweltverträglichkeitsprüfung
Sollte die Vorprüfung ergeben, daß Auswirkungen des Vorhabens auf die Umwelt zu erwarten sind, wird die kleine UVP durchgeführt. Wenn die kleine UVP ergibt, daß wesentliche Auswirkungen auf die Umwelt aus dem Vorhaben nicht zu erwarten sind, wird die UVP in dieser Phase abgeschlossen. Auch hier sollten die Entscheidung und ihre Begründung aktenkundig festgehalten werden.

c) Große Umweltverträglichkeitsprüfung
Sollte die kleine UVP ergeben, daß unter Umständen erhebliche Auswirkungen des Vorhabens auf die Umwelt zu erwarten sind, muß die große UVP durchgeführt werden.

Verfahrensablauf
Die Bundesregierung hat für alle öffentlichen Bauten des Bundes in Analogie zum allgemeinen Verfahren ein Schema für eine Umweltverträglichkeitsprüfung erlassen. Sie sieht (einschließlich leichter Ergänzungen) folgendermaßen aus:

I. Vorfeld der Prüfung
Darstellung der fachlichen Aufgabe
– fachliche Ziele,
– grundsätzliche Randbedingungen,
– Probleme der fachlichen Aufgabe.
Darstellung der fachlichen Maßnahmen
– Lösungsmöglichkeiten,
– Auswahl der Maßnahmen.

II. Prüfung der Umwelterheblichkeit
In diesem Gang soll festgestellt werden, ob das Vorhaben überhaupt Auswirkungen hat, also erheblich ist für ein Schutzerfordernis vor seinen Auswirkungen.

Ergibt sich, daß das Vorhaben für Schutzmaßnahmen zum Umweltschutz nicht erheblich ist, wird die Prüfung mit der entsprechenden Feststellung abgeschlossen. Wird eine Erheblichkeit dagegen festgestellt, wird die tatsächliche Umweltverträglichkeitsprüfung vorgenommen.

III. Prüfung der Umweltverträglichkeit
Ermittlung der Umweltauswirkungen
– Zustandsanalyse,
– Zustandsprognose ohne Maßnahme (einschließlich mittelbarer übergeordneter Wirkungen),
– Zustandsprognose mit Maßnahme (einschließlich mittelbarer übergeordneter Wirkungen).
Bewertung der Umweltauswirkungen
– Prüfung und Bewertung von Abhilfen, Ausgleichen und Alternativen bei schädlichen Umweltauswirkungen,
– Vergleich der jeweiligen Auswirkungen.

IV. Abwägung
– Abwägung der Maßnahmenwirkungen,
– Abwägung mit anderen Belangen.

Entscheidung
Die Schritte und das Ergebnis des Verfahrens sind dem zuständigen Entscheidungsträger (Verwaltungsspitze und Rat sowie dessen Ausschüssen) vorzulegen. Die Verwaltung kann dazu ihr Votum mit Begründung abgeben. Der Rat muß am Ende im Rahmen der Gesamtentscheidung über das Objekt/Projekt die Umweltbelange untereinander und mit anderen öffentlichen wie privaten Belangen abwägen. Dabei ist einem Mißverständnis vorzubeugen. Der Rat muß eine Gesamtentscheidung treffen, wobei aus anderen oder aus übergeordneten Belangen möglicher- und begründeterweise gegen das Umweltverlangen entschieden wird. Umweltverträglichkeitsprüfung heißt also nicht, daß automatisch für das Umweltverlangen entschieden wird. Umweltverträglichkeitsprüfung heißt nichts anderes, als sorgfältige Untersuchung der jeweils konkret vorliegenden Umweltbelange, ihre sorgfältige Abwägung untereinander und mit anderen Belangen. Die Entscheidungsgründe sind aktenkundig zu machen, damit sie nachprüfbar und nachvollziehbar sind. Die Entscheidung ist dann auch im Sinne einer Planungsvorgabe umzusetzen.

4. Das Baugesetzbuch (BauGB)[151]
Hauptinstrument der Planungsumsetzung

4.1 Allgemeines

Wir haben in Band 1 erörtert, daß Planung der Legitimation bedarf. Diesem Zweck dient das BauGB. Es ist im Kern ein handlungsorientiertes Instrumentalgesetz. Es regelt nicht alle Details und hat deshalb Bund und Länder ermächtigt, Einzelheiten auch über Verordnungen oder Landesgesetze festzulegen (siehe dazu auch Kapitel 4.1.2 und 4.1.3 von Band 1 und 4.1.3 von Band 2).[152] Das BauGB muß eine schwierige Funktion erfüllen. Es muß einerseits Instrumente zur Sicherung und zum Vollzug der Planung anbieten, andererseits Betroffene vor willkürlichen Eingriffen und/oder Einschränkungen schützen, angemessene Kompensation sichern und Folgewirkungen regeln. Das BauGB regelt den Rahmen inhaltlich nur durch Leitlinien; es regelt nicht die Systematik, Organisation, Struktur und Methodik des eigentlichen Planungsvorgangs, der auch nicht Gegenstand eines Gesetzes sein kann. Deshalb erfolgt diese Kurzübersicht zum BauGB unmittelbar vor den Kapiteln über die Instrumente zur Planungssicherung und zum Planungsvollzug.

4.2 Gliederung des Baugesetzbuches

Das Baugesetzbuch ist in folgende vier Kapitel mit jeweils einzelnen Teilen und Abschnitten gegliedert[153]:
- Allgemeines Städtebaurecht (§§ 1-135)
- Besonderes Städtebaurecht (§§ 136-191)
- Sonstige Vorschriften (§§ 192-232)
  und
- Überleitungs- und Schlußvorschriften (§§ 233-247).

4.2.1 Erstes Kapitel: Allgemeines Städtebaurecht

Erster Teil: Bauleitplanung (§§ 1-13)
Neben den Leitbildern enthält dieser Teil die Vorschriften zur Aufstellung und Änderung von Bauleitplänen. Inhaltliche Sachverhalte dazu sind, z.T. exemplarisch, in den Kapiteln 4.1 von Band 1 und in den Kapiteln 4. und 5. von Band 2 erörtert, auf die deshalb hier verwiesen wird.

Zweiter Teil: Sicherung der Bauleitplanung (§§ 14-28)
Von der Aufstellung bis zur Beschlußfassung, Genehmigung und Rechtskraft von Plänen vergehen oft Jahre! Um eine noch zulässige Bebauung, die die neuen Vorstellungen stören würde, verhindern zu können, regelt das BauGB in diesem Teil

---

151 Siehe hierzu: Battis, Krautzberger, Löhr, BauGB, Fn. 3.
152 Müller-Ibold: "Einführung in die Stadtplanung", Fn. 2.
153 Siehe hierzu Battis, Krautzberger, Löhr, BauGB, Fn. 3.

Abwehrmaßnahmen wie Veränderungssperren, Zurückstellungen von Baugesuchen, Genehmigungen zu Teilungen von Grundstücken, Vorkaufsrechte usw.

Dritter Teil: Regelung der baulichen und sonstigen Nutzung; Entschädigung (§§ 29-44)

Bei neuen oder zu ändernden Bauleitplänen muß nicht immer das Bauen während der Verfahrenszeit verhindert werden. Das Gemeindegebiet ist auch nicht flächendeckend mit Bebauungsplänen überzogen.

Der erste Abschnitt regelt deshalb Genehmigung und Zulässigkeit von Vorhaben im Geltungsbereich von Bebauungsplänen, von Vorhaben innerhalb bebauter Ortslagen (für die ein Bebauungsplan weder existiert noch beabsichtigt ist) und im Außenbereich (für den ein Bebauungsplan nicht notwendig ist).

Der zweite Abschnitt regelt Entschädigungen bei Vertrauensschäden, nach ihrer Art (in Geld oder Sachen), bei Rechten Dritter (Leitungsrechte u.a.), bei Änderungen oder Aufhebungen von Nutzungen. Außerdem werden Pflichtigkeit und Fälligkeit von Entschädigungen sowie das Erlöschen von Ansprüchen geregelt.

Vierter Teil: Bodenordnung (§§ 45-84)

Zuschnitt und Größe von Grundstücken, Bebauungsart, Belastungen und Verhältnisse bei Eigentümern können so komplex sein, daß eine private Ordnung nicht zustandekommt. Um dennoch eine sinnvolle Ordnung zu erreichen, sind durch Gesetz geregelte Maßnahmen notwendig. Sie sind nicht nur für städtische Flächennutzungen erforderlich, sondern auch für Verbesserungen der landwirtschaftlichen Nutzung (Flurbereinigung). Dieser Teil regelt deshalb Inhalt und Form des Umlegungsplans, Ablauf, rechtliche und finanzielle Folgen, Zuständigkeiten und Voraussetzungen zu Umlegungsverfahren, Rechte und Pflichten der Beteiligten, Verfahren für die Verteilung der Umlegungsmasse, zur Enteignung, zur Entschädigung, zur Besitzeinweisung in neu geschnittene Grundstücke und zur Vollstreckung. Außerdem regelt er die Voraussetzungen für Grenzregelungen, für die Entschädigung in Geld- statt Sachleistungen, für Beschlüsse und Rechtswirksamkeiten.

Fünfter Teil: Enteignung (§§ 85-122)

Enteignungen oder enteignungsgleiche Eingriffe (z.B. Wertminderung durch Umnutzung) sind ohne Entschädigung nicht zulässig. Leitlinie muß sein, das Erfordernis für Enteignungen schon im Planungsansatz zu minimieren und der Entschädigung durch Land Vorrang vor der in Geld zu geben. Eine Enteignung läßt sich jedoch nicht immer vermeiden. Deshalb waren entsprechende Regelungen notwendig.

Der erste Abschnitt definiert Zwecke, Gegenstände und Voraussetzungen der Enteignung, zwingende städtebauliche Gründe, regelt Veräußerungspflicht, Enteignung für besondere Zwecke, Entschädigung in Land sowie Umfang, Beschränkung und Ausdehnung der Enteignung.

Der zweite Abschnitt definiert die Entschädigung, ihre Grundsätze, die Entschädigungsberechtigten, -verpflichteten und Nebenberechtigten, regelt die Entschädigung für Verluste an Rechten, z.B. als Mieter oder Pächter, durch Gewährung anderer Rechte, die Entschädigung in Geld oder Land sowie den Schuldübergang und die Rückenteignung.

Der dritte Abschnitt bestimmt die Enteignungsbehörde und Beteiligte, regelt den Antrag auf Enteignung, den Ablauf des Verfahrens, die Voraussetzungen und Wirkungen von Einigungen und Entscheidungen der Beteiligten, von Beschlüssen der Behörde, die Ausführung der Beschlüsse, das Verteilungsverfahren, die Vollstreckung usw.

Sechster Teil: Erschließung (§§ 123-135)
Für den Vollzug der Planung hat die Vornahme der Erschließung initiierende Bedeutung. Es bedarf dazu bestimmter Regelungen, weil ein Bebauungsplan zwar die Bebauung festlegt, sie aber nicht auslöst! Dazu ist die Erschließung nötig, die als Gemeinschaftsaufgabe meist durch die Gemeinde erfolgt. Ohne Regelung könnte die Gemeinde aber nicht willkürlich auf privaten Flächen Maßnahmen vornehmen. Sie könnte daran auch kein Interesse haben, solange die Finanzierung nicht geregelt ist. Der Eigentümer erfährt durch die Erschließung eine erhebliche Wertsteigerung; es muß also geregelt sein, wie er heranzuziehen ist.

Der erste Abschnitt regelt deshalb die Erschließungslast und ihre Verteilung, die Vertragsart, die Bindung der Maßnahmen an die förmlichen Planausweisungen und die Pflichten der Eigentümer.

Der zweite Abschnitt regelt Art und Umfang der Beitragsfähigkeit, der Beitragspflicht, der Zahlungsmodalitäten und der dafür erforderlichen Satzung.

4.2.2 Zweites Kapitel: Besonderes Städtebaurecht

Erster Teil: Städtebauliche Sanierungsmaßnahmen (§§ 136-164)
Stadtplanung dient nicht nur der Entwicklung neuer Systeme und Siedlungen, sondern auch der Erneuerung bestehender Stadtteile. Letztere vollzieht sich primär dort, wo Bürger unmittelbar betroffen sind. Es ist nicht zu vermeiden, daß Bürger davon auch negativ betroffen werden können. Ein angemessener Ausgleich ist deshalb ein wesentliches Ziel bei Erneuerungsmaßnahmen. Ursprünglich war diese Materie im eigenen Städtebauförderungsgesetz geregelt. Das Erfordernis, die Stadtentwicklung im Zusammenhang aller Komponenten zu regeln, hat den Gesetzgeber veranlaßt, sie im BauGB zusammenzufassen und zu harmonisieren.

Der erste Abschnitt regelt die Art der Maßnahmen, die Beteiligung und Mitwirkung der Betroffenen, die Auskunftspflichten sowie die Beteiligung und Mitwirkung der öffentlichen Aufgabenträger.

Der zweite Abschnitt regelt vorbereitende Untersuchungen, die Satzung, den Sanierungsvermerk im Grundbuch, die Anzeige, die Bekanntmachung, Vorschriften über Vorhaben, die einer Genehmigung bedürfen, Teilungs-, Genehmigungs- und Durchführungsverfahren, Ordnungs- und Baumaßnahmen, die Finanzierung, die Ersatzmaßnahmen, Abgaben usw.

Der dritte Abschnitt behandelt Vorschriften über Anwendungsbereiche, Ausgleichs- und Entschädigungsleistungen, Kaufpreise, Ausgleichsbeträge und Bestimmungen zur förmlichen Festlegung.

Der vierte Abschnitt regelt die Einschaltung von Sanierungsträgern, deren Aufgaben und Vollmachten sowie Vorschriften zur Bestimmung des Trägers und zum Treuhandvermögen.

Der fünfte Abschnitt regelt den Abschluß einer Sanierung durch förmliche Aufhebung der Satzung sowie Rückübertragung von Eigentum und Rechten.

Zweiter Teil: Städtebauliche Entwicklungsmaßnahmen (§§ 165-171)
Entwicklungsmaßnahmen im Sinne des StBauFG wurden sehr selten durchgeführt. Meist genügte das allgemeine Städtebaurecht, um neue Maßnahmen durchzuführen. Deutschland ist so stark verstädtert, daß der Bau von "neuen Städten" kaum mehr in Betracht kommt. Insofern sah sich der Gesetzgeber veranlaßt, bei der Aufstellung des BauGB das StBauFG aufzuheben, seine Kernbestandteile in das BauGB zu übernehmen und das allgemeine Städtebaurecht entsprechend zu ergänzen. Im neuen Gesetz waren Übergangsregelungen nur erforderlich, weil zum Zeitpunkt des Inkrafttretens des Baugesetzbuches noch einige wenige "auslaufende" Entwicklungsmaßnahmen nach altem Recht im Verfahren waren.

Dritter Teil: Erhaltungssatzung und städtebauliche Gebote (§§ 172-179)
Nicht alle Sachverhalte müssen über die Bebauungsplanung geregelt werden. In jeder Gemeinde finden wir Bauten und Gebiete, die erhalten bleiben sollen (z.B. Milieugebiete), und andere, die zum Abbruch und danach zur Neubebauung kommen sollen, ohne daß es nötig wäre, das volle Instrumentarium und aufwendige Verfahren des Bebauungsplans einzusetzen. Deshalb wurde im dritten Teil die Erhaltungssatzung eingeführt, die in ihrer Bezeichnung schon deutlich macht, welche Zielsetzung damit verbunden ist. Ergänzend dazu sind außerdem die Gemeinden ermächtigt worden, unter bestimmten Bedingungen "städtebauliche Gebote" zu verfügen.
  Der erste Abschnitt regelt die Sachverhalte und Verfahren zur Aufstellung der Satzung, zu Genehmigungen, Übernahmeansprüchen und Ausnahmen.
  Der zweite Abschnitt regelt die Sachverhalte und Verfahren zu Geboten (Bau-, Modernisierungs-, Instandsetzungs-, Pflanz- und Abbruchgebote).

Vierter Teil: Sozialplan und Härteausgleich (§§ 180 und 181)
Maßnahmen, die im Interesse der Allgemeinheit in bestehende Verhältnisse eingreifen, können Betroffenen auch Lasten aufbürden (z.B. Mieter von zum Abbruch vorgesehenen Wohnungen, darunter häufig Rentner mit geringem Einkommen, die ggf. neue, nicht bezahlbare Wohnungen beziehen, den Umzug bezahlen müßten usw.). Nach dem Sozialstaatsprinzip dürfen Maßnahmen mit solchen Folgen nicht ohne Hilfen und Kompensationen ausgeführt werden. Deshalb wurden die Instrumente des Sozialplans und des Härteausgleichs im BauGB eingeführt. Ein Härteausgleich kann Teil des Sozialplans, aber auch eigenständiges Instrument sein.

Fünfter Teil: Miet- und Pachtverhältnisse (§§ 182-186)
Rechte von Mietern können bei einer Sanierung in Konflikt mit Interessen der Allgemeinheit geraten. Das Gesetz mußte deshalb Regelungen schaffen, die eine sozialverträgliche Auflösung der Miet- und Pachtverträge erlauben.

Sechster Teil: Städtebauliche Maßnahmen im Zusammenhang mit
                  Maßnahmen zur Verbesserung der Agrarstruktur (§§ 187-191)
In der Regel werden gerade landwirtschaftliche Flächen Nutzungsänderungen ausgesetzt. Insofern soll eine Verbesserung der Agrarstruktur auch im Zusammen-

hang mit städtebaulichen Maßnahmen ermöglicht werden. Dieser Teil regelt deshalb die Abstimmung zwischen Maßnahmen der Bauleitplanung und der Verbesserung der Agrarstruktur und der Flurbereinigung, die Beschaffung von Ersatzland und den Verkehr mit land- und forstwirtschaftlichen Grundstücken.

4.2.3 Drittes Kapitel: Sonstige Vorschriften
Erster Teil: Wertermittlung (§§ 192-199)
Der Vollzug der Bauleitplanung kann das Erfordernis zu einem Eingriff in Eigentums- und Besitzverhältnisse nicht nur durch Enteignung, Grenzregelung, Umlegung, sondern auch durch Umnutzungen mit Wertminderungen auslösen. Der erste Teil regelt deshalb die Zusammen- und Einsetzung, Aufgaben und Befugnisse von Gutachterausschüssen, die Methoden zur Ermittlung des Verkehrswertes von Grundstücken und die Aufstellung von Kaufpreissammlungen und Bodenrichtwerten.

Zweiter Teil: Allgemeine Vorschriften, Zuständigkeiten etc. (§ 200-216)
Dieser Teil behandelt schließlich die allgemeinen Vorschriften, wer, zu welchem Sachverhalt, an welchem Ort zu Maßnahmen ermächtigt und zuständig ist, wie ein Verfahren durchzuführen und der Sachverhalt festzustellen ist, wie die Rechtsbehelfe und Ordnungswidrigkeiten zu behandeln sind und welche Voraussetzungen für die Rechtswirksamkeit der Planung erforderlich sind.

Dritter Teil: Verfahren vor den Kammern (Senaten) für Baulandsachen (§§ 217-232)
In einem Rechtsstaat muß die gerichtliche Bewertung des öffentlichen Verwaltungshandelns für den betroffenen Bürger offenstehen. Der dritte Teil regelt deshalb, welches Gericht zuständig ist, welche Verfahrensform einzuhalten ist, welche Ergebnisformen erzielbar sind, wer die Kosten trägt und wie Berufung, Beschwerde und Revision zu behandeln sind.

4.2.4 Viertes Kapitel: Überleitungs- und Schlußvorschriften (§§ 233-247)
Das BauGB ist nicht aus einem Vakuum entstanden. Wie wir schon in Band 1 erörtert haben, gab es eine Entwicklung von den Aufbaugesetzen über das BBauG bis zum StBauFG. Das BauGB hat die letzten beiden zusammengeführt und reformiert. Für noch nach altem Gesetz im Verfahren befindliche Planungen waren also Vorschriften zur Überleitung nötig. Schließlich bedarf jedes Gesetz Schlußvorschriften, auch für besondere Fälle wie etwa zur Sondersituation von Berlin.

Der Inhalt des und Kommentare zum BauGB sind für jeden professionellen Planer Pflichtlektüre. Diese kurze Übersicht soll als Einstieg dafür dienen. Es ist nicht nötig, daß jedes juristische Detail dem Stadtplaner bewußt ist; die Grundsätze der Kapitel, Teile und Abschnitte muß er jedoch kennen. Die folgenden Kapitel stellen nicht nur einen weiteren Schritt zum Einstieg in das Verwaltungshandeln zur Umsetzung der Planung, sondern auch in das BauGB dar. Dort werden wir insbesondere Themen der Sicherung und des Vollzugs noch etwas intensiver erörtern.

5. Instrumente der Planungssicherung

5.1 Allgemeines

Planung, die nicht durchgeführt wird, ist nutzlos, ja sogar schädlich. Der Vollzug einer Planung kann durch vielerlei "Ereignisse" verhindert werden. Deshalb ist aktives Vollzugshandeln von kardinaler Bedeutung. Ein wesentliches Element ist zunächst einmal die Sicherung der Planung. Sie muß Bestand haben und darf nicht über Nacht über den Haufen geworfen, verhindert oder vernachlässigt werden können. Dazu sind in der räumlichen Planung die Objekte (insbesondere die technische und bauliche Infrastruktur) zu umfangreich und kostspielig. Auch müssen sich die Bürger (und ihre Einrichtungen wie z.B. die Wirtschaft), die ihre eigene Entwicklung auf den Entwicklungspotentialen ihrer Stadt aufbauen, auf die Planung verlassen können. Deshalb dürfen weder die Planungsentscheidungen noch die Grundlage der Planungsobjekte, z.B. "das Grundstück", plötzlich "verschwinden".

5.2 Sicherung durch amtliche Karten und Liegenschaftsregister

Es ist vermutlich für den von der Qualität der öffentlichen Verwaltung verwöhnten Mitteleuropäer kaum vorstellbar, daß Grundstücke einfach "verschwinden" können. In vielen Ländern gibt es weder ein amtliches Kartenwerk, das das Land flächendeckend überspannt und geometrisch jedes Teilstück der Landesfläche nach Lage, Form und Größe festhält, noch ein Kataster, das die Nutzung in Kombination mit der Größe bestimmt (in der Regel für Steuerzwecke), noch ein Grundbuch, das die Eigentumsverhältnisse regelt und nur durch richterlichen Eingriff förmlich und nach Inhalt angelegt, erweitert oder verändert werden kann.

In manchem Land wird lediglich in einem Kaufvertrag (der noch nicht einmal von einem Notar beglaubigt wird) der Übergang von einem Eigentümer zu einem anderen besiegelt. Dort steht dann sinngemäß etwa folgendes:
Der Bürger A.B. verkauft sein Grundstück, gelegen in der Gemeinde Y, von der Größe von ungefähr X Quadratmetern, begrenzt im Norden durch das Grundstück des Bürgers C.D., im Osten durch das Grundstück des Bürgers E.F., im Südosten durch das Grundstück der Bürgerin G.H., im Süden durch das Grundstück der Erbengemeinschaft N.N., im Südwesten durch das Grundstück der Bürgerin I.K. und im Westen durch das Grundstück der Firma GmbH, an den Bürger L.M., zum Preis von Z Währungseinheiten mit den Zahlungsbedingungen wie folgt: ZZZ.

Wenn in einem solchen Land die Erschließung mit der Teilung großer Grundstücke (z.B. in 100 kleinere Grundstücke) erfolgt, ist es schon geschehen, daß der eine oder andere Käufer, weil er unachtsam war und sehr spät nach dem Kaufakt erst selbst tätig wurde, "sein" Grundstück sozusagen "nicht wiederfand". Die übrigen 99 Käufer hatten, einer nach dem anderen, bei der realen Inanspruchnahme, Vermessung und Bebauung "ihres" Grundstücksteils jeweils unbemerkt ein kleines Stückchen mehr (durchaus unter 1 %) einverleibt als ihnen zustand. Ergebnis: Den Letzten beißen die Hunde, sein Grundstück besteht nämlich in der realen Situation kaum noch oder nur noch in einem unbebaubaren Rest! Da die anderen Grundstücke inzwischen erschlossen und bebaut sind, eine Neuvermessung und Rückführung in den geplanten Zustand also nur noch sehr begrenzt und über lange Gerichtsprozesse möglich wäre, entstehen kaum überwindbare Probleme. In der Regel kann ein solches Problem in mitteleuropäischen Ländern nicht aufkommen, weil die Kombination aus amtlichem Kartenwerk, Liegenschaftskataster, Grundbuch und Baulastenverzeichnis bei der Planungsbehörde Manipulationen ausschließt. Diese Art der Sicherungsfunktion auch für die Planung ist in der Regel kaum noch jemandem bewußt! Daraus entsteht dann auch eine Sicherheit für den Vollzug der Planung, weil zumindest durch die exakte Festlegung der Grundstücke und der mit ihnen verbundenen Sachverhalte keine Irritationen oder Fehler entstehen können und die betroffenen wie handlungsrelevanten Personen meist ohne Schwierigkeiten feststellbar sind, was weltweit gesehen nicht selbstverständlich ist. Eine effizient arbeitende Verwaltung in der Anlegung und Pflege dieser Sicherungsinstrumente der Planung ist deshalb auch bei uns von lebenswichtiger Bedeutung. Nicht nur die ungeklärten Eigentumsverhältnisse, sondern auch (durch das DDR-Regime ausgelöste) mangelhafte Kataster und Grundbücher haben in den ostdeutschen Ländern erhebliche Probleme für die Stadtentwicklung in den letzten Jahren ausgelöst!

5.3 Sicherung durch Festsetzungen der förmlichen Planung

5.3.1 Vorsorgliche Sicherung

Planungsanstoß
Sobald die Gemeinde (in der Regel für sie die planende Verwaltung) zu der Erkenntnis gelangt, daß Maßnahmen zur Entwicklung und Erneuerung der Stadt oder Abwehr einer Gefahr erforderlich sind und dafür Planungen aufgenommen werden müssen, bedarf es eines förmlichen Anstoßes durch sie für einen förmlichen Aufstellungsbeschluß durch den Rat der Gemeinde. Ohne diesen förmlichen Akt bliebe ein später beschlossener Bauleitplan rechtsunwirksam. Der Aufstellungsbeschluß ist außerdem die Voraussetzung für die Herbeiführung einer Planungssicherung durch eine Veränderungssperre, eine Zurückstellung von Baugesuchen aber auch die Feststellung der vorgezogenen Zulässigkeit von Vorhaben. Ohne solche Sicherung könnte individuelle Bautätigkeit ein- oder sich fortsetzen, die unter Umständen mit den Planungszielen der Gemeinde unvereinbar ist und deshalb ggf. erst einmal zurückgestellt werden muß. Ein solcher Handlungsschritt zur weiteren Planungssicherung durch die planende Verwaltung ist deshalb unverzichtbar einschließlich des nachfolgen beschriebenen Prozesses. Im 2. Teil des 1. Kapitels des Baugesetzbuches[154] hat der Gesetzgeber deshalb diejenigen Schritte und Maßnahmen festgelegt, die erforderlich sind, um den Bestand und die Wirksamkeit der Planung zu garantieren.

Einschaltung der Träger öffentlicher Belange
Nach dem Aufstellungsbeschluß sind zunächst die Träger öffentlicher Belange einzuschalten. Dieser ebenfalls förmlich vorgeschriebene Schritt dient zweierlei Zielen. Auf der einen Seite sollen von Beginn an die Träger öffentlicher Belange in

---

154 Siehe hierzu: Krautzberger: Erstes Kapitel, Zweiter Teil: "Sicherung der Bauleitplaung", in: Battis, Krautzberger, Löhr: "Baugesetzbuch", München 1994.

die Lage versetzt werden, ihre Erfordernisse, Anforderungen und Vorstellungen einzubringen, und andererseits soll dadurch die Gemeinde auch dafür sorgen können, entgegenlaufende Entwicklungen durch andere Träger öffentlicher Belange einerseits zu verhindern, andererseits aber auch zu sichern.

Information der Öffentlichkeit
Im Laufe eines Planverfahrens gibt es mehrere Phasen, in denen öffentliche Bekanntmachungen vorgeschrieben sind und erfolgen müssen. Die Bekanntmachungen haben den Zweck, den Bürger über Planungsziele, -zwecke, -absichten und -geschehen zu informieren und/oder ihn zu veranlassen, seine Mitwirkungsmöglichkeiten für die eigenen Planungsabsichten auszuschöpfen. Die Bekanntmachung erfolgt:
– nach dem Aufstellungsbeschluß,
– vor der öffentlichen Darlegung und Anhörung,
– vor der öffentlichen Auslegung,
– nach Genehmigung durch die höhere Verwaltungsbehörde,
– bei Masseneinwendungen und
– bei Einstellung eines Planverfahrens.

Abgesehen davon, daß der Bürger seine eigenen Maßnahmen gesichert sehen will, hat er auch Interesse daran, zu verhindern, daß er durch Dritte, etwa Nachbarn, und deren Maßnahmen in seiner Lebensqualität gestört wird. Also geht es auch hier partiell darum, daß die Planungsträger erfahren, ob und wo Konfliktpunkte sich entwickeln.

Eine Bekanntmachung hat in den dafür vorgesehenen Publikationsorganen zu erscheinen, also z.B. im jeweiligen Gesetzes- und Verordnungsblatt, dem amtlichen Anzeiger und den örtlichen Tageszeitungen.

Bürgerbeteiligung
Die Bürger sind möglichst frühzeitig über die allgemeinen Ziele und Zwecke der Planung, sich wesentlich unterscheidende Lösungen der Planung und die voraussichtlichen Auswirkungen dieser Planung öffentlich zu unterrichten. Den Bürgern ist zeitlich, räumlich und inhaltlich Gelegenheit zur Erörterung und zu Äußerungen zu geben. Die Planentwürfe sind mit Erläuterungsbericht oder Begründung einen Monat lang unter rechtzeitiger Bekanntgabe (mindestens eine Woche vorher) öffentlich auszulegen. Es ist darauf hinzuweisen, daß "ein Monat" nicht gleichgesetzt werden darf mit vier Wochen! Es sind aus diesem Irrtum heraus schon öfter Pläne rechtsungültig geworden.

Es kann sein, daß ein Plan außerordentlich komplex ist, oder daß der Rat der Gemeinde Zweifel an der Bevölkerungsmeinung zu bestimmten Zielen hat. In beiden Fällen kann es empfehlenswert sein, schon vor dem Aufstellungsbeschluß eine Bürgerbeteiligung zur Zielfindung durchzuführen. Dafür ist eine vorzeitige Beteiligung noch vor dem Aufstellungsbeschluß möglich.

Bürgerbeteiligung heißt nicht, daß etwa allen Wünschen der Bürger gefolgt werden müßte. Eine solche Erwartung wäre falsch und auch nicht gerechtfertigt. Die Beteiligung soll sicherstellen, daß die Bedenken und Anregungen der Bürger zur Kenntnis genommen, sorgfältig diskutiert, behandelt, entschieden und beschieden werden. Dazu ist die Gemeinde (Verwaltung und Rat) durch das Gesetz verpflichtet. Die Meinungen der Bevölkerung sind nicht selten konträr. Sie sind auch hier und dort überzogen oder nicht finanzierbar. Die letzte Entscheidung muß deshalb beim Rat liegen. Er wird sich bemühen, so weit wie möglich den Wünschen der Bürger nachzukommen und sie zu berücksichtigen, auch ggf. gegen das Votum der Verwaltung, er muß jedoch nicht. Sollte der Planungsentwurf nach öffentlicher Auslegung geändert werden, ist er erneut auszulegen und demselben Verfahren zu unterstellen.

5.3.2 Sicherung durch die Planaufstellung

Planerische Vorstellungen lassen sich nur dadurch sichern, indem sie zur Rechtswirksamkeit gebracht werden. Diesem Ziel dient zunächst die förmliche Aufstellung und das dafür erforderliche Verfahren.

Rechtswirkungen der Bauleitplanung
Nach überwiegender Meinung ist der Flächennutzungsplan eine hoheitliche Maßnahme eigener Art. Nach der Plansystematik des BauGB kommt ihm nur verwaltungsinterne Bedeutung als Vorbereitung und Vorgabe für den allein außenverbindlichen Bebauungsplan zu. Rechtsschutz für den Bürger gegen Darstellungen eines Flächennutzungsplanes ist daher, anders als bei den Festsetzungen eines Bebauungsplans, nicht möglich. Lediglich eine Nachbargemeinde kann Feststellungsklage erheben, soweit sie die Pflicht zur Abstimmung verletzt sieht.[155]

Der Flächennutzungsplan hat dennoch Wirkungen von erheblicher Tragweite. So bewertet der Grundstücksmarkt die Ausweisung von Bauland in einem Flächennutzungsplan als Wertsteigerung des landwirtschaftlichen Bodens zu Bauerwartungsland. Andere Folgerungen aus den Darstellungen eines Flächennutzungsplanes sind neben dem bereits erwähnten Erfordernis der Entwicklung von Bebauungsplänen:
- Der Flächennutzungsplan erzeugt Anpassungspflichten. Ein Vorhaben beeinträchtigt öffentliche Belange deshalb dann, wenn es den Darstellungen des Flächennutzungsplanes widerspricht.
- Der Flächennutzungsplan setzt einen groben zeitlichen Rahmen für Grundstücksmaßnahmen.
- Schließlich soll der Flächennutzungsplan die inhaltliche Auffüllung des Erfordernisses der geordneten städtebaulichen Entwicklung steuern; er ist also z.B. Vorgabe und Auslöser für Planfeststellungen von Fachplanungen.
- Der Flächennutzungsplan muß "förmlich beschlossen", "ausgefertigt" und vom nach der Gemeindeordnung Zuständigen "unterzeichnet" sein.

Der Flächennutzungsplan muß von der höheren Verwaltungsbehörde genehmigt werden. Die Genehmigung darf nur versagt werden, wenn der Flächennutzungsplan nicht ordnungsgemäß zustande gekommen ist oder dem Baugesetzbuch, den aufgrund dieses Gesetzbuches erlassenen oder sonstigen Rechtsvorschriften widerspricht. Die Erteilung der Genehmigung ist mit der Verkündung des Bauleitplanes ortsüblich bekanntzumachen. Mit der Bekanntmachung wird der Flächennutzungsplan wirksam. Jedermann kann den Flächennutzungsplan und den Erläuterungsbericht einsehen und über deren Inhalt Auskunft verlangen. Mit dem Beschluß über

---

155 Siehe dazu auch Battis/Krautzberger/Löhr: "Baugesetzbuch" Fn. 3.

eine Änderung oder Ergänzung des Flächennutzungsplanes kann die Gemeinde auch bestimmen, daß der Flächennutzungsplan in der Fassung, die er durch die Änderung oder Ergänzung erfahren hat, neu bekanntzumachen ist.

Anpassungspflichten zur Sicherung der Planung
Die öffentlichen Planungsträger müssen ihre eigenen Planungen dem Flächennutzungsplan anpassen, wenn sie diesem Plan nicht widersprochen haben. Macht eine Veränderung des Bauleitplanes eine Planungsänderung bei betroffenen öffentlichen Planungsträgern erforderlich, so haben sie sich unverzüglich mit der Gemeinde ins Benehmen zu setzen. Kann ein Einvernehmen zwischen Gemeinde und öffentlichem Planungsträger nicht erzielt werden, kann der öffentliche Planungsträger nachträglich widersprechen. Der Widerspruch ist jedoch nur zulässig, wenn die für die abweichende Planung geltend gemachten Belange die sich aus dem Flächennutzungsplan ergebenden städtebaulichen Belange nicht nur unwesentlich überwiegen.

Die Gemeinde ist nicht der einzige Träger hoheitlicher Planung. Daneben gibt es weitere Planungsträger, denen das Recht zuerkannt ist, für ihre Zwecke rechtsverbindliche Planungen für raumbeanspruchende Maßnahmen durchzuführen (z.B. die Straßenbauverwaltung, die Wasserwirtschaftsbehörden usw.). Nur solche Rechtsträger fallen unter den Begriff "öffentliche Planungsträger". Öffentliche Planungsträger sind also die Träger der Fachplanungen, aber zum Beispiel auch die Träger der Flurbereinigung bei Aufstellung des Wege- und Gewässerplanes und des Natur- und Landschaftsschutzes z.B. bei Aufstellung eines Landschaftsplanes. Zu beachten ist allerdings, daß rechtskräftige Fachplanungen Vorrang vor dem Flächennutzungsplan haben. Insofern ist also die Sicherungspotenz des Flächennutzungsplans begrenzt.

Durch die Feststellung eines Bebauungsplanes treten in seinem Geltungsbereich alle bestehenden früheren Pläne außer Kraft. Wenn ein Bebauungsplan für ein Grundstück eine andere als die bisher zulässige bauliche oder sonstige Nutzung vorsieht, wirkt er sich in der Regel zunächst für die vorhandene Nutzung noch gar nicht aus. Wenn ein Grundstück nach wie vor für eine private Nutzung vorgesehen ist, steht es dem Grundeigentümer frei, wann er die Nutzung verwirklichen will, es sei denn, daß der Staat hoheitliche Maßnahmen zur Verwirklichung der Planung einleitet. Beabsichtigte Neubauten müssen sich allerdings nach dem neuen Plan richten. Hoheitliche Maßnahmen können beispielsweise Sanierungs- und Umlegungsverfahren sein. Sie werden eingeleitet, wenn Grundstücke in einem Gebiet liegen, in denen städtebauliche Mißstände beseitigt oder die Grundstücksverhältnisse neu geordnet werden müssen. Diese Verfahren werden unter Beteiligung der Betroffenen durchgeführt. Ist dagegen ein Grundstück für neue öffentliche Zwecke bestimmt, so kann es solange weiter wie bisher genutzt werden, bis es für den neuen Zweck benötigt und erworben wird. Sollte es dem Eigentümer wirtschaftlich nicht zumutbar sein, ein solches Grundstück bis zur Verwirklichung der neuen Nutzung zu behalten, so kann er schon vorher verlangen, daß die Gemeinde oder derjenige, zu dessen Gunsten es ausgewiesen ist, das Grundstück gegen Entschädigung übernimmt (sogenannte "Übernahmeverpflichtung"). Der Bebauungsplan kann auch Grundlage für Enteignungen (z.B. Entziehung von Eigentum oder Rechten an

Grundstücken gegen Entschädigung) sein, wenn die dafür im Bundesbaugesetz genannten Voraussetzungen vorliegen. Die Betroffenen werden auch hierbei in besonderen Verfahren unmittelbar beteiligt.[156]

Um die Planung zu verwirklichen, darf ein Bau- und Pflanzgebot, ein Nutzungsgebot, ein Abbruchgebot oder ein Modernisierungsgebot erlassen werden. Auch kann eine Duldungspflicht für Mieter, Pächter und sonstige Nutzungsberechtigte in bezug auf die Durchführung entsprechender Maßnahmen und die Aufhebung, Beendigung oder Verlängerung von Miet- und Pachtverhältnissen vorgesehen werden. Bevor derartige Gebote erlassen werden, ist die Verwaltung verpflichtet, mit den Eigentümern, den Pächtern und sonstigen Nutzungsberechtigten zu erörtern, wie diese Maßnahmen am besten im Rahmen ihrer Möglichkeiten durchgeführt werden können und welche Finanzierungsmöglichkeiten aus öffentlichen Kassen hierfür bestehen. Wir werden später auf diese Thematik zurückkommen.

Aufstellungsbeschluß

Wie wir schon angedeutet haben, kann die Bauleitplanung dadurch erschwert werden, daß während der Aufstellung eines Bebauungsplanes tatsächliche Veränderungen eintreten, die dem künftigen Bebauungsplan zuwiderlaufen. Hierdurch kann die Verwirklichung der Planung behindert oder unmöglich gemacht werden, insbesondere können dadurch auch Entschädigungsansprüche begründet oder erhöht werden. Wichtig ist deshalb zunächst vor allem der Beschluß des Rates zur Aufstellung eines Bebauungsplanes. Mit diesem Beschluß schafft er die Voraussetzung für die nachfolgenden Sicherungsmaßnahmen im Sinne eines Moratoriums. Die planende Verwaltung muß sehr darauf bedacht sein, derlei Beschlußvorlagen zur richtigen Zeit vorzunehmen. Weiteres dazu werden wir im Kapitel über das Planverfahren erörtern.

Veränderungssperre

Wenn ein Beschluß zur Aufstellung eines Bebauungsplanes erfolgt ist, kann die Gemeinde zur Sicherung der Planung für den künftigen Planbereich eine Veränderungssperre mit dem Inhalt beschließen, daß

a) Vorhaben im Sinne baulicher Anlagen nicht durchgeführt oder bauliche Anlagen nicht beseitigt werden dürfen;
b) erhebliche oder wesentlich wertsteigernde Veränderungen von Grundstücken und baulichen Anlagen, deren Veränderungen nicht genehmigungs-, zustimmungs- oder anzeigepflichtig sind, nicht vorgenommen werden dürfen.

Wenn überwiegende öffentliche Belange nicht entgegenstehen, sind Ausnahmen von der Veränderungssperre zulässig. Die Entscheidung über Ausnahmen trifft die Baugenehmigungsbehörde im Einvernehmen mit der Gemeinde.

Vorhaben, die vor dem Inkrafttreten der Veränderungssperre baurechtlich genehmigt worden sind, Unterhaltungsarbeiten und die Fortführung einer bisher ausgeübten Nutzung werden von der Veränderungssperre nicht berührt. Soweit für Vorhaben in einem förmlich festgelegten Sanierungsgebiet eine Genehmigungspflicht besteht, sind die Vorschriften über die Veränderungssperre nicht anzuwenden.

---

156 Siehe hierzu Krautzberger: Erstes Kapitel, Zweiter Teil: "Sicherung der Bauleitplanung", in: Battis/Krautzberger/Löhr, Fn. 154.

Für die Anordnung einer Veränderungssperre gelten folgende Voraussetzungen: Die Gemeinde muß beschlossen haben, einen Bebauungsplan aufzustellen, zu ändern, zu ergänzen oder aufzuheben, und die Veränderungssperre muß zur Sicherung der Planung erforderlich sein. Die Veränderungssperre muß von der Gemeinde als Satzung beschlossen werden. Sie löst für den gesamten künftigen Planbereich des jeweiligen Bebauungsplanes eine Sperrwirkung aus. Sie kann erlassen werden, ohne daß konkrete Veränderungs- oder Bauabsichten vorliegen. Eine Veränderungssperre ist von den jeweiligen Eigentümern im Rahmen der Sozialbindung des Eigentums nach Art. 14 Abs. 2 GG[157] hinzunehmen. Für die Wirkung einer Sperre als Inhaltsbestimmung des Eigentums oder als Enteignung ist ihre Zeitdauer entscheidend.

Während des Planverfahrens und bis zu einer neuen planungsrechtlichen Grundlage gelten für die Beurteilung der Zulässigkeit von Vorhaben weiterhin die maßgeblichen Bestimmungen der §§ 30, 34 oder 35 BauGB[158]. Da die Gemeinde mit dem Aufstellungsbeschluß ihre Absicht zur Veränderung der planungsrechtlichen Grundlagen in dem jeweiligen Gebiet bekundet, räumt ihr das Gesetz durch die Veränderungssperre die Möglichkeit ein, Grundstücksveränderungen und Vorhaben zu verbieten, die der künftigen Planung entgegenstehen und ihre Verwirklichung erschweren oder verhindern werden. Auch ist eine privatrechtliche Vereinbarung zwischen Gemeinde und Erwerber eines gemeindeeigenen Grundstückes mit dem Ziel, eine Sperr- bzw. Steuerungswirkung anstelle einer Veränderungssperre zu erzielen, möglich. D.h., daß die Gemeinde auch durch vorsorgliche Liegenschaftspolitik auf privatrechtlichem Weg Planungssicherung betreiben kann.

Die Zulässigkeit einer Veränderungssperre setzt zwar nicht voraus, daß der zugrundeliegende Aufstellungsbeschluß schon dezidiert über den Inhalt der angestrebten Planung Aufschluß gibt; sie ist jedoch unzulässig, wenn zur Zeit ihres Erlasses der Inhalt der beabsichtigten Planung völlig unklar ist. Der künftige Planinhalt muß in einem Mindestmaß absehbar sein. Die Konkretisierung muß zwar nicht offengelegt sein, sie muß jedoch so weit festgelegt sein, daß die Gemeinde einen entsprechenden Nachweis führen kann. Ist z.B. die zukünftige Nutzungsart des Gebietes im wesentlichen z.B. im Flächennutzungsplan oder Rahmenplan festgelegt, dann ist der künftige Planinhalt meist ausreichend konkretisiert. Das Fehlen eines Flächennutzungsplanes oder einer Bebauungsplanänderung entgegenstehende Darstellungen schließen eine Veränderungssperre nicht aus. Das Erfordernis einer Veränderungssperre läßt sich auch nicht in Frage stellen, indem behauptet wird, die beabsichtigte Bebauungsplanung habe keine wirtschaftliche Tragfähigkeit. Eine Veränderungssperre kann auch erforderlich sein, wenn die durch sie gesicherte Planung auf gesamtstädtische oder überörtliche Gesichtspunkte zurückgeht, solange gesichert ist, daß die Planung die Zulässigkeit der baulichen oder sonstigen Nutzung in dem von ihr erfaßten Gebiet regeln soll.

Der zulässige Inhalt einer Veränderungssperre ergibt sich abschließend aus § 14 Abs. 1 BauGB.[159] Darüber hinausgehenden Verboten fehlt deshalb die gesetzliche Grundlage. In einer Veränderungssperre können alle aufgeführten Verbote oder auch

---

157 Grundgesetz der Bundesrepublik Deutschland, v. 1949/1990.
158 Siehe hierzu: Löhr: Erstes Kapitel, Dritter Teil: "Regelung der baulichen und sonstigen Nutzung; Entschädigung", in: Battis/Krautzberger/Löhr: "Baugesetzbuch", München 1994.
159 Siehe hierzu Krautzberger: Erstes Kapitel, Zweiter Teil: "Sicherung der Bauleitplanung", in: Battis/Krautzberger/Löhr, Fn. 154.

nur einzelne Verbote enthalten sein. Durch eine Veränderungssperre kann auch eine Nutzungsänderung verboten werden. Diese wichtige Ermächtigung gibt der Gemeinde z.B. die Möglichkeit, Nutzungsänderungen von vorhandenem Ladenraum in Spielhallen, Sexkinos usw. zu verhindern und damit einen künftigen Bebauungsplan zu sichern, der diese Nutzungen ausschließen will. Der Veränderungssperre unterliegt auch die Beseitigung baulicher Anlagen, und zwar unabhängig davon, ob ein solches Vorhaben einem bauaufsichtlichen oder sonstigen Verfahren unterliegt. Im Einvernehmen mit der Gemeinde kann die Baugenehmigungsbehörde von der Veränderungssperre eine Ausnahme zulassen. Der Besonderheit von Einzelfällen, für die ausnahmsweise der Sicherungszweck ein Verbot nicht erfordert, soll dadurch Rechnung getragen werden.

Der Baubestand wird von einer Veränderungssperre nicht berührt, einschließlich Vorhaben, die vor dem Inkrafttreten der Veränderungssperre baurechtlich genehmigt worden sind. Für Vorhaben, die vor Erlaß der Veränderungssperre hätten genehmigt werden müssen, ist diese "Bestandsschutz"-Regelung nicht wirksam. Auch werden Reparatur und Erhaltung des baulichen Zustandes von der Veränderungssperre nicht berührt. Darüber hinaus gehende Anpassungen des Bauwerkes an zeitgemäße Wohn- oder sonstige Nutzungsbedürfnisse (Modernisierung) erfahren dagegen keinen Bestandsschutz. Schließlich wird auch die Fortführung bisher ausgeübter Nutzung von der Veränderungssperre nicht berührt. Voraussetzung ist, daß auf dem von der Veränderungssperre betroffenen Grundstück vor Erlaß der Veränderungssperre auch tatsächlich eine solche Nutzung stattgefunden hat.

Eine Veränderungssperre muß von der Gemeinde als Satzung beschlossen werden. Sie hat die Veränderungssperre ortsüblich bekanntzumachen. Eine Veränderungssperre tritt nach Ablauf von zwei Jahren außer Kraft. Auf die Zweijahresfrist ist der seit der Zustellung der ersten Zurückstellung eines Baugesuches nach § 15 Abs. 1 abgelaufene Zeitraum anzurechnen. Die Gemeinde kann die Frist um ein Jahr verlängern. Wegen besonderer Umstände kann die Gemeinde mit Zustimmung der nach Landesrecht zuständigen Behörde die Frist bis zu einem weiteren Jahr nochmals verlängern. Mit Zustimmung der höheren Verwaltungsbehörde kann die Gemeinde eine außer Kraft getretene Veränderungssperre ganz oder teilweise erneut beschließen, wenn die Voraussetzungen für ihren Erlaß fortbestehen. Eine Veränderungssperre ist vor Fristablauf ganz oder teilweise außer Kraft zu setzen, sobald die Voraussetzungen für ihren Erlaß weggefallen sind. Eine Veränderungssperre tritt automatisch außer Kraft, sobald und soweit die Bauleitplanung rechtsverbindlich abgeschlossen ist. Auch mit der förmlichen Festlegung eines Sanierungsgebietes tritt eine bestehende Veränderungssperre außer Kraft.

Zurückstellung von Baugesuchen
Wenn eine Veränderungssperre nicht beschlossen wird, obwohl die Voraussetzungen gegeben sind, oder wenn eine Veränderungssperre noch nicht in Kraft getreten ist, hat die Baugenehmigungsbehörde auf Antrag der Gemeinde die Entscheidung über die Zulässigkeit eines Vorhabens im Einzelfall für einen Zeitraum bis zu zwölf Monaten zurückzustellen, wenn die Durchführung der Planung durch das Vorhaben möglicherweise verhindert oder wesentlich erschwert werden könnte. Wenn in förmlich festgelegten Sanierungsgebieten eine Genehmigungspflicht besteht, sind die Vorschriften über die Zurückstellung von Baugesuchen nicht anzuwenden; mit

der förmlichen Festlegung eines Sanierungsgebietes wird ein Bescheid über die Zurückstellung eines Baugesuches unwirksam.

Die Zurückstellung von Baugesuchen und die Veränderungssperre sind wichtige komplementäre Instrumente zur Sicherung der Bauleitplanung. Ihre komplementäre Wirkung liegt im folgenden: Während die Veränderungssperre erst mit einer rechtswirksamen Satzung durchsetzbar ist, kann die Gemeinde Bauvorhaben für ein Jahr unmittelbar unterbinden. Dadurch kann insbesondere die Zeit bis zum Erlaß einer Veränderungssperre überbrückt werden. Die Zurückstellung von Baugesuchen ist nur zulässig, wenn die sachlichen Voraussetzungen für den Erlaß einer Veränderungssperre gegeben sind. Die Gemeinde muß also die Aufstellung, Änderung, Ergänzung oder Aufhebung eines Bebauungsplanes beschlossen haben; weiterhin muß die Sicherung der künftigen Bauleitplanung erforderlich sein. Die Zurückstellung ist auch zulässig, wenn ein Baugesuch bereits aus bauordnungsrechtlichen Gründen abzulehnen wäre. Besteht bereits eine rechtsverbindliche Veränderungssperre, so ist daneben eine Zurückstellung nicht zulässig. Außerdem können Baugesuche nur bis zur Rechtskraft einer Veränderungssperre zurückgestellt werden.

Eine Zurückstellung ist nur zulässig, wenn zu befürchten ist, daß die Durchführung der Planung durch das Vorhaben unmöglich gemacht oder wesentlich erschwert werden würde. Der Gemeinde steht bei der Feststellung dieser Voraussetzungen kein Beurteilungsspielraum zu. Nach der erkennbaren Planungsabsicht muß das beantragte Vorhaben die Durchführung der Planung gefährden können. Die Planung muß zur Begründung dieser "Gefahr" hinreichend konkretisiert sein.

Schon die kurze Erörterung dieser Handlungsinstrumente macht deutlich, daß es sich um solche von strategisch-taktischer Natur handelt, bei denen die planende Verwaltung ständig parat stehen und einen Überblick haben muß, um ggf. tätig zu werden.

Teilungsgenehmigung

Eine Teilung ist die im Grundbuch einzutragende Abschreibung eines Grundstücksteiles, das als selbständiges Grundstück oder als ein Grundstück zusammen mit anderen Grundstücken oder mit Teilen anderer Grundstücke eingetragen werden soll. Die Genehmigung wird durch die Gemeinde erteilt, wenn sie für die Erteilung der Baugenehmigung zuständig ist, im übrigen durch die Baugenehmigungsbehörde im Einvernehmen mit der Gemeinde.

Die Teilung eines Grundstücks, um z.B. zum Zweck der Bebauung mehrere Grundstücke zu erhalten, damit unterschiedliche Träger sie bebauen können, bedarf zu ihrer Wirksamkeit der Genehmigung nach § 19 BauGB[160]
1. innerhalb des räumlichen Geltungsbereichs eines Bebauungsplanes im Sinne des § 30 Abs. 1;
2. innerhalb der im Zusammenhang bebauten Ortsteile (§ 34);
3. außerhalb der in den Nummern 1 und 2 bezeichneten Gebiete (Außenbereich, § 35), wenn das Grundstück bebaut oder seine Bebauung genehmigt ist oder wenn die Teilung zum Zweck der Bebauung oder der kleingärtnerischen Dau-

---

160 Siehe hierzu Krautzberger: Erstes Kapitel, Zweiter Teil: "Sicherung der Bauleitplanung", in: Battis/ Krautzberger/Löhr, Fn. 154.

ernutzung vorgenommen wird oder nach den Angaben der Beteiligten der Vorbereitung einer Bebauung oder kleingärtnerischen Dauernutzung dient;
4. innerhalb des räumlichen Geltungsbereiches einer Veränderungssperre (§ 14).

Eine Teilungsgenehmigung zum Zweck der Bebauung kann versagt werden, wenn Baugenehmigungsvorbehalte bestehen oder die Teilung den Absichten förmlicher Planungen zuwiderläuft.

Allgemeines Vorkaufsrecht

Der Gemeinde steht ein Vorkaufsrecht zu beim Kauf von Grundstücken
1. im Geltungsbereich eines Bebauungsplanes, soweit es sich um Flächen handelt, für die nach dem Bebauungsplan eine Nutzung für öffentliche Zwecke festgesetzt ist (Straße, Schule etc.),
2. in einem Umlegungsgebiet,
3. in einem förmlich festgelegten Sanierungsgebiet sowie
4. im Geltungsbereich einer Erhaltungssatzung.

Ihr steht das Vorkaufsrecht nur zu, wenn es durch das Wohl der Allgemeinheit gerechtfertigt ist.

Auch in diesen Feldern besteht eine hohe Anforderung an die Aufmerksamkeit der planenden Verwaltung, damit die Bewegungen auf dem Grundstücksmarkt den Planungsabsichten entsprechend gesteuert werden.

5.3.3 Die Planverfahren[161]

Allgemeines

Die Planverfahren des BauGB und der Fachplanungsgesetze gehen im Prinzip davon aus, allen Beteiligten und Betroffenen zunächst die Gelegenheit zu geben, die zur Diskussion stehende Planung kennenzulernen. Deshalb ist vorgeschrieben, daß die Pläne öffentlich ausgelegt und am Auslegungsort sachkundig erläutert werden. In einem zweiten Zielpunkt soll allen Beteiligten und Betroffenen Gelegenheit gegeben werden, eigene Vorstellungen zu artikulieren und einzubringen.

Die planende Verwaltung muß also am "Ort der Planungseinsicht" ständig qualifizierte Mitarbeiter "vorhalten", damit der "Einsicht" suchende Bürger sich nicht nur die Planung "ansehen" kann, sondern auch fachkundige Auskunft und Erörterung erfährt. Wir unterscheiden nach zwei Planfestsetzungsformen, nämlich
– der Form des Verwaltungsaktes einerseits und
– der Form der Satzung andererseits.

Der Unterschied liegt im folgenden:
– Der Verwaltungsakt stellt einen von der Verwaltung ausgesprochenen Erlaß dar, in diesem Fall zum Teil in Form von Plänen, während
– die Satzung von einem dazu speziell durch Verfassung und Gesetz legitimierten Gremium, in unseren Fällen der Rat der jeweiligen Stadt, in einem formellen Verfahren beschlossen werden muß.

---

[161] Siehe hierzu: Krautzberger: Erstes Kapitel, Erster Teil: "Allgemeine Vorschriften", in: Battis/Krautzberger/Löhr: "Baugesetzbuch", München 1994.

Der Wirkungsunterschied liegt auf der Hand. Gegen den Verwaltungsakt kann der Bürger nicht nur durch Widerspruch und Verhandlung vorgehen, sondern er kann dagegen auch vor das Verwaltungsgericht gehen und klagen, weil er nicht der Willkür der Verwaltung ausgesetzt werden darf. Bei der Ortssatzung ist der Beschluß durch ein politisch in geheimer und freier Wahl eingesetztes Gremium erfolgt, wobei schon in der Entstehungsphase und in den Folgephasen dieses Gremium wiederholt aufgefordert ist, Stellung zu beziehen und insbesondere auch Kontrollmechanismen zu vollziehen. Gegen eine solche Satzung kann im Prinzip nur vor Gericht angegangen werden, wenn Formfehler vorliegen, z.B. also, wenn die Bürgerbeteiligung den gesetzlichen Vorschriften nicht entsprochen hat.

Aufstellungsbeschluß
Im Gegensatz zum Verwaltungsakt, bei dem die Verwaltung in der Regel entscheidet, daß und wann ein Plan in ein Verfahren gebracht wird, muß die Erarbeitung eines Bauleitplanes formell durch einen sogenannten Aufstellungsbeschluß des Rates der jeweiligen Stadt beschlossen werden. Schon in dieser Phase muß in öffentlicher Sitzung dargelegt werden, welche Gründe die Verwaltung veranlaßt haben, vorzuschlagen, daß ein Bauleitplan "aufgestellt" werden soll. Dieser Beschluß stellt eine Schutzfunktion in zweierlei Hinsicht dar. Er signalisiert schon sehr früh, daß die Stadtverwaltung generell (Flächennutzungsplan) oder in einem bestimmten Gebiet (Bebauungsplan) aus darlegbaren Gründen eine Planung beabsichtigt. Dadurch können sich die Beteiligten und Betroffenen, wie schon erörtert, frühzeitig mit eigenen Überlegungen auf die Planung einstellen. Bei besonders bedeutungsvollen Planabsichten kann die Stadtverwaltung sogar eine vorzeitige Bürgerbeteiligung durchführen, wenn sie z.B. vorweg die Zielsetzungen der Planung diskutiert wissen will. Die zweite Schutzfunktion liegt darin, die Verwaltung davor zu bewahren, allzu häufig Planungsarbeiten einzuleiten, bei denen sich bei Vorlage der Entwürfe herausstellt, daß schon von der Zielsetzung her der Rat einer solchen Planung nicht zugestimmt hätte. Im übrigen haben wir die sonstigen Aspekte des Aufstellungsbeschlusses schon erörtert, so daß eine weitere Behandlung nicht weiter erforderlich ist.

Auslegung, Bedenken und Anregungen
Die Auslegung ist ortsüblich bekanntzugeben. Dem Bürger sind während der Auslegung Zielsetzung, Inhalte und Auswirkungen des jeweiligen Planes im einzelnen zu erläutern, nachdem er Gelegenheit hatte, den Plan und den Erläuterungsbericht bzw. die Begründung gründlich kennenzulernen. Der Bürger kann während der Auslegung eines Planes Bedenken und Anregungen vorbringen. Die fristgemäß vorgebrachten Bedenken und Anregungen müssen im einzelnen geprüft, erörtert und beschieden werden. Das Ergebnis ist mitzuteilen. Bei Massenbedenken zu einem Punkt kann auf eine direkte Mitteilung verzichtet werden. Den Vorbringern der Bedenken und Anregungen muß dann bekanntgemacht werden, wann und wo sie das Beschlußergebnis einsehen können.

Modifizierung des Planes und erneute Auslegung
Aufgrund von Bedenken und Anregungen ergibt sich relativ häufig, daß der ursprünglich ausgelegte Plan geändert wird. Es ist nicht einzusehen, daß Anregungen

von Bürgern, die begründet und sinnvoll sind, abgelehnt werden, allein weil diese Gedanken der Verwaltung und den politischen Gremien nicht auch gekommen sind. Es ist keine Schande, wenn zusätzliche und erwägenswerte Gedanken entstehen und vorgebracht werden. Ein geänderter Plan muß wegen dieser Änderung erneut ausgelegt werden. Es kann sein, daß dann von Bürgern Bedenken und Anregungen vorgebracht werden, die bislang einverstanden gewesen waren. Die Interessen der Bürger sind nicht gleichlaufend, so daß derart unterschiedliche Reaktionen von normaler Natur sind. Die erneuten Bedenken und Anregungen sind erneut zu behandeln und zu bescheiden. Dieser Vorgang kann sich theoretisch mehrfach wiederholen. Der Rat muß jedoch am Ende eine Entscheidung treffen, die in der Regel nicht jedermann zufriedenstellen kann und wird.

Satzungsbeschluß, Genehmigung, Ausfertigung und Verkündung
Nach Abschluß des Beteiligungsverfahrens muß der Rat der Gemeinde einen endgültigen Satzungsbeschluß herbeiführen. Die beschlossene Satzung und alle mit ihr zusammenhängenden Vorgänge sind der Aufsichtsbehörde, in der Regel der Bezirksregierung (in Ländern, die eine Mittelinstanz nicht haben, weil sie zu klein sind, das zuständige Ministerium), zur Genehmigung vorzulegen. Nach Genehmigung ist der Plan in seiner Satzungsform auszufertigen (d.h., der zuständige Beamte muß unterschreiben, daß es sich um die vom Rat beschlossene und der Genehmigungsbehörde vorgelegte Fassung handelt, wann die Genehmigung erfolgt ist, mit welchem Aktenzeichen usw.). Schließlich muß die Satzung in allen Teilen mit der Unterschrift der zuständigen Instanz der Stadt versehen werden. Schließlich muß der Plan in dieser Form ortsüblich verkündet werden. Wenn diese formellen Vorschriften, die der Sicherung vor Mißbrauch dienen, nicht eingehalten oder falsch gehandhabt werden, sind die entsprechenden Pläne ungültig. Manche kommunale Verwaltung hat an dieser Stelle schon "böses Schmerzensgeld" zahlen müssen!

Festsetzungsverfahren der Fachplanungen
Wir haben schon erörtert, daß es neben der Bauleitplanung ein ganzes Bündel von Fachplanungen auch übergeordneter Art gibt, die mit eigenständigem Recht und Verfahren die Bauleitplanung beeinflussen, ergänzen und auch zu ihrer Sicherung beitragen. Es ist nicht erforderlich, abschließend alle Fachplanungen bzw. deren gesetzliche Grundlagen aufzuzählen; zu den wichtigsten zählen jedoch diejenigen, die, neben den schon erörterten, ihre Grundlagen haben in
– den Verkehrswegegesetzen von Bund und Ländern,
– den Naturschutzgesetzen von Bund und Ländern,
– dem Bundes-Immissionsschutzgesetz,
– den Wasserschutz- und Wasserwirtschaftsgesetzen von Bund und Ländern,
– den Land- und Forstwirtschaftlichen Gesetzen von Bund und Ländern u.a.
– und den dazugehörigen Verordnungen und Richtlinien usw.

Sie alle bilden selbst für den professionellen Planer ein kaum noch zu beherrschendes Geflecht. Deshalb ist es vorgeschrieben, daß Festsetzungen durch aus diesen Gesetzen herrührenden Planungen wenigstens nachrichtlich, wenn nicht sogar als Planungsteil in die Bauleitplanung übernommen werden. Da ein nicht unbeträchtlicher Teil dieser Planungen als Verwaltungsakt erlassen wird und nicht auf dem Wege von Satzungen, gibt es oft Konflikte insbesondere zwischen den politischen Gremien der Stadt und den für den jeweiligen Verwaltungsakt zuständigen Dienststellen bzw. Behörden. Andererseits bedient sich auch die Stadtverwaltung nicht selten gern dieses Instrumentes, weil es im Verfahren einfacher und schneller ist, solange daraus kein Verfahren vor Gericht entsteht. Beispielsweise kann die Gemeinde die Durchführung eines öffentlichen Weges durch Bebauungsplan oder durch ein Planfeststellungsverfahren nach dem jeweiligen Wegegesetz sichern. Auch heute noch gibt es Wege, die nach Auffassung aller Betroffenen und Beteiligten erforderlich sind. In solch einem Fall empfielt sich das Verfahren nach dem Wegegesetz. Planende Verwaltung und Rat einer Stadt müssen also auch bei bestimmten Objekten und Projekten abwägend entscheiden, welcher Weg gegangen werden soll.

6. Der Planungsvollzug und seine Instrumente

6.1 Allgemeines

Einleitung, Aufstellung und Feststellung eines Plans kann nach Kern[162] ebenso wie nach meinen eigenen Erfahrungen noch als relativ einfacher Prozeß beschrieben werden. Der Planungsvollzug hat die Aufgabe, eine Veränderung gegenüber einem status quo ante auch durchzusetzen. Da Menschen und Material von Natur aus zur Beharrung neigen, muß die Plandurchsetzung Widerstände überwinden. Abläufe und Bewegungen gegen Widerstände durchzusetzen folgt den Gesetzen des Agierens und Reagierens, wie sie sich in den Lehren von der Strategie und Taktik niedergeschlagen haben. Je mehr man sich von der Planaufstellung weg zu den kontinuierlich, periodisch wiederkehrenden Planvollzügen hinwendet, wie wir sie in der alltäglichen Planungspraxis der Wirtschaft ebenso wie der öffentlichen Hände finden, um so mehr verwischen sich die Grenzen zwischen dem Was des Planziels und dem Wie des Planvollzugs. Aus Furcht vor dem Abgleiten der Planung ins Utopische plant man bereits bei den Sacherwägungen das, was auch vollziehbar erscheint ein; umgekehrt ist der am Planerfolg interessierte Planer geneigt, offensichtlichen Vollzugshindernissen schon im Stadium der Planvorbereitung Rechnung zu tragen und auch scheinbar "Nichtvollziehbares" mehr oder weniger zu ignorieren, zu verdrängen! Dabei hängt vieles davon ab, "was" sich der Planer "zutraut", im Vollzug "durchzusetzen". Damit läuft es auf die Fragestellung hinaus, die Kaiser in dem Verhältnis von Vernunft und Macht angesprochen hat, ob nämlich die Macht zur Planung auch die strategischen und taktischen Möglichkeiten des Vollzuges mitumfaßt.[163]

Unvorhergesehenes

Vollzugsabläufe komplizieren sich z.T. auch aus Ursachen planerisch kaum greifbaren Ursprungs. So hat z.B. der sog. Schürmann-Bau in Bonn möglicherweise nicht unter falscher Handlungsplanung gelitten, wie allgemein angenommen wurde, als die Flut die Keller vollaufen ließ. Es wäre möglicherweise ökonomischer Unsinn gewesen, allein für die Bauzeit eine Flut solchen Ausmaßes, die im Mittel nur alle 30 Jahre eintritt, einzukalkulieren und dafür erhebliche Vorsorge-Mittel lediglich für die kurze Zeit der Baudurchführung aufzuwenden. Die Abwägung der Verhältnismäßigkeit der Mittel hätte mich deshalb, wenn ich Chef der Bundesbaudirektion gewesen wäre, möglicherweise dazu veranlaßt, in diesem Fall bewußt auf Sicherungsmaßnahmen zu verzichten. Dies wäre vermutlich die vernünftigere Entscheidung gewesen. Es hat meines Erachtens ggf. an Mut gefehlt, diesen naheliegenden Gedanken durchzuführen, zu erklären und schlichtweg alle anderen Gedankengänge als überhöhte Sicherheitsphilosophie auch im Nachhinein zurückzuweisen. Man stelle sich die Mehrkosten vor, wenn alle Bauten in der Rheinzone prophylaktisch mit einem solchen Aufwand belastet worden wären! Es hätte ein Mehrfaches gekostet. Wenn dann in einer Vielzahl von Fällen einmal ein Risikofall eintritt und für diesen Eventualfall eine vernünftige Versicherung abgeschlossen ist, ist der Gesamtaufwand immer noch weit ökonomischer als eine Flutsicherung für alle Bauten

---

[162] E. A. Kern: "Skizzen zur Methodik und zum System der Planung", Baden-Baden 1968.
[163] J. H. Kaiser, "Exposé einer pragmatischen Theorie der Planung", Planung I, Baden-Baden 1968.

nur für die Zeit der Baudurchführung. Charakteristisch ist, daß diese schwer zu fassenden Störabläufe in Zusammenhängen auftreten, die außer rationalen auch organisch-biologische und andere Bereiche mitumfassen. Das Unerfreuliche solcher Sachverhalte liegt in ihrem negativen Multiplikatoreffekt, der jeder Plankontrolle und planmäßigen Erfassung spottet. Kenner der Betriebs- und Arbeitspraxis vermögen zwar oft solche Schwierigkeiten und Komplikationen noch durch Improvisation zu überwinden, dennoch gelingt dies nicht in jedem Fall (siehe Schürmannbau).

Auslöser des Vollzuges
Die Festsetzungen und die Entstehung der Rechtswirksamkeit eines Bebauungsplanes lösen keine unmittelbare Verpflichtung der Grundeigentümer aus, die vorgesehenen Nutzungen und dafür erforderlichen baulichen Anlagen herzustellen. In der Regel kommt die Entwicklung eines Gebiets in Gang, wenn die Erschließung angelaufen ist und von den Grundeigentümern bezahlt werden muß. Dennoch gibt es Fälle, bei denen ein solcher Effekt durch die Erschließung nicht eintritt. Zunächst können wir jedoch feststellen, daß die hohen Kosten der Erschließung in der Regel die Grundeigentümer veranlassen, mit der Bebauung ihrer Grundstücke zu beginnen, weil sie über die Miet- bzw. Pachteinnahmen die Erschließungskosten wieder hereinholen wollen. Nicht in allen Staaten gilt dieser Auslöseeffekt. Saudi-Arabien z.B., dessen öffentliche Einnahmen in hohem Maß aus dem Erlös der reichen Ölvorkommen als staatliche Einnahmen stammen, hat, man könnte fast sagen versäumt, zur rechten Zeit einen Erschließungsbeitrag einzuführen. Die dort relativ strengen islamischen Vorschriften verbieten z.B. den Frauen das Autofahren. Frauen sind dort sehr viel mehr auf die engere Umgebung der eigenen Wohnung als sozialem Umfeld angewiesen. Insofern bemüht sich jeder Mann, der sich ein Haus bauen will und es sich leisten kann, gleich mehrere nebeneinander liegende Grundstücke für seine Söhne, Töchter und unter Umständen auch für Neffen usw. dazuzukaufen. Die Söhne und Töchter sind unter Umständen noch gar nicht alle geboren! Der Mann will jedoch sicherstellen, daß die Familie möglichst geschlossen in fußläufiger Entfernung zueinander wohnt, damit die Frauen der Familie nicht sozusagen im "luftleeren Raum schweben", denn echt kommunizieren und soziale Kontakte knüpfen dürfen und können die Frauen nur im Familienkreis. Dieser Effekt hat eine erhebliche Wirkung. Diese Grundstücke bleiben nämlich unter Umständen bis zu 30 Jahre lang unbebaut, ehe sie von den Söhnen, nachdem sie einen eigenen Hausstand gegründet haben, bebaut werden. Manch neuerer Stadtteil sieht darum aus wie ein Flickenteppich oder wie ein durch merkwürdige Teilwirkungen zerstörtes Gebiet. Ergebnis: Die Erschließung ist für Jahrzehnte extrem unwirtschaftlich!

Aber auch bei uns gibt es Situationen, bei denen einzelne Eigentümer aus vielerlei Gründen zwar nicht dreißig Jahre mit einer Bebauung abwarten, aber doch für eine befriedigende Entwicklung eines Stadtteils (z.B. ökonomische Auslastung der öffentlichen und privaten Folgeeinrichtungen) hin und wieder zu lange Zeit ins Land gehen lassen. Nach dem Krieg hat es aus Gründen der Zerstreuung ganzer Familien über die ganze Welt (insbesondere vieler ehemals deutscher Juden) total unsichere Eigentumsverhältnisse gegeben, wodurch manche Entwicklung sehr verzögert wurde, eine Situation, für die keiner der dann Beteiligten etwas konnte. Ähnliches, wenn auch etwas anders gelagert, haben wir seit der Wende in den ostdeutschen Ländern mit erheblichen Verzögerungseffekten erleben müssen. Oft kann sich auch eine

Eigentümergemeinschaft, die aus einer Erbschaft entstanden ist, nicht einigen. Insofern ist es nicht selten ratsam, weitere Maßnahmen zu ergreifen, um die Entwicklung eines Stadtteils in Gang zu bringen. Vom Prinzip her gilt dies sowohl für einen Stadtteil, der regeneriert und z.T. auch erneuert werden soll, als auch für ein neues Siedlungsgebiet. Dabei kann es sich um Anreize zur Bebauung handeln, zum Beispiel über die Durchführung der Erschließung, durch Erwerb und Einsatz der Grundstücke durch die Gemeinde, durch gemeindeeigene Bauträger oder auch durch Anregung großer Bauträger durch die Gemeinde, die entsprechenden Grundstücke zu erwerben und zu bebauen, und schließlich auch durch Finanzierungsförderung oder gar ein Baugebot und ähnliches. Dazu ist es erforderlich, daß insbesondere der Baudezernent und die Ämter für Liegenschaften, Stadtentwicklung, Stadtplanung, Tiefbau und Wohnungsbau ständigen Kontakt mit regelmäßigen Terminen zu den großen Entwicklungs-, Erschließungs- und Bauträgern halten.

Die förmliche Festsetzung der Planung durch die Bauleitplanung und durch Fachplanungen ist nicht nur als Sicherung der Planung zu betrachten, sondern ebenso als der allererste Schritt zum Planungsvollzug. Insofern hat die förmliche Planung im Handlungssinn eine doppelte Funktion, nämlich Sicherung und Einleitung des Vollzugs der Planung.

6.2 Vollzug der Erschließung

6.2.1 Erschließungsart und -umfang

Eine der ersten konkreten Investitionsmaßnahmen zur Initiierung des Planungsvollzugs ist in der Regel die Vornahme der Erschließung des jeweiligen Gebiets. Dafür hat die Gemeinde, als die vom Grundgesetz dafür bestimmte örtliche Selbstverwaltung ohne Einschränkung zu sorgen. Insbesondere die Verwaltung hat die Aufgabe zur Durchführung des wesentlichen Teils der Erschließung. Sie muß also vor allen anderen in diesem Fall handelnd tätig werden. Erschließung ist hier im umfassenden Sinn zu verstehen. Allerdings fixiert das BauGB nicht abschließend und verbindlich, was als Erschließung anzusehen ist. Nach Löhr[164] ist ein Gebiet erschlossen, wenn es in verkehrlicher, technischer und sozialer Hinsicht versorgt ist; es ist in vollem Umfang sozialgerecht erst nutzbar, wenn es in diesem Sinn erschlossen ist. Die Erschließung erfolgt über mehrere wesentliche Schritte einschließlich der der Investitions-, Finanz- und Haushaltsplanung sowie der Erhebung von Erschließungsbeiträgen.

Auf die Bedeutung der Erschließung für die Ausweisung von Nutzungen jeglicher Art ist in den anderen Bänden hingewiesen worden. Nach dem BauGB sind unter anderem als Erschließungsanlagen anzusehen,
- die öffentlichen zum Ausbau bestimmten Straßen und Plätze, einschließlich der Wohnsammelstraßen,
- die öffentlichen Verkehrsanlagen, die nicht dem Kraftfahrzeugverkehr dienen, z.B. Fuß- und Fahrradwege sowie insbesondere eigene ÖPNV-Trassen etc.,
- die übergeordneten Sammelstraßen,

---

164 R.-P. Löhr: Erstes Kapitel, Sechster Teil: "Erschließung", in: Battis/Krautzberger/Löhr: "Baugesetzbuch", München 1994.

- die Anlagen zur technischen Versorgung,
- die Anlagen zur sozialen, kulturellen und gesundheitlichen Grundversorgung,
- die Parkflächen und Grünanlagen soweit sie als Bestandteil der Verkehrsanlagen für die Erschließung erforderlich sind,
- die Anlagen, die zum Schutz von Baugebieten gegen schädliche Umwelteinwirkungen erforderlich sind.

Das BauGB verwendet den Begriff der Erschließung in unterschiedlicher Weise. So wird z.B. bei dem Erschließungsbeitrag der Begriff sehr viel enger als in anderen Sachverhalten und in diesem Fall abschließend behandelt. Die Erschließung wird zwar vom Grundsatz her als umfassende gemeindliche Aufgabe angesehen, was jedoch nicht bedeutet, daß eine Gemeinde immer Träger aller Erschließungsmaßnahmen sein muß. Vom täglichen Erleben her wissen wir, daß z.B. die Elektrizitäts- oder Wasserversorgung häufig von privaten Unternehmen geleistet wird. Aufgabe der Gemeinde ist es, in jedem Fall die rechtlichen und faktischen Voraussetzungen für die Erschließung zu sichern sowie kooperierend, initiierend und koordinierend bei den jeweiligen Erschließungsträgern handelnd tätig zu werden.

Aufwand und Kosten der Erschließung sind im Hinblick auf den Erschließungsbeitrag und seine Auswirkungen im BauGB[165] geregelt. Es würde den Rahmen dieser Einführung sprengen, wenn tiefer in die Materie eingestiegen würde. Deshalb wollen wir uns hier mit einer groben Gliederung des Erschließungsaufwandes begnügen. Er setzt sich zusammen aus:

1. Flächen (Grundstücke)
    a) Erwerbskosten
    b) Bereitstellungskosten
    c) Freilegungskosten
2. Anlagen (technische Konstruktionen)
    a) Erstmalige Herstellung
        aa) Herstellung der Anlagen selbst
        bb) Entwässerung und Beleuchtung (der Erschließungsanlagen)
    b) Übernahme schon vorhandener Anlagen
    c) Erweiterung und/oder Ausbau vorhandener Anlagen

6.2.2 Grunderwerb für die Erschließung

Auch Erschließungsanlagen eines Gebiets bedürfen eines Grundstückes. Soweit es sich einrichten läßt, sollte der Träger der Investitionsanlagen auch Eigentümer des jeweiligen Grundstücks sein. Da selbst eine für den öffentlichen Verkehr gewidmete Straße eine Privatstraße eines Trägers sein kann, muß also die Gemeinde nicht immer die Grundstücke für die Erschließung in das eigene Eigentum überführen. Im Sinne der umfassenden Aufgaben der Gemeinden wird sie jedoch immer bemüht sein müssen, die privaten Träger einer Erschließungsmaßnahme beim Erwerb des erforderlichen Grundstücks zu unterstützen. Zu beachten ist in solchen Fällen, daß z.B. bei Privatstraßen und -wegen (etwa auch bei innerstädtischen Kaufpassagen) diese der öffentlichen Nutzung gewidmet werden müssen.

---

165 Siehe hierzu Löhr: Erstes Kapitel, Sechster Teil: "Erschließung", in: Battis/Krautzberger/Löhr: "Baugesetzbuch" Fn. 164.

6.2.3 Erschließungsmaßnahmen

Wenn ein Gebiet durch Aufstellungsbeschluß als zu entwickelnder Bereich festgelegt ist, gilt es zunächst die dafür erforderlichen Erschließungsaufwendungen in die mittelfristige Finanzplanung (Zeithorizont 4-5 Jahre) aufzunehmen und nicht erst nach Rechtskraft des Bebauungsplans. Zur Erfüllung eines quantitativen Bedarfs (z.B. zur Erfüllung des Wohnungsprogramms) empfiehlt es sich, immer die eine oder andere Alternative an Bauleitplanung vorzuhalten, weil sich während des öffentlichen Verfahrens immer auch Verzögerungen (und nahezu nie Beschleunigungen) gegenüber dem geplanten Zeitablauf ergeben können. Im Zuge der jährlichen Überprüfung der mittelfristigen Investitions- und Finanzplanung müssen insofern ständig auch Korrekturen erfolgen.

Ein weiteres Problem entsteht nicht selten aus dem daraus resultierenden Erfordernis, im entsprechenden Jahr auch die Mittel im jeweiligen Investitionshaushalt aufzunehmen. Dies kann nur geschehen, wenn der komplette Entwurf für die einzelnen Maßnahmen vorliegt. Es ist deshalb nicht selten erforderlich, für mehr als die im Haushalt angedachten Maßnahmen einen kompletten Entwurf vorzuhalten, weil sonst die allgemeinen Programmquantitäten nicht erreicht werden können. In kritischen Jahren sind jedoch oft die Verwaltungen derart in ihrem Personal "abgespeckt" worden, daß sie dann nicht in der Lage waren, solche Alternativstrategien zu verfolgen. In Grenzen kann durch Einschalten von Planungsbüros in solchen Fällen Abhilfe geschaffen werden. Aber auch dafür sind Haushaltsmittel (in der Regel in gleicher Höhe) erforderlich. Es geht in solchen Fällen meist nicht um Einsparung von Mitteln, sondern um größere Handlungsflexibilität. Die endgültigen Verwaltungsarbeiten an der sogenannten "Haushaltsunterlage-Bau" sind jedoch auch dann von der "Verwaltung" selbst auszuarbeiten, auszufertigen und zu verantworten.

6.2.4 Erschließungsbeitrag und -satzung

Erschließungsbeiträge können nur dann erhoben werden, wenn die Erschließungsanlagen nach Art und Maß notwendig sind, um die jeweiligen Bauflächen entsprechend der baurechtlichen Zulässigkeit zu nutzen. Die Zielsetzung ist klar definiert: Mit dem Erschließungsbeitrag sollen nur diejenigen Anlagen oder Einrichtungen finanziert werden, die der unmittelbaren Erschließung eines Gebiets dienen. Eine Bundesautobahn oder die Ortsdurchfahrt einer Bundesstraße dürfen demnach nicht in die Kostenaufwendungen eingeschlossen werden, auch wenn sie im Gebiet liegen und dieses sogar an das übergeordnete Straßennetz anbinden. Die Gemeinde selbst muß wenigstens 10 % der Aufwendungen über Steuereinnahmen tragen, weil davon ausgegangen wird, daß ein Teil der Erschließung auch im Interesse der Allgemeinheit angelegt wird. Die Details muß die jeweilige Gemeinde über eine zu genehmigende Erschließungssatzung für die gesamte Gemeinde regeln. Geregelt sind im BauGB[166] und der Erschließungssatzung, wie zu verfahren ist, wenn die Erschließungsanlagen schon vom Eigentümer hergestellt werden oder sind. In solch einem Fall z.B. zahlt der Eigentümer natürlich keinen Erschließungsbeitrag.

---

166 Siehe hierzu auch Löhr: Erstes Kapitel, Sechster Teil: "Erschließung", in: Battis/Krautzberger/Löhr: "Baugesetzbuch", Fn. 164.

6.2.5 Sonstiges

Das BauGB regelt in weiteren Abschnitten die Maßstäbe für die Ermittlung des beitragsfähigen Satzes, für die Verteilung des Erschließungsaufwandes und definiert Beitragspflichten.

6.3 Bebauung von Schlüsselgrundstücken durch die Gemeinde

Im weiteren Handeln für den Vollzug der Planung kann eine Gemeinde durch Einsatz von Schlüsselgrundstücken, die in ihrem Eigentum sind, eine Entwicklung in einem Gebiet auslösen oder weiterführen. Dazu muß die Gemeinde nicht unbedingt selbst in dem betreffenden Gebiet etwa bauen. Sie kann eigene Grundstücke an die stadteigene Wohnungsbaugesellschaft veräußern zum Zwecke der Bebauung. Sie kann diese Wohnungsbaugesellschaft veranlassen, dort selbst auch und ggf. zusätzlich Grundstücke zu erwerben und zu bebauen, sie kann an mehrere potentielle Investoren eigene Grundstücke veräußern mit der vertraglichen Bedingung, daß unverzüglich mit der Bebauung entsprechend der Planung begonnen wird. Es kann durchaus angemessen sein, daß die Gemeinde in besonders wichtigen Entwicklungs- oder Erneuerungsfällen gezielt Grundstücke erwirbt (ggf. im Tauschverfahren).

6.4 Städtebauliche Gebote

Zur Verwirklichung der städtebaulichen Ordnung und Entwicklung (aus einem übergeordneten öffentlichen Interesse besonderer Bedeutung) ermächtigt schließlich das BauGB[167] die Gemeinde, Gebote unterschiedlicher Art auszusprechen. Diese Ermächtigung geht zunächst von dem Gedanken der Kooperation aus. Es soll also nur in besonderen Fällen ein solches Gebot ausgesprochen und nicht ständig als Ersatz für andere Initiativmittel verwendet werden. In solchen besonderen Situationen, die im öffentlichen Interesse liegen, geht das Gesetzeskonzept der Kooperation allerdings dann auch im Gegenstromprinzip von der Sozialpflichtigkeit des Grundstückseigentümers aus, der sich einem solchen Gebot unter den gegebenen Verhältnissen beugen muß. Es handelt sich dabei um den Einsatz folgender städtebaulicher Gebote:
– Baugebot: Ein Baugebot kann als Initiative zur oder als Anpassung an Bebauung im Geltungsbereich eines Bebauungsplanes ausgesprochen werden (in besonderen Fällen auch zur Schließung einer Baulücke).
– Modernisierungs- und Instandsetzungsgebot: Ohne Vorliegen eines Bebauungsplans kann eine Gemeinde bei entsprechend vorliegenden Mißständen ein Modernisierungs- oder Instandsetzungsgebot aussprechen.
– Pflanzgebot
– Abbruchgebot: Im Geltungsbereich eines qualifizierten Bebauungsplanes können sogar unter bestimmten Bedingungen Abbruchgebote ausgesprochen werden,

---

[167] Siehe hierzu Krautzberger: Zweites Kapitel, Dritter Teil: "Erhaltungssatzung und Baugebote", in: Battis/Krautzberger/Löhr: "Baugesetzbuch", München 1994.

sofern die betroffenen Anlagen und Bauten nicht den Festsetzungen des Bebauungsplans entsprechen und auch nicht angepaßt werden können oder Mängel bzw. Mißstände aufweisen, die durch andere Maßnahmen nicht zu beseitigen sind.

Die Gemeinde muß vor Erlaß solcher Gebote die beabsichtigte Maßnahme mit den Eigentümern, Mietern, Pächtern und sonstigen Betroffenen erörtern und sie beraten. Solche Gebote sind vor Gerichten anfechtbare Verwaltungsakte.

6.5. Finanzierungsanreize

Schließlich kann die Gemeinde über die Mittelzuweisung zur öffentlichen Förderung des Wohnungsbaus und andere Subventionen Anreize schaffen, damit ein Gebiet von den Grundeigentümern bebaut wird.

6.6 Ordnung des Grund und Bodens

Es liegt auf der Hand, daß zum Vollzug der Planung häufig die Eigentumsverhältnisse am Grund und Boden neu geregelt werden müssen; allein schon für die Erschließungsanlagen. Nicht immer geht es dabei um den Erwerb von Grundstücken, sondern lediglich um den planungsgerechten Zuschnitt durch Austausch zwischen den Bauträgern. Dafür ist es in der Regel ratsam, daß eine Verwaltung sich beteiligt (nicht selten auch initiativ).

6.6.1 Der städtebauliche Grundstücksmarkt

Das zu behandelnde Thema hat so vielseitige Aspekte, seien es die Arbeitsstätten und der Grundstücksmarkt, sei es die Wohnungswirtschaft und der Grundstücksmarkt, sei es der landwirtschaftliche Grundstücksmarkt, daß man der Versuchung nicht ganz aus dem Wege gehen kann, alle diese Bereiche zu berühren. Es wird deshalb notwendig sein, sich auf wesentliche Merkmale zu beschränken.

Definition Grundstücksmarkt

Wir bezeichnen den Markt im allgemeinen als einen Ort des Handels oder des Austausches von Sachen. Man sagt z.B. "eine Sache (Grundstück) ist auf dem Markt", oder "ich trage meine Haut zu Markte". Diese Sachen haben einen Wert, sie werden gekauft und verkauft, sie sind also beweglich und veränderlich. Hier handelt es sich um die Sache Grundstück, die auf den Markt getragen wird. Das Grundstück hat aber nur eine beschränkte "Beweglichkeit", da es einerseits physisch total ortsgebunden ist und andererseits einer sehr starken Eigentumsgarantie unterliegt. Im Artikel 14 des Grundgesetzes heißt es andererseits auch: "Das Eigentum verpflichtet, sein Gebrauch soll zugleich dem Wohl der Allgemeinheit dienen". So kann also auch das Individuum als Eigentümer nicht uneingeschränkt von der eigenen Sache Grundstück Gebrauch machen. Es zeigt sich daher, daß ein gewisser Widerspruch in dem Begriffspaar Grundstück - Markt besteht. Nach dem BGB kann der Eigentümer einer Sache damit nach Belieben verfahren und andere von jeder Einwirkung ausschließen, wenn nicht Gesetze oder Rechte Dritter dem entgegenstehen. Wir sehen jedoch, daß das Eigentum an Grund und Boden stärker in seiner

Verfügungsmacht durch Gesetze und Rechte Dritter eingeschränkt ist als das übrige Eigentum an Sachen.

Gesellschaftspolitisch gesehen stehen sich zwei Extreme dieses Eigentums gegenüber. Auf der einen Seite das uneingeschränkte Gemeineigentum, auf der anderen Seite das individuelle Eigentum. Die Geschichte des Grundstückseigentums in Deutschland zeigt das Bemühen eines ständigen Abwägens zwischen diesen beiden Extremen. Man kann sagen, daß die Auseinandersetzung sich um die Frage bewegt, wie weit die Allgemeinheit, d.h. also stellvertretend dafür die Öffentliche Hand, ein Recht hat, die Bewegungsfreiheit des Individuums in der Sache Grundstückseigentum einzuschränken. Vielfältige Maßnahmen stehen der Öffentlichen Hand dazu zur Verfügung. Der stärkste Eingriff besteht in der Entscheidung ein privates Grundstück für Zwecke der Allgemeinheit in Anspruch zu nehmen, also zu enteignen.

Bedarf an "Beweglichkeit" der Grundstücke

Die Veränderungen der Wirtschaft, z.B. im Trend zu den tertiären Wirtschaftsbereichen, bringen starke strukturelle Veränderungen in der Nutzung der Grundstücke. Zum Beispiel haben wir eine starke Verdichtung und Konzentration an Beschäftigten in der Innenstadt, eine Unterwanderung von Wohngebieten durch Dienstleistungen und eine Ausdehnung des Innenstadtbereiches erlebt. Die Grundstücke in diesen Zonen erlebten eine enorme Wertsteigerung. Die volkswirtschaftlich normale Folge liegt in einer Preiserhöhung dieser Grundstücke. Gleichzeitig erlebten wir eine Veränderung der Produktionsmethoden im sekundären Wirtschaftsbereich hin zu horizontalen Produktionsvorgängen. Der Anspruch an Grundstücksflächen stieg auch dort demzufolge erheblich. Auch hier kann man von einer Wertsteigerung der Grundstücke nach Art und Maß ihrer Nutzung sprechen.

Auf der anderen Seite erlebten wir aber auch eine starke Veränderung in der Sozialstruktur. Die Erwerbsquote sinkt, mit der Folge, daß wir für die gleiche Zahl von Beschäftigten eine ständig steigende Zahl an "Mantelbevölkerung" vorsehen müssen. Ebenso sinkt die durchschnittliche Haushaltsgröße, so daß wir auch für eine gleichbleibende Bevölkerung ständig mehr Wohnungen bauen müssen.

Mit diesen Veränderungen sind eine Reihe von Folgen verbunden. So z.B. mußten schon Schulen in Altbaugebieten geschlossen werden, weil entsprechender schulpflichtiger Nachwuchs in diesen Zonen fehlt, während in Neubaugebieten kaum dem Bedarf an neuen Klassenräumen nachgekommen werden kann. In Kiel mußte das Kanalisationsnetz innerhalb von 10 Jahren von 400 km Länge auf 600 km Länge vergrößert werden, obwohl die städtische Bevölkerung beträchtlich abnahm. Die Zahl der potentiellen Benutzer der Nahverkehrsmittel in den Altbaugebieten ist stark gesunken. Selbst in Paris sind Strecken der berühmten "Metro" wegen der Siedlungsausdünnung stillgelegt worden.

Die Folge der strukturellen Veränderung bringt eine starke innere Wanderungsbewegung der Bevölkerung, die sich einerseits in der Verdichtung von Nutzungen der Grundstücke (Innenstadt, Kerngebiete), andererseits in der Auflockerung der Nutzung der Grundstücke auswirkt. Diese Wanderungen haben neben der direkten Nutzung der Grundstücke auch eine Veränderung im Anspruch durch Flächen für die Allgemeinheit zur Folge. So mußten also die überflüssig gewordenen Schulgrundstücke neuen Nutzungen zugeführt, also "beweglich" gemacht werden.

Nutzungsänderungen von Grundstücken
Die Nutzungsänderungen können sowohl qualitativer Art (z.B. durch Umwandlung von Wohngebieten in Kerngebiete, von Kleingärtenflächen in Wohngebiete, von allen Arten der Nutzung in Verkehrsflächen usw.), als auch quantitativer Art (wie z.B. Wachstum im Flächenanspruch ohne Wachstum der Beschäftigten oder der Bevölkerung oder durch Verdichtung) sein. Die Nutzungsänderung geschieht durch die Planung, durch Ausweisung von bestimmten Flächennutzungen und Dichtemerkmalen. Negative Nutzungsänderung könnte als enteignungsgleicher Eingriff angesehen werden, ist jedoch von der Rechtsprechung dahingehend definiert worden, daß es sich hierbei um die "Konkretisierung der Sozialgebundenheit des Eigentums" handelt. Die Durchführung dieser Nutzungsänderungen geschieht jedoch durch die Steuerung des Grundstücksmarktes, sei es auf Initiative der Stadt oder privater Träger.

6.6.2 Vollzug durch die öffentliche Liegenschaftspolitik

In den letzten Jahren hat sich erneut gezeigt, wie bedeutungsvoll die rechtzeitige Bereitstellung von Bauland (Erwerb, Planungsrechtliche Sicherung ebenso wie Erschließung) für die Stadtentwicklung, insbesondere für den Wohnungsbau ist. Hier gibt es offensichtlich erhebliche Versäumnisse. Neben der planungsrechtlichen Ausweisung und Erschließung von Bauland sind der planvolle Erwerb von Grundstücken und ihre Wiederveräußerung (Liegenschaftspolitik) als zentrale kommunale Aufgabe in ihrer Bedeutung in den letzten Jahren anscheinend auch unterschätzt worden. Eine der wichtigsten Rollen spielt bei der kommunalen Liegenschaftspolitik die Stadtplanung. Insbesondere der Bau- und Planungsdezernent und der Leiter des Stadtplanungsamtes müssen immer Motor der Liegenschaftspolitik sein.

Die regionalen Baulandmärkte und ihre Engpässe
Sektoral ist der Grundstücksmarkt im wesentlichen nach Gewerbe- und Industriebauland, Land für öffentliche Zwecke sowie nach Wohnbauland zu unterscheiden. Beim Wohnbauland ist ferner zwischen dem Bauland für den mehrgeschossigen Wohnungsneubau - zumeist für die Errichtung von Mietobjekten - und dem für den selbstgenutzten Ein- und Zweifamilienhausbau zu differenzieren. Die Funktionsfähigkeit des Baulandmarktes wird weniger durch den Baulandbestand als vielmehr durch die "Mobilität" des Baulandes bestimmt. In den meisten Städten und Gemeinden befindet sich der weitaus überwiegende Anteil an Bauland in Privateigentum, so daß die Verfügbarkeit von der individuellen Entscheidung der Eigentümer abhängt.

Erfahrungsgemäß ist die Bodenmobilität immer dann am größten, wenn die höchsten Preissteigerungsraten auf dem Grundstücksmarkt auftreten. Der Grundstücksmarkt gerät - gemessen am Umsatz - bei hohen Preissteigerungsraten am stärksten in Bewegung (der sog. "Mitnahmeeffekt" von Preissteigerungen wirkt sich aus). Baulandmobilität ist ferner bei denjenigen Grundstücken besonders ausgeprägt, die die höchsten Erträge abwerfen, wie z.B. bei Grundstücken, die für eine Büronutzung geeignet sind. Bei Preisstagnation verfällt der Grundstücksmarkt auf der Angebotsseite tendenziell in eine abwartende Haltung. An dieser Stelle muß in der Regel die kommunale Liegenschafts- oder Bodenpolitik als Regulator oder Katalysator im marktwirtschaftlichen Sinn eingreifen. Operative Baulandreserven, primär für den Wohnungsbau und die Infrastruktur, aber auch für Gewerbeflächen, sind ständig von der Stadt bereitzuhalten. Städte, die, wie hin und wieder geschehen, an diesem Punkt sparen, begehen einen Kardinalfehler in ihrer Stadtentwicklungspolitik. Aus diesen und anderen Gründen ist und sollte auch das Liegenschaftsamt in der Regel der "größte Makler" in einer Stadt sein!

Allgemein läßt sich beobachten, daß sich das Baulandpotential bestimmter Wertigkeit und sein Marktgeschehen in den vergangenen Jahren zentrifugal über den Stadtrand hinaus in das Stadtumland ausgedehnt hat. Ursachen hierfür sind die höhere Mobilität der Menschen (Motorisierung) und vor allem das größere Baulandangebot im peripheren Bereich, nachdem die Kernstädte weitgehend "zugelaufen" sind, bzw. "Handlungsdefizite" aufwiesen. Die Verlagerung des Marktgeschehens in die Randzonen erklärt auch, daß dort nach den Feststellungen des Statistischen Bundesamtes Baulandpreise in den vergangenen Jahren insgesamt relativ stabil geblieben sind. Die Baulandpreissteigerungen und Baulandengpässe sind in denjenigen Städten am größten, in denen sich die Umlandgemeinden am restriktivsten gegenüber der "Ausdehnung" des Grundstücksmarktes "abschotten". Insofern sollte jede Stadt auch Grundstücke in erheblichem Umfang im Umland kaufen und verkaufen, natürlich in Abstimmung oder gemeinschaftlich mit den Umland-Gemeinden und -kreisen.

Kommunale Bodenvorratspolitik und Baulandbeschaffung

Handlungsträger einer Baulandpolitik der öffentlichen Hand sind in erster Linie die Gemeinden. Ihnen ist ein weitgefächertes privat- und öffentlich-rechtliches Instrumentarium zur Einwirkung auf den Baulandmarkt an die Hand gegeben. Bund und Länder setzen dabei durch ihre städtebaulichen, landesplanerischen, subventionierungs- und steuerrechtlichen Regelungen wichtige zusätzliche Rahmenbedingungen für den Baulandmarkt. Unter diesen Rahmenbedingungen sind vielfältige Initiativen zur Baulandbereitstellung für Infrastruktur- und Wohnbauzwecke möglich. Die rechtlichen Voraussetzungen für eine Wohnbebauung können geschaffen werden, indem Bebauungspläne für bisher nicht genutzte Flächen aufgestellt werden, Abrundungssatzungen nach § 34 Abs. 4 und 5 BauGB erlassen werden oder brachfallendes Gewerbebauland durch Umplanung für eine Wohnbaunutzung zugänglich gemacht wird. Hinzukommen muß allerdings stets die Erschließung dieser Gebiete, wenn nicht durch die Gemeinde dann nach Absprache durch Vorfinanzierung durch die Bauträger.

Auch können Gemeinden durch die amtliche Umlegung nach §§ 45 ff. BauGB[168] die bodenrechtlichen Voraussetzungen für eine Bebauung schaffen. Hinzugekommen ist die wieder eingeführte städtebauliche Entwicklungsmaßnahme nach §§ 6 und 7 BauGB-MaßnahmenG[169]. Mit ihrer Hilfe können Wohnbauflächen erstmalig ausgewiesen, erschlossen und einer Bebauung zugeführt sowie brachgefallene Innenbereichsflächen einer Wohnnutzung wieder zugeführt werden. Eine Möglichkeit, das Baulandangebot bei gegebener Baugebietsfläche zu erweitern, besteht auch

---

168 Siehe auch Löhr: Erstes Kapitel, Vierter Teil: "Bodenordnung", in: Battis/Krautzberger/Löhr: "Baugesetzbuch", München 1994.
169 BauGB-Maßnahmen Gesetz v. 1992

darin, schon bei der Bebauungsplanung auf flächensparende Bauweisen hinzuwirken und eine weniger flächenaufwendige Erschließung vorzusehen.

Eine ausschlaggebende Einflußmöglichkeit auf die Stadtentwicklung und auf das Angebot an Bauland kommt einer aktiven gemeindlichen Bodenvorratspolitik zu. Im Vordergrund stehen dabei einerseits die Bereitstellung von Baugrundstücken an geeigneten Standorten zur Erleichterung der Planverwirklichung und andererseits die preisgünstige Bereitstellung von Baugrundstücken für solche Bauinteressen, die unter Marktbedingungen kein Baugrundstück erwerben könnten, es aber im Interesse der Allgemeinheit sollten, z.B. für den sozialen Wohnungsbau. Schließlich gilt es auch Ersatzland für Tauschoperationen (also Land für Land) durch Erwerb bereitzuhalten. Solches Ersatzland kann z.B. auch im Umland als Tauschland für die Inanspruchnahme landwirtschaftlicher Flächen zu Wohnzwecken etc. vorgehalten und eingesetzt werden.

Zentraler kommunaler Liegenschaftsfond
Eine langfristig angelegte Bodenvorratspolitik zeigt dort gute Ergebnisse, wo vorsorglich geeignete landwirtschaftliche Flächen zur Verfügung stehen und kontinuierlich aufgekauft wurden und werden. Finanziert werden sollten die Bodenkäufe aus den Verkäufen baureifer Grundstücke. Die Verkaufserlöse sind zwar als allgemeine Deckungsmittel in den Haushalt einzustellen, aber zugleich sollte ein vergleichbarer Betrag für neue Grundstücksankäufe automatisch zurückgestellt und einem zentralen Liegenschaftsfond zugewiesen werden. Angesichts knapper Haushaltsmittel und unzutreffender Prognosen hinsichtlich des Wohnflächenbedarfs sind allerdings Gemeinden vielfach dazu übergegangen, ihre Bodenvorratspolitik auf ein eng begrenztes Maß zurückzuschrauben, ein schwerwiegender Fehler.

Bewährt hat sich folgende Methode: Bei jedem öffentlichen Bauwerk, das in den Haushalt eingeworben wird, müssen nicht nur die Baukosten, sondern auch die Grundstückskosten nach ihrem zum Zeitpunkt der Einwerbung gültigen realen Verkehrswert bereitgestellt werden. Die Grundstückskosten sollten dann in genau entsprechender Höhe automatisch dem zentralen Liegenschaftsfonds der Stadt zugeführt werden, während der Bau erstellt wird. So wird ein ständig sich auch im Hinblick auf das Preisniveau automatisch eneuernder Fonds zum Erwerb von neuen Grundstücken geschaffen. Eine jährlich sich wiederholende quälende Auseinandersetzung über die Höhe des Grundstückstitels im Haushalt wird dadurch vermieden und die Verwaltung (in der Regel das Liegenschaftsamt auf Anregung oder in Absprache mit dem Stadtplanungsamt) ist in diesem Punkt jederzeit schnell handlungsfähig. An dieser Erörterung zeigt sich, daß das Stadtplanungsamt eine detaillierte und auf den jeweiligen Zeitstand aufgelistete und fortgeschriebene Grundbesitzdatei haben muß, damit es jederzeit, auch sehr frühzeitig, beim Grunderwerb aktiv beim Liegenschaftsamt vorstellig werden kann.

6.6.3 Vollzug durch förmliche Neuordnung des Grund und Bodens

Nicht immer wird die Ordnung des Grund und Bodens zur Vollstreckung der Planungsabsichten auf privatrechtlicher Basis erfolgen können. Insbesondere bei der Stadterneuerung in innerstädtischen Gebieten sind die Grundstücksverhältnisse so, daß letztlich die Grundeigentümer der Hilfe der Verwaltung bedürfen. Dafür ist das bodenrechtliche Instrumentarium entwickelt worden. Im Baugesetzbuch ist dieser Aufgabe wegen ihrer Bedeutung und ihrer Komplexität der komplette 4. Teil des 1. Kapitels mit der Bezeichnung "Bodenordnung" gewidmet.[170] Hier können wir uns im Rahmen einer Einführung und des dafür zur Verfügung stehenden Raumes nur kursorisch mit dem Thema beschäftigen.

Die besonderen bodenrechtlichen Gebote wie Abbruch-, Bau- und Modernisierungsgebot, sind bisher im Zuge von Sanierungs- und Entwicklungsmaßnahmen nur in Einzelfällen angewandt worden. Dies liegt nur zum Teil daran, daß die Anwendung der Gebote Bebauungspläne voraussetzt. Der wesentliche Grund für die Zurückhaltung der Gemeinden bei der Anwendung hoheitlicher Gebote ist im Gesetz selbst zu suchen. Es ist so konzipiert, daß die Gebote von vornherein als Mittel für den äußersten Konfliktfall und nicht als Mittel für den normalen Ablauf einer Sanierung gedacht sind. Einvernehmliche Regelungen werden durch die Mitwirkung und die Möglichkeiten zur Erörterung der städtebaulichen Planung ebenso gefördert wie durch die Erörterung der Neugestaltung des Sanierungsgebiets/Entwicklungsbereiches mit den Eigentümern, Mietern, Pächtern und anderen Nutzungsberechtigten sowie durch die ggf. erforderliche Erarbeitung eines Sozialplans. All dies bewirkt im Verfahrensablauf, daß die Gemeinden auf einvernehmliche Regelungen hinarbeiten und die Anwendung hoheitlicher Gebote möglichst zu vermeiden suchen.

Das Erfordernis von Zwangsmaßnahmen
Diese bisherige Praxis rechtfertigt allerdings nicht den Schluß, daß deshalb die Gebote überflüssig wären. Die vorliegenden Erfahrungen zeigen deutlich, daß allein die Möglichkeit der Verhängung von Zwangsmaßnahmen in vielen Fällen zur Erzielung besserer Verhandlungsergebnisse beigetragen und die tatsächliche Anwendung von Zwangsmaßnahmen erübrigt hat. Aufgrund der indirekten Wirkung dieser Gebote kann die Durchführung städtebaulicher Sanierungs- und Entwicklungsmaßnahmen beschleunigt und die Qualität der städtebaulichen Planung verbessert werden. Dies gilt auch für die gesetzlichen Bestimmungen über das gemeindliche Grunderwerbsrecht und die erleichterten Voraussetzungen zur Enteignung. Oft ist es erforderlich, auf Grund eines Bebauungsplanes die Grundstückszuschnitte total neu zu formen und Plan- und Eigentümerinteressen gerecht zu gestalten. Dazu sind eigene Verfahren zur Umlegung und Grenzregelung bei Grundstücken im BauGB enthalten. Auch hier muß die Verwaltung aktiv im allgemeinen Interesse der Betroffenen handelnd tätig werden. Zur Erschließung oder Neugestaltung bestimmter Gebiete können deshalb im Geltungsbereich eines Bebauungsplanes bebaute oder unbebaute Grundstücke durch Umlegung neugeordnet werden, um nach Lage, Form und Größe für die bauliche oder sonstige Nutzung zweckmäßig und wirtschaftlich gestaltete Grundstücke entstehen zu lassen. Dafür ist ein Verfahren erforderlich. Ein Interesse daran haben oft alle Parteien. Ein Umlegungsverfahren kann auch dann eingeleitet werden, wenn ein Bebauungsplan noch nicht aufgestellt ist. Der Bebauungsplan muß jedoch vor dem förmlichen Beschluß über die Aufstellung des Umlegungsplans in Kraft getreten sein.

---

170 Siehe hierzu: Löhr: Erstes Kapitel, Vierter Teil: "Bodenordnung", in: Battis/Krautzberger/Löhr: "Baugesetzbuch", Fn. 168.

Der Bebauungsplan setzt die zulässige Nutzung unabhängig von den vorgegebenen Grundstücksgrenzen fest. Sein Inkrafttreten ändert die Grundstücksgrenzen nicht, so daß eine Planverwirklichung nicht möglich ist, wenn nicht die Grundstücke mehr oder weniger zufällig den Festsetzungen des Bebauungsplans entsprechen. Häufig ist es daher erforderlich, den Grund und Boden so zu ordnen, daß eine planentsprechende Bebauung und Erschließung möglich wird. Dies ist Aufgabe der Verfahren zur Bodenordnung.

Umlegungsverfahren
Das im Baugesetzbuch für die Bodenordnung vorgesehene Verfahren ist die Umlegung, bei der durch Steuerung durch die Gemeinde die Grundstücke in einem Bebauungsplangebiet so gestaltet und unter den Eigentümern getauscht werden, daß Grundstücke entstehen, die nach den Festsetzungen des Bebauungsplans genutzt werden können. Für örtliche Verkehrs- und Grünanlagen sowie für vergleichbare Zwecke festgesetzte Flächen werden vorab der Gemeinde oder dem sonstigen Erschließungsträger zugeteilt. Sonstige Flächen, die für öffentliche Zwecke vorgesehen sind, können dem Bedarfsträger dagegen nur dann vorab zugeteilt werden, wenn entsprechendes Ersatzland in das Umlegungsverfahren eingebracht wird. An diesem Punkt wird ein weiteres Mal die Bedeutung kommunaler vorsorglicher Liegenschaftspolitik deutlich. Wenn nur kleinere Grenzkorrekturen erforderlich sind, um eine ordnungsgemäße Bebauung zu ermöglichen oder baurechtswidrige Zustände zu beseitigen, dann ist hierzu eine Umlegung nicht unbedingt nötig. In solch einem Fall kann durch einfachen Beschluß eine sogenannte Grenzregelung vorgenommen werden. Aufgrund dieser ordnenden Funktion auf der Grundlage von Entscheidungen zur Neuverteilung und Neustrukturierung des Grund und Bodens, die schon im Bebauungsplan implizit enthalten sind, leistet die Umlegung einen Beitrag zur Planverwirklichung. Prägend für das Verfahren sind folgende Gesichtspunkte:

Öffentliches Interesse
Wenn eine Umlegung dazu dient, eine dem Willen der Gemeinde entsprechende Bebauung zu ermöglichen, liegt sie eindeutig im öffentlichen Interesse. Da in der Regel die Eigentümer durch die Umlegung wertvolleres Land, nämlich ungestörtes Bauland statt bisher unbefriedigend bebautes, nicht oder nur schlecht zu bebauendes Land erhalten, liegt eine Interessengleichrichtung zwischen öffentlicher Hand und Grundstückseigentümern in der Regel vor. Im Einzelnen müssen unterschiedliche Auffassungen über das "wie" der Neugestaltung ausgehandelt werden.

Grundstückstausch
Im Laufe des Umlegungsverfahrens verliert der bisherige Eigentümer in der Regel sein Stück Land und erhält dafür ein anderes oder zumindest anders geschnittenes Grundstück zurück. In der Umlegung liegt insofern keine Enteignung vor, weil sie, wie dargestellt, letztlich dem Eigentümer nicht endgültig Land wegnimmt, sondern durch Schaffung besserer Bebaubarkeit nützt. Die Umlegung greift also zwar in den Eigentumsbestand ein, formt ihn aber im Interesse des Eigentümers um. Sie ist daher ein vorrangig einzusetzendes Instrument der Planverwirklichung. Gegenüber der Enteignung ist sie in der Regel das wesentlich mildere Mittel, da sie auf Kooperation

und Bestandserhaltung statt auf Konfrontation und Wegnahme gegen Entschädigung gerichtet ist. Die Gemeinde greift allerdings mit einer förmlichen Umlegung in die Verfügungsfreiheit der Grundstückseigentümer ein, da sie ihnen für den notwendigen Grundstückstausch die Verfahrensherrschaft nimmt. Das BauGB überläßt die Initiative für die Planverwirklichung jedoch zunächst den privaten Grundstückseigentümern. Die Umlegung darf nur dann angeordnet werden, wenn sie erforderlich ist. Dies ist z.B. nicht der Fall, wenn die Eigentümer sich freiwillig auf eine den Planerfordernissen entsprechende Bodenordnung einigen.

Verfahrensschritte
Das Verfahren der Umlegung läßt sich in drei Abschnitte einteilen, nämlich die Anordnung und Einleitung der Umlegung (Einleitungsverfahren), die eigentliche Durchführung des Grundstückstausches auf der Grundlage eines Bebauungsplans und der gesetzlichen Verteilungsgrundsätze (Verteilungsverfahren) und zum Abschluß der Umlegungsplan und die durch ihn bewirkte Änderung des alten Rechtszustands (Abschlußverfahren).

Zuständigkeit
Die Umlegung wird von der Gemeinde angeordnet, wenn sonst ein Bebauungsplan nicht oder nur schleppend verwirklicht werden kann. Durchgeführt wird die Umlegung nach dem Sprachgebrauch des BauGB von der Umlegungsstelle, in der Regel einer gegenüber der Gemeinde unabhängigen Behörde. Dies ist zumeist ein bei der Gemeinde gebildeter Umlegungsausschuß, kann aber auch eine sonstige geeignete Behörde, z.B. die Flurbereinigungsbehörde, sein.
Der das Verfahren einleitende Umlegungsbeschluß ist ortsüblich bekanntzumachen. Die Eigentümer und die Inhaber von Rechten von Grundstücken im Umlegungsgebiet sowie die Gemeinde und die Bedarfs- und Erschließungsträger für das Umlegungsgebiet sowie ihre Rechtsnachfolger sind an der Umlegung zu beteiligen. Die im einzelnen im Umlegungsgebiet bestehenden Rechtsverhältnisse werden in einer Bestandskarte und einem Bestandsverzeichnis umfassend aufgeführt. In die Grundbücher der umzulegenden Grundstücke wird zur Sicherung der im Umlegungsgebiet bestehenden Verfügungs- und Veränderungssperre und allgemein zum Schutz des Rechtsverkehrs ein Umlegungsvermerk eingetragen. Nach welchen Grundsätzen die Grundstücke und sonstigen Rechte im Umlegungsgebiet unter den Berechtigten zu verteilen und welche Geldleistungen zum Ausgleich von den durch die Umlegung bewirkten Vorteilen oder auch Nachteilen zu erbringen sind, regelt das Gesetz in den §§ 55 bis 65.

Verfahrensabschluß
Schließlich sind in den §§ 66 bis 79 BauGB[171] die bis zum Abschluß der Umlegung führenden Verfahrensschritte geregelt. Dies ist insbesondere die Aufstellung und Bekanntmachung der Unanfechtbarkeit des Umlegungsplans, die Art und Weise des Eintritts des neuen Rechtszustands sowie die Möglichkeiten vorzeitiger Entscheidungen und Kostenregelungen.

---

171 Siehe hierzu Löhr: Erstes Kapitel, Vierter Teil: "Bodenordnung", in: Battis/Krautzberger/Löhr: "Baugesetzbuch", Fn. 168.

Beteiligte in einem Umlegungsverfahren sind:
1. die Eigentümer der im Umlegungsgebiet gelegenen Grundstücke,
2. die Inhaber eines im Grundbuch eingetragenen oder durch Eintragung gesicherten Rechts an einem im Umlegungsgebiet gelegenen Grundstück oder an einem das Grundstück belastenden Recht,
3. die Inhaber eines nicht im Grundbuch eingetragenen Rechts an dem Grundstück oder an einem das Grundstück belastenden Recht, eines Anspruchs mit dem Recht auf Befriedigung aus dem Grundstück oder eines persönlichen Rechts, das zum Erwerb, zum Besitz oder zur Nutzung des Grundstücks berechtigt oder den Verpflichteten in der Benutzung des Grundstücks beschränkt,
4. die Gemeinde,
5. unter bestimmten Voraussetzungen die Bedarfsträger,
6. die Erschließungsträger.

Diese Personen werden zu dem Zeitpunkt Beteiligte, in dem die Anmeldung ihres Rechts der Umlegestelle zugeht. Die Anmeldung kann bis zur Beschlußfassung über den Umlegungsplan erfolgen. Bestehen Zweifel an einem angemeldeten Recht, so hat die Umlegungsstelle dem Anmeldenden unverzüglich eine Frist zur Glaubhaftmachung seines Rechts zu setzen. Nach fruchtlosem Ablauf der Frist ist er bis zur Glaubhaftmachung seines Rechts nicht mehr zu beteiligen. Der im Grundbuch eingetragene Gläubiger einer Hypothek, Grundschuld oder Rentenschuld, für die ein Brief erteilt ist, sowie jeder seiner Rechtsnachfolger hat auf Verlangen der Umlegungsstelle eine Erklärung darüber abzugeben, ob ein anderer die Hypothek, Grundschuld oder Rentenschuld oder ein Recht daran erworben hat; die Person des Erwerbers hat er dazu zu bezeichnen.

6.7 Programme zum Planvollzug

6.7.1 Finanzierungs- und Investitionsprogramme

Die planende Verwaltung hat ein natürliches Interesse daran, daß die Gemeinde sich für den Vollzug der Planung aktiv einsetzt. Ein besonders wichtiges Steuerungsmittel sind dafür natürlich die mittelfristigen Finanz- und Investitionsplanungen sowie der jährliche Haushaltsplan. Sie sind im Zusammenhang zu sehen und bedürfen hier nur der Erwähnung, um den angehenden Planer oder Kommunalpolitiker darauf aufmerksam zu machen, daß er im Zusammenwirken mit den dafür auf der Finanz- wie auch auf der Investitionsseite Zuständigen (z.B. Kämmereiamt, Tiefbauamt, Hochbauamt usw.) ständig in Kontakt, Kooperation und Koordination stehen muß. Ein Stadtplanungsamt wird seiner Aufgabe in der Verfolgung des Planungsvollzugs nicht gerecht, wenn es sich nicht um die damit zusammenhängend zeitgerecht einzuwerbenden Mittel in der mittelfristigen Finanz- und Investitionsplanung sowie im Haushaltsplan kümmert. Die mittelfristige Finanz- und Investitionsplanung hat einen Zeithorizont von 5 Jahren (4 Jahre plus ein Vorlaufjahr). In diesem Zeitrahmen ist in der Regel voraussehbar, wann welche Objekte zur Verwirklichung anstehen. Die Planungsobjekte wie -projekte sind also im Hinblick auf ihre Verwirklichung ständig darauf abzuklopfen, ob, wann, in welcher Größenordnung und in welchen Zeitabschnitten entsprechende Mittel für die Finanzierung einzuwerben sind. Im Falle des Erfordernisses muß die planende Verwaltung Signale und Anstöße zum Handeln geben. Dieser Ansatz gilt also auch für Mittel und Investitionen des jeweiligen Landes soweit es die eigene oder benachbarte Kommunen betrifft.

6.7.2 Wohnungsbauprogramme

Wohnungspolitik ist ein Schwerpunkt der Sozial- und Gesellschaftspolitik. Weder Bund noch Länder und Gemeinden können sich ebenso wie die Parteien der Aufgabe einer angemessenen Wohnvorsorge für die Bürger unseres Staates entziehen. Wir stehen seit Ende des 2. Weltkrieges ständig, mit zum Teil wechselnden Vorzeichen und Schwerpunkten, vor schwierigen Problemen in der Erfüllung dieses Ziels, das auch weiterhin eine besonders wichtige Aufgabe darstellt. Deshalb ist es angemessen, einige der herausragenden Aspekte anzusprechen. Es hat den Anschein, daß die Diskussion droht, sich im Kreise zu drehen und in Sackgassen zurückzufallen. Diesen Kreislauf durch einen Diskussionsbeitrag aufzulockern, muß das Ziel sein. Weiterhin sind Wohnungspolitik und Wohnungsbau auch Kernelemente der Stadtentwicklung. Ohne angemessene und wirksame Wohnungsversorgung wird manch andere Maßnahme der Stadtentwicklungspolitik als Folge wirkungslos.

Die Ansätze für die Wohnungsfinanzierung in der mittelfristigen Finanzplanung und im jährlichen Haushaltsplan spielen deshalb eine herausragende Rolle. Da die wesentlichen Fördermittel von Bund und Land kommen, ist es auch von existentieller Bedeutung, entsprechenden Einfluß auf die Wohnungsbaufinanzierung durch das Land zu nehmen. Aktives Vollzugshandeln durch Rat und Verwaltung im Wohnungsbau bedeutet auch z.B. für das Stadtplanungs- und das Tiefbauamt sowie den Baudezernenten ständige Einflußnahme, entsprechend den beschlossenen Planungen, auf
- rechtzeitige Verfügbarkeit von Baugrundstücken für den Wohnungsbau (siehe auch Planausweisungs- und Liegenschaftspolitik der Stadt),
- rechtzeitige Kooperation mit und Koordination von Wohnungsbau- und Erschließungsträgern,
- rechtzeitige Einschaltung der städtischen Wohnungsbaugesellschaft, insbesondere bei Maßnahmen für besondere Fälle und
- rechtzeitige Einflußnahme und Kooperation mit den dafür zuständigen Bundes- und Landesbehörden.

Das Hochschnellen der Gesamtkosten hat die Wohnversorgung immer wieder in kritische Phasen gebracht! Wir sollten uns dabei vor Augen führen, daß dadurch nicht nur spezielle Gruppen betroffen sind, sondern durchaus auch breitere Schichten der Bevölkerung. Betroffen sind Personengruppen, die
- knapp oberhalb der Einkommensgrenzen des öffentlich geförderten Wohnungsbaus liegen, freifinanzierte Wohnungen aber nicht bezahlen können;
- innerhalb der Einkommensgrenzen liegen, jedoch auch dort nicht mehr die progressiv steigenden Mieten aufbringen können, bei denen zugleich das Wohngeld keinen vollen Ausgleich schafft;
- seit einigen Jahren als geburtenstarke Jahrgänge, verstärkt durch das vorgezogene Volljährigkeitsalter erstmalig in einem besonders großen Schub als Nachfrager auf dem Wohnungsmarkt erscheinen;
- aus notwendiger Veränderung des Standortes (z.B. Arbeitsplatzwechsel, Versetzung usw.) ihre bisherige Wohnung mit erträglicher Miete aufgeben müssen und stattdessen eine teurere Wohnung nehmen müssen;

- durch ihre wirtschaftliche Lage, z.B. Arbeitslosigkeit, längerfristig in eine schlechtere Lage kommen und dadurch erst in Einkommensgrenzen der öffentlich geförderten Wohnungen fallen, gleichzeitig aber ebenso den Ausgleich über das Wohngeld nicht schaffen, usw.

Daraus ergibt sich die Folgerung, daß nach wie vor die Wohnungspolitik in wesentlichen Teilen auf breitere Schichten der Bevölkerung ausgerichtet sein muß! Gleichzeitig verringern sich die Mittel aus den öffentlichen Kassen. D.h., daß die Wohnungspolitik über den öffentlich geförderten Wohnungsbau hinaus handeln muß, um
- dem Bürger deutlich zu machen, daß er - in Grenzen und differenziert in sehr unterschiedlichem Maß - einen größeren Anteil seines Einkommens in Zukunft wohl für das Gut Wohnung wird aufbringen müssen;
- die Gesamtkosten (Erschließung, Ausstattung (!), Bau und Finanzierung; also besonders auch die Zinsen) des Wohnungsbaues zu senken, zumindest jedoch einen weiteren Anstieg zu vermeiden; und
- die erheblichen Kapitalbeträge, die sich sowohl bei den Bausparkassen als auch bei den älteren Wohnungsbauten im "stillen" Wertzuwachs angesammelt haben über niedrige Zinssätze und andere Maßnahmen zu mobilisieren.

6.7.3 Stadterneuerungsprogramme

Städtebauliche Sanierungsmaßnahmen

Städtebauliche Sanierungsmaßnahmen sind solche, durch die ein Gebiet zur Behebung städtebaulicher Mißstände (einschließlich Funktions- und Strukturdefiziten) wesentlich verbessert oder umgestaltet werden soll. Solche Mißstände liegen vor, wenn
- das Gebiet nach seiner vorhandenen Bebauung oder nach seiner sonstigen Beschaffenheit den allgemeinen Anforderungen an gesunde Wohn- und Arbeitsverhältnisse oder an die Sicherheit der in ihm wohnenden oder arbeitenden Menschen nicht entspricht, oder
- das Gebiet in der Erfüllung der Aufgaben erheblich beeinträchtigt ist, die ihm nach seiner Lage und Funktion obliegen.

Im Falle des Vorliegens solcher Mißstände muß die Verwaltung durch integrierte Maßnahmen in der Bauleitplanung, Haus- und Grunderwerb, Ordnungsmaßnahmen an Grund und Boden, ggf. Zurückstellung von Baugesuchen, Veränderungssperren und last but not least durch formelle Einleitung eines Sanierungsverfahrens (bei der alle diese Maßnahmen fällig sein können) handelnd tätig werden. Das Instrumentarium dazu liefert das BauGB in seinem Zweiten Kapitel zum besonderen Städtebaurecht, insbesondere in dessen Ersten Teil über "Städtebauliche Sanierungsmaßnahmen".[172]

Bei der Frage, ob in einem städtischen oder ländlichen Gebiet städtebauliche Mißstände vorliegen, ist insbesondere zu berücksichtigen:
1. die Situation der Wohn- und Arbeitsverhältnisse oder die Sicherheit der in dem Gebiet wohnenden oder arbeitenden Menschen in bezug auf:

---

[172] Siehe hierzu: Krautzberger: Zweites Kapitel, Zweiter Teil, in: Battis/Krautzberger/Löhr: "Baugesetzbuch", München 1994.

a) die Belichtung, Besonnung und Belüftung der Wohnungen und Arbeitsstätten,
b) die bauliche Beschaffenheit von Gebäuden, Wohnungen und Arbeitsstätten,
c) die Zugänglichkeit der Grundstücke,
d) die Auswirkungen einer vorhandenen Mischung von Wohnung- und Arbeitsstätten,
e) die Nutzung von bebauten und unbebauten Flächen nach Art, Maß und Zustand,
f) die Einwirkungen, die von Grundstücken, Betrieben, Einrichtungen oder Verkehrsanlagen ausgehen, insbesondere durch Lärm, Verunreinigungen und Erschütterungen und
g) die vorhandene Erschließung;

2. die Funktionsfähigkeit des Gebiets in Bezug auf:
   a) die wirtschaftliche Situation und Entwicklungsfähigkeit des Gebiets unter Berücksichtigung seiner Versorgungsfunktion im gesamten Verflechtungsbereich der Stadt,
   b) die infrastrukturelle Erschließung des Gebiets, seine Ausstattung mit Grünflächen, Spiel- und Sportplätzen und mit Anlagen des Gemeinbedarfs, insbesondere unter Berücksichtigung der sozialen und kulturellen Aufgaben dieses Gebiets im Verflechtungsbereich,
   c) den fließenden und ruhenden Verkehr.

Städtebauliche Sanierungsmaßnahmen sollen dem Wohl der Allgemeinheit dienen, indem:
a) die sozio-ökonomischen Funktionserfordernisse gestützt werden,
b) die bauliche Struktur nach den sozialen, hygienischen, wirtschaftlichen und kulturellen Erfordernissen entwickelt wird,
c) die Verbesserung der Wirtschafts- und Agrarstrukturen unterstützt wird,
d) die Siedlungsstruktur den Erfordernissen des Umweltschutzes, den Anforderungen an gesunde Lebens- und Arbeitsbedingungen der Bevölkerung und der Bevölkerungsentwicklung entspricht und
e) die vorhandenen Ortsteile erhalten, erneuert und fortentwickelt werden, die Gestaltung des Orts- und Landschaftsbildes verbessert und den Erfordernissen des Denkmalschutzes Rechnung getragen wird.

Die öffentlichen und privaten Belange sind gegeneinander und untereinander abzuwägen.

Anwendungsbereich
Für die städtebaulichen Maßnahmen zur Sanierung schafft das BauGB ein Sonderrecht, das außerdem bestimmt, daß Sanierungsmaßnahmen sachlich, räumlich und zeitlich begrenzt sein müssen. Das Sanierungsrecht nach den §§ 136 ff. enthält keine ausschließliche und abschließende bodenrechtliche Regelung. In den Sanierungsgebieten finden auch sonstige bodenrechtliche Vorschriften Anwendung. Das BauGB enthält auch keine allgemein verbindliche oder abschließende Definition dessen, was unter einer städtebaulichen Sanierung zu verstehen ist. Verbesserungen oder Umge-

staltungen von Gebieten sind städtebauliche Vorhaben, die auch ohne Anwendung des Sanierungsrechts ständig an vielen Stellen durchgeführt werden müssen.
Das BauGB enthält Regelungen für folgende Gebiete und Flächen:
1. Untersuchungsgebiete, für die Sanierungsmaßnahmen in Betracht kommen und für die von der Gemeinde vorbereitende Untersuchungen beschlossen sind oder werden sollen.
2. Förmlich festgelegte Sanierungsgebiete.
3. Förmlich festgelegte Ersatz- und Ergänzungsgebiete.
4. Außerhalb der förmlich festgelegten Sanierungsgebiete können Ersatzbauten, Ersatzanlagen und durch die Sanierung bedingte Gemeinbedarfs- und Folgeeinrichtungen bestimmt werden.
5. Für Flächen eines land- und forstwirtschaftlichen Betriebs, die sowohl innerhalb als auch außerhalb des Sanierungsgebiets liegen, ist eine Übernahmeregelung enthalten.

Das BauGB macht beim Anwendungsbereich des Sanierungsrechts keinen Unterschied zwischen Stadt und Land. Es kommt nicht auf die Größe der Gemeinde an, sondern auf das Erfordernis städtebaulicher Verbesserungsmaßnahmen. Diese können auch in Dörfern erforderlich sein. In der Tat zeigt die Verteilung der Städtebauförderung, daß die Dorferneuerung in den letzten Jahren im Rahmen der Agrarstrukturförderung erheblich an Bedeutung gewonnen hat.

Städtebauliche Gesamtmaßnahme
Nach dem BauGB kommen für die Sanierung nur solche städtebauliche Maßnahmen in Betracht, deren einheitliche Vorbereitung und zügige Durchführung im öffentlichen Interesse liegt. Städtebauliche Maßnahmen in diesem Sinn sind Gesamtmaßnahmen. Städtebauliche Gesamtmaßnahmen sind gegenüber sonstigen städtebaulichen Maßnahmen (einzelnen Planungen, Vorhaben) notwendig, wenn ein qualifiziertes städtebauliches Handlungserfordernis besteht, das aus Gründen des öffentlichen Interesses ein planmäßiges und aufeinander abgestimmtes Vorgehen unterschiedlicher Betroffener, Interessenten und Akteure erfordert.

Beteiligung und Mitwirkung der Betroffenen
Die Sanierung soll mit Eigentümern, Mietern, Pächtern und sonstigen Betroffenen (z.B. Sanierungsträgern) möglichst frühzeitig erörtert werden. Sie sollen zur Mitwirkung bei der Sanierung und zur Durchführung der erforderlichen baulichen Maßnahmen gefördert, angeregt und hierbei im Rahmen des Möglichen beraten werden. Sanierungsbetroffene sollen zunächst in die Lage versetzt werden, an der Sanierung aktiv mitzuwirken, sei es durch Information, durch Beratung oder durch sonstige Hilfestellungen. Insoweit kommt der Gedanke der Effektivitätssicherung zum Ausdruck, daß nämlich durch enge Abstimmung der öffentlichen und privaten Maßnahmen die Qualität der Sanierungsplanung erhöht werden soll. Die Vorschrift dient aber ebenso dem Anliegen, den Schutz rechtlicher Positionen zu stärken und nachteilige Auswirkungen der Sanierung im Rahmen der Sozialplanung zu vermeiden oder zu mindern.

Vorbereitung der Sanierung
Die Vorbereitung der Sanierung ist Aufgabe der Gemeinde, sie umfaßt
a) die vorbereitenden Untersuchungen,
b) die förmliche Festlegung des Sanierungsgebiets,
c) die Bestimmung von Zielen und Zwecken der Sanierung,
d) die städtebauliche Planung (hierzu gehört auch die Bauleitplanung oder eine Rahmenplanung, soweit sie für die Sanierung erforderlich ist),
e) die Erörterung der beabsichtigten Sanierung,
f) die Erarbeitung und Fortschreibung eines Sozialplans, sowie
g) einzelne Ordnungs- und Baumaßnahmen, die vor der förmlichen Festlegung des Sanierungsgebiets durchgeführt werden.

Vorbereitende Untersuchungen
a) Die Gemeinde hat vor der förmlichen Festlegung des Sanierungsgebiets vorbereitende Untersuchungen durchzuführen oder zu veranlassen, die erforderlich sind, um Beurteilungsunterlagen zu gewinnen über die Notwendigkeit der Sanierung, über die sozialen, strukturellen und städtebaulichen Verhältnisse und Zusammenhänge sowie über die anzustrebenden allgemeinen Ziele und die Durchführbarkeit der Sanierung im allgemeinen. Die vorbereitenden Untersuchungen sollen sich auch auf nachteilige Auswirkungen erstrecken, die sich für die von der beabsichtigten Sanierung unmittelbar Betroffenen in ihren persönlichen Lebensumständen im wirtschaftlichen oder sozialen Bereich ergeben werden oder könnten.
b) Von den vorbereitenden Untersuchungen kann abgesehen werden, wenn hinreichende Beurteilungsunterlagen bereits vorliegen.
c) Die Gemeinde leitet die Vorbereitung der Sanierung durch den Beschluß über den Beginn der vorbereitenden Untersuchungen ein. Der Beschluß ist ortsüblich bekanntzumachen. Auf die Auskunftspflicht der Beteiligten ist hinzuweisen.

Anzeige und Bekanntmachung der Sanierungssatzung, Sanierungsvermerk
Die Sanierungssatzung ist der höheren Verwaltungsbehörde anzuzeigen; der Anzeige ist ein Bericht über die Gründe, die die förmliche Festlegung des sanierungsbedürftigen Gebiets rechtfertigen, beizufügen. Rechtfertigen Tatsachen die Annahme, daß keine Aussicht besteht, die städtebaulichen Sanierungsmaßnahmen innerhalb eines absehbaren Zeitraumes durchzuführen, ist im Anzeigeverfahren darauf aufmerksam zu machen.

Durchführung
Die Durchführung umfaßt die Ordnungsmaßnahmen und die Baumaßnahmen innerhalb des förmlich festgelegten Sanierungsgebiets, die nach den Zielen und Zwecken der Sanierung erforderlich sind. In der Regel gründen sie sich auf einen im Verfahren befindlichen oder rechtskräftigen Bebauungsplan.

Ordnungsmaßnahmen
Die Durchführung der Ordnungsmaßnahmen ist Aufgabe der Gemeinde; hierzu gehören
a) die Bodenordnung einschließlich des Erwerbs von Grundstücken,

b) der Umzug (evtl. nur befristet) von Bewohnern und Betrieben,
c) die Freilegung von Grundstücken,
d) die Herstellung und Änderung von Erschließungsanlagen sowie
e) sonstige Maßnahmen, die notwendig sind, damit die Baumaßnahmen durchgeführt werden können.

Durch die Sanierung bedingte Erschließungsmaßnahmen einschließlich Ersatzanlagen können auch außerhalb des förmlich festgelegten Sanierungsgebiets liegen.

Die Gemeinde kann die Durchführung der Ordnungsmaßnahmen aufgrund eines Vertrages ganz oder teilweise dem Eigentümer überlassen. Ist die zügige und zweckmäßige Durchführung der vertraglich übernommenen Ordnungsmaßnahmen durch einzelne Eigentümer nicht gewährleistet, hat die Gemeinde insoweit für die Durchführung der Maßnahmen über Sanierungsträger zu sorgen oder sie selbst zu übernehmen. Wenn Eigentümer und/oder Sanierungsträger die Maßnahmen durchführen, obliegt der Gemeinde eine Überwachungspflicht.

Baumaßnahmen

Die Durchführung von Baumaßnahmen bleibt den Eigentümern überlassen, soweit die zügige und zweckmäßige Durchführung durch sie gewährleistet ist; der Gemeinde obliegt jedoch
a) für die Errichtung und Änderung der Erschließung der Gemeinbedarfs- und Folgeeinrichtungen zu sorgen und
b) die Durchführung sonstiger Baumaßnahmen, soweit sie selbst Eigentümerin ist oder nicht gewährleistet ist, daß diese vom einzelnen Eigentümer zügig und zweckmäßig durchgeführt werden.

Ersatzbauten, Ersatzanlagen und durch die Sanierung bedingte Gemeindebedarfs- und Folgeeinrichtungen können auch außerhalb des förmlich festgelegten Sanierungsgebietes liegen.

Zu den Baumaßnahmen gehören
a) die Modernisierung und Instandsetzung,
b) die Neubebauung und die Ersatzbauten,
c) die Errichtung und Änderung von Gemeinbedarfs- und Folgeeinrichtungen sowie
d) die Verlagerung oder Änderung von Betrieben.

Kosten- und Finanzierungsübersicht

Die Gemeinde hat nach dem Stand der Planung eine Kosten- und Finanzierungsübersicht aufzustellen. Die Übersicht ist mit den Kosten- und Finanzierungsvorstellungen anderer Träger öffentlicher Belange, deren Aufgabenbereich durch die Sanierung berührt wird, abzustimmen und der höheren Verwaltungsbehörde vorzulegen. In der Kostenübersicht hat die Gemeinde die Kosten der Gesamtmaßnahme darzustellen, die ihr voraussichtlich entstehen. Die Kosten anderer Träger öffentlicher Belange für Maßnahmen im Zusammenhang mit der Sanierung sollen nachrichtlich angegeben werden. In der Finanzierungsübersicht hat die Gemeinde ihre Vorstellungen über die Deckung der Kosten der Gesamtmaßnahme darzulegen. Finanzierungs- und Förderungsmittel auf anderer gesetzlicher Grundlage sowie die Finanzierungsvorstellungen anderer Träger öffentlicher Belange sollen nachrichtlich angegeben werden. Die Kosten- und Finanzierungsübersicht kann mit Zustimmung der zuständigen Behörde auf den Zeitraum der mehrjährigen Finanzplanung der Gemeinde beschränkt werden.

Die Gemeinde und die höhere Verwaltungsbehörde können von anderen Trägern öffentlicher Belange Auskunft über deren eigene Absichten im förmlich festgelegten Sanierungsgebiet und ihre Kosten- und Finanzierungsvorstellungen verlangen.

Ersatz für Änderungen der öffentlichen Versorgung
Stehen in einem förmlich festgelegten Sanierungsgebiet Anlagen der öffentlichen Versorgung mit Elektrizität, Gas, Wasser, Wärme, Anlagen der Abwasserwirtschaft oder Fernmeldeanlagen zur Verfügung und sind besondere Aufwendungen erforderlich, die über das bei ordnungsmäßiger Wirtschaft erforderliche Maß hinausgehen, hat die Gemeinde dem Träger der Aufgabe die Kosten zu erstatten.

Sanierungssatzung

Die Gemeinde kann ein solches Gebiet, in dem eine städtebauliche Sanierungsmaßnahme durchgeführt werden soll, durch Beschluß förmlich als Sanierungsgebiet festlegen (förmlich festgelegtes Sanierungsgebiet). Das Sanierungsgebiet ist so zu begrenzen, daß sich die Sanierung zweckmäßig durchführen läßt. In der Regel sollte deshalb ein Sanierungsgebiet klar durch Grenzen (z.B. Straßen) definierbar sein. Einzelne Grundstücke, die von der Sanierung nicht betroffen werden, können aus dem Gebiet ganz oder teilweise herausgenommen werden.

Ergibt sich aus den Zielen und Zwecken der Sanierung, daß Flächen außerhalb des förmlich festgelegten Sanierungsgebiets

a) für Ersatzbauten oder Ersatzanlagen zur räumlich zusammenhängenden Unterbringung von Bewohnern oder Betrieben aus dem förmlich festgelegten Sanierungsgebiet oder

b) für die durch die Sanierung bedingten Gemeinbedarfs- oder Folgeeinrichtungen in Anspruch genommen werden müssen (Ersatz- oder Ergänzungsgebiete),

kann die Gemeinde geeignete Gebiete für diesen Zweck förmlich festlegen. Für die förmliche Festlegung und die sich aus ihr ergebenden Wirkungen sind die für förmlich festgelegte Sanierungsgebiete geltenden Vorschriften anzuwenden.

Die Gemeinde beschließt die förmliche Festlegung des Sanierungsgebietes als Satzung (Sanierungssatzung). In der Sanierungssatzung ist das Sanierungsgebiet zu bezeichnen. In der Sanierungssatzung kann die Anwendung der besonderen sanierungsrechtlichen Vorschriften (Dritter Abschnitt) ausgeschlossen werden, wenn sie für die Durchführung der Sanierung nicht erforderlich ist und die Durchführung hierdurch voraussichtlich nicht erschwert wird (vereinfachtes Verfahren); in diesem Fall kann in der Sanierungssatzung auch die Genehmigungspflicht ausgeschlossen werden.

Erörterungen über die Pflicht zur Sanierung, die Anlässe, Begriffe, Inhalte (z.B. Substanz- oder Funktionsschwächesanierungs, Objekt- oder Flächensanierung etc.) und ihre Grundsätze sind an dieser Stelle nicht weiter erforderlich, weil sie schon in den Kapiteln 3.1, 3.4 und 3.5 in Band 1 sowie 3.4 in Band 2 erörtert wurden.[173]

Der Sozialplan

Bei sehr schwierigen Substanz- oder Funktionsschwächesanierungen ist es unvermeidlich, daß z.B. endgültig oder vorübergehend Bewohner oder Betriebe mit ihren

---

173 K. Müller-Ibold: "Einführung in die Stadtplanung", Fn. 2.

Beschäftigten umziehen oder andere unzumutbare Lasten auf sich nehmen müssen. Dadurch können für diese Betroffenen Probleme entstehen, die nur mit Hilfe der öffentlichen Hände zu überwinden sind. Für solche Hilfen steht das Instrument des Sozialplans zur Verfügung. Mit der bürgerschaftlichen Beteiligung an der Vorbereitung und Durchführung städtebaulicher Maßnahmen in engem Zusammenhang steht dieser Sozialplan. Er kann ohne Mitwirkung der Betroffenen nicht aufgestellt werden.

Grundsätze

Aus Gründen der begrifflichen Klarheit sollten die Grundsätze für den Sozialplan und der Sozialplan selbst allerdings nicht - wie mitunter in der Literatur geschehen - mit den Begriffen "Partizipation bei städtebaulichen Planungen" oder "Demokratisierung des Planungsprozesses" vermengt werden. Die Grundsätze für den Sozialplan und der Sozialplan selbst sind ein Instrument zur Vermeidung oder Milderung nachteiliger Auswirkungen städtebaulicher Maßnahmen auf die Betroffenen. Es handelt sich um eine Konkretisierung des grundgesetzlichen Postulats des sozialen Rechtsstaats; dabei überwiegen nach der Anlage des Gesetzes die Momente einer Sozialfürsorgeplanung. Dem Sozialplan kommt die Aufgabe zu, bei Sanierungsmaßnahmen zu einem abgewogenen Ausgleich zwischen den Belangen der Einzelnen sowie denen der Allgemeinheit beizutragen. Bezogen auf einen über mehrere Jahre verlaufenden städtebaulichen Prozeß ist er notwendigerweise auf laufende Fortschreibung und Ergänzung angewiesen. Der Sozialplan ist daher mit einem Plan, wie ihn beispielsweise der Bebauungsplan darstellt, wegen seines dynamischen und nicht rechtsverbindlichen Charakters nicht vergleichbar. Die Fachkommission Städtebau der Arbeitsgemeinschaft der für das Bau-, Wohnungs- und Siedlungswesen zuständigen Minister und Senatoren der Länder (ARGEBAU) hat in einem Mustererlaß vorläufige Hinweise über die Aufstellung der Grundsätze für den Sozialplan erarbeitet. Darin wird hervorgehoben, daß die Grundsätze über den Sozialplan wegen der Tragweite des Gegenstandes von der Gemeindevertretung bei Gelegenheit des Satzungsbeschlusses über die förmliche Festlegung eines Sanierungsgebietes beschlossen werden sollte. Die Grundsätze für den Sozialplan sind von der Sache her Bestandteil der Sanierungskonzeption und erleichtern den Fortgang der Sanierung, je konkreter sie gefaßt sind. Auf der Grundlage dieser Leitlinien wird der Sozialplan entwickelt.

Abhängigkeiten

In der Praxis hat sich die starke Abhängigkeit des Sozialplans vom Bebauungsplan gezeigt. Es handelt sich um zwei ineinandergreifende Vorgänge, die sich wechselseitig beeinflussen. Allerdings kann aus Sachgründen die rechtsverbindliche Festsetzung des Bebauungsplans nicht von der vorherigen schriftlichen Festlegung des Sozialplans abhängig gemacht werden. Es genügt daher, wenn bei der Beschlußfassung über den Bebauungsplan die Grundsätze für den Sozialplan vorliegen und im Bebauungsplanverfahren ausreichend gewürdigt worden sind. Der aufgrund der Erörterung mit den unmittelbar Betroffenen zu erarbeitende Sozialplan hat daher nur Sinn, wenn er im Zusammenhang mit der Verwirklichung des Bebauungsplans steht.

Finanzielle Reichweite

In der kommunalen Praxis bestehen teilweise noch Unsicherheiten über die Reichweite des Sozialplans. Mitunter wird versucht, dieses Instrument in den Dienst zur

Lösung unabhängig von der Sanierung bestehender allgemeiner sozialer Probleme zu stellen. Demgegenüber ist festzuhalten, daß es nicht Aufgabe des Sozialplans ist, über die Möglichkeiten der geltenden Sozialrechtsordnung hinauszugehen und originär oder im Wege vertraglicher Absprachen Ansprüche zu begründen. So ist es beispielsweise nicht möglich, mit Hilfe des Sozialplans und der Härteausgleichsregelungen des Baugesetzbuches auf Dauer gesetzlich allgemein begründete soziale Leistungen (Renten, Wohngeld, Sozialhilfeleistungen, Ausbildungsförderung, Arbeitslosengeld) speziell für Bewerber aus einem Sanierungsgebiet aufzustocken.

6.7.4 Besondere Handlungsprogramme

Für die Aufgaben des allgemeinen Stadtentwicklungshandelns bestehen keine speziellen Rechts- und Finanzierungsinstrumente. Dies erscheint allerdings schon deshalb nicht zwingend notwendig, weil sich die möglichen bzw. gebotenen Maßnahmen nicht grundsätzlich von denen unterscheiden, die im Rahmen der umfassenden Aufgabenbereiche der Kommunen auftreten können. Hat eine Stadt solche Probleme zu lösen, so bieten sich ihr im wesentlichen die folgenden z.T. schon erörterten Wege an:
a) Allgemeine Investitionsprogramme (Mittelfristiges Investitionsprogramm, Finanzierungshaushalt),
b) Wohnungsbauprogramme,
c) Stadterneuerungsprogramme,
d) Förderung privatwirtschaftlicher Träger- bzw. Investoren-Programme,
e) Kommunale Handlungskonzepte auf der Basis einer Stadtteilentwicklungsplanung usw.

Die Entscheidung darüber, welcher Weg zu beschreiten ist, hängt nicht so sehr vom Gebietstyp ab als von der jeweiligen örtlichen Situation, insbesondere den Zielen, dem Schwierigkeitsgrad, der Kostenstruktur und der Dringlichkeit der Maßnahmen. Für besonders schwierige und komplexe Probleme eignet sich das Sanierungsverfahren nach dem Baugesetzbuch, das an die Stadt allerdings auch, wie wir gesehen haben, die am weitesten gehenden Handlungsanforderungen und Verfahrensvorschriften stellt. Die Entscheidung eine förmliche Sanierung nach dem BauGB durchführen zu wollen, sollte normalerweise die Ausnahme bilden.

Stadtumbau hat immer auch - auf der Basis des allgemeinen Planungsrechtes - außerhalb staatlicher Förderprogramme stattgefunden. Häufig besteht beim "Brachfallen" innerstädtischer Flächen bereits ein Interesse neuer Nutzer und Investoren, die dann die Aufgabe der "Revitalisierung" im unternehmerischen Sinne übernehmen. Dies kommt vor allem für den Gebietstyp der "Industriebrache" in Frage und ist dann der geeignete Weg, wenn aufgrund der örtlichen Situation die Anwendung spezieller bodenrechtlicher Instrumente nicht erforderlich ist bzw. wenn bei der Neuerschließung des Geländes keine besonderen Probleme zu erwarten sind und für den betreffenden Standort ein geeignetes Nutzerinteresse besteht. Unter diesen Bedingungen werden in vielen Städten, jeweils auf der Basis entsprechender Planungsvorgaben, Geschäfts- oder Wohnungsbauprojekte durchgeführt. Derartige Vorhaben der städtebaulichen "Innenentwicklung" gewinnen angesichts der aktuellen Forderung nach haushälterischem Umgang mit Grund und Boden und der Problematik weiterer, insbesondere splitterhafter Stadtrandsiedlungen auch als Aufgabenfeld der Wohnungswirtschaft zunehmend an Bedeutung. Immer ist dabei die planende Verwaltung beteiligt. Es wird auch daraus deutlich, daß sie ständig in Verbindung mit den privaten Investoren sein und bleiben, den Kontakt suchen und aufrecht erhalten muß usw. Mit diesem Thema beschäftigten sich besonders intensiv die Weltkongresse des Internationalen Verbandes für Wohnungswesen, Städtebau und Raumordnung (IVWSR) 1978 in Hamburg[174] und 1982 in Oslo[175].

Festsetzung von Prioritätsgebieten für Förderprogramme

Ziel ist es, nicht nur punktuell und zufällig Stadtentwicklung und City-Erneuerung zu betreiben, sondern schrittweise flächenhaft solche Stadtteile, die wegen ihres Alters und anderer Gründe Defizite aufweisen, durch die genannten und andere Programme an das Gesamtniveau der Stadt heranzuführen (es handelt sich hierbei überwiegend um allgemeine Wohngebiete mit Mischcharakter). Die Finanzierungsmittel sind beschränkt. Wir müssen also schrittweise Stadtteile jeweils soweit regenerieren, daß sie mit anderen wieder in der Standortgunst zumindest spezifischer Bevölkerungsgruppen konkurrieren und damit sich selbst wieder regenerieren können.

Beachtung vom Verfall erst bedrohter Stadtteile

Des Verfalls verdächtige Stadtteile müssen deshalb darauf untersucht werden, ob und inwieweit sie ein deutliches Defizit gegenüber dem Durchschnitt der Stadt an Versorgung, Dienstleistungen (private und öffentliche) und anderem aufweisen. Die Vielzahl der einzelnen Faktoren sollte gewichtet werden. Je nach Ausmaß und Kombination der Defizite müssen die Stadtteile (ggfs. nach einem Punktesystem) jeweils in eine Gruppe
I. Priorität
II. Priorität und
III. Priorität
eingestuft werden.

Vergleichende Untersuchung

Die Stadtteile der Stadt sollten für diesen Zweck in einen Vergleich (Punktsystem) der Qualität gebracht werden, und zwar nach
– Zustand der Gebäude;
– Ausstattung mit öffentlichen Versorgungseinrichtungen (Schulen, Kindergarten, Spielplätze usw.);
– Freiräumen und Plätzen für Fußgänger;
– Ausstattung mit privaten Versorgungseinrichtungen;
– Grün und Grünanlagen (auch Zahl der Straßenbäume);
– Alten- und Behindertenversorgung;
– Haltestellen der öffentlichen Nahverkehrsmittel usw.

Alle Stadtteile, die unterhalb der Mittellage der Versorgung liegen, sollten in die Prioritätsliste gelangen. Davon sollten die am schlechtesten versorgten drei bis vier

---

174 34. Weltkongreß des Internationalen Verbandes für Wohnungswesen, Städtebau und Raumordnung (IVWSR) 1978, Hamburg: "Papers and Procedings", Den Haag 1979.
175 36. Weltkongreß des Internationalen Verbandes für Wohnungswesen, Städtebau und Raumordnung (IVWSR) 1982, Oslo: "Papers and Procedings", Den Haag 1983.

Stadtteile in eine erste Priorität kommen und nach und nach durch die anderen ersetzt werden.

Maßstabsbestimmung

Je nach dieser Priorität sollten Mittel investiert werden. So wird die Qualität eines jeden Stadtteils langsam aber sicher angehoben, bis er den Durchschnitt der Stadtqualität übertroffen hat. Maßstab zur Beurteilung sollte der "durchschnittliche" Standard aller Stadtteile sein. Liegt ein Stadtteil darunter, sollte er als benachteiligt festgestellt und in eine Prioritätsstufe eingesetzt werden. Da sich mit jedem Anheben solcher Stadtteile zu höherem Niveau auch das "Mittelmaß" der Gesamt-Stadt insgesamt erhöht, trägt eine solche Politik entscheidend zur Erhöhung der allgemeinen Lebensqualität in der Stadt für den Bürger bei; es kommen dadurch auch immer wieder neue Stadtteile in die Prioritätenliste bzw. in eine höhere Prioritätsstufe.

Allerdings muß jeder wissen, daß durch das dadurch erfolgte Anheben des "Mittelmaßes" der Gesamt-Stadt wieder neue Stadtteile automatisch in die Stufe unterdurchschnittlicher Stadtteile "hineinrutschen". Dadurch entsteht eine nach oben gerichtete Spirale der Stadtverbesserung. In dem Moment, in dem der Durchschnitt der Stadt übertroffen ist und der geförderte Stadtteil Anzeichen zeigt, daß er sich weiter selbst regenerieren kann, sollte er aus der Prioritätsliste wieder gestrichen werden, um einem anderen Stadtteil bei der Mittelzuweisung Platz zu machen. Ein besonderer Aspekt eines solchen Programms ist auch der, daß wiederkehrend bei extremer Mittelknappheit (Sparprogramm) im Haushalt Großbauinvestitionen nicht sehr angemessen sein werden. Eine solche Zeit des Sparens sollte als eine Zeit der Investitionen zahlreicher kleinteiliger Projekte in veralteten Stadtteilen mit großer Breitenwirkung genutzt werden. Mit solch einer "operativen" Mitteleinsatzplanung für die Stadtentwicklung könnte ein besonders flexibles Instrument zur nachhaltigen Verbesserung der Situation in vernachlässigten Stadtteilen der inneren Stadt geschaffen werden.

Der Vollzug der Stadtplanung kann und darf nicht allein aus den "großen" aus dem Baugesetzbuch oder der Wohnungsbauförderung abgeleiteten Aktionen bestehen, wie etwa das Wohnungsbauprogramm oder das Sanierungsprogramm. Es gibt eine ganze Reihe von Operationen kleiner und kleinster Art, die in gebündelter Form in einem spezifischen Stadtteilentwicklungsprogramm erhebliche Verbesserungen der Lebensverhältnisse der in ihnen wohnenden und arbeitenden Menschen auslösen können. In den folgenden Absätzen werden die wesentlichen Aspekte solcher Maßnahmen erörtert.

Programm zur Instandhaltung und Modernisierung[176]

Ein Modell des zeitlich begrenzten systematischen Anreizes zur Modernisierung von Wohnungen wurde Anfang der 70er Jahre in Hamburg entwickelt, später durch das Bundesgesetz zur Förderung der Modernisierung von Wohnungen auch auf das gesamte Bundesgebiet übertragen. Es ging davon aus, daß die Eigentümer auf Grund des jahrzehntelangen Mietenstops häufig nicht in der Lage waren, notwendige umfangreiche Modernisierungs- und Grundinstandsetzungsarbeiten zu finanzieren,

---

176 Siehe hierzu auch: K. Müller-Ibold: "Stadtentwicklung in Hamburg", IVWSR Weltkongreß 1978, Hamburg: "Papers and Proceedings", Den Haag 1979.

weil außerdem auch durch die Wirtschaftskrise in den dreißiger Jahren und die beiden Weltkriege außerordentliche Defizite bei der Instandhaltung entstanden waren. In Ostdeutschland wurde diese Phase durch fehlende Konzeptionen und Finanzmittel noch um schwerwiegend negativ wirkende 15-20 Jahre prolongiert. Zur Sicherung des innerstädtischen Wohnungsbestandes war gerade hier ein konzentrierter Einsatz der verfügbaren administrativen und finanziellen Hilfen im Rahmen der stadtentwicklungspolitischen Priorität erforderlich. Auch heute gibt es steuerliche Möglichkeiten, die damit verbundenen Ziele zu erreichen. Ziel des Hamburger Förderprogramms war es, durch gezielten Einsatz von Mitteln aus öffentlichen Haushalten Modernisierungsmaßnahmen der Privaten anzuregen,
– um die Wohnverhältnisse vor allem auch einkommensschwacher Mieter zu tragbaren Bedingungen zu verbessern,
– um den Wohnwert erhaltungswürdiger Wohnungen zu sichern und/oder zu erhöhen,
– und um schließlich die städtebauliche Wohnfunktion vor allem älterer Stadtteile zu verbessern und abzusichern.

Als Modernisierung kommen in der Regel die verschiedensten Maßnahmen in Betracht, die eine Verbesserung des Gebrauchswertes der Wohnungen, Gebäude und Grundstücke infolge baulicher Maßnahmen bewirken, um die Wohnungen den jeweils heutigen Wohnbedürfnissen anzupassen, wie z.B.
– Verbesserung des Wohnungszuschnittes (z.B. Schlafzimmer zur vom Verkehr abgewandten Seite),
– Verbesserung der Hygiene (Einbau von Bad und Toilette),
– Verbesserung der sonstigen Funktionen (Einbau einer Küche oder Anlage eines Parkplatzes),
– Verbesserung der Belichtung und Belüftung,
– Verbesserung des Wärme- und Lärmschutzes,
– Verbesserung der Energieversorgung,
– Erstellung von Müllboxen an richtigen Stellen, Einbau von Fahrstühlen,
– Herrichtung von privaten Außenanlagen, insbesondere Anlage von Kinderspielplätzen,
– Herrichtung von Erdgeschoßwohnungen für die Nutzung durch Schwerbehinderte usw.

Modernisierungsschwerpunkt sollte das zusammenhängende Stadtgebiet der inneren Stadt sein. In diesen Quartieren liegt die Erhaltung der Wohngebäude in vorrangig städtebaulichem Interesse jeder Stadt. Mit der Absicht einer noch gezielteren Mittelstreuung sollten die Schwerpunktgebiete darüber hinaus in die oben erörterten Prioritätsgebiete eingegliedert werden:

In Gebieten der Prioritätsstufe I sollten kritische Entleerungstendenzen und einseitige Bevölkerungsentwicklungen, deren Ursache insbesondere in den mangelnden Wohnungsausstattung zu sehen ist, durch Stärkung der Wohnfunktion auch im Rahmen des Wohnungsmodernisierungsprogramms vorrangig und aktiv entgegengewirkt werden.

Zusätzlich sollten weitere mit der Stadterneuerung im Zusammenhang stehende Maßnahmen bei gebündeltem Einsatz öffentlicher Mittel in angemessener Zeit realisiert werden: z.B. Maßnahmen zur Sanierung innerstädtischer Altbauwohnungen, Verbesserung des Wohnumfeldes im Rahmen des Stadtteilentwicklungsprogramms sowie sonstige private, wohnungsbezogene Maßnahmen. Die technische Infrastruktur ist sogar in diesen Bereichen durchweg vorhanden.

Gebiete einer Prioritätsstufe II sollten vorrangig gegen negative Entwicklungstendenzen vorsorglich gesichert werden. Es sollten hier, wenn auch weniger umfangreich, weitere Stadterneuerungsmaßnahmen zur Verbesserung der Wohnverhältnisse eingesetzt werden, um zu einem späteren Zeitpunkt unter gebündeltem, öffentlichen Mitteleinsatz in Stufen realisiert zu werden.

Gebiete einer Prioritätsstufe III sollten Gebiete umfassen, die irgendein Sonderproblem enthalten und deshalb eine Förderung benötigen, die sie sonst nicht erhalten können.

Programm zur Erhaltung von städtebaulichen Milieugebieten

Der Schutz von Milieugebieten hat zunehmende Aufmerksamkeit gefunden. Das entspricht der Bedeutung, die der gestalteten Umwelt als einem Bestimmungsfaktor für das Wohlergehen der Bevölkerung zukommt. Als "Milieugebiet" oder "Milieuinsel" ist ein Stadtbereich zu verstehen, der sich durch bestimmte Eigentümlichkeiten auszeichnet, zum Beispiel durch einen besonderen Zusammenhang der Bebauung und auch der Nutzung; das ruft einen Gesamteindruck hervor, mit dem sich das Milieugebiet deutlich abhebt. Die oft aus einer gemeinsamen Entstehungszeit herrührende Bebauung, häufig verbunden mit Straßenräumen, Baumbestand, Vorgärten, Wasserflächen usw., erzeugt ein unverwechselbares Bild von eigentümlicher Prägung, das unter dem Gesichtspunkt der Stadtbildpflege in seinem Charakter erhaltenswürdig ist und bei Veränderungen besonders pfleglicher Behandlung bedarf. Weiterhin ist zu beachten, daß oft eine Wechselwirkung zwischen dem städtebaulichen Charakter eines Milieugebiets, seiner vorherrschenden Nutzung und der sozialen Zusammensetzung seiner Bewohner und Besucher besteht.

Milieuschutz und Denkmalschutz sind verwandt, jedoch ist der Milieuschutz nach Gegenstand und Motivation, nach Zielsetzung und Instrumentarium umfassender und zugleich weniger eingreifend. Gegenstand des Denkmalschutzes ist das Einzelobjekt unter Einschluß von Gesamtanlagen und Gebäudegruppen, während der Milieuschutz darüber hinaus ganze Bereiche der gewachsenen Stadt betrifft. Voraussetzung des Denkmalschutzes ist die Denkmalschutzwürdigkeit dieser Objekte, daß nämlich ihre Erhaltung aus gesetzlich näher bestimmten Gründen im öffentlichen Interesse liegt. Der Milieuschutz hingegen ist ausgerichtet auf Gebiete, die ihres eigentümlichen Charakters wegen eine Identifikation des Bürgers mit seiner Stadt ermöglichen und den Erlebenswert steigern, ohne daß einzelne Bauwerke unbedingt den besonderen Voraussetzungen der Denkmalschutzwürdigkeit entsprechen. Für den Milieuschutz ist die unveränderte Erhaltung bestimmter Objekte nicht das eigentliche Ziel; es kommt vielmehr auf die Bewahrung der städtebaulichen Eigentümlichkeit im Ganzen an. Das Instrumentarium des Milieuschutzes reicht von der Aufklärung und Beratung der Bevölkerung über die herkömmlichen Mittel des Bauplanungs- und Bauordnungsrechts (Auflagen und Bedingungen) bis zum Erlaß von Geboten und Verboten. Damit bedient sich der Milieuschutz der Arbeitsgebiete der Stadtplanung, der Bau- und Stadtbildpflege, der Bauordnung und Bauplanung, des Landschaftsschutzes, des Denkmalschutzes und der Denkmalpflege.

Der Milieuschutz läßt sich wegen seines begrenzten Eingriffscharakters im allgemeinen ohne Entschädigungen verwirklichen, weil die erforderlichen Maßnahmen in rechtlicher Hinsicht weitgehend als Inhaltsbestimmung des Eigentums ohne größere Beeinträchtigung der Nutzungsmöglichkeiten einzuordnen sind. Bereits in den Länder-Bauordnungen sind wesentliche Rechtsgrundlagen für den Milieuschutz gelegt.

Die Grundregeln für Baupflege und Milieuschutz sind in der Regel in der Landesbauordnungen (BauO) enthalten. Danach sind bauliche Anlagen unter vorrangiger Berücksichtigung städtebaulicher Gesamtvorstellungen mit ihrer Umgebung derart in Einklang zu bringen, daß sie benachbarte bauliche Anlagen sowie das bestehende oder vorgesehene Straßen-, Stadt- und Landschaftsbild nicht stören. Auf Bau- und Naturdenkmale und auf erhaltenswerte Eigenarten der Umgebung ist Rücksicht zu nehmen. Solche Vorschriften gehen über die Bedeutung eines allgemeinen Grundsatzes hinaus und erlauben Gebote und Verbote im Einzelfall.

Es kann in der Regel angeordnet werden, daß verwahrloste Bauanlagen instandgesetzt werden, daß ihr Anstrich erneuert oder daß die Fassade gereinigt wird; auch kann die Bauaufsichtsbehörde verlangen, daß unbebaute Grundstücke und Grundstücksteile aufgeräumt werden. Baugenehmigungen können von Bedingungen abhängig gemacht und mit Auflagen versehen werden. Diese Vorschrift erleichtert es der Bauaufsichtsbehörde, bei allen Baumaßnahmen einzelne Regelungen zum Milieuschutz zu erlassen. Landesbauordnungen ermächtigen in der Regel die Landesregierungen, durch Rechtsverodnung Vorschriften zu erlassen über besondere Anforderungen an die Gestaltung baulicher Anlagen. Damit können für einzelne Milieugebiete Gestaltungsverordnungen erlassen werden, etwa wie der Hamburger Senat das zum Beispiel mit der Rathausmarkt-Verordnung, Außenalster-Verordnung und Alsterfleet-Verordnung getan hat. Wesentliche Handhaben für den Milieuschutz bieten auch die planungsrechtlichen Bestimmungen des Baugesetzbuches, die die Gemeinde ermächtigen, zur Erhaltung baulicher Anlagen und der Eigenart von Gebieten eine Satzung zu beschließen.

Programm zur Stadterneuerung in ständigen kleinen Schritten
Da sich immer wieder gezeigt hat, daß bei kleineren, überschaubaren - aber komplexen - Vorhaben, einerseits die vorhandenen gesetzlichen Instrumentarien zu langwierig und aufwendig und andererseits auch nicht zwingend notwendig sind, sollte eine Reihe kleinerer Stadterneuerungsmaßnahmen unter der Bezeichnung "Stadterneuerung in ständigen kleinen Schritten" in einem Bündelungsprogramm zusammengefaßt werden. Mit solch einem ständigen Programm könnten als echte Ergänzung auch bereits laufender oder gelaufener Stadterneuerungsmaßnahmen (Modernisierung, Sanierung und innerstädtischer Wohnungsneubau, Verbesserung der Infrastruktur und verkehrsberuhigte Zonen) gezielt und räumlich konzentriert im Bereich von Prioritätsstadtteilen die Lebensbedingungen der Bevölkerung durch eine Anzahl kleiner Maßnahmen verbessert werden.[177]

Es kommen in Betracht Maßnahmen, die
– zur Verbesserung des Wohnwertes und der Wohnumwelt beitragen, (z.B. Bau von Fahrradwegen, Fußgängerstraßen, Grünanlagen, Begrünung von Innenhöfen, Verkehrsberuhigungsmaßnahmen usw.),

---

177 Siehe hierzu auch: 34. Weltkongreß des Internationalen Verbandes für Wohnungswesen, Städtebau und Raumordnung (IVWSR) 1978 in Hamburg, Fn. 174.

- zur Verbesserung der Situation der Behinderten und alter Menschen beitragen (z.B. Einbau von Rampen bei Straßen, Plätzen und öffentlichen Gebäuden usw.), oder
- der Verbesserung der Infrastruktur dienen (z.B. Einrichtung von Kinderspielplätzen, Einrichtungen für Freizeit, für Kinder, Jugendliche und Alte).

Daneben könnten auch sehr kleine Einzelvorhaben gefördert werden, die zur
- Identifizierung der Bewohner mit ihrem Stadtteil beitragen (z.B. Platzgestaltungen, Pflanzen von Straßenbäumen, Brunnen, Plastiken, spezifische Fassadenanstriche, Anbringung von Blumenkästen sowie Instandsetzung erhaltenswerter historischer Gebäude)

Die betreffenden Stadtteile würden mit solchen Maßnahmen in ihrer Substanz, aber auch in ihrer Wertschätzung positiv beeinflußt werden. Soweit möglich, sollten mit solchen Maßnahmen auch private Initiativen geweckt und gefördert werden. Deshalb ist Beurteilungskriterium für die Inangriffnahme von solchen Projekten die Überlegung, in welchem Umfang diese geeignet sind, Impulse und Anstöße für eine Selbstregeneration des Stadtteils oder Quartiers durch Aktivierung der dortigen Bevölkerung, der Grundeigentümer und Geschäftsinhaber auszulösen. Die Größenordnung der Projekte im Einzelfall sollte so ausgewählt sein, daß eine Durchführung abgeschlossener Teilmaßnahmen in relativ kurzer Frist möglich ist und nur einen geringen Anteil am Finanzvolumen einzelner Jahre beansprucht.

Zur Finanzierung solcher Maßnahmen wäre z.B. eine Rückstellung in einem dafür eingerichteten eigenen Haushaltstitel im jährlichen Haushalt denkbar. Diese Rückstellung sollte in Teilbeträgen schrittweise im Laufe des Jahres aufgelöst werden, indem diese für dafür bestimmte Objekte eingesetzt werden. Entscheidend dabei ist der Gedanke, daß diese Mittel nicht dazu dienen sollen, im Rahmen der normalen Etatansätze der einzelnen Ämter und Dezernate zu finanzierende Maßnahmen durchzuführen, sondern daß mit diesen Beträgen zusätzliche Maßnahmen für und aus der Sicht vernachlässigter Stadtteile ergriffen werden.

Wenn z.B. ein Mehrzwecksaal in einer Schule in einem Altbaugebiet, das in schlechtem Zustand ist, nicht nur aus der Sicht des Schulbedarfs, sondern auch z.B. für Vereinsnutzung fehlt, so könnte dieser Titel für die Einrichtung eines solchen Saales verwendet werden, indem der Betrag dafür auf den Schuletat übertragen wird, wenn im Schuletat dieser Saal noch lange nicht auf der Prioritätsliste zu erwarten ist. Hier ist also nicht das Schulbedürfnis, sondern das Stadtteilbedürfnis (also für die Vereine) maßgeblich für die Planung und die Mitteleinwerbung im Finanzhaushalt.

Programm für differenzierte Maßnahmen zur Entwicklung im Bereich der City

Eine besondere Rolle spielt immer auch die City. Es hat sich in steigendem Maß gezeigt, daß City- oder Cityrand-Gebiete nicht im Sinne der totalen Flächensanierung mit Kerngebietsausweisungen überzogen werden dürfen. Es geht dabei um dreierlei:
a) Der Wunsch nach Erhaltung und Reaktivierung vorhandener Bausubstanz,
b) der Wunsch, an den Standorten, auf denen eine Veränderung unvermeidlich ist, auch Wohnungsbau zu halten bzw. auch anzusetzen, und
c) die Notwendigkeit, die City nicht total zu einer "Bürostadt" absinken zu lassen.

Solche Vorstellungen führen dazu, wesentliche Gebiete als solche mit gemischter Nutzung und nicht mit Kerngebietsnutzung auszuweisen. In Parallelität und komplementär zu solcher Flächennutzungspolitik sollte es eine Reihe von Strukturplanungen und Strukturmaßnahmen geben, ähnlich wie schon bei den Wohnstadtteilen erörtert. Die erste Stufe sollte in einem speziellen Programm für innerstädtischen Wohnungsbau liegen. Dafür und für die Sicherung zu modernisierender oder schon modernisierter Wohnungen ist eine Rahmenplanung im Sinne der schon im vorigen Kapitel erörterten Ziele notwendig.

Ein spezifisches Problem stellt die Entwicklung dar, daß große Filialisten nicht selten den kleinen Spezialeinzelhandel verdrängen. Deshalb sollten alle Teile der Altstadt so aufgewertet werden, daß Teile von ihnen nicht ihren nahezu "Hinterhofcharakter" behalten. Umgewandelt in Fußgängerzonen könnten in solchen Fällen in der Regel für den kleinen Spezialeinzelhandel attraktive Zonen gewonnen werden.

Darüber hinaus sollten kontinuierlich City-Entlastungsplanungen betrieben werden. Einerseits muß vermieden werden, daß die tertiären Dienste in die intakten Wohngebiete am Rand der Innenstadt drücken; andererseits muß ein Entlastungsprogramm entwickelt werden, das den innerstädtischen Wohnungsbau stützt.

Daraus entwickelt sich ein Zentrenplan mit einer Hierarchie allgemeiner Nebenzentren und mit Sonderzentren, wie etwa Behördenzentren u.a. D.h.
– die City sollte von nicht-publikumsintensiven Betrieben "befreit" werden,
– die Cityrandgebiete sollten durch intensive Mischnutzungen ergänzt und aktiviert werden,
– die City und die innere Stadt sollten ein mäßiges Maß der Nutzungsdichte erhalten.

So betrachtet, muß der City sehr großer Städte auch ein tertiäres "Entwicklungsventil" (z.B. wie in Hamburg die Geschäftsstadt-Nord) angeboten werden, das im Zuge der Trassen der öffentlichen Nahverkehrslinien liegen sollte.

Ein besonderes Problem bietet der Teil der Innenstadt, der außerhalb der eigentlichen City liegt. Er ist durchsetzt von guten Wohnungen. Die Straßen, die in diesem Gebiet noch überwiegend Wohnungen erschließen, sind jedoch durch "Fremd-Dauerparker" gestört. Für diese sollten noch "Ausweichmöglichkeiten" in Form von Parkhäusern geschaffen werden, um dann diese Straßenränder den Anliegern vorzubehalten.

Programm für Innerstädtischen Wohnungsneubau
Eine Großstadt benötigt in ihrer Angebotspalette auf dem Wohnungssektor auch das Element "InnerstädtischeWohnung", d. h. ein spezielles Angebot von Wohnungen in der inneren Stadt. Von der Stärkung der Wohnfunktion in dafür geeigneten Bereichen sind positive Auswirkungen auf die Attraktivität der Stadt zu erwarten. Der Neubau von Wohnungen ist in der inneren Stadt vor allem auch aus folgenden Gründen erforderlich:
– Erhaltung bzw. Wiederherstellung der Nutzungsvielfalt,
– Verhinderung eines flächenhaften Ausuferns von Nutzungen, die ihren Standort nicht zwingend in der Innenstadt einnehmen müssen,
– Verhinderung des sozialen Absinkens von noch vorhandenen innerstädtischen Wohnquartieren und
– Belebung der innerstädtischen Bereiche.

Die Entwicklung der letzten Jahre hat gelehrt, daß ein Wohnungsneubau in der inneren Stadt nur erfolgreich sein wird, wenn er im Bereich bereits vorhandener Wohnungsansätze geplant und vorrangig unter dem Gesichtspunkt der Sicherung und Ergänzung vorhandener Wohngebiete betrieben wird. Das bedeutet, daß die Förderung von Wohnungsneubauten in der inneren Stadt primär dort erfolgen sollte, wo unter Ausschöpfung noch vorhandener Wohnquartiere gemeinsam mit anderen Maßnahmen (Modernisierung und Instandsetzung von Wohnungen sowie Verbesserungen des Wohnumfeldes) die Möglichkeit besteht, wieder geschlossene und dadurch gegen Umnutzung widerstandsfähigere Wohnnachbarschaften zu schaffen.

Eines der Elemente zur Verstärkung innerstädtischen Wohnungsbaus wäre der Ausbau von Dachgeschossen. Dieser kommt nicht überall voran, weil anscheinend:
- die Behörden noch zu wenig von der Möglichkeit Gebrauch machen, von Vorschriften zu befreien, wie z.B. für Fahrstühle, Stellplätze usw. Z.B. ist auf den dramatischen Rückgang innerstädtischer Bevölkerung zu verweisen. Er erlaubt m. E. in begrenztem Maß neue Wohnungen, ohne daß auch Einstellplätze und andere Folgeeinrichtungen vollständig neu geschaffen werden müssen, und
- die Hauseigentümer (insbesondere Wohnungsbaugesellschaften) zu sehr zögern, tätig zu werden, weil sie oft einen zu hohen Ausbaustandard im Auge haben..

Es ist jedoch vor naiver Euphorie zu warnen, die glaubt, mit innerstädtischem Wohnungsbau die City "wiederbeleben" zu können. Dafür würde nicht einmal genügen, daß die Hälfte der Cityflächen wieder mit Wohnungen bebaut würde.

Programm für den Ausbau verkehrsberuhigter Zonen
In Band 2 haben wir uns schon bei der Erschließungsplanung damit auseinandergesetzt, daß innerstädtische Erschließungsplanung ein Schwergewicht in der Planung der Verkehrsberuhigung hat. Planung allein genügt, wie wir inzwischen erfahren haben, nicht. Insofern ist auch hier ein laufendes, nach Prioritäten gestuftes Programm zur Finanzierung der Verkehrsberuhigung in vom Verkehr bedrängten Stadtquartieren, ggf. als Teil des Programms zur Stadterneuerung in ständigen kleinen Schritten, erforderlich.

6.8 Planungs- und Planungsvollzugskontrolle

6.8.1 Allgemeines

Ein besonders wichtiger Aufgabenbereich ist die ständige Kontrolle der Entwicklung der Stadt, damit rechtzeitig erkannt werden kann, daß der Vollzug der Planung nicht in Gang kommt, wenn und wo sich Abweichungen von der Planung abzeichnen und in welche Richtung sachlich, zeitlich wie räumlich derlei Abweichungen gehen. Eine rechtzeitige Reaktion, entweder zur Verstärkung des einmal eingeschlagenen Weges mittels der schon erwähnten Steuerungsinstrumentarien oder mittels einer Planänderung zur Anpassung an einen neuen Entwicklungstrend, der durchaus gewollt sein mag, aber vorher nicht erkannt worden war, ist also erforderlich.

6.8.2 Bodenverkehrsgenehmigungen

Grundstücke, die ver- bzw. gekauft werden, die geteilt oder zusammengelegt werden, deren Grenzen neugeregelt werden, um einen besseren Zuschnitt für die Bebauung zu erhalten, bedürfen laut BauGB einer Prüfung, ob der Zweck dieser Vorgänge der

Planungsabsicht in diesem Gebiet entspricht und einer abschließenden Genehmigung. Allein schon der Sinn dieses Verwaltungsaktes zeigt seinen auch wichtigen Kontrollsinn. Die periodische Auflistung der Ergebnisse und deren ständige Beobachtung, insbesondere auch der Anträge auf Zulassung von Abweichungen, ergeben ein vorzügliches Kontrollinstrumentarium über die tatsächliche Entwicklung (einschließlich Trends). Da die Zustimmung zur Bodenverkehrsgenehmigung durch die Gemeinde von der fachlichen Kompetenz her betrachtet beim Stadtplanungsamt liegen sollte, ergeben sich daraus in der Regel auch keine organisatorischen Probleme.

6.8.3 Baugenehmigungen

Die Vorgänge der Baugenehmigung werden automatisch für die Baufertigstellungsstatistik ausgewertet. Sie ist ein ebenso gutes wie wichtiges Instrument der Beobachtung der tatsächlichen Entwicklung der Planung. Organisatorisch müssen Planungsamt und Bauordnungsamt getrennt sein, weil das letztere eine Aufgabe des vom Staat übertragenen Aufgabenbereichs ist. Solange bei den kreisfreien Städten beide Ämter im Baudezernat zusammengefaßt sind und unter Leitung des Stadtbaurates stehen, ist hierbei kein organisatorisches Problem zu erwarten. Bei kreisangehörigen Gemeinden wird diese Aufgabe vom Kreisbauamt wahrgenommen. Insofern ergeben sich daraus schon durchaus etwas größere organisatorische Anforderungen, um einen ständigen wertungsfähigen Informationsfluß zu gewährleisten. Häufig sind heute Planungs- und Baudezernat in kreisfreien Städten getrennt. In solch einem Fall liegt es in der persönlichen Verantwortung der Dezernenten, eine ständige Koordination einzurichten. Besser wäre in jedem Fall ein einziges Planungs- und Bauderzernat. Anstrengungen, diese Informationen auswertbar aufgelistet zu erhalten, sollten unter allen Umständen unternommen werden.

6.8.4 Finanzierungsgenehmigungen

Ein weiteres Instrument, die Entwicklung zu beobachten und ggf. auf neue Trends zu reagieren, stellen die Prüfungen von Anträgen zur öffentlichen Förderung von Bauvorhaben dar. Dabei handelt es sich vorwiegend um die Förderungsmittel des Wohnungsbaus, aber auch um die Förderung gewerblicher Anlagen aus den verschiedensten Töpfen.

6.8.5 Sonstige Genehmigungen

Schließlich müssen alle Anschlüsse der Versorgungsanlagen (Gas, Wasser, Licht und Abwasser) für alle Neubauten bei den entsprechenden Unternehmen beantragt und genehmigt werden. Auch darüber lassen sich ggf. Erkenntnisse gewinnen. Allerdings genügen in der Regel die Ergebnisse der periodischen Auflistung der Bodenverkehrs- und Baugenehmigungen, um die Entwicklung zu beobachten, insbesondere wenn diese mit der Meldeliste über Zu- und Wegzüge der Wohnbevölkerung abgeglichen werden.

6.9 Folgebetrachtung

Die vorangegangenen Kapitel 5 und 6 zeigen recht deutlich, daß die Sicherung und der Vollzug der Stadtplanung zusätzlich zum weiten Feld der Vorbereitung und Aufstellung der Stadtplanung hohe qualitative und quantitative Anforderungen an das Verwaltungshandeln (Managementpotential) der Kommunen stellt. Die Vielfalt der darin liegenden Aufgaben macht es erforderlich, daß diese in einen Zusammenhang gebracht, d.h. einer gezielten letztlich also "geplanten" Steuerung im Sinne modernen Managements unterworfen werden. Dieser Aspekt ist nach wie vor bei der Ausbildung der professionellen Stadt-, Verkehrs-, Landschafts- und sonstigen -planer noch zu schwach ausgeprägt, ebenso wie bei der Vorbildung von Entscheidungsträgern (Ratsmitgliedern).

Die letzten beiden Kapitel machten deutlich, wie komplex z.B. die Planung allein für den Ablauf der Sitzungen etwa des Bau- und Planungsausschusses und des Plenums der Ratsversammlung innerhalb einer Legislaturperiode sein muß, wenn die Ratsversammlung ernsthaft die erforderlichen Beschlüsse für Planung und Planungsvollzug jeweils zeitgerecht über die Bühne bringen will. Sie müßte sich mit Hilfe einer fachkundigen Verwaltung mittels Netzplantechnik sozusagen ständig selbst in die Pflicht nehmen! Nur selten wird man jedoch ein solches Vorgehen beobachten können; das Bewußtsein der konkreten Verpflichtung zur zeitlichen Erfüllung des realen Wohnungsbedarfs usw. scheint in vielen Ratsversammlungen verloren gegangen zu sein. Nicht ohne Grund reagiert der Bürger auch deshalb mit großem Vertrauensschwund gegenüber den Parteien.

7. Die Bedeutung kommunaler Selbstverwaltung

7.1 Allgemeine Anmerkungen

Aus den vorangegangenen Kapiteln läßt sich erkennen, welche Bedeutung der kommunalen Selbstverwaltung zukommt. Insbesondere die Stadtplanung und ihre Durchführung gehört zu jenen Elementen des Handelns der öffentlichen Hand, die auf eine ausgeprägte Ortsnähe ausgerichtet sind und deshalb vom Prinzip her einer starken örtlichen Selbstverwaltung bedürfen. Die föderative Struktur ist eine alte deutsche Verfassungstradition. Der deutsche Föderalismus hat historische Wurzeln und wurde häufig als Ausdruck nationaler "Schwäche" angesehen. Inzwischen erweist es sich jedoch, daß der bundesstaatliche Aufbau ein großer Vorzug ist. Er macht es möglich, regionalen Eigenheiten, Wünschen und Sonderproblemen weitgehend gerecht zu werden und sehr viel schneller zu reagieren. Die Konzentration von Verwaltung, Wirtschaft und kulturellen Einrichtungen in nur einer Hauptstadt oder in wenigen großen Zentren hat sich dagegen als Nachteil erwiesen. Der traditionelle deutsche Föderalismus hat dazu beigetragen, daß der Bundesrepublik derartige Schwierigkeiten erspart geblieben sind.

Als Stadtbaurat von Kiel besuchte ich in den 60er Jahren die Partnerstadt Brest in der Normandie. Als ich den Baudezernenten kennenlernen wollte, mußte ich feststellen, daß diese Position von einer älteren Dame ehrenamtlich wahrgenommen wurde; die wesentlichen Verwaltungsaufgaben, einschließlich der überwiegenden Infrastrukturinvestitionen, wurde von der staatlichen Provinzverwaltung bzw. ihrer örtlichen Filiale wahrgenommen. Die Planungsaufgaben wurden vom Inhalt her von einem freiberuflichen Planungsbüro in Paris wahrgenommen. Alle förmlichen Planungen mußten in Paris zur Genehmigung vorgelegt werden. Eine kurze persönliche Rücksprache oder ein schnell einzuberaumender Besprechungstermin waren unmöglich! Alles dauerte seinen Gang, örtliche Belange waren sehr schwer einzubringen.

Die Demokratie wird lebendiger, wenn der Bürger im leichter überschaubaren Bereich seines Bundeslandes und seiner Gemeinde durch Wahlen und Abstimmungen an der Entwicklung und ihrer Bestimmung teilnehmen kann. Die öffentliche Verwaltung arbeitet im Rahmen eines Bundeslandes und erst recht einer Gemeinde lebensnäher. Sie erscheint dem Bürger vertrauter als die Verwaltung in irgendeiner fernliegenden nationalen Hauptstadt. Die örtliche Verwaltung ihrerseits kann sich ihre Kenntnisse der regionalen Verhältnisse zunutze machen. So kann sie zur Erhaltung kultureller Eigenart und landsmannschaftlicher Besonderheiten beitragen. Auch kann ein einzelnes Bundesland oder eine einzelne Gemeinde auf einem bestimmten Gebiet, etwa im Wohnungswesen, Neues erproben und Modelle für Reformen liefern. Die Bürgerbeteiligung findet schließlich in viel stärkerer örtlicher Beziehung und mit größerer Wirkung statt.

Parteien, die auf Bundesebene in Opposition stehen, sind oft gleichzeitig in mehreren Ländern Regierungsparteien. So haben alle Parteien die Chance, in demokratischer Weise Verantwortung zu tragen und ihre Regierungsfähigkeit zu beweisen. Das gleiche gilt für die kommunale Ebene. Vor allem aber können die Länder, besonders über ihre Mitwirkung an der Bundesgesetzgebung durch den Bundesrat, ein Element der Machtbalance bilden. Das Grundgesetz betrachtet denn auch die Gliederung des Bundes in Länder und Kommunen sowie die grundsätzliche Mitwirkung der Länder an der Bundesgesetzgebung als so fundamental, daß diese beiden Regelungen sogar jeder verfassungsrechtlichen Änderung entzogen sind. Innerhalb der Ländergremien (im Fall der räumlichen und städtebaulichen Planung z.B. Arbeitsgemeinschaft der Bauminister der Länder, Ministerkonferenz für Raumordnung oder Konferenz der Verkehrsminister) haben die Stadtstaaten häufig in der Wahrung der Eigeninteressen mehr oder weniger automatisch auch die Interessen der Kommunen wahrgenommen. Deshalb erfüllen dort die Stadtstaaten eine besondere Funktion, auf die nicht verzichtet werden sollte (siehe die Ambitionen zur Vereinigung von Brandenburg und Berlin oder zum "Nordstaat").

Die kommunale Selbstverwaltung als Ausdruck der Bürgerfreiheit hat in Deutschland eine lange Tradition. Man mag sie letztlich auf die Privilegien der freien Städte im Mittelalter zurückführen, als das Stadtbürgerrecht die Menschen von den Fesseln der feudalen Leibeigenschaft befreite ("Stadtluft macht frei"). In der Neuzeit verbindet sich die kommunale Selbstverwaltung aber in erster Linie mit den großen Reformen des Freiherrn vom Stein, insbesondere der Städteordnung von 1808. Diese Tradition staatsbürgerlicher Freiheit manifestiert sich in der vom Grundgesetz und allen Länderverfassungen ausdrücklich garantierten Selbstverwaltung der Städte, Gemeinden und Kreise. Zweierlei schreibt das Grundgesetz vor: Die Länder müssen den Gemeinden das Recht gewährleisten, alle Angelegenheiten der örtlichen Gemeinschaft - im Rahmen der Gesetze - in eigener Verantwortung zu regeln; alle Städte, Gemeinden und Kreise müssen demokratisch organisiert sein. Aus historischen Gründen weichen die Kommunalverfassungen von Land zu Land durchaus stark voneinander ab. Die kommunale Verwaltungspraxis jedoch ist in allen Bundesländern weitgehend gleichartig, ein Verdienst der kommunalen Gemeinschaftsstelle für Verwaltungsvereinfachung.

In allen örtlichen Angelegenheiten verwaltet sich jede Gemeinde selbst oder steuert zumindest die Entwicklung. Dazu gehört vor allem der örtliche öffentliche Nahverkehr, der örtliche Straßenbau, die Elektrizitäts-, Wasser- und Gasversorgung, der Wohnungsbau, der Bau und die Unterhaltung von Grund-, Haupt- und Realschulen, von Theatern und Museen, Krankenhäusern, Sportstätten und öffentlichen Bädern sowie die Erwachsenenbildung und die Jugendpflege. Dazu gehört natürlich auch die Planung (z.B. die Verteilung, Größe, Intensität solcher Funktionen). In diesem "eigenen Wirkungskreis" unterliegen die Kommunalverwaltungen nur einer staatlichen Rechtskontrolle. Der Staat darf also lediglich die Einhaltung der Gesetze überwachen; die Zweckmäßigkeit ihres Handelns bestimmt jede Gemeinde selbst.

Viele der hier aufgezählten örtlichen Aufgaben überfordern die finanzielle und organisatorische Kraft der Gemeinden und kleinen Städte; diese Angelegenheiten können dann vom Kreis, der nächsthöheren kommunalen Gebietseinheit, übernommen werden. Auch der Kreis ist ein Organ der örtlichen Selbstverwaltung. Der Kreistag, das "Parlament" des Kreises, wird ebenso wie die Vertretungen der Städte und Gemeinden direkt von der Bevölkerung gewählt.

In einer Vielzahl von Fällen führen die Gemeinden und Kreise auch Landes- und Bundesgesetze aus. Hier unterliegen die Kommunalverwaltungen nicht nur einer staatlichen Rechtskontrolle, sondern erhalten unter Umständen von den Landesbehörden bis ins einzelne gehende Anweisungen zur Durchführung dieser Aufgaben. Deshalb nennen wird diesen Aufgabenkreis "Auftragsverwaltung". Zu diesem Aufgabenkreis gehört auch das Baugenehmigungsverfahren. In diesem Punkt unterliegt z.B. der Stadtbaurat nicht irgendwelchen Beschlüssen des Rates der Stadt, sondern den Weisungen der Staatsverwaltung.

Die Gemeinden haben ein verfassungsmäßig gesichertes Recht zur Erhebung bestimmter Steuern bzw. Steueranteile. Voll steht ihnen insbesondere die Grundsteuer (Besteuerung des Eigentums an Grund und Boden) zu, anteilig vor allem die Gewerbesteuer (zu 75 %) sowie die Lohn- und Einkommensteuer (zu 14 %). Doch reichen die eigenen Steuereinnahmen bei fast allen Städten und Gemeinden zur Erfüllung ihrer Aufgaben keineswegs aus. In der Realität ist die Finanznot der Städte, Gemeinden und Kreise sogar so groß, daß sie auch für die Erfüllung ihrer Aufgaben im "eigenen Wirkungskreis" nur zu oft auf Landeszuschüsse angewiesen sind. Das bringt in aller Regel auch eine Kontrolle des Landes über das Ob und Wie der Durchführung mit sich. Da die Stadt-, Kreis- und Gemeindeverwaltungen, wie gesagt, ohnehin schon zahlreiche Bundes- und Landesgesetze nach genauen Anweisungen ausführen müssen, sind sie häufig in Gefahr, zu bloßen Vollzugsorganen des Landes oder des Bundes zu werden. In der letzten Zeit haben insbesondere die Gemeinden die Finanzlast tragen müssen. Es bleibt zu hoffen, daß Bundestag und Bundesrat die Bedeutung der kommunalen Selbstverwaltung in unserem gesamten Gemeinwesen nicht unterschätzen! Die Gefahr, daß sie es tun, ist latent vorhanden.

Dieser Mißstand ist zwar erkannt, konnte aber bisher noch nicht beseitigt werden, auch nicht durch eine Reform der Gemeindefinanzen. Weitere Reformbemühungen sind im Gange; die Notwendigkeit ist unbestritten. Denn gerade in Deutschland hat sich die eminente Bedeutung der Gemeinden vor gar nicht langer Zeit, am Ende des Zweiten Weltkrieges, für jeden sichtbar erwiesen. Damals, in den chaotischen Zuständen nach dem Zusammenbruch aller zentralen staatlichen Organe, waren es allein die Gemeinden, die eine Katastrophe verhinderten, die die öffentlichen Funktionen erfüllten und damit das Fundament für den Wiederaufbau schufen.

Dazu kommen aber noch ganz aktuelle Gesichtspunkte: Die Selbstverwaltung der Gemeinden und Städte gibt dem Bürger auf einfache Weise beinahe Tag für Tag die Möglichkeit der Inanspruchnahme von Dienstleistungen, der Mitwirkung und Kontrolle, etwa durch das Gespräch mit Abgeordneten der Gemeindeparlamente, durch Einsichtnahme in Bebauungspläne oder in den Haushalt seiner Gemeinde. So sind Städte und Gemeinden gewissermaßen die kleinsten politischen Zellen des Staates, deren selbständiges und demokratisches Funktionieren eine Voraussetzung ist für den Bestand von Freiheit und Recht in Staat und Gesellschaft.

7.2 Aufgabe der laufenden Beobachtung, Kontrolle und Steuerung der Entwicklung

Der Grundtenor unserer bisherigen Erörterungen war, daß unsere Städte nie stillstehen, sondern ständig mehr oder weniger sich bewegen, verändern und neu strukturieren. Diese Erkenntnis zwingt die kommunale Verwaltung, alle Vorgänge laufend zu beobachten, ggf. die eigenen Planungsvorstellungen dahingehend zu überprüfen, ob sie noch den sich "schleichend" verändernden Gegebenheiten entsprechen oder überprüft, überarbeitet und ggf. geändert werden müssen. Im Rahmen der Stadtplanung gilt es daher, z.B. signifikante Trends bei den Anträgen auf Bodenverkehrs- oder Baugenehmigungen oder auch Bebauungsplanänderungen zu beobachten, ebenso wie bei den ständigen Verkehrszählungen. Zusammen mit anderen Beobachtungen (etwa auch durch Ortsbegehungen oder Pendlerveränderungen) lassen sich Indikatoren aufbauen, die zu einem bestimmten Zeitpunkt Anlaß geben können, das gesamte Planungswerk einer kritischen Überprüfung zu unterstellen und neu aufzustellen.

Für diesen Zweck ist es außerordentlich wichtig, daß regelmäßige Routinebesprechungen stattfinden zwischen dem Stadtplanungsamt, dem Amt für Stadtentwicklung, dem Tiefbauamt (insbesondere Verkehrsplanung), dem statistischen Amt, dem Bauordnungsamt, dem Liegenschaftsamt und dem Amt für Wirtschaft unter gelegentlicher Hinzuziehung weiterer Ämter.

7.3 Aufgabe lokaler Planungs- und Handlungsinitiativen

Soweit und sobald sich Veränderungen in einer für die Entwicklung signifikanten Größe abzeichnen, ist es nicht nur generelle Aufgabe, sondern mehr oder weniger Pflicht der Gemeinde, tätig zu werden. Niemand sonst kann diese Aufgabe ausreichend wahrnehmen außer der Gemeindeverwaltung, die in mehrerlei Hinsicht aktiv werden muß. Zunächst einmal wird sie die Entscheidungsträger (also Rat der Gemeinde) über die beobachteten Veränderungen in Kenntnis setzen müssen. In routinemäßigen Angelegenheiten von geringerer Bedeutung wird sie von sich aus das Nötige auf dem Verwaltungsweg veranlassen. Bei bedeutenderen Angelegenheiten kann es notwendig sein, daß die Verwaltung im Rahmen der Information über die Veränderungen sich auch den Auftrag einholt, tätig zu werden. Normalerweise besteht dieser Schritt erst einmal aus einem Planungsauftrag, der klären soll, ob weitere Schritte erforderlich sind und wie weit diese gehen müssen oder sollen. In einem nächsten Schritt sind ggf. Handlungsinitiativen erforderlich, die wiederum zunächst einmal in der Sicherung von Planungsabsichten bestehen und darauffolgend in ihrer Umsetzung durch Erschließung, Finanzierung, Bebauung, Liegenschaftspolitik usw., so wie wir es in den vorangegangenen Kapiteln erörtert haben.

7.4 Aufgabe überregionaler und überfachlicher Handlungsinitiativen

Es gibt im Bereich der räumlichen Stadtentwicklung und Stadtplanung Sachverhalte, die nicht auf örtlicher oder fachlicher Ebene gelöst werden können. In solch einer Situation ist es notwendig, daß die Spitze der kommunalen Verwaltung auf überregionaler Ebene initiativ wird. Ein sehr gewichtiges Beispiel ist die Problematik der Verkehrsbewältigung. Ende der Fünfziger Jahre zeichnete sich in der Beobachtung insbesondere der Entwicklung in den Vereinigten Staaten von Amerika ab, daß es auch in Europa zu unerhörten Verkehrsbelastungen kommen werde, wenn sich eine entsprechende Wohlstandsentwicklung vollziehe, für die alle Anzeichen sprachen. Eine Gruppe von kommunalen Stadtbauräten, Stadtplanern und Verkehrsplanern, deren Kern Mitglieder des Bauausschusses des Deutschen Städtetages waren, wurde z.B. über mehrere Kanäle tätig, um auch auf dem gesetzlichen Weg eine Förderung des öffentlichen Nahverkehrsmittels zu erreichen, damit nicht eine totale Überlastung der Straßen eintrete. In persönlichen Gesprächen wurden Landtags- und Bundestagsabgeordnete aus den Städten, herausragende Persönlichkeiten und Verbandsvertreter des ÖPNV, die Verkehrsminister von Bund und Ländern und schließlich zur Beschlußfassung auch die Gremien der kommunalen Spitzenverbände sowie über die Stadtstaaten die Ministerkonferenzen für Verkehr und Bauwesen angesprochen. Ziel dieser Gruppe war es, eine Enquete-Kommission des Bundesverkehrsministers ins Leben zu rufen, die Grundsätze einer Förderung des ÖPNV ausarbeiten sollte. Das Ergebnis war dann auch die Einrichtung einer solchen Kommission durch den Verkehrsminister. Ergebnis aus der Arbeit dieser Kommission war schließlich das Gemeindeverkehrsfinanzierungsgesetz, das festlegt, daß ein bestimmter Betrag aus der Mineralölsteuer für die Förderung der Investitionen für selbständige Trassen des ÖPNV eingesetzt werden muß. Damit war ein entscheidender Durchbruch gelungen, indem die PKW-Benutzer zur Finanzierung der Förderung des öffentlichen Nahverkehrs herangezogen wurden! Der weltweit anerkannte Ausbau des öffentlichen Verkehrsnetzes in den Städten der Bundesrepublik war dadurch möglich geworden. Es sind aus diesem Topf Milliardenbeträge zur Förderung des ÖPNV in die Städte geflossen. Weder davor noch danach hat es einen vergleichbar wichtigen Schritt zur Förderung des ÖPNV gegeben.

Diese Maßnahme allein genügte den gemeinsamen Bemühungen der Stadtbauräte, Stadt- und Verkehrsplaner jedoch nicht. Sie hielten weitere Schritte für erforderlich. So wurde in Hamburg der sogenannte Hamburger Verkehrsverbund vorgeschlagen und gegründet unter Beteiligung der Hamburger Hochbahn AG, der Bundesbahn, der Verkehrsträger und Kommunen im Umland Hamburgs und der Nachbarländer. Er wurde zu einem im In- und Ausland vielfach nachgeahmten Musterbeispiel. Man war sich damals einig, daß auch diese Maßnahmen nicht reichen würden. So wurden in manch einer Stadt (z.B. in Kiel) die Verkehrsbetriebe mit den Stadtwerken zu einer Holdinggesellschaft zusammengeführt, um die unvermeidbaren Verluste der jeweiligen Verkehrsgesellschaft mit den Gewinnen der Stadtwerke auszugleichen und damit den Stadtsäckel einerseits innergemeindlich zu entlasten, andererseits die Steuerlast der Stadtwerke zu minimieren. Schließlich hielt man es damals für ausgeschlossen, daß das ÖPNV-Mittel überall an den potentiellen Benutzer herangeführt werden könne. Es stellte sich andererseits heraus, daß das ÖPNV-Mittel nur benutzt wurde, wenn dem potentiellen Benutzer Mindestbequemlichkeiten angeboten würden. So wurde es als erwiesen angesehen, daß nur bei einem kurzen Takt von zehn Minuten und weniger ein Anreiz für den Berufsverkehr zur Benutzung des Omnibusses oder der Bahn vorliege. Anderenfalls würde der Teilnehmer am Berufsverkehr den PKW benutzen. Diese These führte zur nächsten These, daß nämlich der Kunde zum ÖPNV-Mittel geführt werden müßte und nicht umgekehrt. Diese These wiederum führte zum nahezu zwingenden Erfordernis größerer, konzentrierter Gebiete für den Wohnungsneubau. Diese konzertierte kommunale Handlungspolitik in Verkehrsfragen führte dann auch dazu, daß bis zur Mitte der achtziger Jahre der Anteil der ÖPNV-Mittel am Gesamtverkehrsaufkommen kontinuierlich anstieg - ein großer Erfolg.

Anfang der achtziger Jahre unterlagen leider viele kommunale Verwaltungen und ihre Entscheidungskörperschaften einem kardinalen Irrtum in der Einschätzung des mittelfristigen Bedarfs an Wohnungsneubauten. Sie glaubten, daß die für einen kurzfristigen Zeitraum erfolgte Befriedigung des Wohnungsbedarfs von langfristiger Natur sei und schränkten nicht nur richtigerweise die Wohnungsbauförderung drastisch ein, sondern stellten unglücklicherweise auch die förmliche Ausweisung und

Erschließungsvorbereitung für erhebliche Wohnungsneubaugebiete nahezu vollständig ein. Das letztere war ein nicht wiedergutzumachender, schwerer Fehler, weil nunmehr der Wohnungsbedarf sich in zahlreichen kleineren und kleinsten Orten im Umland der Städte befriedigte (überall dort, wo noch einzelne Baulücken, Dachausbauten und Verdichtungen Raum für zahlreiche, total verstreute Wohnungen mit völlig unzureichendem Nahverkehrsanschluß boten). Man überließ den Wohnungsbau der ungeplanten Entwicklung mit hohem Negativeffekt. Als unvermeidbare Folge gab es dann auch einen Bruch der bis dahin erfolgreichen Nahverkehrspolitik, indem der Anteil des ÖPNV am Gesamtverkehr seit Mitte der achtziger Jahre kontinuierlich abnahm (siehe hierzu auch Band 1, Kapitel 3.1.1)!

Leider wurden auch die Modelle des Verkehrs-Verbundes und der Holdingbildung nicht konsequent in allen Städten fortgeführt. Schließlich gab es auch keine Initiative auf breiter Ebene mehr, das Gemeindeverkehrsfinanzierungsgesetz weiter auszubauen, indem z.B. zusätzliche Investitionselemente in die Förderung aufgenommen wurden. So werden bislang allein die Investitionen für neue Verkehrswege gefördert. Es hätten längst auch die Investitionen für den Fahrzeugpark und die Reparaturwerkstätten hinzukommen können, wenn wenigstens jemand die Initiative ergriffen hätte. So hat nach der Vereinigung der Bund zur Sanierung der Bundesbahn zugeschlagen; für die kommunale Entwicklung wurde eine Chance vertan!

Insgesamt zeigt dieser kurze Exkurs, daß es notwendig ist, auf den verschiedensten Ebenen und in den verschiedensten Sachbereichen kreativ, aktiv handelnd, ständig und initiativ tätig zu werden. D.h., daß die Stadtbauräte, Bürgermeister, Kämmerer und Wirtschaftsdezernenten aktiv auf Landtage und Landesregierungen, Bundestag und Bundesregierung über Städtetag, Landkreistag, Städte- und Gemeindebund (Kommunale Spitzenverbände) einwirken müssen, um auch die Veränderungsanforderungen auf höherer Ebene in Gang zu bringen. Das Gemeindeverkehrsfinanzierungsgesetz ist dafür, daß so etwas mit Erfolg gehandhabt werden kann, ein lediglich etwas herausragendes Beispiel unter vielen! Allein eine gut arbeitende kommunale Selbstverwaltung ist dazu in der Lage. Allerdings bedarf sie dazu eines gut und solide ausgebildeten Personalbestandes und eines ebenso solide geschulten Bestandes an Ratsmitgliedern. Es zeigt sich, daß die Komplexität der Materie Ratsmitglieder, die totale Laien sind, inzwischen völlig überfordert! Es ist an der Zeit, daß die politischen Parteien von ihrer Zentrale aus eine ständige Schulung und Weiterbildung (man bedenke die ständige Flut an neuen Gesetzen und Verordnungen) insbesondere der kommunalen Aspiranten für Positionen in den Kreis- und Ratsversammlungen zur Pflicht machen. Nur so werden wir in Zukunft unsere Probleme bewältigen. Der Bürger hat dies schon bemerkt, der Vertrauensschwund gegenüber den politischen Parteien ist enorm und geradezu beängstigend. Die Qualifizierung durch Schulung zur Mitgliedschaft in den politischen Gremien muß von den Parteispitzen initiiert werden! Wenn in dieser Hinsicht nicht bald etwas geschieht, ist für die Entwicklung in Bund, Ländern und Gemeinden nichts Gutes zu erwarten.

8. Schlußbemerkung

In diesem Band haben wir uns mit denjenigen Fragen auseinandergesetzt, die das tägliche Leben des Stadtplaners ausmachen, nämlich konkret mit Hilfe von Methoden Stadtplanung in ihren unterschiedlichen Facetten zu betreiben, diese Planung im vor- und im nachhinein zu sichern, sie durch zu planende Finanzprogramme zu initiieren und umzusetzen, sie durch finanzielle und rechtliche Instrumente zu steuern bzw. zu kontrollieren.

Besonders im letzten Teil zeigt sich, daß die Umsetzung der Planung in rechtswirksame Formen, ihre Sicherung und ihr handlungsorientierter Vollzug eine Managementaufgabe hohen Grades ist. Dieser "zweite Teil" der Planung ist von eminenter Bedeutung und verlangt eine breite Kenntnis der Instrumente für derlei Managementoperationen, die in einer Einleitung in die Stadtplanung lediglich angerissen werden können, um darauf aufmerksam zu machen.

Dieser Teil der Sicherung, des Vollzuges und der Steuerung wie auch Kontrolle der Planung wird in der Regel, bedingt durch die erforderliche Begrenzung von Studienzeiten, in der Hochschulausbildung kaum behandelt. Dazu wäre es angebracht, begleitende praktische Erfahrung zu sammeln. Unter diesen Umständen empfiehlt es sich für Aspiranten, immer auch gezielt eine systematische Vorbereitung für das Management in der öffentlichen Verwaltung zu durchlaufen.

Es handelt sich hierbei um die "Knochenarbeit" im täglichen Arbeitsfeld des Planers. Der konzeptionelle Teil des "Entwurfs" eines Plans und dessen Vorbereitung sind zwar die "Filetstücke" der Arbeit des Planers, machen jedoch nur einen begrenzten Teil des Zeitrahmens aus. Wenn also Studierende feststellen, daß ihnen der "Planungsvollzug" nicht sonderlich liegt, sollten sie erwägen, einen anderen Beruf zu ergreifen. Allerdings sei jedem jungen Menschen zu raten, daß er sich bei allen von ihm in Erwägung gezogenen Berufen informiert, welche Teile des jeweiligen Berufs Freude bringen und wie hoch ihr Anteil ist, damit später die Enttäuschung nicht zu groß ist. In der Regel gibt es kaum einen Beruf, bei dem die Tagesroutine nicht den Hauptanteil ausmacht. Wer sich hier Illusionen macht, wird herbe Enttäuschungen erleben.

9. Schlußwort

Mit Band 3 der Reihe zur Einführung in die Stadtplanung ist ein Abschluß erreicht, der genügen sollte, dem "Studierenden" die Felder, in denen Stadtplanung sich bewegt, zu erschließen und ihn neugierig auf "Mehr" und "Anderes" zu machen.

Durch alle drei Bände hoffe ich, verständlich erläutert zu haben, daß ein Phänomen durchgängig das Denken beherrschen muß, nämlich daß eine Stadt ein sehr lebendiger Körper ist, der sich permanent bewegt, verändert und für jede Art von Überraschungen gut ist und nahezu nie als Duplikat auftaucht. Jede Stadt hat ein eigenes Gesicht, das geprägt ist durch die Größe der Stadt, den technischen Fortschritt, den Wohlstand, die Sitten, Gebräuche und Verhaltensweisen ihrer Gesellschaft, ihre Struktur, ihre Funktion, ihre Landschaft, ihr Klima und vieles andere mehr. Schließlich gilt es zum Abschluß, an den Anfang anzuknüpfen. Das größte Problem der Zukunft wird das Wachstum der Weltbevölkerung sein, das nicht der Raumplaner, sondern allein der Politiker wird lösen können.

Deshalb ist es wichtig, daß der Stadtplaner sich für die Entwicklung der Gesellschaft in ihrer Ganzheit einschließlich ihrer Auswirkungen (Wirtschaft, Demographie, Soziales, Gesundheit, Umwelt, Politik usw.) interessiert, um zu erkennen, ob sich daraus irgendwelche Auswirkungen auf und daraus wiederum sich ergebende Erfordernisse für die Entwicklung städtischer bzw. urbaner Regionen ergeben, die es in Ideen, Konzepte und handlungsorientierte Planung umzusetzen gilt. Der besonders schwierige Teil dieses Prozesses liegt in der Umformung von gesellschaftlichen Entwicklungen in die Beziehungen zum Raum, seiner Struktur und seiner Technologie. Dazu gehört auch, daß der Stadtplaner über die verschiedenen Institutionen der Wissenschaft und der Politik versucht, ggf. Einfluß auf die erforderliche Änderung oder Neueinführung von Gesetzen zu nehmen.

Insofern habe ich mich gehütet, "Leitbilder" (insbesondere auch räumlicher Art) zu entwickeln oder zu erörtern und mich auf "Leitgedanken" "beschränkt". In unserer Zeit sind das Bewußtsein über die Veränderungen, die Erkenntnis ihrer Wirkungen auf Nutzungsanforderungen an den Raum und die Methoden für die Planung zur Erfüllung dieser Anforderungen von ausschlaggebender Bedeutung. Deshalb ist auch wenig Bezug genommen und gesagt zu "baulichen" Einzelstrukturen, die immer wieder als sog. "creative" und "spektakuläre" Jahrhundertideen die Medien durchziehen. Vor ihnen ist zu warnen, weil sie in der Regel sowohl volkswirtschaftlich nicht tragfähig, als auch im Entwicklungssinn in ihrem baukonstruktiven Ansatz viel zu statisch sind.

Ich bin mir bewußt, daß hier ein besonders hoher Anspruch liegt; aber ohne Anspruch kein Ziel und ohne Ziel kein Handeln für eine bessere Zukunft.

Zum Abschluß danke ich noch einmal dem Kohlhammer Verlag für die Bereitschaft, diese Reihe herauszugeben und seinem Lektor Dr. Burkarth für die unschätzbare Hilfe und die hervorragende Kooperation, die für mich das Schreiben dieser Buchreihe haben zum Vergnügen werden lassen.

Literaturverzeichnis

Arras, E.: "Zur Notwendigkeit und Methodik von Szenarien", in: Verwaltungsrundschau 1987.
Bach, W.: "Strahlungshaushalt und lufthygienische Verhältnisse in Groß-Cincinnati, USA", Wiesbaden 1979.
Barlag, A.B./Kuttler, W.: "The significance of country breezes for urban planning", Bochum 1991.
Battis, Krautzberger, Löhr: "BauGB", Kommentar, 4. Auflage München 1994.
Batty, M.: "Urban Modelling: Algorithms, Calibrations, Predictions", Cambridge, USA 1976.
Baubehörde Hamburg, Landesplanungsamt: "Fachbeiträge zur Bauleitplanung - Räumliche Gründisparitäten", Hamburg 1983.
Bauer, M. und Bonny, H. W.: "Flächenbedarf von Industrie und Gewerbe. Bedarfsrechnung nach GIFPRO", Dortmund 1987.
BauGB-Maßnahmen-Gesetz v. 1992.
Bewertungsgesetz (BeWG), 1974 (BGBl. I S. 2369).
Bökemann, D.: "Theorie der Raumplanung. Regionalwissenschaftliche Grundlagen für die Stadt-, Regional- und Landesplanung", München 1982.
Börner, W. und Bunata, U.: "Gemeinbedarf in Stuttgart 2000", Stuttgart 1990.
Buler, W. und Pauck, R.: "Stadtentwicklungsmodelle", Stuttgart 1981.
Bundesimmissionsschutzgesetz, BGBl. I, S.19.
Bundesminister für Raumordnung, Bauwesen und Städtebau: ""Simulationsmodell Polis", Schriftenreihe 03: "Städtebauliche Forschung", Bonn-Bad Godesberg 1973.
Bürgerliches Gesetzbuch, 3. Buch (BGB) v. 1896 (RGBl. 195).
Chapin Jr., F.S. und Kaiser, E.J.: "Land Use Planning", University of Illinois Press, Urbana, USA 1979.
Crecine, John P.: "Computer Simulation in Urban Research", Santa Monica, Cal./USA, 1967.
Deixler, G.: "Der wesentliche Inhalt von Landschafts- und Grünordnungsplänen und ihre Bedeutung für die Bauleitplanung", München 1979.
Deutsche Olympische Gesellschaft, "Richtlinien für die Schaffung von Erholungs-, Spiel- und Sportanlagen", Frankfurt 1976.
Deutsche Olympische Gesellschaft: "Der Goldene Plan in den Gemeinden", Frankfurt 1962.
Deutscher Städtetag: "MERKIS", Reihe E, DST-Beiträge zur Stadtenwicklung, Köln 1988.
Dheus. E.: "Planungsrelevante Daten aus der Volks- und Arbeitsstättenzählung", in: Jahresbericht 1983, Verband Deutscher Städtestatistiker, München 1983.
Diedrich, H.: "Mathematische Optimierung: Ihr Rationalisierungsbeitrag für die Stadtentwicklung", Göttingen 1970.
EMNID-Insitut: "Dokumentation zur Freizeitkultur", Bielefeld 1976.
Eriksen, W.: "Beiträge zum Stadtklima von Kiel", Kiel 1964.
Eriksen, W.: "Probleme der Stadt- und Geländeklimatologie", Darmstadt 1973.
Evans, M.: "Housing, Climate and Comfort", London 1980.
Fellenberg, G.: "Lebensraum Stadt", Stuttgart 1991.
Filliger, P.: "Stadtklima und Luftreinhaltung", in: DISP. 99, Zürich 1989.
Forrester, J.: "Urban Dynamics", MIT Press, Cambridge, Mass. 1969.
Forschungsberichte des Bundesministers für Raumordnung, Bauwesen und Städtebau: "Raumordnungspolitische Anforderungen an eine integrierte Verkehrsplanung und Verkehrsgestaltung", Bonn 1992.
Geddes, P.: "Cities in Evolution", London 1949 (Erstausgabe 1915).
Germeraad, P. W.: "Ecological Analysis", Dhahran 1985.
Gesetz über die Statistik für Bundeszwecke (StatGes) in der jeweils geltenden Fassung.
Glaser, G.: "Möglichkeiten primärer und sekundärer Erhebungen zur Datenbeschaffung für den kommunalen Bereich", in: 100 Jahre Verband Deutscher Städtestatistiker, Hamburg 1979.
Grundgesetz der Bundesrepublik Deutschland und Zwei-Plus-Vier-Vertrag, dtv Nr. 5003, 1990.
Grundgesetz der Bundesrepublik Deutschland, v. 1949/1990.
Grzimek, G.: "Der Beitrag der Landschafts- und Grünordnungsplanung zum Umweltschutz", München 1979.
Habermehl, P.: System und Grundlagen der Planung, Bonn 1970.
Hall, P.: "Der Einfluß des Verkehrs und der Kommunikationstechnik auf Form und Funktion der Stadt", in: Zukunft Stadt 2000, Perspektiven der Stadtentwicklung, Stuttgart 1993.
Hansen, H. und Klitzing, J. von: "Grundlagen des Raumbezugs für computerunterstützte Raumplanung", Basel 1976.

Hanssmann, F.: "Einführung in die Systemforschung. Methodik der modellgestützten Entscheidungsvorbereitung", München 1978.
Helly, W.: "Urban Systems Models", New York 1975.
Informationszentrum Raum und Bau der Fraunhofer-Gesellschaft: "Bedarfsplanung für den Büro- und Verwaltungsbau", Stuttgart 1992.
Kaiser, J. H.: "Exposé einer pragmatischen Theorie der Planung", Planung I, Baden-Baden 1968.
Kartenverzeichnis Freie und Hansestadt Hamburg, Vermessungsamt Baubehörde Hamburg 1992.
Katzschner, L.: "Klima und Planung", Kassel 1988.
Kawashima, S.: "Effect of vegetation on surface temperature in urban and suburban areas in winter", in: "Energy and Buildings", 1991.
Kern, E. A.: "Skizzen zur Methodik und zum System der Planung", Baden-Baden 1968.
Kiese, O.: "Die Bedeutung verschiedenartiger Freiflächen für die Kaltluftproduktion und Frischluftzufuhr von Städten", in: Landschaft und Stadt Nr. 2, 1988.
Knoflacher, A.: "Verkehrsplanung für den Menschen", Wien 1987.
Kommunale Gemeinschaftsstelle für Verwaltungsvereinfachung: "Weiterentwicklung der Gemeinsamen Kommunalen Datenverarbeitung", Köln 1979.
Kratzer, A.: "Beiträge zum Münchener Stadtklima", in: Wetter und Leben, München 1968.
Krautzberger zu § 1 BauGB I, 1.-3. in: Battis, Krautzberger, Löhr, "BauGB", München 1994.
Krautzberger: 2. Kapitel, 2. Teil, in: Battis/Krautzberger/Löhr: "Baugesetzbuch", München 1994.
Krautzberger: Erstes Kapitel, Dritter Teil: "Regelung der baulichen und sonstigen Nutzung; Entschädigung", in: Battis/Krautzberger/Löhr: "Baugesetzbuch", München 1994.
Krautzberger: Erstes Kapitel, Erster Teil: "Allgemeine Vorschriften", in: Battis/Krautzberger/Löhr: "Baugesetzbuch", München 1994.
Krautzberger: Erstes Kapitel, Zweiter Teil: "Sicherung der Bauleitplaung", in: Battis, Krautzberger, Löhr: "Baugesetzbuch", München 1994.
Kreibich, V. et. al.: "Entwicklung und Test eines Modells zur räumlich und sächlich disaggregierten Bevölkerungsprognose für die kommunale Investitions- und Entwicklungsplanung DISPRO", Dortmund 1979.
Krueckeberg, D. A. und Silvers, A. L.: "Urban Planning Analysis: Methods and Models", New York 1974.
Kuttler, W.: "Lufthygienische und stadtklimatologische Aspekte des Rhein-Ruhr-Raumes", in: Geographische Rundschau Nr. 7-8, 1988.
Löhr, R.-P.: 1. Kapitel, 6. Teil: "Erschließung", in: Battis/Krautzberger/Löhr: "Baugesetzbuch", München 1994.
Löhr: 3. Kapitel, 4. Teil: "Bodenordnung", in: Battis/Krautzberger/Löhr: "Baugesetzbuch", München 1994.
Lowry, Ira S.: "A Short Course in Model Design", in: "Journal of the American Institute of Planners", 1965.
Lowry, Ira S.: "Seven Models of Urban Development: A Structural Comparison", Santa Monica, Cal./USA, 1967.
Lowry, J.S.: "A Model of Metropolis", Santa Monica 1964.
Maurer, J.: "Grundzüge einer Methodik der Raumplanung", Zürich 1973.
Menge, H.: "Nutzungsmöglichkeiten der Zählungsdaten 1981 für Stadtleben und Raumbeobachtung", Stuttgart 1981.
Michel, D.: "Rahmendaten für die Landes- und Stadtentwicklung in den 80er Jahren: Bevölkerung, Wirtschaft und Finanzen"; Dortmund 1983.
Müller-Ibold, K.: "Einführung in die Stadtplanung", Band 1, Stuttgart 1996.
Müller-Ibold, K.: "Einführung in die Stadtplanung", Bände 1 u. 2, Stuttgart 1996.
Müller-Ibold, K.: "Flächennutzungsplan Kiel, Teil I, Stadtentwicklung, Kiel 1968.
Müller-Ibold, K.: "Stadtentwicklung in Hamburg, IVWSR Weltkongreß 1978, Hamburg: "Papers and Proceedings", Den Haag 1979.
ORL-Institut ETH Zürich: "ORL-Modell 1", Zürich 1971.
Österreichisches Institut für Berufsbildungsforschung: "Einstellung betroffener Bewohner zu Stadterneuerungsplänen" (3 Bände), Wien 1985.
PROGNOS AG: "Entscheidungsfragen für die Freiraumplanung", Düsseldorf 1978.
Rausch, H.: "EDV-Einsatz in der Bauleitplanung", in: AEC Report Nr. 1, Brüssel 1993.

Referat für Stadtplanung und Bauordnung der Stadt München: "10 Jahre KOMPASS. Entwicklung und Leistungsstand des kommunalen Planungsinformations- und Analysesystems für München", München 1982.

Rittel, H.: "Der Planungsprozeß als iterativer Vorgang der Varietätserzeugung und Varietätseinschränkung", Stuttgart 1970.

Röck, W. und Wolff, R.: "Statistik in der öffentlichen Verwaltung - eine praxisorientierte Einführung", Stuttgart 1978.

Rothe, K.-H.: "Das Verfahren bei der Aufstellung von Bauplänen", Köln 1992.

Saito, I./Ishihara, O./Katayama, T.: "Study of the effect of green areas on the thermal environment in an urban area", in: "Energy and Buildings", 1991.

Schneider, H. K. "Planung und Modell", im Sammelband: "Zur Theorie der allgemeinen und der regionalen Planung", Münster 1976.

Schöning, G. und Borchard, K.: "Städtebau im Übergang zum 21. Jahrhundert", Stuttgart 1992.

Schoof, H. und Timpei, D.: "Methode der Flächenbedarfsermittlung für Wohnsiedlungsbereiche", Dortmund 1981.

Schriftenreihe des Bundesministers für Raumordnung, Bauwesen und Städtebau: "Regionale Luftausauschprozesse", Heft 06.032, Bonn-Bad Godesberg 1979.

Statistisches Bundesamt: "Das Arbeitsgebiet der Bundesstatistik", Stuttgart, Mainz 1981.

Tessin, W. u.a.: "Umsetzung und Umsetzungsfolgen in der Stadtsanierung", Band 4, Stadtforschung, Berlin 1983.

Tsuyoshi, H. u. Takakura, T.: "Simulation of thermal effects of urban green areas on their surrounding areas", in: Energy and Buildings, 1991.

Verband Deutscher Städtestatistiker: "Städtestatistik und Stadtforschung", Hamburg 1979.

Verordnung über Grundsätze für die Ermittlung des Verkehrswertes von Grundstücken, BGBl. I S. 1416.

Vester, F.: "Ballungsgebiete in der Krise", Stuttgart 1976.

Viggo, Graf v. Blücher: "Freizeit im Ruhrgebiet", Bielefeld u. Essen 1971.

Wächter, H. und Scharrer, H.: "Die Regionalwindverteilung im Gebiet der Stadt Frankfurt am Main", Frankfurt 1970.

Weinberg, F. u.a.: "Operations Research im öffentlichen Dienst", Bern, Stuttgart 1976.

Wiemers, F.: "Green for melioration of urban climate", in: Energy and Buildings, 1988.

Wimmer, S.: "Die Bevölkerungsentwicklung als Determinante des kommunalen Investitionsbedarfs", Berlin 1987.

Zeuger, A./Bächlein, W./Lohmeyer, A.: "Windkanaluntersuchungen als Hilfsmittel zur stadtklimatologischen Baufolgenabschätzuung", in: Schweizer Ingenieur und Architekt, 1993.

STICHWORTVERZEICHNIS

A
Aggregation 45; 87; 124; 170; 181
Aggregierte Daten 79
Agrarstruktur 187f.
Allgemeines Städtebaurecht 184; 187
Amtliche Karten 73; 189
Amtliche Statistik 64 f.; 67; 70; 154
Amtliches Liegenschaftsregister 75; 189
Analyse 13; 19; 20 ff.; 26; 32; 36; 47; 50-52; 55; 68; 71; 78; 89; 90; 94; 97; 99; 113-115; 123; 169; 178
Arbeitsstättenzählung 16; 67; 69; 114; 166; 169 f.
Arithmetisches Mittel 90 f.; 98 f.
Art der Nutzung 76; 129; 195
Aufbereitung 54; 65 f.;69; 78; 86 f.; 163; 167; 182
Aufstellungsbeschluß 14; 63; 190 f.; 191; 194 f.;199; 206
Ausfertigung 19; 160; 200
Ausgleichsfunktionen 131
Auslegung 18; 23; 160; 191 f.; 199
Ausprägungen 86; 180

B
Baugebote 207
Bauland 48 f.; 192; 210; 212; 214
Baulandbeschaffung 211
Bauleitpläne 150; 152; 155; 161; 190; 199
Bauleitplanung 37; 54; 122; 127; 130; 150; 153-155; 160; 181; 184; 188; 192; 194-197; 200; 204; 206; 218; 221

Bebauungsplan 16; 41; 151 f.;154; 160; 185 f.; 192-196; 198 f.;201; 213-215; 224
Bedenken und Anregungen 18; 191; 199
Begehung 15; 82
Belegungsquote 34; 41; 103 f.; 120
Beobachtung 12; 26; 68; 78; 82 f.;95; 137; 156; 234; 238 f.
Besonderes Städtebaurecht 184; 186
Bestandsaufnahme 32; 102; 155-157; 163
Bestimmungsfaktoren 41 f.; 44; 46; 59
Beteiligte 186; 216
Betroffene 28; 184
Bevölkerungsbewegung 27; 68
Bevölkerungsstruktur 26 f.; 67
Bewertung 28; 31; 33 f.; 42 f.; 55; 61 f.; 72; 100; 111; 114; 120; 124; 130; 133; 154; 156-160; 176-179; 183; 188
Beziehungszahlen 93
Bodenbeschaffenheit 157
Bodenordnung 77; 185; 211; 213 ff.
Bürgerbeteiligung 160; 191; 199; 236

C
City 45; 47; 106 f.; 114; 117 f.; 127; 175; 226; 231 ff.

D
Datenbank 58; 68; 72
Datenbasis 67; 124; 181
Datenerhebung 63; 67
Datenpflege 16; 63
Datenquellen 67; 69; 75 f.
Defizite 143; 226
Demographische Struktur 35; 104; 148

Diagnose 13; 19-23; 32; 123
Dichte 43; 46; 56; 97; 100; 127; 164; 172
Digitalisierung 87

E
Eichung 49; 172
Einkaufsverhalten 115; 117
Einzelhandel 30; 36; 48; 114; 116 ff.
Enteignung 72; 185 f.; 188; 195; 213 f.
Entscheidungshilfen 38
Entscheidungsträger 13; 16-19; 22; 34; 54; 61 f.; 102; 113; 160; 179; 183; 239
Entwicklung 13 ff.; 20 f.; 26; 32; 34; 36; 39-42; 44; 46 f.; 49-54; 56; 59 f.; 62 ff.; 66 ff.; 75; 78; 81; 88; 90; 94-97; 102; 105 f.; 109; 116; 118; 141; 150; 153 f.; 156; 161; 164; 169; 171; 177; 182; 186; 188 f.; 190; 192; 203; 207; 231-234; 236-239; 241; 243
Entwicklungsmaßnahmen 211
Entwicklungspläne 24; 164
Entwicklungspotential 26; 48
Erhaltungssatzung 187; 198; 207
Erschließungsart 204
Erschließungsbeitrag 203; 205 f.
Erschließungsmaßnahmen 205
Erwerbsquote 34; 36; 95 f.; 102 f.; 209
Erwerbstätige 79

F
Fachpläne 111; 113
Fahrtquellen 162
Fahrtziele 162
Fahrtzwecke 162; 167 f.
Festsetzungsverfahren 200

Flächenbedarfe 27; 29; 34 ff. 48; 104; 117
Flächendaten 71
Flächennutzung 18; 45 f.; 49; 88; 102; 105 f.; 120; 133; 147; 150; 161; 164 ff.; 172 f.; 175
Flächennutzungsplan 16; 19; 44 f.; 48; 56; 74; 102; 105; 108; 113; 116; 126; 152; 154; 159 f.; 165; 172; 176; 179 f.; 192 f.; 195; 199
Flurstück 72; 75 ff.
Fortschreibung 21; 24; 33; 49; 62; 68; 77 f.; 82; 117; 171; 221; 224
Freiflächen 41; 71; 109; 121; 122; 124; 127-130; 137 ff.; 148; 150; 153; 155; 159; 179
Freiräume 121 ff.; 129; 135; 157; 159
Freizeit 42; 109; 122-128; 145-148; 156 f.; 159 f.; 162; 231
Freizeitflächen 159

G
Geltungsdauer 23; 24
Genehmigungen 19; 70; 160; 184 ff.; 191 f.; 194; 197; 200; 223; 234; 236
Generalverkehrsplanung 19; 41; 44; 161; 165 f.; 168; 176; 178 f.
Geschoßflächenzahl 26; 93; 104
Gravitationsmodelle 58
Grundbuch 72; 74; 76 f.; 102; 186; 189 f.; 197; 216
Grundkarte 74
Grundlagen 11; 25 f.; 28; 50 f.; 54; 67; 74f.; 102; 113; 116; 124; 154; 166; 168; 169; 173; 176 f.; 181; 189; 193; 195; 214 f.; 222; 224

247

Grundstück 71 f.; 76 f.;
  189; 193; 196 f.;
  208 f.; 214; 216
Grundstücksdaten 69;
  76
Grundstücksmarkt 192;
  198; 208; 210
Grünflächen 125 f.;
  142; 144
Grünordnungsplan 151-
  155; 160
Gültigkeit 11; 50

H
Härteausgleich 187
Härtefälle 27
Häufigkeitsverteilungen 89; 90 f.
Haushaltsgröße 209
Haushaltspläne 24;
  216 f.
Historische Karten 75

I
Individualdaten
  69; 79
Individualverkehr 31;
  89; 171; 178
Industrie 29; 43; 48;
  104 f.; 107; 111;
  123; 127 f.; 140 f.;
  144
Informationsquellen 76
Informationssystem 72;
  178
Infrastruktur 18 f.; 22;
  35; 40 f. 58; 161;
  163; 189; 211;
  229 ff.
Initiativen 207; 210 f.;
  215; 231; 241
Instandhaltung 227 f.
Instrument 57; 64; 75;
  78; 173; 184;
  187; 214; 224;
  227; 234
Investitionsprogramme
  225

K
Kalibrierung von
  Modellen 49; 50
Kaltluftaustausch 131;
  138; 156
Kataster 75; 189 f.
Kaufkraft 36; 115 f.
Kleingewerbe 29

Klima 71; 76; 129 f.;
  133 f.; 136; 141;
  156 ff.; 181; 243
Konstante Faktoren
  40 ff.
Kontinuierliche Fortschreibung 62
Kontinuierliche Kontrolle 62; 121
Kontrolle 44; 50; 62;
  65; 74; 78; 121; 233;
  238; 242
Konzentration 46; 99;
  100; 114; 128;
  142 f.; 176; 209; 236
Konzentrationsindex
  99; 100
Korrektur 23; 34; 60 f.;
  160
Kulturlandschaft 149 f.

L
Ladenflächen 115
Landschaftsbestand 156
Landschaftsplan 19;
  151-154; 159 f.
Landschaftsschutz 140
Liegenschaftskataster
  72; 75 ff.; 87; 102;
  190
Liegenschaftspolitik
  195; 210; 214; 217;
  239
Liegenschaftsregister
  75; 189
Lorenzkurve 100
Luftaustausch 123;
  137; 138 f.; 143; 158
Luftbewegung 132;
  135 f.; 138; 144
Luftfeuchtigkeit 123;
  132; 134-137; 144
Lufthygiene 140 f.
Luftverunreinigung
  123; 140 f.

M
Markt 55; 57; 70; 83;
  208
Maß der Nutzung 31;
  71; 232
Maßnahmen 183; 192;
  208; 217; 240
Mechanisierung 29
Medianpunkt 98 f.
Medianwert 90 f.
Meßzahlen 93

Milieuschutz 229 f.
Mittelfristige Finanzplanung 206
Mittelwerte 90; 98 f.;
  127
Mobilität 28; 42; 118;
  161; 172 f.; 210 f.
Modelle 20; 38 ff.;
  43 f.; 46 f.; 49; 50-
  58; 120; 173-176;
  227
Modellstrukturen 40; 50
Modellvernetzung 51
Modernisierung 196;
  222; 227 f.; 230;
  233
Mündliche Befragung
  82 f.; 171

N
Naturlandschaft 149 f.
Natürliche Personen 69
Natürliche Umwelt
  149 ff.; 153 ff.
Naturschutz 21
Negativplanung 21
Netze 37; 116; 165 f.;
  172; 176 ff.
Netzverknüpfungen 111
Neuaufstellung 63
Neuordnung 212
Nicht-amtliche Statistik 70
Nutzung 15; 30 f.; 46;
  48; 56; 64; 71; 106;
  109 f.; 123; 134;
  155; 159; 164 ff.;
  185; 189; 193-196;
  198; 205; 209 ff.;
  213 f.; 216; 219;
  228 f.; 231 f.
Nutzungsstruktur
  30 ff.; 49; 58; 114

Ö
Öffentlicher Personennahverkehr (ÖPNV)
  22; 31; 89; 92;
  110 f.; 117; 142;
  161 f.; 164; 166 f.;
  172 f.; 175-179;
  204; 240 f.

O
Operations Research 38
Optimierung 11; 52;
  106

Ordnungsmaßnahmen
  218; 221 f.

P
Pendler 55; 92; 103
Planadressaten 23 f.
Planaufstellung 105;
  192; 202
Planausführender 23
Planausführung 23
Planer 13-23; 36;
  61 ff.; 75; 77; 83;
  85 f.; 94 f.; 102;
  188; 200; 202; 216
Planungsabichten 197;
  234
Planungsalternative 54
Planungsbeteiligung 23
Planungsdauer 23
Planungsgebiet 15; 19;
  97; 122; 156
Planungskonzept 56
Planungsprozeß 13;
  16 ff.; 28; 44; 61;
  120; 164; 180
Planungsschritte 15; 52
Planungssicherung 76;
  184; 189 f.; 195
Planungsszenarien 14;
  25 f.
Planungsträger 14; 48;
  54; 56; 158; 191; 193
Planungsumsetzung 184
Planungsvollzug 184;
  202; 204; 235; 242
Planungsvorgaben 13;
  54; 225
Planungsziele 53; 191
Planunterlagen 62; 72
Planverantwortliche 23
Planverfahren 16 ff.;
  194; 198
Planvorbereitung 19;
  202
primärstatistisches Material 81
private Dienstleistungen 107
Private Grünflächen
  129
Produktivität 36
produzierendes Gewerbe 29
Prognose 20-23; 30;
  34; 36; 50; 90; 103;
  114; 116; 118; 163;
  172

248

Programmierung 51
Prozeßablauf 47

R
Räumliche Verteilung
 von Nutzungen 106
Raumordnung 14; 21;
 32; 38; 129; 151;
 226; 230; 237
Raumplanung 13; 16;
 112; 142; 151; 154
Regionalplanung 59;
 69; 74; 79
Relief 156
Rückkopplung 13; 32;
 55; 60 f.; 160

S
Sachspezifische Erhebungen 70
Sanierung 187; 213;
 219-225; 228; 230;
 241
Sanierungsmaßnahmen
 28; 186; 218-221;
 224
Sanierungsplanung 220
Sanierungssatzung
 221; 223
Sanierungsvermerk
 186; 221
Satzung 186 f.; 195-200; 223; 230
Satzungsbeschluß 200
Schriftliche Befragung
 82; 171
Schutzgebiete 157
Schwerpunkt 29; 98;
 107; 124; 217
Sekundärstatistisches
 Material 81
Selbstverwaltung 62;
 204; 236 ff.; 241
Sicherung 74; 76; 87;
 151; 159; 184;
 188 ff.; 192-195;
 197; 200; 204;
 210; 215; 228;
 232; 235; 239;
 242
Siedlungsstruktur 158;
 219
Simulation 33; 39;
 47 f.; 52 ff.; 57; 139
Simulationsmodelle
 38; 53 ff.
Soziale Struktur 26

Sozialplan 28; 187;
 223 f.
Spannweite 91; 99
Speicherung 85; 87
Stadterneuerung 106;
 212; 228; 230; 233
Stadterneuerungsprogramme 218; 225
Stadtklima 123; 131;
 133-136; 140 f.; 160
Stadtplanung 16; 11;
 30; 31; 35; 38; 40 f.;
 45; 53; 55; 57 ff.;
 63; 67; 70 ff.; 74;
 79 f.; 83 f.; 86-91;
 102; 112; 123;
 130 ff.; 135; 140;
 143; 146 ff.; 155;
 161; 163; 176; 184;
 186; 204; 210; 223;
 227; 229; 235 f.;
 238; 239; 242 f.
Stadtteil 45; 58; 85 ff.;
 122 f.; 203 f.; 227;
 231
Stadtumbau 225
Standortbestimmung 30
Statistik 28; 40; 50; 63-70; 78; 82 f.; 85; 87;
 94; 97 ff.; 102;
 129 f. 154; 167;
 169 ff.; 181
Statistische Erhebungen 65; 78; 83; 87;
 103
Statistische Masse 79;
 92
Statistische Merkmale
 81
Statistisches Urmaterial
 81; 86
Steuerung 142; 210;
 214; 235; 238; 242
Stichproben 68; 84
Streuung 90; 97; 99
Streuungsindex 99
Streuungsmaß 90; 92;
 99
Struktur 15; 21; 26; 28-35; 37; 39 f.; 45 f.;
 51; 58; 65; 67;
 83 ff.; 88; 90 f.; 102;
 104; 107; 110 f.;
 113; 120; 148; 150;
 154; 156; 158; 161;
 163 f.; 167; 173;
 184; 219; 236; 243

Szenarien 14 f.; 20 f.;
 59; 116; 172

T
Teilung 189; 197 f.
Teilungsgenehmigung
 197 f.
Temperatur 131; 134-137
Thematische Karte 73 f.
Topographie 21; 42; 64
Topographische Karten
 73 f.
Träger 17; 21; 24;
 69 f.; 180; 190; 193;
 197; 205; 210;
 222 f.; 225
Träger öffentlicher Belange 21; 190; 222

Ü
Überprüfungen 13; 15;
 21 f.; 24; 44; 50; 52;
 60 f.; 159 f.; 206;
 239

U
Umlegung 165; 188;
 211; 213 ff.
Umlegungsverfahren
 185; 193; 213 f.; 216
Umsatz 53; 57; 112;
 114 f.; 210
Umwelt 27 f.; 37; 50;
 53; 68; 122; 141 f.;
 149 ff.; 153 ff.; 161;
 173; 178; 180;
 182 f.; 229; 243
Umweltkataster 181
Umweltplanung 39
Umweltverträglichkeit
 180 f.; 183
Untersuchungsgebiet
 19; 47; 122; 136

V
Validierung von Modellen 50
Variable 20; 34; 40;
 42 f.; 51; 105; 107
Variable Faktoren 40 ff.
Variable Größen 34; 42
Varianz 92
Veränderungssperre
 190; 194-198; 215
Verdichtung 30; 39;
 48; 209 f.

Verfahren 11; 16 f.; 21;
 36 f.; 42; 50; 54; 63;
 95; 100; 121; 142;
 165; 167; 170; 172;
 180; 182; 185;
 187 f.; 192 f.; 196;
 198-201; 206; 208;
 213 ff.; 223
Verfahrensdauer 18; 23
Verhältniszahlen 93
Verkehr 30 f.; 36; 46;
 49; 88; 91; 105; 133;
 136; 142 f.; 150;
 155; 161 f.; 164 f.;
 170-173; 177 f.;
 188; 205; 219; 228;
 233; 240
Verkehrsanalyse 163
Verkehrsaufteilung 45;
 164; 166 f.; 173
Verkehrserschließung
 29 f.
Verkehrserzeugung 45;
 164; 166; 173
Verkehrsnetze 111;
 165; 172 f.; 176 f.;
 179
Verkehrsplanung 13;
 31 f.; 65; 81; 98;
 102; 117; 161; 163;
 169 ff.; 239
Verkehrsprognose 163;
 164
Verkehrsstruktur 31 f.;
 58
Verkehrsumlegung
 166; 173
Verkehrsverteilung 45;
 164; 166; 173
Verkündung 19; 160;
 192; 200
Vernetzung 37 f.; 41 f.;
 51; 123; 137; 139;
 142 f.; 158
Verschlüsselung 87
Verteilung 39; 42 f.;
 45; 47 ff.; 52; 56 ff.;
 65; 67; 73 f.; 89; 92;
 97-100; 102; 106;
 109; 111; 113-116;
 120; 124; 147;
 158 f.; 164; 170;
 172; 185 f.; 207;
 220; 237
Verwaltung 13 ff.; 18;
 29; 40; 44; 55;
 62 ff.; 67; 71; 73;

76; 78; 88; 105;
179 ff.; 183; 189 ff.;
194; 197-201; 204;
206; 208; 212 f.;
216 ff.; 226; 235 f.;
238 f.; 242
Verwaltungsautoma-
tion 69
Vollzug 11; 14; 184;
186; 188 ff.; 202;
204; 207 f.; 210;
212; 216; 227; 233;
235; 242
Vorbereitende Untersu-
chungen 186; 220 f.
Vorbereitung der Sanie-
rung 221
Vorgaben 13; 22;
105 f.; 113; 165;
169; 192

Vorhaben 15; 55;
182 f.; 185 f.; 190;
192; 194-197; 220;
225; 230
Vorkaufsrecht 198

W
Wanderungsbwegung
40; 86; 103; 209
Wärme 131; 136; 138;
140; 223; 228
Wärmeerzeugung 131
Wasserhaushalt 140;
156 f.
Wechselbeziehungen
40; 44; 149; 159
Wertermittlung
188
Wirkungszusammen-
hänge 32; 47; 55

Wirtschaft 15 f.; 24;
29; 36; 64; 67 f.;
70 f.; 85; 90; 103;
105; 116; 164; 189;
202; 209; 223; 236;
239; 243
Wirtschaftsstruktur 29;
58; 164
Wohnbevölkerung 34;
36; 56; 58; 125; 169;
234
Wohneinheiten 81
Wohnraumentwicklung
34
Wohnung 34; 80 ff.;
86; 90 f.; 93; 97;
104 f.; 107; 119;
120; 146 f.; 162 f.;
169; 171; 203;
217 ff.

Wohnungsbau 16; 77;
204; 210 ff.; 217 f.;
227; 232 f.; 237; 241
Wohnungsbaupro-
gramm 16; 227
Wohnungsbelegung
35 f.; 56; 90; 97;
103; 115
Wohnungszählung 66 f.

Z
Zeitplan 16
Zeitreihen 94
Zeitziel 16
Zentraler Ort 29; 104
Zentraler Punkt 97-100
Zentren 98; 106; 112;
114-117; 137; 236

FACHVERLAG FÜR ARCHITEKTUR/BAUWESEN

Das Grundlagenwerk für Studium und Praxis

Klaus Müller-Ibold
Einführung in die Stadtplanung

In einer fächerübergreifenden Zusammenschau führt das dreibändige Werk in die Grundfragen und -themen der Stadtplanung ein, wobei die Verknüpfung von Theorie, Methodik und Praxis im Vordergrund steht.

Band 1: Definitionen und Bestimmungsfaktoren
1996. 242 Seiten mit 26 Abbildungen, 11 Tabellen
Kart. DM 49,80/öS 364,-/sFr 49,80
ISBN 3-17-013806-5

In diesem Band werden die grundlegenden planungsrelevanten Definitionen und die komplexe Kausalkette von Ursachen und Faktoren, die zum Bedarf an Stadtplanung führen, behandelt.

Band 2: Leitgedanken, Systeme und Strukturen
1996. 239 Seiten mit 39 Abbildungen
Kart. DM 49,80/öS 364,-/sFr 49,80
ISBN 3-17-013807-3

Die Leitgedanken, Systeme und Strukturen der Stadtplanung, insbesondere auch in ihren Wechselbeziehungen untereinander, beginnend mit der verfassungsmäßigen föderalen Struktur des Staates über die Bundesraumordnung, die Landes- und Regionalplanung bis hin zur Stadtentwicklungs- und Stadtteilentwicklungsplanung stehen im Mittelpunkt von Band 2.

W. Kohlhammer GmbH · 70549 Stuttgart · Tel. 0711/78 63 - 280

FACHVERLAG FÜR ARCHITEKTUR/BAUWESEN

Dietmar Reinborn
Städtebau im 19. und 20. Jahrhundert

1996. 334 Seiten mit 582 Abbildungen
Fester Einband/Fadenheftung DM 78,-/öS 569,-/sFr 78,-
ISBN 3-17-012547-8

Das Bild der Stadt - die Struktur und Form gebauter Umwelt - kann wie ein historisches Dokument entziffert werden. Das setzt Wissen voraus, warum unsere Städte so entstanden sind, wie wir sie erleben. Dieses Buch über fast zwei Jahrhunderte Städtebau beleuchtet die wichtigsten Phasen und Grundtendenzen der urbanen Entwicklung vom umwälzenden Neu- und Ausbau der Städte im Industriezeitalter bis zu den scheinbar chaotisch wuchernden Stadtlandschaften unserer Tage. Seit den frühen Unternehmersiedlungen und Gartenstädten über die urbanen Entwürfe der 20er Jahre bis zu den Trabantenstädten der Nachkriegszeit wechseln Zielvorstellungen und Leitbilder im Städtebau. Es verändern sich die Grundrisse der Stadtquartiere, die Bauweisen der Gebäude und dadurch die jeweiligen Lebensbedingungen. Die komplexen Zusammenhänge, aus denen diese Konzepte und Planungen hervorgingen, ihre politischen und sozioökonomischen Hintergründe, aber auch die sie prägenden formalen Ideen und Ideologien werden präzise herausgearbeitet. Der historische Streifzug bis in unsere Gegenwart - mit zahlreichen Dokumenten, Lageplänen, Zeichnungen und Bildern angereichert - regt nicht nur zu einer vertieften Beschäftigung mit dem "Phänomen Stadt" an. Das materialgesättigte Buch zeigt ebenso, daß die urbanen Problemstellungen und Lösungsansätze der Vergangenheit uns heute noch beschäftigen und sich daraus Kriterien und Handlungsmuster für die künftigen Entscheidungen im Städtebau gewinnen lassen.

W. Kohlhammer GmbH · 70549 Stuttgart · Tel. 0711/78 63 - 280

MIX
Papier aus verantwortungsvollen Quellen
Paper from responsible sources
FSC® C105338

If you have any concerns about our products, you can contact us on
ProductSafety@springernature.com

In case Publisher is established outside the EU, the EU authorized representative is:
**Springer Nature Customer Service Center GmbH
Europaplatz 3, 69115 Heidelberg, Germany**

Printed by Libri Plureos GmbH
in Hamburg, Germany